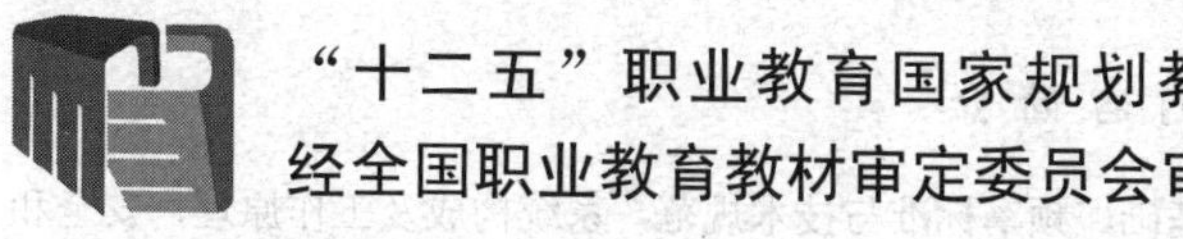

"十二五"职业教育国家规划教材
经全国职业教育教材审定委员会审定

高等职业教育国家级"十二五"规划教材（物流管理专业）

射频识别（RFID）技术与应用

（第2版）

主　编　米志强

副主编　梁　飞　杨　曙　王　武

主　审　黄友森

電子工業出版社

Publishing House of Electronics Industry

北京 • BEIJING

内容简介

本书全面地介绍无线射频识别技术的技术基础，频率标准与技术规范，系统构成及工作原理，安全和隐私管理，关键技术中防碰撞技术、定位技术、检测技术及贴标技术，体系结构和中间件，EPC与物联网技术，RFID 物流管理信息系统开发，基于 RFID 无线传感网的供应链物流管理应用，比较全面地介绍了物流业务过程中常用关键技术的基本原理及其应用。《射频识别（RFID）技术与应用（第 2 版）》内容丰富，实用性强，采取"四导"编写风格："导读"——案例导入，深入浅出；"导学"——配套资料丰富，易学易懂；"导教"——能力指引，目标明确；"导训"——任务单驱动，步骤清晰，是较为成熟的射频识别（RFID）技术教材。本书编入了 RFID 技术的最新进展，特别是 EPC 与物联网新技术，还有丰富的相关案例等阅读资料，开阔了学生的视野。

本书可以作为高职高专院校物流管理专业、物流信息技术专业、物联网工程技术专业、信息管理及相关专业的教材和参考书，也可以作为物流企业相关人员的培训教材和物流行业从业人员的参考读物。

未经许可，不得以任何方式复制或抄袭本书之部分或全部内容。
版权所有，侵权必究。

图书在版编目（CIP）数据

射频识别（RFID）技术与应用 / 米志强主编. —2 版. —北京：电子工业出版社，2015.1
高等职业教育国家级"十二五"规划教材. 物流管理专业

ISBN 978-7-121-23947-2

Ⅰ. ①射… Ⅱ. ①米… Ⅲ. ①射频－无线电信号－信号识别－高等职业教育－教材 Ⅳ. ①TN911.23

中国版本图书馆 CIP 数据核字（2014）第 173084 号

策划编辑：张云怡
责任编辑：郝黎明
印　　刷：三河市鑫金马印装有限公司
装　　订：三河市鑫金马印装有限公司
出版发行：电子工业出版社
　　　　　北京市海淀区万寿路 173 信箱　邮编 100036
开　　本：787×1 092　1/16　印张：20　字数：576 千字
版　　次：2011 年 8 月第 1 版
　　　　　2015 年 1 月第 2 版
印　　次：2019 年 3 月第 8 次印刷
印　　数：2500 册　　定价：43.00 元

凡所购买电子工业出版社图书有缺损问题，请向购买书店调换。若书店售缺，请与本社发行部联系，联系及邮购电话：（010）88254888，88258888。

质量投诉请发邮件至 zlts@phei.com.cn，盗版侵权举报请发邮件至 dbqq@phei.com.cn。

本书咨询联系方式：（010）88254573。

前　言

随着目前物流业的迅猛发展，物流领域对信息化的重视程度显著提高，物流信息技术作为现代物流运作的平台和基础，对现代物流企业的经营管理理念和方式产生了深刻的影响，越来越多的企业认识到信息技术的应用是物流企业提高竞争力的重要手段。大中型物流企业都建立了物流信息系统，以期能掌握、准确、及时和全面的物流信息，为企业的物流活动提供支持和保证。

在未来的8～10年内，几乎所有的东西都会被贴上感应标签，而这些感应标签将会得到广泛地应用——甚至可能在家里。也许有一天，想像终将变成现实，当你走在下班回家的路上，你们家的智能冰箱会提醒你别忘了买牛奶。

无线射频识别技术被公认为是本世纪最有前途的信息技术之一，RFID 作为前端的自动识别与数据采集技术在物流的各主要作业环节中应用，可以实现物品跟踪与信息共享，极大地提高了物流企业的运行效率，实现可视化供应链管理，还能强化企业的核心价值，降低经营管理成本，使商品实现按需生产、快速配送、可视化跟踪。这在物流行业有着巨大的应用空间和发展潜力，在物流信息化中占有举足轻重的地位。

本书是为了满足高职院校物流信息技术培养新型人才的需求，为了培养既掌握物流信息技术的基础知识，又具有解决实际问题能力的物流人才而编写。本书全面地介绍了物流业务过程中常用关键技术的基本原理及其应用。在编写过程中，始终坚持理论与实践相结合的原则，各章均安排案例分析，具体介绍和分析信息技术在物流企业中的应用，避免"只讲技术，不讲应用"的弊病；坚持基础理论以应用为目的，够用为度，强化应用、培养技能为重点的原则，每章前面都有职业能力要求和学习目标，明确本章的学习内容、重点、难点，便于教学；并且编入了新技术、新信息、相关知识或案例分析等阅读资料，开阔了学生的视野。

教材特色：

1．内容新颖，知识面广，强调新技术应用，实用性强；

2．逻辑清晰，在内容编排上，由浅入深，由简到繁；

3．突出技能训练，"教、学、做"一体化，彰显高职教学特色。

本书由米志强主编，并负责全书的策划与统稿。全书共分 10 章：第 1 章，RFID 技术概述；第 2 章，RFID 技术基础；第 3 章，RFID 的频率标准与技术规范；第 4 章，RFID 系统的构成及工作原理；第 5 章，RFID 软件系统和中间件；第 6 章，RFID 系统中的安全和隐私管理；第 7 章，RFID 系统的关键技术；第 8 章，EPC 编码与 EPC 系统的网络技术；第 9 章，基于 RFID 的数字化仓储管理系统的设计与实现；第 10 章，基于 RFID 无线传感网的供应链物流管理的应用。本书第 1 章由谢艳梅编写，第 2、8 章由王武编写，第 5 章由刘丽军编写，

第3、4章由米志强编写，第6、7章由杨曙编写，第9、10章由梁飞编写。黄友森教授审阅了全书。

本书的编写者是湖南省物流信息技术省级教学团队核心成员，本书可以作为高职高专院校物流管理专业、物流信息技术专业、物联网工程技术专业、信息管理及相关专业的教材和参考书，也可以作为物流企业相关人员的培训教材和物流行业从业人员的参考读物。

特别值得感谢的是，本书的编写得到了有关单位和物流企业的大力支持，他们为本书提供了许多方面的帮助，包括应用案例、平台软件、技术支持及图片等。在此，特别感谢浙江天煌科技实业有限公司王志华经理、广州远望谷信息技术有限公司钟经伟博士、北京京胜世纪科技有限公司王喜胜总经理、广州飞瑞敖电子科技有限公司梅仲豪博士、湖南天骄物流信息科技有限公司赵铁军董事长、大连海事大学李向文教授为本书提供的丰富资料。在编写过程中，我们参考了大量的国内外有关研究成果，在此对所涉及文献的作者表示衷心感谢。此外，特别感谢我的爱人及女儿在这本书的编写过程中对我的精心照料。本书的编写还得到了电子工业出版社张云怡编辑的全力支持与指导，同时，还要感谢龙黄金同学为书稿排版及绘图付出的辛勤劳动。

由于编写时间仓促、作者水平有限，书中难免有不足之处，敬请各位专家与读者批评指正。

教程配有丰富教辅资源，读者可以登录华信教育资源网（www.hxedu.com.cn）免费下载。

作者联系方式：mzq_008@163.com。

米志强
2014年9月于长沙月牙山

第1章 RFID技术概述

第2章 RFID技术基础

第3章 RFID的频率标准与技术规范

第 4 章 RFID 系统的构成及工作原理

第 5 章 RFID 软件系统和中间件

第 6 章 RFID 系统中的安全和隐私管理

第 7 章 RFID 系统的关键技术

第 8 章 EPC 编码与 EPC 系统的网络技术

第 9 章 基于 RFID 的数字化仓储管理系统的设计与实现

第 10 章 基于 RFID 无线传感网的供应链物流管理的应用

第 1 章 RFID 技术概述

导教——教学导航

职业能力要求

- 专业能力：掌握 RFID 技术的概念及在日常生活中的典型应用；掌握 RFID 系统的组成及类型；了解 RFID 技术的产业发展现状，了解 RFID 技术的发展趋势及主要应用方向；掌握 RFID 技术应用面临的问题。
- 社会能力：能敏感观察日常生活中的新技术的应用，能快速应用新技术。
- 方法能力：良好的自学能力，对新技术有学习、钻研精神，有较强的实践能力。

学习目标

- 掌握日常生活中应用的 RFID 技术；
- 掌握 RFID 系统的组成及其特点；
- 了解 RFID 技术的发展现状及趋势；
- 了解 RFID 技术发展面临的问题。

学习任务

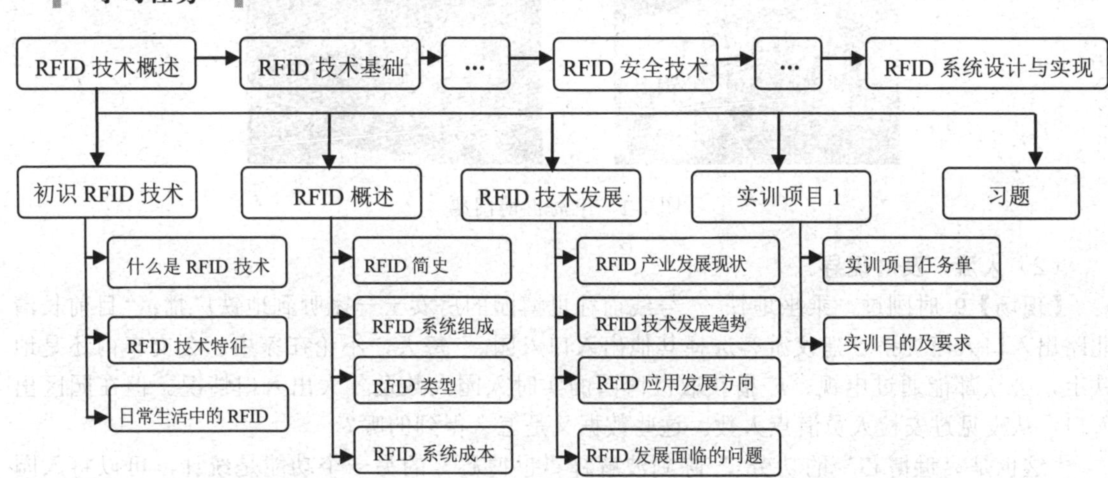

导读 1-1 门票高效防伪打击造假，“世博芯”带你畅游

上海世博会自开幕以来，累计接待游客已突破 1200 万人次，这意味着已经有 1200 多万张世博门票经过验票闸机，带领游客们展开世界之旅。主办方统计显示，仅有几位游客因门票弯折或损害得特别厉害而被挡在门外。世博门票设计制造方上海华虹集团的副总裁陈剑波说：“可以说，是‘世博芯’这一具有自主知识产权的核心技术，让世博门票通过了入园大考。”

更令人高兴的是，“世博芯”是首次对射频识别技术（RFID 技术）进行大规模的综合应用，这也为“后世博时代”提供了各种可能性。在上海世博会组织者举办的一次主题活动上，专家们一起畅想了“世博芯”的未来。

（1）假票，无处可藏。

【现场】一开园，在后滩出入口处，游客将世博门票（如图 1-1 所示）轻轻插入闸机，不到 1 秒钟，闸机吐出的门票两侧便出现了条状的“2010EXPO”压痕，闸机随即打开，游客顺利入园。

这么普通的场景，背后却是门票内“世博芯”所含的高科技，其中，高度防伪是它最大的特点。陈剑波表示，防伪关键在于每张门票内的“世博芯”都有唯一一组编码，验票闸机通过识别编码来验证门票、开启闸机。“有人说，只要破解编码程序，就能造出门票——但这也是不可能的。”华虹智能卡系统公司总经理范恒补充，“每张门票的编码加密方式都不一样，这样不仅能保证门票的独一无二，更能有效防止恶意破解和篡改”。依靠编码的双重防伪措施，上海世博会迄今为止没有出现真正意义上的假票。

【未来】“将来，也许就不会有假的演唱会门票了。”专家表示，通过此次“世博芯”的大范围使用，证明我国的 RFID 技术已经相当成熟，可以运用到其他门票中，尤其适用于演唱会、音乐会等单价较高的票务。据介绍，目前不法分子伪造门票的手段千奇百怪，而且有些伪造手段的成本并不低。但因为演唱会等门票的本身价格就比较高，加上市场需求又大，使得不法分子觉得有利可图，从而铤而走险。但 RFID 的技术门槛很高，编码方式又复杂，令不法分子望尘莫及，而且有关方面已经开发出针对含 RFID 技术门票的验票终端机，购买者只要将票在终端机上一刷，不用使用门票就能分辨出真伪来。

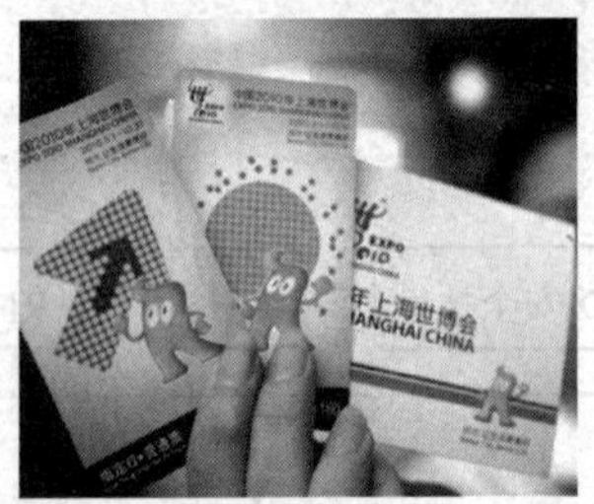

图 1-1　上海世博门票

（2）人流，及时疏导。

【现场】9 时刚过，乘坐地铁 7 号线前往世博园的房女士一家听到地铁广播：“目前长清北路出入口人流拥挤，建议游客选择其他出入口入园。”每天，不论在家中、公交车内还是地铁上，公众都能通过电视、广播获取世博园的实时入园人数及各大出入口情况。但在园区出入口，从没见过安检人员清点人数。这些数据又是怎么得到的呢？

“这也是‘世博芯’的功劳。”陈剑波解释“世博芯”的另一个功能是统计，可以将入园信息即时传递到园区指挥部，然后发布给公众。依靠这些数据还能疏导客流，“当一个大型的旅行团安检入园时，指挥中心会收到团队票内的‘世博芯’从入园闸机传回的数据；如果此时同一出口的散客较多，指挥部就会立刻安排大巴将游客运往较为清闲的入口。”

【未来】“地铁出入口不再拥堵”或许也能在 RFID 技术的帮助下成为可能。目前，上海对部分地铁站在部分时段实行限流，一个重要原因在于没有其他疏导方式，只能采取不让进站的“一刀切”模式。但如果将统计功能加入交通卡，有关方面就能通过用广播提醒、短驳车转移等方式让游客从不同出入口进站。专家表示，交通卡内已经采用了 RFID 技术，实现非接触刷卡进站。以后，只要稍稍对进出闸机和芯片进行完善，就能实现地铁出入闸机的数据实时统计功能，且 2 分钟刷新一次，将数据及时发送至服务中心，可为运营单位采取疏导措施提供依据。

（3）卡纸，环保耐用。

【现场】下午，零星飘起的细雨打湿了游客手中的纸质世博门票，却没有影响他们的入园速度。很多游客说，门票上的两道压痕不仅能帮助区别门票是否使用过，也给他们留下了上海世博会的特有标记，实用又美观。

但在专家眼里，采用纸质的门票及压痕的区别方式还有另一层含义，那就是绿色环保技术在票证上的使用。“世博芯”的大小只有 1 平方毫米，厚度更是和打印纸差不多，因此就能将它藏在硬卡纸中。选用能在自然环境中自然降解的硬卡纸，放弃传统票证的塑料材质，通过小身材的“世博芯”为上海世博会带来了更加绿色的门票。而压痕的设计不同于以往的打洞方式，一个重要的原因在于能避免产生纸屑，既保持入口处的环境整洁，又减轻保洁人员的负担。

【未来】如今，各种票证五花八门，一些商场、餐馆也提供打折卡、优惠卡、购物卡等消费卡。这些消费卡往往受限于芯片的大小和厚度，即使是一次性使用的卡也采用了塑料材质，废弃后会产生大量污染物。但世博门票的实践为消费卡提供了新的可能，即不论是制作材料还是印证方式，都能采取更加绿色的手段。专家还透露，世博门票的制作成本并不高，甚至低于一些考究的塑料消费卡，这也为绿色卡的全面推广提供了基础。

（资料来源：解放日报）

【分析与讨论】

（1）“世博芯”是采用什么技术实现的？

（2）“世博芯”的门票是如何进行防伪打假的？请设想一下未来的演唱会门票会是怎样的？

1.1 初识 RFID 技术

1.1.1 什么是 RFID？

RFID 是 Radio Frequency Identification 的缩写，即无线射频识别。它常称为感应式电子晶片或近接卡、感应卡、非接触卡、电子条码等，俗称电子标签或应答器。

RFID 是一种非接触式的自动识别技术，它通过射频信号自动识别目标对象并获取相关数据，可快速地进行物品追踪和数据交换，且其识别工作无须人工干预，可工作于各种恶劣环境。RFID 技术可识别高速运动物体并可同时识别多个标签，操作快捷方便，为 ERP、CRM 等业务系统的完美实现提供了可能，并且能对业务与商业模式有较大的提升。

RFID 是一种具有突破性的技术。第一，它可以识别单个且非常具体的物体，而不是像条形码那样只能识别一类物体；第二，它采用无线电射频，可以透过外部材料读取数据，而条形码必须靠激光来读取信息；第三，它可以同时对多个物体进行识读，而条形码只能一个一个地读。此外，它储存的信息量也非常大。

RFID 的应用非常广泛，目前其典型应用有动物晶片、汽车晶片防盗器、门禁管制、停车场管制、生产线自动化、物料管理等。RFID 技术在仓储中的应用如图1-2所示。

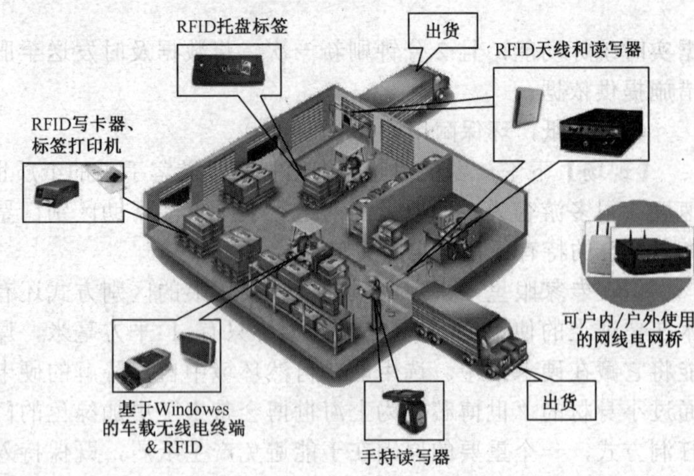

图 1-2 RFID 技术在仓储中的应用

1.1.2 RFID 技术的特征

（1）数据的无线读写（Read Write）功能。只要通过 RFID Reader 即可不需接触，直接读取信息至数据库内，且可一次处理多个标签，并可以将物流处理的状态写入标签，供下一阶段物流处理使用。

（2）形状容易小型化和多样化。RFID 在读取上并不受尺寸大小与形状的限制，不需为了读取精确度而配合纸张的固定尺寸和印刷品质。此外，RFID 电子标签更可往小型化发展并应用于不同产品中，因此，它可以更加灵活地控制产品的生产，特别是在生产线上的应用。

（3）耐环境性。RFID 对水、油和药品等物质具有很强的抗污性，RFID 在黑暗或脏污的环境之中，也可以读取数据。

（4）可重复使用。由于 RFID 为电子数据，可以反复被读写，所以可以回收标签进行重复使用。

（5）穿透性。RFID 若被纸张、木材和塑料等非金属或非透明的材质包覆，也可以进行穿透性通信，但若是铁质金属，则无法进行通信。

（6）数据的记忆容量大。数据容量会随着记忆规格的发展而扩大，未来物品所需携带的资料量越来越大，对卷标所能扩充容量的需求也增加，而 RFID 不会受到限制。

（7）系统安全。将产品数据从中央计算机中转存到工件上将为系统提供安全保障，从而大大地提高系统的安全性。

（8）数据安全。通过校验或循环冗余校验的方法可保证射频标签中存储数据的准确性。

1.1.3 日常生活中的 RFID 技术

1. RFID 防伪技术在第二代身份证上的应用

第一代身份证采用印刷和照相翻拍制作的卡芯塑封而成，防伪能力极差，虽然经过改良，但是仍然不能满足社会发展的需求，因此在使用了一段时间以后停止发行。现在使用的是由我国自主研发的专用 RFID 芯片技术制成的第二代居民身份证（以下简称二代证）。二代证给我们的生活带来了许多便捷，同时也增加了多种防伪技术，彻底杜绝了非法个人或组织造假行为，可维护和谐的社会秩序，有利于预防和打击违法犯罪活动。

相比于一代证的视读方式，二代证最根本的变革是拥有视读和机读两种方式，其机读功能是通过嵌入在身份证中的微晶芯片模块实现的，由多个芯片封装集成。这种芯片可以适应零下几十摄氏度到零上四十多摄氏度的温差跨度；它具有良好的兼容性，可在商场、酒店、机场及公安系统中顺利通过机器读取其芯片内的数据库内容；它同时还具有很强的耐磨性，可以满足天天使用的强度，还能应付人为或非人为的破坏等。

二代证实际上是符合 ISO/IEC14443 TYPE B 协议的射频卡，公安部门可以通过阅读器对卡内信息进行更新而不必重新制卡，二代证的另一个重要优势在于防伪性好，它和阅读器之间的通信是经过加密的，其破解的技术和资金门槛都相当高，从而可以在相当大的程度上防止对它的伪造和篡改。如图1-3所示为带有 RFID 芯片的二代证及读写设备。

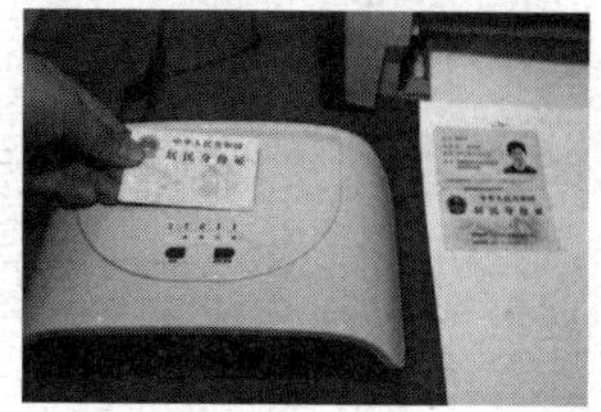

图 1-3　带有 RFID 芯片的二代证及读写设备

2．典型应用——汽车防盗

用 RFID 技术可以保护和跟踪财产。例如，将应答器（也称电子标签）贴在物品（如计算机、文件、复印机或其他实验室用品）上面，使得公司可以自动跟踪、管理这些有价值的财产，如可以跟踪发现一个物品从某一建筑里离开，或是用报警的方式限制物品离开某地，结合 GPS 系统，利用应答器还可以对货柜车、货舱等进行有效跟踪。

汽车防盗是 RFID 技术的较新应用。现已开发出足够小的应答器，且能够将其封装到汽车钥匙里。该钥匙中含有特定的应答器，而在汽车上装有阅读器（也称读写器或读取器）。当钥匙插入到点火器中时，阅读器能够辨识钥匙的身份。如果阅读器接收不到射频卡（也称电子标签）发送来的特定信号，汽车的引擎将不会发动，使用这种电子验证的方法，汽车的中央计算机也就能容易地防止短路点火。目前，很多品牌的汽车已经应用了 RFID 汽车防盗系统，如图1-4所示。

图 1-4　RFID 汽车防盗系统

在另一种汽车防盗系统中，司机自己带有一个应答器，其作用范围在司机座椅的 44～45cm 以内，而阅读器安装在座椅的背部。当阅读器读取到有效的 ID 时，系统将发出信号，然后汽车引擎才能启动；该防盗系统还有另一个强大功能，即如果司机离开汽车，并且车门敞开、引擎也没有关闭，那么这时阅读器就需要读取另一个有效的 ID，假如司机将该应答器带离汽车，则阅读器不能读到有效 ID，引擎便会自动关闭同时触发报警装置。这种应答器也可用于家庭和办公室。

RFID 技术还可应用于寻找丢失的汽车。在城市的各个主要街道装载 RFID 系统，只要车辆带有应答器，当其路过时，该汽车的 ID 和当时时间都将被自动记录下来，并被送至城市交通管理中心的计算机。除此之外，警察还可驾驶若干带有阅读器的流动巡逻车，以便更加方便地监控车辆的行踪。

3. 基于 RFID 技术的远距离识别停车场管理系统

该停车场管理系统（如图 1-5 所示）借助远距离无源射频识别技术，可有效防止人为因素给停车场管理带来的破坏和干扰，实现大厦、物业小区停车场的智能化科学管理，并可控制费用流失，提高运营效率，确保车辆安全。

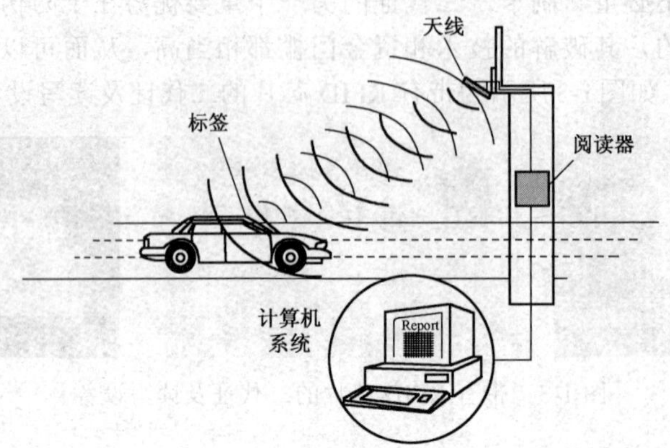

图 1-5 基于 RFID 技术的远距离识别停车场管理系统示意图

基于 RFID 技术的远距离识别停车场管理系统是目前世界上最先进的停车场自动化管理方式之一，是停车场管理方式发展的趋势，它的安全、稳定、自动化程度是人工管理或近距离识别系统无法达到的。其不可仿制性、抗干扰性、抗击打性、快速识别性、智能鉴别性毫无疑问地会给各类停车场的管理提供一个全新的解决方案。本系统能够实现进出完全不停车，自动识别、自动登记、自动放行等功能，其后台管理软件具备实施查看进出车辆信息、进出时间查询、报表、缴费记录查询、信息提醒等多项功能。

4. 门禁管理系统

门禁管理系统安装在厂内各主要部门的门上，每个部门可设定进入该部门的工作人员范围。只要工作人员凭授权的感应卡在需要通过的门的感应器的感应距离范围内晃过，系统就会自动识别卡的权限，如权限允许，门开启，否则门不会打开。另外，门禁管理系统上还有键盘，在感应卡被读写后，可让使用者用键盘密码开启门锁，这样就能够有效地防止不法分子盗用别人的卡非法进入。如果门被强行打开，或门打开后在规定时间内未关上，门禁管理系统会自动报警。这样一来，工作人员就可凭自己的感应卡任意进出被授权的通道，而对于外来的访客，则建议通过内部出门按钮开门。

5. RFID 适用的行业

其实在目前的一般消费市场上已经有大量 RFID 的应用了，其中最具代表性的就是公交一卡通。公交一卡通可以用做地铁、公车、部分停车场的收费机制，预计以后它还可以有更多的应用。但公交一卡通其实并未将 RFID 的便利性发挥到极致，以下将介绍目前及未来 RFID 可能得到发展的应用场合。

（1）零售流通产业。常常受不了在大卖场结账时大排长龙吗？如果每个商品上都贴有 RFID 标签，只要将整个购物车推过一道装有感应器的门，即可瞬间完成结账，既方便又有效率。RFID 应用于零售流通产业的结账卡的示例如图1-6所示。

虽然这种便利的付费方式因为成本原因尚未普及，但零售业者及制造商已经开始在这方面尝试应用 RFID 技术了。全球最大的零售商 Wal-Mart 在 2003 年 11 月举行的供应厂商会议上已明确提出采用 RFID 的时间：前百大供应商自 2005 年 1 月起需在包装箱和货箱架上加入 RFID 标签，2006 年年底将逐步扩大到所有供货商，并采用 Auto-ID Center 所发展的

EPC 为其识别编码。随后，英国大型零售商塔斯科（Tesco）便于 2003 年 12 月开始，在 2006 年正式引进进行实证实验；英国马莎百货（Marks & Spencer）也在 2004 年 2 月表示扩大了 RFID 试验。

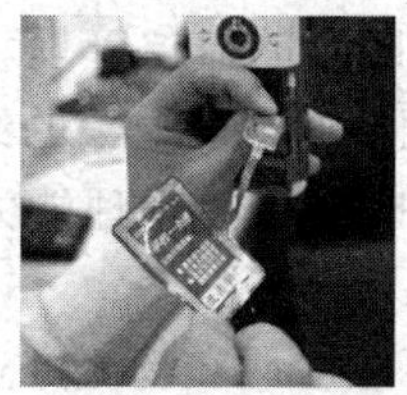

（a）带有 RFID 支付卡的手机　（b）超市支付　（c）公交支付

图 1-6　RFID 应用于零售流通产业的结账卡的示例

（2）医疗产业。在非典期间，SARS 疫情在全世界造成极大的恐慌，当一个人受到感染时，如何迅速地找到他曾经接触过的人？如何在最短的时间内快速隔离患者和可能的病例呢？RFID 可以做到。RFID 应用于医疗产业的示例如图1-7 所示。

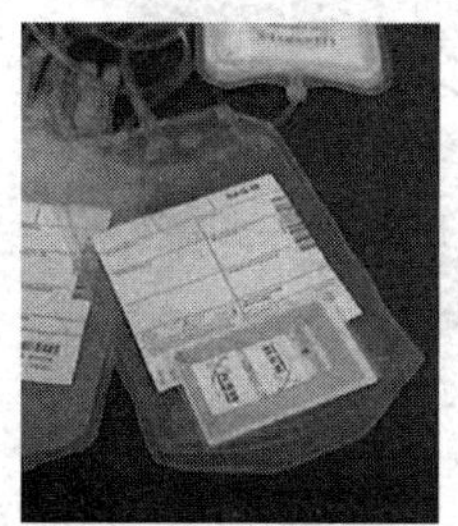

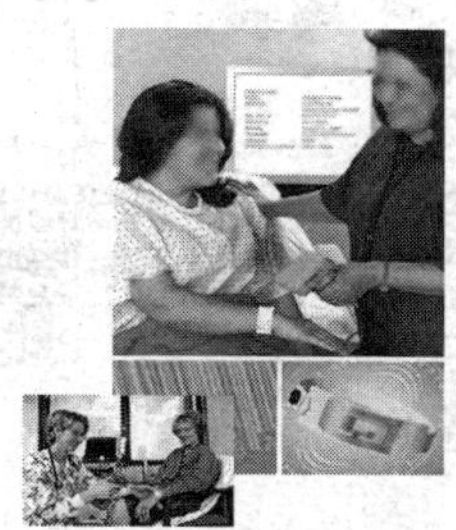

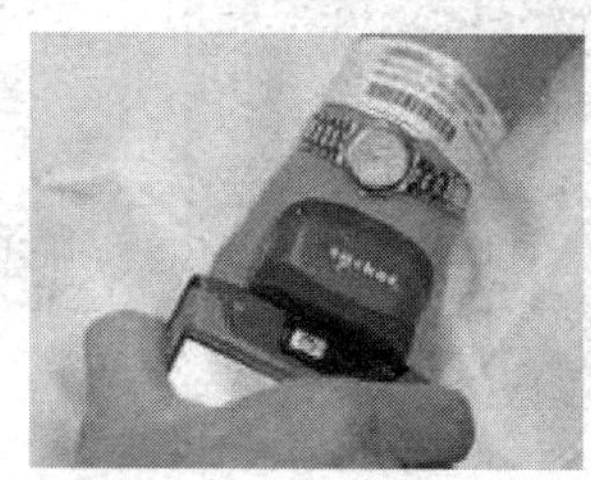

图 1-7　RFID 应用于医疗产业的示例

中国台湾地区的台湾工研院与竹北市的东元医院合作进行了“医疗院所接触史 RFID 追踪管制系统”的实验。在医院内各出口装设 RF 接收器，透过人员身上携带的电子标签（RFID 卡）所发出的信号被装设在医院的定点标示器接收后，标示器便会发送位置及人员资料至读取机，并将资讯转存到应用系统，这项追踪管制系统未来将推广至各大医院。未来若有 SARS 的可疑案例，20 分钟即可掌握接触史。

这种设备同时也可以避免医生开错刀或护士拿错药品的状况发生，让人的生命安全多了一层保障。其他如初生婴儿的识别，老人的健康状况监控等都是 RFID 在医疗产业里的应用。

（3）汽车产业。在汽车产业中，裕隆日产汽车于 2004 年 6 月 30 日举行记者会，宣告其将与工研院合作，开发 RFID 晶片制造技术，以提升 RFID 的相关能力，并将其应用于汽车产业之中，以提升物流管理与汽车服务品质，提供给消费者更佳的汽车使用体验。RFID 应用于汽车产业的生产流程的示例如图 1-8 所示。

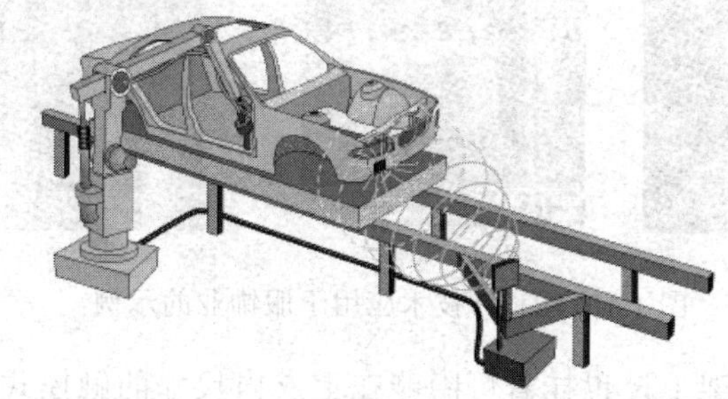

图 1-8　RFID 技术应用于汽车产业的生产流程的示例

RFID 系统能在制造及汽车服务的流程之中提升整体服务品质。车辆从制造开始便配置了专属的 RFID 晶片，在厂内密布的读取机网络下，人们便能随时掌握车辆的制造进度，而 RFID 内存的记忆体也能储存制造过程之中所有的资讯，方便制造管理使用。而在随后的销售、配送流程中，也能在紧密的读取网络之下，为管理者提供最即时的监控管理。甚至在售后服务上，保修厂也能透过读取 RFID 的方式，即时辨识进厂车辆，取得其过去的维修保养记录，甚至可取得车主个人的偏好及预约事项，并在维修时提供即时的监控管理能力，让汽车产业的服务品质得到全面的提升。

（4）物流产业。除了之前提过的公交一卡通之外，RFID 也可以应用在物流产业中，使业者在运送快递物品时能随时掌握目前的进度及各货物所在位置。RFID 应用于物流产业的示例如图1-9所示。

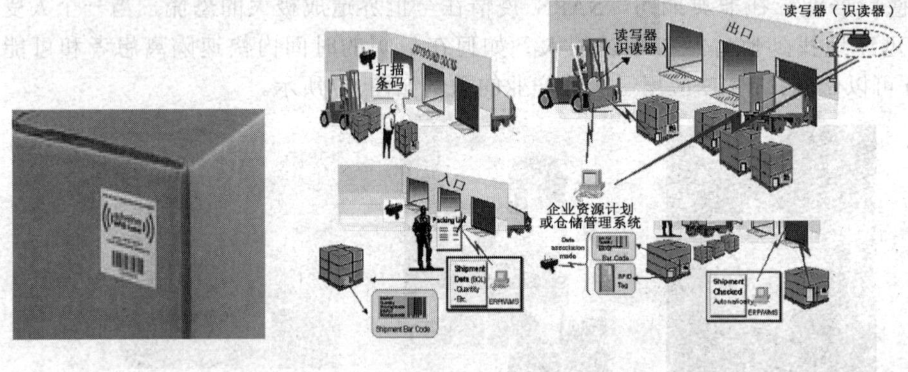

图 1-9　RFID 应用于物流产业的示例

此外，如高速公路的收费站，如果使用类似一卡通的 RFID 收费方式，既可减少许多人力，也能大幅提升车辆通过收费站的速度。

（5）服饰业。美国的一家 PRADA 服饰店也引进了 RFID 的技术，但是该技术并非用于一般的物流管理方面，而是有比较特殊的用途。当客人一进入试衣间，就可看到里面备有大、小柜状的 RFID 读取机。当客人把衣服连同衣架挂在大柜子中，而将手提包或小饰物等放入小柜子中时，读取机就会自动读取商品编码，使客人可以了解如材料、颜色、饰品的尺寸或外观的种类等产品资讯，以及与其他服装搭配时的感觉等时尚资讯；甚至在触控式荧幕中，还会播放时装展示会中模特穿着该服装走秀时的情景。RFID 应用于服饰业的示例如图 1-10 所示。

图 1-10　RFID 技术应用于服饰业的示例

在卖场的衣服的展示架上，也挂着可隐藏在上衣内尺寸的触控式荧幕；如把商品 RFID 标签对准脚下的小型读取机扫描一下，则不用进入试衣间也可在荧幕中看到类似前述的内容。此外，在小型读取机上也会显示黑白影像。在该店中设有 7 间 RFID 试衣间；许多顾客常会一边说着“去感觉一下 RFID CLOSET”，一边拿着衣服走入试衣间；显然对于常客而言，RFID 系统已经是个耳熟能详的名词。

RFID 在服饰业很有用，若每件衣服都加上 RFID-Tag（RFID 标签），则店员可以很快地利用感测器找出客人所要的尺寸；当某件衣服缺货时，店员也可以立即查知附近的分店有没有多余的存货，以增加消费时的便利性。

（6）智能图书馆。其实 RFID 还有很多的应用，如在图书馆，如果每本书上都能贴上 RFID 标签，那么读者将不再需要透过柜台借书与还书，而可以直接利用专用的机器进行。读者也不用担心因书乱放而找不到想要的书，因为每个书架上的 RFID 接收器可以清楚地告诉读者书放在哪个柜子上。RFID 应用于图书馆的示例如图 1-11 所示。

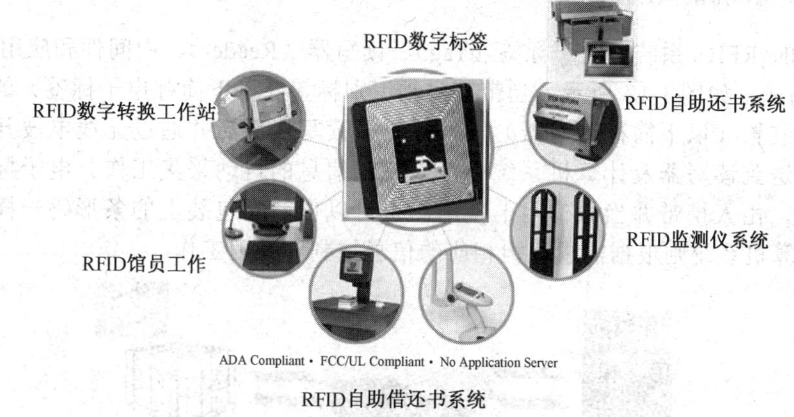

图 1-11 RFID 技术应用于图书馆的示例

1.2 RFID 概述

1.2.1 RFID 简史

RFID 直接继承了雷达的概念，并由此发展出一种生机勃勃的 AIDC 新技术——RFID 技术。1948 年，哈里·斯托克曼发表的“利用反射功率的通信”奠定了射频识别 RFID 的理论基础。

RFID 被称为一种新的技术，是无线电技术与雷达技术的结合。奠定 RFID 基础的技术最先在第二次世界大战中得到发展，当时是为了鉴别飞机，又称为“敌友”识别技术，该技术的后续版本至今仍在飞机识别中使用。在第二次世界大战中，为了在空战中能在实施攻击前，确认被攻击的目标不是自己的战友，人们曾经开发并应用了一种雷达，称为敌我识别器，也称应答器（transponder）。这可以认为是目前 RFID 系统的最早应用。但是由于成本高，它在很长的一段时期内未能在民用产品中推广应用。

近年来，由于半导体制造业和无线技术的发展，RFID 的成本得以进一步降低，特别是在多目标识别、高速运动物体识别和非接触识别方面，RFID 技术显示出其在各个领域的巨大发展潜力。在 20 世纪中期，无线电技术的理论与应用研究是科学技术发展最重要的成就之一。表 1-1 列举了 RFID 技术发展历史上的一些重要事件。

表 1-1 RFID 技术发展历史上的一些重要事件

年　份	事　件
1941～1950 年	雷达的改进和应用催生了 RFID 技术，1948 年奠定了 RFID 技术的理论基础
1951～1960 年	早期 RFID 技术的探索阶段，主要处于实验室实验研究阶段
1961～1970 年	RFID 技术的理论得到了发展，开始了一些应用尝试
1971～1980 年	RFID 技术与产品研发处于一个大发展时期，各种 RFID 技术测试得到加速，出现了一些最早的 RFID 应用
1981～1990 年	RFID 用于标记动物
1991～2000 年	RFID 技术及产品进入商业应用阶段，各种规模应用开始出现
2001 年至今	标准化问题日趋为人们所重视，RFID 产品种类更加丰富，有源电子标签、无源电子标签及半无源电子标签均得到发展，电子标签成本不断降低，规模应用行业扩大

1.2.2 RFID 系统的组成

一套典型的 RFID 系统由电子标签（Tag）、读写器（Reader）、中间件和应用系统 Middle ware & A.P.构成，如图 1-12 所示。当带有射频识别标签（以下简称电子标签）的物品经过特定的信息读取装置（以下简称读写器）时，标签被读写器激活并通过无线电波开始将标签中携带的信息传送到读写器及计算机系统中，以完成信息的自动采集工作。电子标签可以做成身份证般大小，由人携带并当做信用卡使用，也可以像商品包装上的条形码一样贴附在商品等物品上。计算机系统则根据需求承担相应的信息控制和处理工作。

图 1-12 RFID 系统的组成

1. 读写器

读写器（其内部结构如图 1-13 所示，示意图如图 1-14 所示）用于接收主机（Host）端的命令，对于储存在感应器的数据则将其以有线或无线方式传送回主机，它内含 Controller（控制器）及 Antenna（天线），如果读取距离较长，则天线会单独存在。

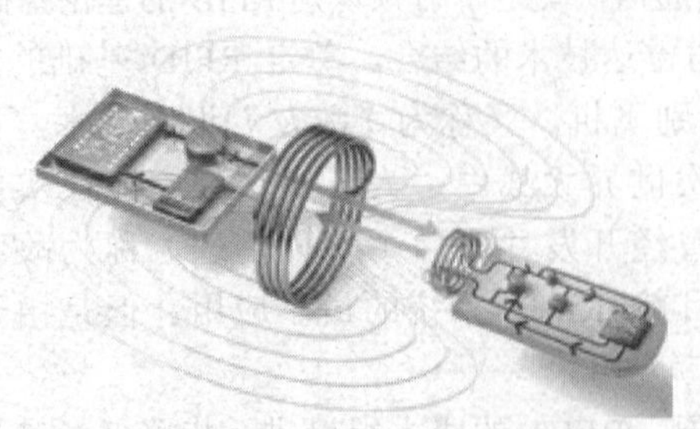

图 1-13 读写器的内部结构

图 1-14 读写器的示意图

2. 电子标签

电子标签（其内部结构如图 1-15 所示）是射频识别系统的数据载体，它由标签天线和标签专用芯片组成。每个标签具有唯一的电子编码，附着在物体上以标识目标对象。RFID 阅读器（读写器）通过天线与电子标签进行无线通信，可以实现对标签识别码和内存数据的读出或写入操作。

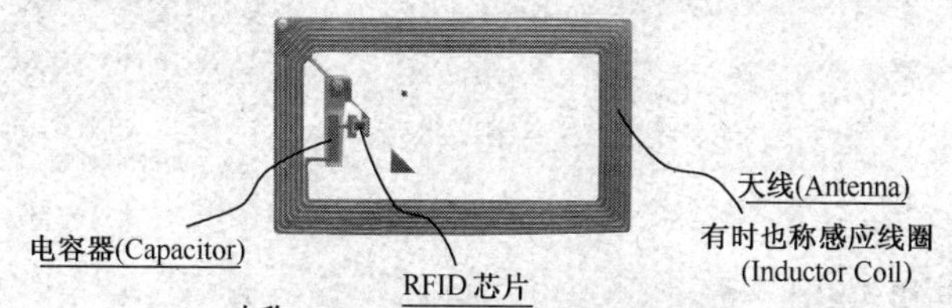

图 1-15　标签的内部结构

1.2.3　RFID 的类型

依据电子标签供电方式的不同，电子标签可以分为有源电子标签（Active Tag，也称主动式标签）、无源电子标签（Passive Tag，也称被动式标签）和半无源电子标签（Semi-Passive Tag，也称半主动式标签）。有源电子标签有内装电池，无源电子标签没有内装电池，半无源电子标签部分依靠电池工作。依据频率的不同，电子标签又可分为低频电子标签、高频电子标签、超高频电子标签和极高频/微波电子标签。依据封装形式的不同，电子标签还可分为信用卡标签、线形标签、纸状标签、玻璃管标签、圆形标签及特殊用途的异形标签等，常见的 RFID 分类形式见表 1-2。

表 1-2　常见的 RFID 分类形式

序号	分类	命名	主要特征及用途
1	供电形式	有源/无源/半有源	有源成本高，距离远，重量体积较大； 无源成本低，距离近，重量体积较小
2	调制方式	主动式/半主动式/被动式	主动式标签用自身的射频能量主动地发送数据，在有障碍物的情况下，只需要一次穿越障碍，因此主动式标签主要用于有障碍物的 RFID 系统中，距离可达 30m 以上； 被动式 RFID 标签必须利用读写器的载波来调制自身的信号，在有障碍物的情况下，读写器的能量必须来去二次穿越障碍物
3	工作频率	低频/高频/超高频/微波	具体特点详见 RFID 的类型（以频率分类）
4	读写方式	只读（RO）/可读写（RW）/一次写入多次读出（WORM）	多次可读写式标签成本最高，一般用于需要随机读写的系统，如收费系统； 一次性写入多次读出的标签成本较低，且使用灵活，一般生产管理、过程控制、物流及供应链管理系统大都选用这种标签； 只读式标签内地信息在集成电路生产时即将信息写入其成本最低数据也最安全，一般用于大批量生产的单品防伪管理
5	通信时序	主动唤醒（RTF）/自报家门（TTF）	RTF（Reader Talk First）读写器主动唤醒标签——读写器先讲类型 TTF（Tag Talk First）自报家门——标签先讲类型

1. RFID 的类型（以电力来源分类）

RFID 的类型（以电力来源分类）如图1-16 所示。

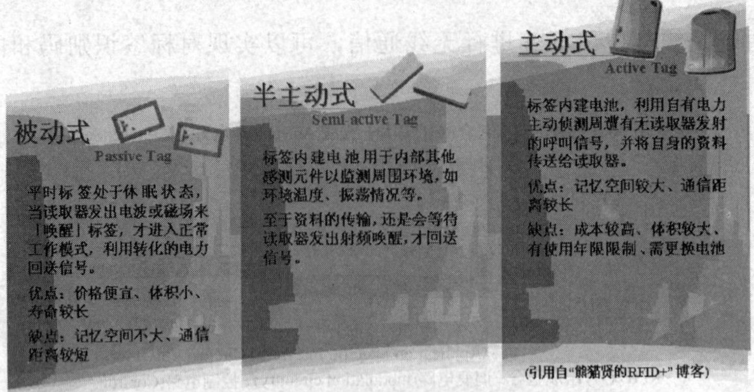

(a) 被动式、半主动式与主动式标签

(b) 有源与半有源电子标签

图 1-16　RFID 的类型（以电力来源分类）

2．RFID 的类型（以频率分类）

RFID 的类型（以频率分类）如图1-17 所示。

1）低频（Low Frequency，LF）

低频的最大优点在于其标签靠近金属或液体物品时能够有效发射信号，不像其他较高频率标签的信号会被金属或液体反射回来，但其缺点是读取距离短、无法同时进行多标签的读取及资讯量较小。

低频的主要特点有：

（1）常见的主要规格有 125kHz、135kHz；

（2）都是被动式感应耦合，读取距离为 10～20cm；

（3）应用于门禁系统、动物芯片、畜牧或宠物管理、衣物送洗、汽车防盗器和玩具；

（4）技术门槛低，门禁将被 13.56MHz 取代，动物芯片市场也已成熟；

鉴于它有上述特点，因此建议不发展此领域技术。

低频标签如图1-18 所示。

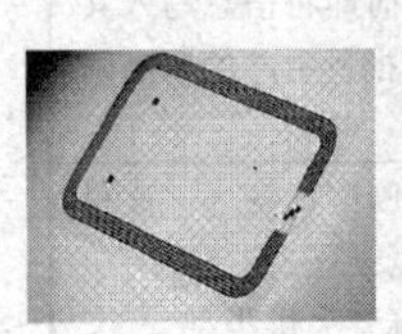

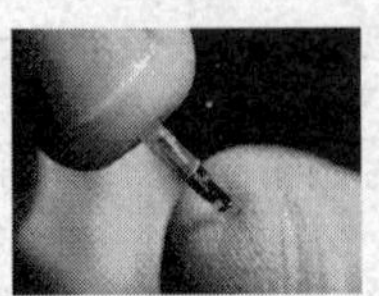

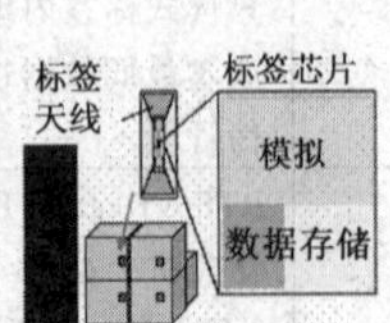

图 1-17　RFID 的类型（以频率分类）

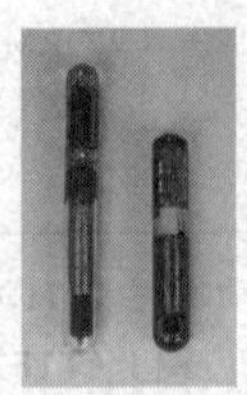

图 1-18　低频标签

2）高频（High Frequency，HF）

和低频相比，其传输速度较快且可以进行多标签的辨识，最大的应用就是公交卡，还有图书馆管理、商品管理、Smart Card 等。

高频标签的主要特点有：

（1）常见的主要规格为 13.56MHz；

（2）主要标准有 ISO-14443A Mifare 和 ISO-15693；

（3）都是被动式感应耦合，读取距离为 10～100cm；

（4）对于环境干扰较为敏感，在金属或较潮湿的环境下的读取率较低；

（5）应用于门禁系统、公交卡、电子钱包、图书管理、产品管理、文件管理、栈板追踪、电子机票、行李标签；

（6）技术最成熟，应用和市场最广泛且接受度高。

鉴于它有上述特点，因此建议现阶段应大力发展此领域技术和进行应用。如图 1-19 所示为门禁管理和电子钱包（高频 HF ISO-14443 Mifare）。

图 1-19　门禁管理和电子钱包

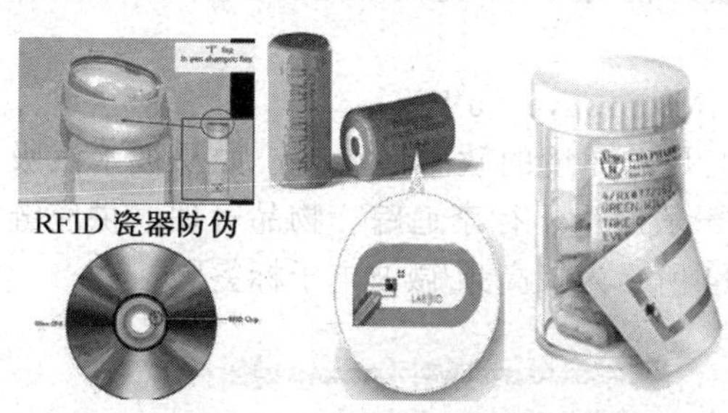

图 1-20　高频 HF 防伪管理

高频 HF 防伪管理（如图 1-20 所示）的主要特点有：

（1）运用最新 RFID 专利技术；

（2）可以记录个人学籍数据或产品制造商信息；

（3）配合专用读码机制，可杜绝各种仿冒，有效达到防伪效果。

高频 HF 电子钱包如图1-21 所示。

高频 HF 病患识别（如图 1-22 所示）的主要特点有：

图 1-21　高频 HF 电子钱包

（1）减少数据流，减少错误率；

（2）改变操作模式，缩短操作时间；

（3）及时准确提供病史，随时掌握病患最新情况。

3）超高频（Ultra High Frequency，UHF）

超高频虽然在金属与液体的物品上应用较不理想，但由于其读取距离较远、资讯传输速率较快，而且可以同时进行大量标签的读取与辨识，所以目前已成为市场主流，未来将广泛应用于航空旅客与行李管理系统、货架及栈板管理、出货管理、物流管理等。

超高频 UHF 的主要特点有：

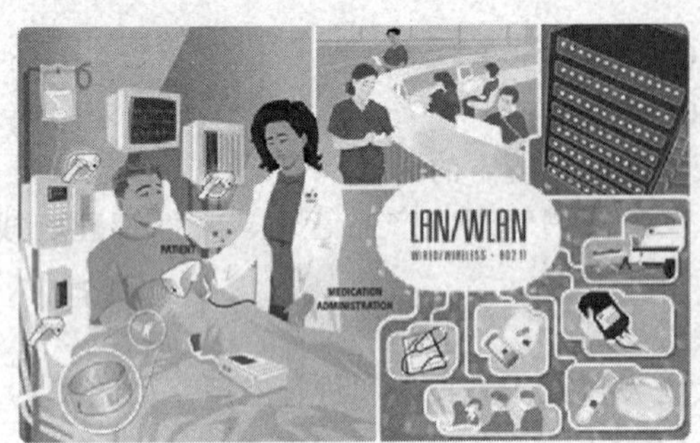

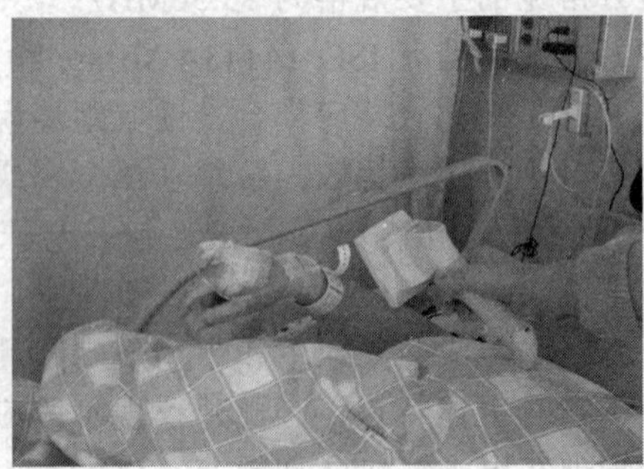

图 1-22　高频 HF 病患识别

（1）常见的主要规格有 430～460MHz、860～960MHz；

（2）主要标准有 ISO-18000、EPC Gen2；

（3）都是被动式天线，可采用蚀刻或印刷的方式制造，因此成本较低，其读取距离为 5～6m；

（4）应用于航空旅客与行李管理系统、货架及栈板管理、出货管理、物流管理、货车追踪、供应链追踪；

（5）技术门槛高，是未来发展的主流且 EPC Gen2 是美国主推，其应用范围广。

鉴于它有上述特点，因此建议现阶段应切入发展此领域技术和进行应用。如图 1-23 所示为超高频电子标签。

4）极高频/微波（Super High Frequency，SHF）/Microwave（uW）

极高频/微波的特性与应用和超高频段相似，但是对环境的敏感性较高，如易被水汽吸收，实施较复杂，未完全标准化，普及率待观察，一般应用于行李追踪、物品管理、供应链管理等。其主要规格为 2.4GHz 和 5.8GHz。如图 1-24 所示为极高频/微波电子标签。

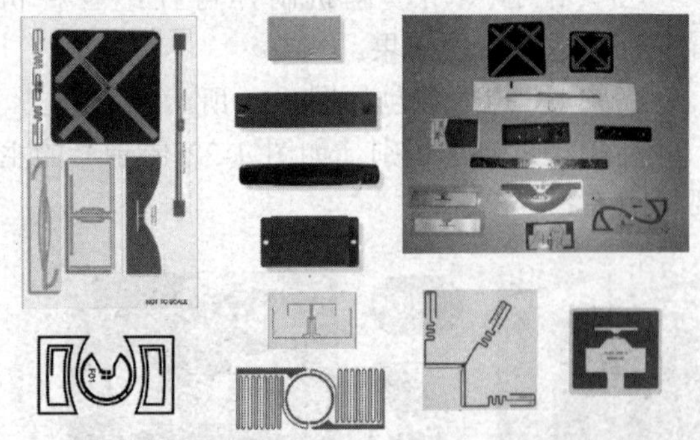

图 1-23　超高频电子标签

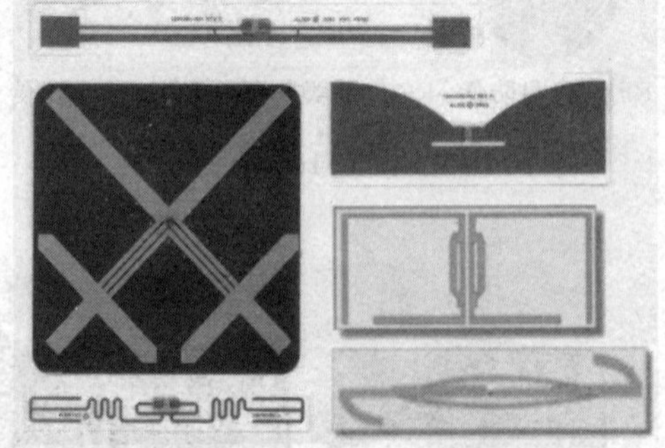

图 1-24　极高频/微波电子标签

3．RFID 的类型（以封装形式分类）

采用不同的天线设计和封装可制成多种形式的 RFID 标签，不同的标识对象需要不同形式的 RFID 标签，常见的 RFID 标签封装形式与应用示例见表 1-3。

表 1-3 常见的 RFID 标签封装形式与应用示例

制作模式	RFID 嵌体	“签物合一”形式	应用示例
内置式	预置于标识对象中或其包装内	镶嵌在产品或商品标签中	如酒类、光盘等
		镶嵌在运输工具或物流单元化器具的材质中或固定于其表面	如托盘、车笼、周转箱等
卡式	封装在专用的 PVC 卡中	镶嵌于可单独使用的信用卡状的 RFID 标签卡	如工卡、门禁卡、公交卡等
粘贴式	封装在打印机层（常见为纸质）与粘贴层之间	无可视信息，直接粘贴于标识对象或其包装上	如图书标签
		有可视信息，如智能标签	供应链管理的零售、配送和物流单元
悬挂式	封装在吊牌中	吊附在标识对象上	如服装、珠宝、资产等
异型式	封装于塑料、树脂、陶瓷等不同的材料中	动物标签：用耳标签钳打入动物的耳廓上	种畜繁育、疫情防治、肉类食品安全追踪
		车辆标签：直接粘贴于汽车挡风玻璃上部或插于标签卡座内	海关管理、高速公路收费等
		金属标签：固定在机车、拖车等标识物的底盘	机车、矿山机械等重型物品等
		集装箱封签标签：固定在集装箱及货车的门禁处	海关管理、物流管理等
		柔性标签：固定在需要重复回收使用的纺织品上	医疗用品清洗、干洗等

1.2.4 RFID 系统成本的构成

1. RFID 建置成本

一套完整的 RFID 系统的构建成本由标签成本、阅读器成本、天线与复用器成本、电缆成本、安装成本、控制器成本、测试费用、软件与中间件费用、整合费用、维护费用、人力资源成本构成。简单的 RFID 建置成本示意图如图 1-25 所示。

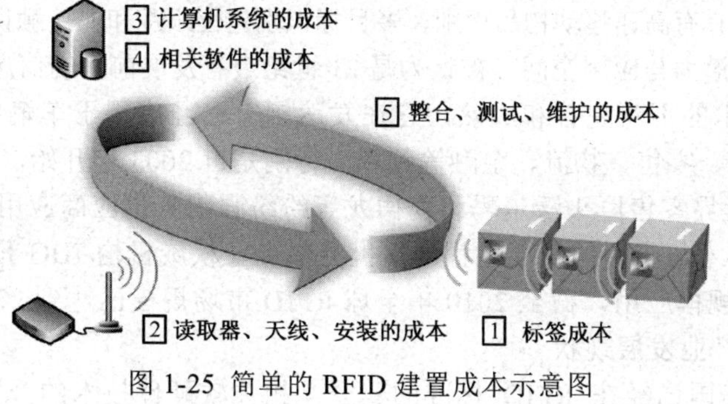

图 1-25 简单的 RFID 建置成本示意图

2. RFID 标签类型与成本的关系

RFID 标签类型与成本的关系如图1-26 所示。

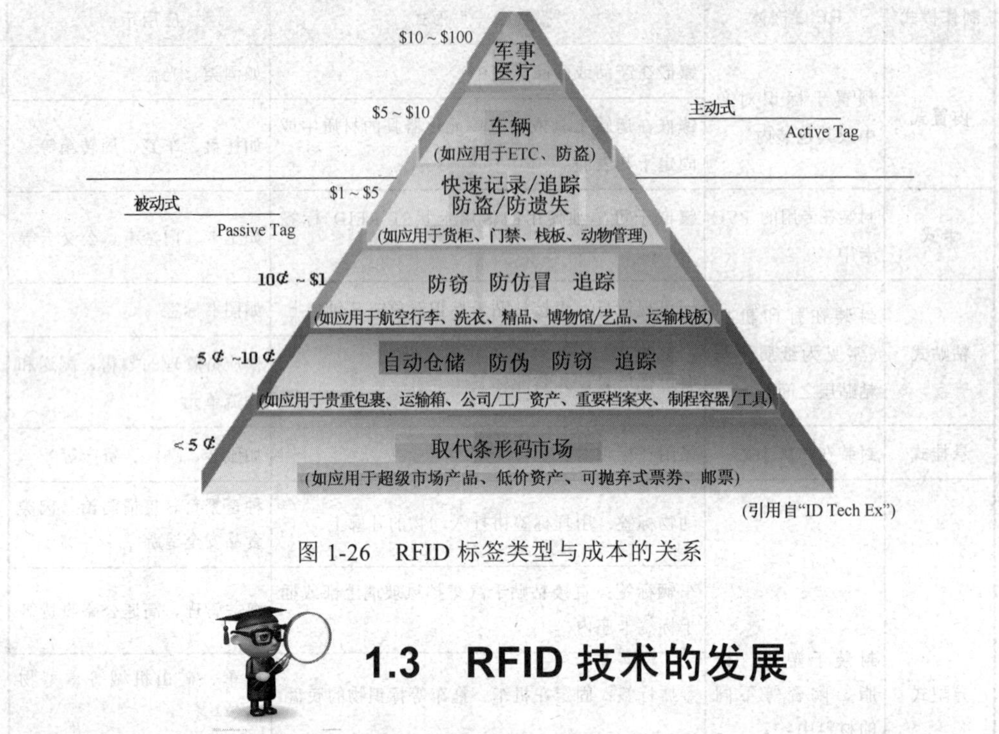

图 1-26 RFID 标签类型与成本的关系

1.3 RFID 技术的发展

RFID 的应用前景广阔是众所周知的。由于应用频段的灵活性和不同应用环境下的适应能力，如今它在如制造、物流、公共安全、零售、资产管理、医疗等，行业得到了较大的发展，而从长期来看，它可以用"泛在"（无所不在）来形容。

RFID 的应用除了在量上有了长足的发展之外，业界的领导企业们也开始了对其质上的精雕细琢。这类企业在以下两个纬度上进行着 RFID 应用在企业内部的深入展开：

（1）在应用的广度上，企业逐步倾向于打通企业的"任督二脉"，实现生产制造和物流运输的全程跟踪；

（2） 在应用的深度上，企业已逐步从技术验证的阶段过渡到实施企业级的 RFID 应用，由此引发了对 RFID 中间件、企业应用架构和企业级实施经验的强大需求。

1.3.1 全球 RFID 产业发展现状

由于 RFID 技术具有高速移动物品识别、多目标识别定位跟踪和非接触识别等特点，所以它日益显示出巨大的发展潜力与应用空间，被认为是 21 世纪最有发展前途的信息技术之一。

随着 RFID 技术的不断完善和成熟，它在发达国家已经应用于车辆自动识别电子收费系统、公共交通、医药、零售、物流、金融等领域。特别是自 2003 年开始，美国国防部、美国食品及药物管理局、世界零售巨头沃尔玛和麦德龙等纷纷强制其供应商应用 RFID 技术，更是极大地推动了 RFID 技术与应用的发展进程。据世界级专业权威机构 IDG 预测，RFID 技术将在未来 2～5 年开始大规模应用，截至 2010 年全球 RFID 市场规模已达到 270 亿美元。

1. 国外 RFID 产业发展现状

从全球来看，美国已经在 RFID 标准的建立，相关软硬件技术的开发、应用领域等方面走在世界的前列；欧洲的 RFID 标准紧紧追随着美国主导的 EPCglobal 标准，在封闭系统应用方面，欧洲与美国基本处在同一阶段；日本虽然已经提出 UID 标准，但主要得到的是本国厂商的支持，如要成为国际标准还有很长的路要走。

1）美国

在产业方面，TI、Intel 等美国集成电路厂商目前都在 RFID 领域投入了巨资进行芯片开发，Symbol 等已经研发出同时可以阅读条形码和 RFID 的扫描器，IBM、微软和 HP 等也在积极开发相应的软件及系统来支持 RFID 的应用。目前，美国的交通、车辆管理、身份识别、生产线自动化控制、仓储管理及物资跟踪等领域已经开始应用 RFID 技术。在物流方面，美国已有 100 多家企业承诺支持 RFID 应用，其中包括零售商沃尔玛，制造商吉列、强生、宝洁，物流行业的联合包裹服务公司及国防部的物流应用等。

美国政府是 RFID 应用的积极推动者。按照美国防部的合同规定，2004 年 10 月 1 日或者 2005 年 1 月 1 日以后，所有军需物资都要使用 RFID 标签；美国食品及药物管理局（FDA）建议制药商从 2006 年起利用 RFID 跟踪最常造假的药品；美国社会福利局（SSA）于 2005 年年初正式使用 RFID 技术追踪 SSA 的各种表格和手册。

美国 RFID 市场发展预期如图1-27 所示。

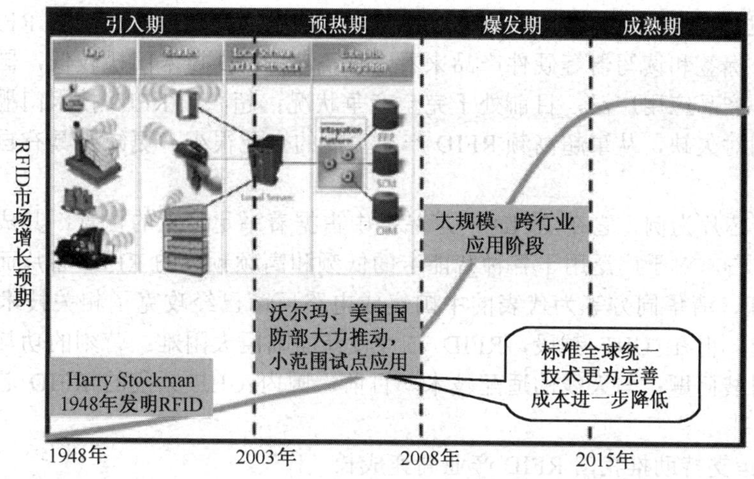

图 1-27　美国 RFID 市场发展预期

2）欧洲

在产业方面，欧洲的 Philips、STMicroelectronics 在积极开发廉价 RFID 芯片；Checkpoint 在开发支持多系统的 RFID 识别系统；诺基亚在开发能够基于 RFID 的移动电话购物系统；SAP 则在积极开发支持 RFID 的企业应用管理软件。在应用方面，欧洲在交通、身份识别、生产线自动化控制、物资跟踪等封闭系统与美国基本处在同一阶段。目前，欧洲的许多大型企业纷纷进行 RFID 的应用实验。例如，英国的零售企业 Tesco 最早于 2003 年 9 月结束了第一阶段试验。此试验由该公司的物流中心和英国的两家商店进行，试验内容主要是对物流中心和两家商店之间的包装盒及货盘的流通路径进行追踪，使用的是 915MHz 频带。

3）日本

日本是一个制造业强国，它在电子标签研究领域起步较早，日本政府也将 RFID 作为一项关键的技术来发展。MPHPT 在 2004 年 3 月发布了针对 RFID 的《关于在传感网络时代运用先进的 RFID 技术的最终研究草案报告》。报告称，MPHPT 将继续支持测试在 UHF 频段的被动及主动的电子标签技术，并在此基础上进一步讨论管制的问题；2004 年 7 月，日本经济产业省 METI 选择了包括消费电子、书籍、服装、音乐 CD、建筑机械、制药和物流在内的七大产业进行 RFID 应用试验。从日本的 RFID 动态来看，与行业应用相结合的基于 RFID 技术的产品和解决方案开始集中出现，这为 2005 年 RFID 在日本应用的推广，特别是在物流等非制造领域的推广，奠定了坚实的基础。

4）韩国

韩国主要通过国家的发展计划及联合企业的力量来推动 RFID 的发展，具体而言，主要是由产业资源部和情报通信部来推动 RFID 的发展计划。在韩国政府的高度重视下，韩国关于 RFID 的技术开发和应用试验正在快速开展。与日本类似，韩国也出现了将 RFID 引入开放系统的趋势。2005 年 3 月，韩国政府耗资 7.84 亿美元在仁川新建技术中心，主要从事电子标签技术（包括 RFID）的研发及生产，以帮助韩国企业快速确立在全球 RFID 市场的主流地位。该中心的建设在 2007 年已完成，RFID 标签和传感器在 2008 年已批量出货。

2．我国 RFID 产业发展与政策支持现状

近年来，RFID 产业已成为我国电子信息产业中最具发展潜力的新的经济增长点。在国家有关政策和资金的支持下，RFID 产业在我国取得了迅速发展。

1）我国 RFID 产业发展现状

相较于欧美等发达国家或地区，我国在 RFID 产业上的发展还较为落后。目前，我国 RFID 企业总数虽然超过 100 家，但是缺乏关键核心技术，特别是在超高频 RFID 方面，从包括芯片、天线、标签和读写器等硬件产品来看，低高频 RFID 技术门槛较低，国内发展较早，技术较为成熟，产品应用广泛，目前处于完全竞争状况；超高频 RFID 技术门槛较高，国内发展较晚，技术相对欠缺，从事超高频 RFID 产品生产的企业很少，更缺少具有自主知识产权的创新型企业。

仅以 RFID 芯片为例，它在 RFID 的产品链中占据着举足轻重的位置，其成本占到整个电子标签的 1/3 左右。对于广泛用于各种智能卡的低频和高频频段的 RFID 芯片而言，以复旦微电子、上海华虹、清华同方等为代表的中国集成电路厂商已经攻克了相关技术，打破了国外厂商的统治地位，但在 UHF 频段，RFID 芯片设计面临巨大困难：苛刻的功耗限制；片上天线技术；后续封装问题；与天线的适配技术。目前，国内 UHF 频段的 RFID 芯片市场几乎被国外企业垄断。

2）产业政策支持助推我国 RFID 产业高速成长

在国家产业政策方面，利好政策不断出台，为 RFID 产业健康快速发展提供了强有力的保障和支持。为指导和促进我国 RFID 产业发展，2006 年 6 月 9 日，我国 15 个部委联合编写的《中国射频识别（RFID）技术政策白皮书》正式以国家技术产业政策的形式对外公布。作为我国第一次针对单一技术发表的政策白皮书，《中国射频识别（RFID）技术政策白皮书》为我国 RFID 技术与产业未来几年的发展提供了系统性指南。随后，科技部确定了国家先进制造技术“863 计划”中的 19 个方面课题的专项资金，共计 1.28 亿元，支持 RFID 技术在我国的研发与应用；国家发改委在 2006 年、2007 年、2008 年连续三年确定 RFID 产业为信息领域重点支持的关键产业，并给予项目支持；工业和信息化部在 2007 年正式发布《800/900MHz 频段射频识别（RFID）技术应用规定》的通知，规划了 800/900MHz 频段 RFID 技术的具体使用频率，扫除了 RFID 正式商用的技术障碍，为 RFID 的大规模普及提供了重要保障。国家切实可行的政策指导规划和实实在在的项目支持，极大地促进了 RFID 产业的发展，使我国 RFID 发展进入了快车道。

《中国射频识别（RFID）技术政策白皮书》为我国 RFID 技术与产业的未来发展指明了道路。我国 RFID 产业的发展将分为以下三个阶段实施。

第一阶段为培育期（2006—2008 年）：在产业化核心技术研发、标准制定等方面取得突破，通过典型行业示范应用，初步形成 RFID 产业链及良好的产业发展环境。

第二阶段为成长期（2008—2012 年）：扩展 RFID 应用领域，形成规模生产能力，建立公共服务体系，推动规模化市场形成，促进 RFID 产业持续发展。

第三阶段为成熟期（2012 年以后）：整合产业链，适应新一代技术的发展，辐射多个应用领域，提高 RFID 应用的效率和效益。

目前，我国正处于 RFID 行业发展的成长期，RFID 技术应用领域不断拓展，产业规模迅速扩大。在这一过程中，业内优势企业将以更高的速度成长，为投资者提供良好的投资机会。

1.3.2 RFID 技术的发展趋势

就技术而言，在未来的几年中，RFID 技术将继续保持高速发展的势头。随着关键技术的不断进步，RFID 产品的种类将越来越丰富，应用和衍生的增值服务也将越来越广泛。

RFID 芯片设计与制造技术的发展趋势是芯片功耗更低，作用距离更远，读写速度与可靠性更高，RFID 标签封装技术将和印刷、造纸、包装等技术结合，导电油墨印制的低成本标签天线、低成本封装技术将促进 RFID 标的大规模生产，芯片技术将与应用系统整体解决方案紧密结合，RFID 技术与条码、生物识别等自动识别技术，以及与互联网、通信、传感网络等信息技术融合，构筑一个无所不在的网络环境。海量 RFID 信息处理、传输和安全对 RFID 的系统集成和应用技术提出了新的挑战。RFID 系统集成软件将向嵌入式、智能化、可重组方向发展，通过构建 RFID 公共服务体系，将使 RFID 信息资源的组织、管理和利用更为深入和广泛。

1. RFID 结合感测装置，让无线传感网络成为 RFID 的“翅膀”

RFID 自身存在一些不足之处，如成本高、需借助读取器收集数据、抗干扰性较差且有效距离一般小于 10m 等，这些对它的应用构成一定的限制。而无线传感网络 WSN（Wireless Sensor Network）刚好可以弥补 RFID 的这些缺点，这无疑为 RFID 的实施插上了“翅膀”，如图1-28 所示。

1）RFID 与 WSN 结合的契机

从通信产业发展的角度来看，对 RFID 应用需求的产生直接源于通信技术的发展，属于设备与设备之间的通信市场的开拓。通信技术发展的直接结果是一个结构更加复杂和功能更加强大的通信系统，因此从根本上看，RFID 与通信系统 WSN 的结合存在很大的契机。

图 1-28 RFID 与感测装置结合示意图

首先，因为 WSN 可以监测四面八方感应到的资料，其与 RFID 技术结合后，可进一步确保数据的完整性，这将能弥补 RFID 高成本及须借助读取器收集数据的缺点。形象地说，通过 RFID 标签，物品会发出信号表示“我在呢”，这就是它能发出的全部信息；而通过 WSN，物品会告诉你一些其他信息，如它现在的温度等。如果将 RFID 与 WSN 结合起来，那么物品发出的信号就不仅仅是“我在呢”，还包括一些其他信息。

其次，由于 RFID 的抗干扰性较差，而且其有效距离一般小于 10m，这对它的应用是个限制。如果将 WSN 同 RFID 结合起来，利用前者高达 100m 的有效半径形成 WSID 网络，那么其应用前景不可估量。简单来说，RFID 技术可以看成一个短距离的 WSN 网络；而 WSN 可以看成一个长距离的 RFID 通信网络。基于这种趋势，将 RFID 与 WSN 整合起来就可以形成一个覆盖全部范围的网络。

一个 RFID 与 WSN 结合应用的成功案例是位于中国台湾地区台南市的大山鸡场应用 WSN 与 RFID 辅佐雏鸡养育，即通过 WSN 监控影响鸡蛋质量的变因，如二氧化碳浓度、温度、湿度及风力等，将环境维持在最佳状态，再结合 RFID 改善上游的饲料厂、鸡舍及下游蛋品运输等作业流程。

2）RFID 协同 WSN、RTLS 驱动数字化供应链

在传统的供应链中，重要的流通信息的收集工作会比较慢，不仅耗费很多人力，而且容易出现错误，严重阻碍了企业及时做出决策和开展合作，从而会产生非常不利的负面影响。随着需求的拉动，企业的供应链状况正在发生着非常大的变化。由于 RFID 能为供应链管理及物流业创造很高的价值，所以它在这些领域大行其道是理所当然的。例如，沃尔玛在使用 RFID 方案后，其手工订货工作量减少了 10%～15%、缺货情况降低了 30%、促销产品的销售量增加了 25%，而更重要的是顾客满意度得到了大幅度提高。

利用 RFID 和 WSN 方面的专业知识与技术，网络边缘设备的技术融合，可使企业从传统供应链向数字化供应链进行转变。供应链终端的产品和环境也是非常重要的影响因素，WSN 能够用于具有条件感应功能的基础设施和交通环境，面向资产和货物有确认功能。实时定位系统（Real-time Location System，RTLS）则可帮助对供应链的各个环节中的产品进行位置跟踪，确定供应链终端产品的位置。所有这些促使其能够更快速地获取信息，更迅速地采取行动，并更明智地做出决策。这些企业能够获得更高的产品回报率和客户满意度，并降低不必要的库存和销售损失。

射频标签已经和许多传感器连接了，包括能记录温度、湿度的传感器。当环境条件发生变化时，标签能够得到提示，尤其是当变化对物品的储存和使用有重要影响时。

2. RFID 结合人体，RFID 芯片蕴藏在人体中神奇钥匙

世界的一些知名企业家正在尝试着将 RFID 芯片植入手臂（或者身体的其他部位），充当门禁的通行证，即 VeriChip（植入式感测装置），如图1-29 所示。

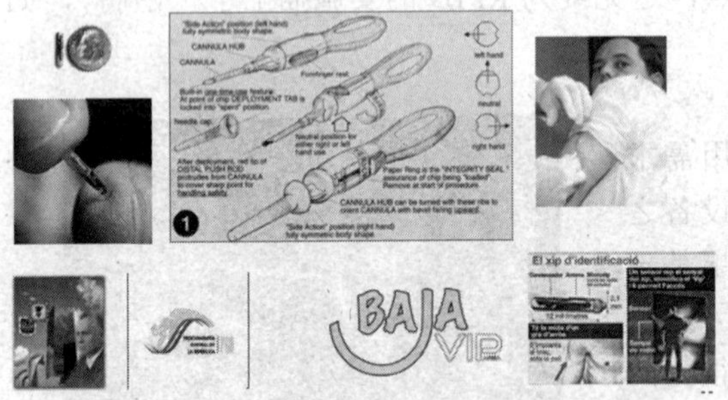

图 1-29　RFID 与人体结合示意图

在过去，携带钥匙和计算机密码是必不可少的事情，可是现在就大不同了。贝林汉姆是华盛顿的一名企业家，他和他的女朋友简佛·汤姆毕丽均在手中植入了芯片，他们通过这个芯片便可以进入办公室及打开计算机，由此就不需要钥匙和密码了。

植入他们手中的芯片是 RFID 芯片，这种芯片由于可在商品的跟踪中代替条形码而被经常用到。RFID 芯片也经常被用来付款和用做交通卡，还有很多被植入宠物或牲畜的身体中，最近已经测试成功并植入人体内了。

加拿大温哥华的 29 岁企业家格阿夫斯特拉在身体内也植入了芯片，他现在正在美国纽约推广这种新科技，旨在告诉大家植入芯片给生活带来的种种方便，而且芯片永远不会遗失或被人盗去，有需要时更可从身体上移除。他说植入身体内并不意味着会引起机场的安全问题，他在他的博客中这样写道：我从来都很顺利地通过了飞机安检。如果人们希望通过植入芯片的方式保护他们的安全，是完全可以做到的，美国政府已经同意人们使用 RFID 芯片了。

在欧洲，有许多将 RFID 芯片植入人体的试验。例如，西班牙巴塞罗那的 Vaja 俱乐部的成员就在其身体内植入 RFID 芯片，以此进入俱乐部并且能够用来付款等。大部分俱乐部成员选择将这种芯片植入胳膊里，这样他们进入俱乐部时就不需要携带其他任何证件了。

英国 Reading 大学的 Cybernetics 教授在 1999 年就在胳膊里植入了一个 RFID 芯片。他在接受新浪访问时，向人们展示了已经植入 RFID 芯片的手臂。

Gartner 集团的副主席和研究主管 Avivah Litan 说："在人的身体内植入芯片的花费是比较昂贵的，即使这项技术被大众接受，因为其成本较高，也不会有太多的人愿意使用。"

RFID 芯片确实存在安全问题，如果仅仅是为了单个私人的保密，这种方法已经足够了，但要实现大量的大范围的使用，其安全问题就不能忽视。例如，一个人用石头打破我的玻璃进入房间要比破译我的 RFID 芯片简单得多。

3．RFID 结合显示装置，拉伸了视角

将 RFID 技术与终端显示装置结合起来，通过 RFID 技术采集到的相关数据利用网络技术传输到用户的终端，在用户终端前探摄显示结果；大型显示装置具有传感器，可侦测周围的环境与人、人与人的感觉和互动，这样拉伸了人的视角，便于对物流、医疗等实施远程实时的透明化管理，如图1-30 所示。

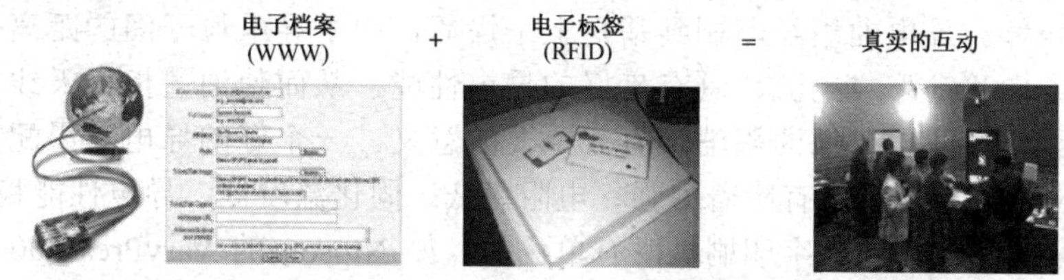

图 1-30　RFID 与显示装置结合示意图

假如现在需要进行抗震救灾，肯定要涉及救援设备的管理、救援物资的管理，以及救援现场机械和通信设备、运输能力的调度等。为了做好物流管理，人们给设备贴上 RFID 标签，然后在运输中再加上 GPS 跟踪在途情况。RFID 标签的数据，如日期、时间或序列号可以集成到任何视频图像里，可使物品在进出的时候被扫描。视频图像也可提供由于物品损坏而需补偿的运输费用的确切信息，记录的数据和图像数据由数字记录系统保存，以确保图像数据和包裹数据可以清楚地匹配。RFID 技术与视频图像的结合不仅可提供产品的位置，也提供产品目前的状况，直至产品交付，可实现一路追踪。利用管理软件，可自动地记录供应链里产品的位置；通过集成视频图像，包裹和甚至所有的托盘都可以在任何特定的点被识别，这样用户不仅可以读取标签，还可以实时地看到产品。

4．RFID 结合定位技术，准确快速定位

RFID 技术结合定位技术，可以实现准确快速定位。

采用 RFID 技术进行非接触自动管理，当出入人员佩戴装有射频识别芯片的身份卡通过门口时，无须任何操作，便可完成从身份识别、身份验证到通行记录的全过程操作；该技术还可以和后台管理系统进行通信，为井下人员的安全管理提供实时、可靠的技术保证。井下人员管理系统属于煤矿安全管理系统范畴。该系统采用计算机多任务分布式处理方式，能够对各通道口的位置、通行对象及通行时间等情况进行实时控制或设定程序自动控制。这项技术已经广泛应用于政府机关、企业、金融、公安部门、军事基地、智能小区、学校、高级酒店等出入口保安管理，并起到了重要的作用。

井下人员管理系统的架设和工作原理：首先在井下需要进行人员跟踪的区域和巷道中根据现场具体需要放置一定数量的无线标识传感器，通常情况下一个地点只需要放置一个即可跟踪此地点进出人员的情况。然后将无线标识传感器通过传输总线与地面计算机连接，同时为多功能分站与无线标识传感器连接提供工作电源，这样就完成了一个由井上计算机通过电缆连接井下无线标识传感器的系统架设。接着为需要进行人员跟踪定位的下井人员佩戴一个

无线标识卡，当下井人员进入井下以后，只要通过或接近放置在巷道内的任何一个无线标识传感器，它便会马上感应到信号，并将其上传到中心站主机上，这样中心站主机的软件就可判断出具体信息（如身份、位置、具体时间），同时可把信息显示在控制中心的大屏幕或计算机显示屏上，并做好备份。

5．印刷技术应用于标签制造，突破标签成本的限制

RFID 标签封装技术将和印刷、造纸、包装技术结合，导电油墨印刷的低成本标签天线及低成本封装技术将促进 RFID 标签的大规模生产，并成为未来一段时间内决定产业发展速度的关键因素之一。

标签的结构一般由基材、芯片和内置天线（线圈）组成。目前线圈的制造方法有铜丝绕制法、化学腐蚀法、电镀法和直接印刷法。这四种方法中值得重点发展的是直接印刷法，因为该方法具有天线的高速印刷、耗材成本低的优点，这样可以明显降低 RFID 标签的成本。在直接印刷天线技术中，导电油墨是一个重要的推动力。没有导电油墨的发展，就没有印刷技术在 RFID 标签制造中的应用。导电油墨由一些易传导性的粒子、树脂或更为特殊的原材料组成，如传导聚合体。导电油墨经印刷到基材上干燥后，由于导电粒子间的距离变小，自由电子沿外加电场方向移动形成电流，具有良好的导电性能，从而使油墨担当天线的作用。油墨质量对于提高导电性能，降低油墨消耗有着重要的意义。一个好的导电油墨配方，要求具有良好的印刷适应性，印刷后具有附着力强、电阻率低、固化温度低、导电性能稳定等特性。

目前，用于标签印刷的数字印刷机既有单色的，如 Nipson 的 VaryPress200 和 400；也有彩色的，如常见的富士施乐 Docu ColoriGen3、柯达的 NexPress2100、奥西的 CPS700 等，但目前市场上最常见的标签数字印刷机主要来自 HPIndigo 和 Xeikon 两大供应商。

尽管采用数字印刷机印刷标签的时间不算很长，但随着技术、市场的成熟，它将会有更大的发展。

6．在水或金属中读取标签技术，破解标签应用限制

RFID 技术和金属相结合似乎不太现实，许多人认为电子标签不可能在水或金属中读取，只有 HF 标签能满足这些试验，但是新的 UHF Gen2 标签却可以在水或金属中读取，这是一个真正的突破。

在冷冻食品上应用 RFID 标签会影响标签的读取性能，这是因为水会吸收无线射频信号。例如，一个装有冰淇淋的箱子，其内部会有湿气，外部会有水珠或结霜，因此在读取 RFID 标签时常常会遇到困难。尽管如此，冷冻食品供应商及其他冷藏物品（如医药品）的制造商，也开始对沃尔玛和其他要求它们在托盘和包装箱上使用 RFID 标签的零售商做出响应。为了给这些制造商提供 RFID 测试和增值标签服务，一家位于 Ontario 的 Markham 的物流软件及专业服务公司已经成立了一个 RFID 研发联盟。

金属和多水环境也是阻止 RFID 大量使用的重要因素。无线电波会从金属物体上反射回来，会被水吸收，这会使跟踪金属物体或含水较高的物体时产生困难。但是精心设计的系统能解决这些问题，选择贴标位置或改变包装材料等。

（1）抗金属电子标签是用一种特殊的防磁性吸波材料封装成的电子标签，从技术上解决了电子标签不能附着于金属表面使用的难题。将抗金属电子标签贴在金属上能获得良好的读取性能，甚至比在空气中读的距离更远。采用特殊的电路设计，该电子标签能有效防止金属对射频信号的干扰。真正的抗金属电子标签的良好能性能是其贴在金属上时的读取距离比不贴时更远，这就是整体设计的优秀成果。

新型抗金属电子标签，要解决的技术问题是使电子标签在金属环境下可靠使用，降低成本。此时可采用以下技术方案：首先在标签天线基板（采用聚四氟乙烯制成）正面设置标签天线和芯

片，并将其正面粘贴在有机玻璃的标签基板正面，标签天线至标签基板背面的高度为 1～7mm。然后选取合适的标签基板高度，利用被粘贴物体的金属面为反射面板，使金属反射的电磁场与标签天线的电磁场在垂直标签的远场实现叠加，从而使标签的读写性能进一步提高。该电子标签尺寸小，应用范围广，性能稳定，成本低，易批量加工，安装方便。

（2）RFID 抗金属电子标签（13.56MHz）如图 1-31 所示，它是采用特制橡胶磁贴膜和电子标签芯片封装而成的特殊标签，该标签的芯片的尺寸大小可以按照客户实际需求定制，而且其质量性能好。它适合用在露天电力设备巡检、铁塔电线杆巡检、电梯巡检、压力容器钢瓶汽瓶、各种电力家用设备的产品跟踪方面。

图 1-31　RFID 抗金属电子标签

7．RFID 标签与 RFID 读取器的发展趋势

1）RFID 标签的发展趋势

（1）无源系统是未来主流趋势；

（2）标签多元化；

（3）性能更加优越：有效距离更远、读写性能更加完善、高速移动物品识别、体积更小、快速读写、环境适应性更好；

（4）新技术的应用，使标签成本更加低廉。

2）RFID 读取器的发展趋势

（1）小型化、嵌入式；

（2）多频段、多制式相容，可读取多种兼容协议的电子标签；

（3）智能多天线接口，采用相位控制技术；

（4）多种自动识别技术的整合，如条形码与 RFID 的整合；

（5）更多新技术的应用，如智能通道分配技术、扩展技术、分码多址技术等。

1.3.3　RFID 应用的发展方向

1．与移动信息化有机结合，实现物流、信息流、资金流的“三流合一”

RFID 技术与移动信息化有机结合，其应用范围更广阔：由目前“B-B”（企业-企业电子商务）应用拓展至“B-B-B”（企业-企业-企业电子商务）及“B-B-C”（企业-企业-客户电子商务）应用；由生产流通领域拓展至商贸、服务及消费领域。

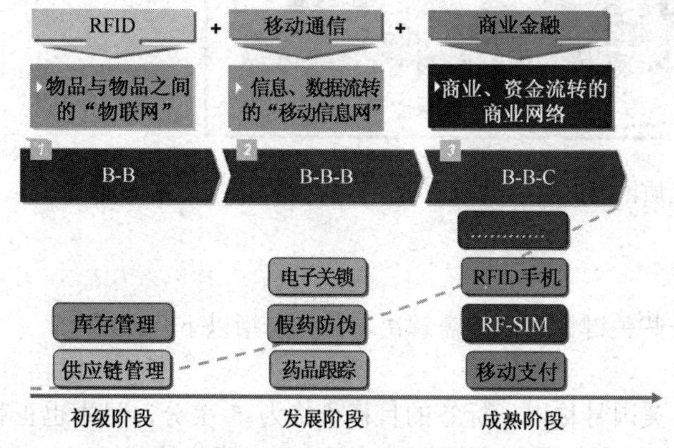

图 1-32　RFID 实现物流、信息流、资金流“三流合一”示意图

RFID 实现物流、信息流、资金流“三流合一”的示意图如图 1-32 所示。

2．RFID 与移动信息化的结合：电子关锁

RFID 产品的应用及与 GPS 的联动，能够监控车辆和货物，有效地掌握车辆和货物的实时情况，有效减少物流运输车辆的安全风险。例如，利用电子关锁（如图 1-33 所示）和 GPS 定位监控系统技术，货物在起运地海关预报关后会同时向指定口岸海关发送电子数据，等运载该批货物的指定车辆到达指定地点海关后，只要电子数据对碰成功、关锁没有异样，不用查验就可直接放行，并启动 GPS 定位监控系统，待货物运送到机场海关后才进行最后的查验。

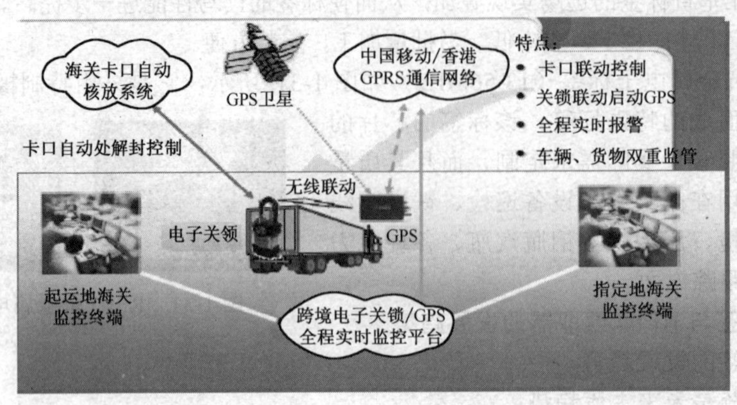

图 1-33 电子关锁

3. 构建优质网络社会的生活情境

RFID 产业的发展规划为：以构建 RFID 技术、产业与应用服务体系为目标，从实际出发探讨符合我国国情的创新发展模式，提升 RFID 应用水平，真正实现“科技改善我们的生活”的美好愿景；主要突破 RFID 的芯片设计与制造技术、天线设计与制造技术、读写器开发与生产技术、应用软件、中间件与系统集成技术，以及基于 RFID 的信息服务技术，打造完整产业链，建立支持 RFID 技术应用的跨部门（行业）的第三方信息服务体系，促进我国 RFID 产业与应用的科学发展、创新发展与可持续发展，为提高城市现代化管理及服务水平，方便百姓生活，构建和谐社会作出新贡献。如图1-34 所示为优质网络社会的生活情境。

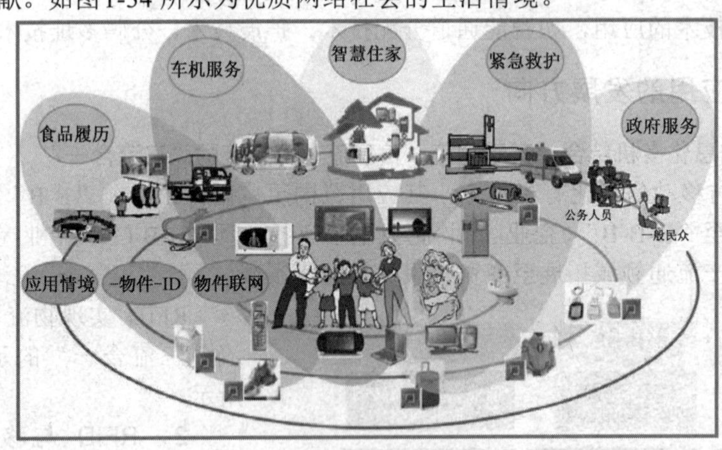

图 1-34 优质网络社会的生活情境

1.3.4 RFID 技术面临的问题

在现阶段，RFID 技术推广应用仍有一些关键性的问题需解决，具体包括以下几方面。

1. 成本问题

成本会影响 RFID 技术的拓展速度。美国号称电子标签的目标价格为 5 美分，日本也正朝着推出 5 日元的标签而努力。但是改善制造流程与提高市场规模才是 RFID 降价的关键。

2．信号干扰问题

RFID 技术主要是基于无线电波传送原理的，当无线电波遇到金属或液体时，信号传导会产生干扰与衰减，进而影响数据读取的可靠性与准确度。在一些特殊环境中，如将 RFID 标签贴于装饮料的铝罐外或计算机金属外壳上，都会遇到这类问题。

3．频段管制问题

目前，各国电磁波管制频段的范围不尽相同，尤其是在超高频和微波频段，各国开放的频率不一，使得 RFID 在跨国应用时产生了许多问题。RFID 设备制造商正朝着提供多频段功能的方式来解决此问题，但此举会增加设备成本，不利于应用推广。

4．国际标准的制定问题

目前，RFID 技术及标准的制定机构包括 EPCglobal 与 ISO，其中，EPCglobal 制定了 EPC（Electronic Product Code）标准，使用 UHF 频段；ISO 制定了 ISO14443A/B、ISO15693 与 ISO18000 标准，前两者采用 13.56MHz，后者采用 860～930MHz。在当前主要应用的 UHF 频段，两大标准势必有一番争斗。同时，由于各国开放的频段不同，特别是 UHF 频段，美国为 902～928MHz、欧洲为 868MHz、日本为 950～956MHz，而且各国还有其他应用在分享无线频率的不同频段，标准与频率不一，所以将导致 RFID 读写器与标签的互通性降低，影响精确度，难以统一适用。

5．隐私权问题

RFID 具有追踪物品的功能，尤其是在消费性商品的使用上。但当消费者在超市中购买商品时，商品的 RFID 信息存在着被少部分人刻意收集，从而侵犯他人隐私权的可能性。该项质疑使 RFID 的大量应用存在不确定性，还需各国主管机关制定法规来加以解决。

1.4 实训项目

1.4.1 实训项目任务单

日常生活中 RFID 技术的应用分析实践项目任务单

任务名称	日常生活中 RFID 技术的应用分析
任务要求	观察日常生活中的 RFID 技术应用，并记录它们的使用具体情况，撰写观察实践分析报告
任务内容	1．观察日常生活中使用的 RFID 技术； 2．分析日常生活中相关的 RFID 技术，指明该 RFID 技术的应用领域，说明该 RFID 技术的频率属于哪种类型，分析其系统构成及成本构成； 3．完成实训任务分析报告表； 4．分析与汇报
提交资料	1．提交实训任务分析报告表； 2．PPT 演示文稿
相关网站资料	大学城空间：http://www.worlduc.com/SpaceShow/Index.aspx?uid=256484 RFID 世界网：http://tech.rfidworld.com.cn/2010_09/fbab9eb5cb992db9.html
思考问题	1．日常生活中的 RFID 技术给我们的生活带来什么改变？ 2．对 RFID 技术的应用前景进行分析

1.4.2 实训目的及要求

1. 实训目的

RFID 已涉及人们日常生活的各个方面，并被广泛应用于工业自动化、商业自动化、交通运输控制管理等众多领域，如火车的交通监控系统、高速公路自动收费系统、物品管理、流水线生产自动化、门禁系统、金融交易、仓储管理、畜牧管理、车辆防盗等，因此 RFID 技术将成为未来信息社会建设的一项基础技术。观察日常生活中的 RFID 技术，思考和了解其系统构成与类型。

2. 实训要求

实训任务分析报告表

序　号	观察日常生活中的 RFID 应用技术	该 RFID 技术的应用领域	该 RFID 技术的频率类型	该 RFID 系统构成	该 RFID 的成本构成
1					
2					
3					
4					
5					

1.5 习题

1. 什么是 RFID 技术，它与其他自动识别技术有什么区别，主要优势在哪里？
2. 简述 RFID 系统的组成及类型。
3. 简述 RFID 技术的发展趋势及对未来生活的影响。

第2章

RFID 技术基础

导教——教学导航

职业能力要求

■ 专业能力：掌握 RFID 电磁波及射频频谱范围；掌握 RFID 天线的相关基础知识及其分类；掌握天线的性能要求，天线的制造工艺和应用相关知识。

■ 社会能力：对 RFID 技术精益求精，具备良好的工程实施能力。

■ 方法能力：RFID 基础知识的迁移能力，在 RFID 技术的应用过程中对 RFID 频率分析及天线部署的应用分析能力。

学习目标

■ 了解 RFID 的相关频谱知识，掌握各国的 UHF RFID 频段知识；

■ 掌握 RFID 的天线分类知识，能在实际应用中分析 RFID 系统的故障；

■ 熟悉 RFID 天线的性能要求，能在具体应用中进行天线的部署。

学习任务

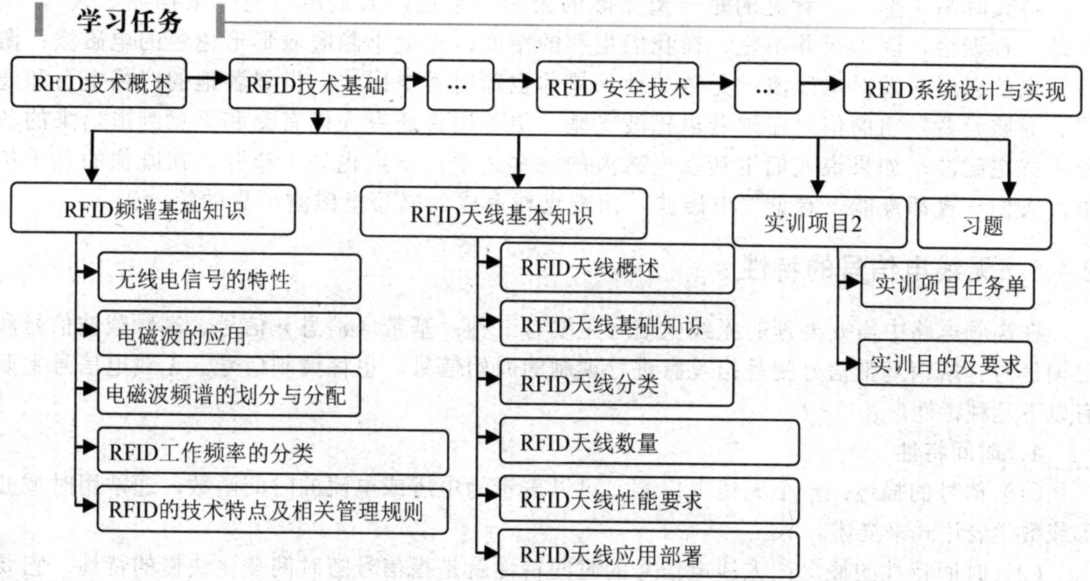

导读 2-1　无形的战略资源——无线电频谱资源的战略意义

电磁场产生的波在空间以不同的频率传播（电磁场变化的速率称为频率），这些频率的集合统称电磁频谱。在电磁频谱中，3000GHz 以下的频率称为无线电频谱，因此，无线电频谱是自然存在的无线电频率的组合。人类发明无线电报后的 100 多年间，无线电频谱资源在远程通信、交通航海、军事战争等诸多领域得到了广泛应用。特别是 20 世纪末人类进入信息时代以来，无线电频谱资源的战略价值进一步得到了全球各国的重视。

（1）无线电频谱是推动通信信息产业发展的重要资源。无线电频谱作为各种无线电业务开展的基础资源，既是当今构筑无线信息高速公路的基石，也是引领当今整个通信信息产业继续创新发展的重要动力源泉。

（2）无线电频谱是推动国民经济发展、保障社会安全的重要资源。除对经济增长有所贡献外，无线电频谱还是保障社会安全的重要资源。例如，各类无线电指挥调度系统为公安等公共部门提供了有效的信息沟通手段，维护了社会的安定有序。在诸如汶川地震、舟曲泥石流、特大洪灾等公共紧急事件中，无线电波也已成为连接灾区的空中纽带，为抢救人民生命财产提供了重要的信息保障。在北京奥运会、60 年国庆阅兵、上海世博会等重大体育赛事和庆典活动中，无线电指挥调度和安全保卫系统也发挥了至关重要的作用。

综上所述，无线电频谱是重要的基础性资源，正如国土资源、水资源等一样，它不但创造了巨大的社会财富，还捍卫着人民生命财产的安全。

（资料来源：http://www.cnii.com.cn/wlkb/zgwxd/content/2010-09/01/content_791554.htm）

【分析与讨论】

（1）列举日常生活中的无线电的主要应用。

（2）无线电频率作为无形的战略资源，对国民经济的发展起到怎样的作用？

2.1 RFID 技术基础之频谱基础知识

晴天时举头仰望，看见的是一望无际的天空。不过，人们用“空”来描述“天”，实在是一种误会，因为天并不空。在我们生存的空间，无处不隐匿着形形色色的电磁波：激雷闪电的云层在发射电磁波；无数的地外星体也辐射着电磁波；世界各地的广播电台和通信、导航设备发出的信号在乘着电磁波飞驰；更不用说还有人们有意和无意制造出来的各种干扰电磁波，如果说人们生活在电磁波的海洋之中，一点也毫不夸张。在既往的几千年中，人们一直都没能“看见”电磁波，而麦克斯韦成为书写电磁波历史的第一人。

2.1.1 无线电信号的特性

在高频电路中需要处理的无线电信号主要有三种：基带（消息）信号、高频载波信号和已调信号。所谓基带信号就是指没有进行调制的原始信号，也称调制信号。无线电信号主要有以下几种特性。

1．时间特性

（1）信号的描述：一个无线电信号，可以表示为电压或电流的时间函数，通常用时域波形或数学表达式来描述。

（2）时间特性的概念：无线电信号的时间特性就是指信号随时间变化快慢的特性。它要求传输该信号的电路的时间特性（如时间常数）与之相适应。

2．频谱特性

无线电信号的频谱特性就是指信号中各频率成分的特性。频谱特性包含幅频特性和相频特性两部分，它们分别反映信号中各个频率分量的振幅和相位的分布情况。对于较复杂的信号（如语音信号、图像信号等），用频谱分析法表示较为方便。

对于周期性信号，以表示为许多离散的频率分量（各分量间成谐频关系），如图 2-2 即为图 2-1 所示信号的频谱图；对于非周期性信号，可将其用傅里叶变换的方法分解为连续谱，此时的非周期性信号即为连续谱的积分。

任何信号都会占据一定的带宽。从频谱特性上看，带宽就是信号能量主要部分（一般为90%以上）所占据的频率范围或频带宽度。

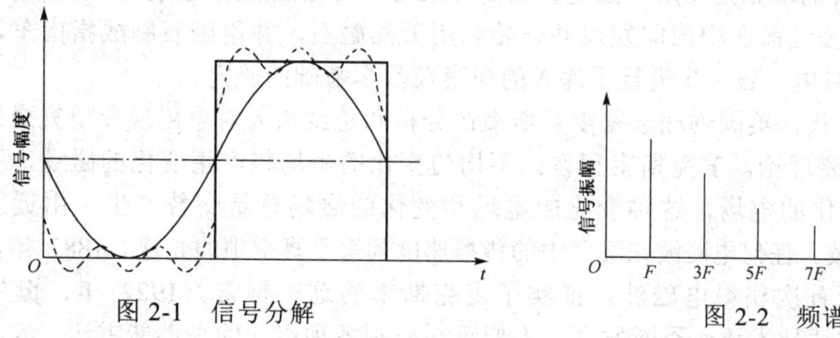

图 2-1 信号分解　　图 2-2 频谱图

3．传播特性

无线电信号的传播特性是指其传播方式、传播距离、传播特点等。无线电信号的传播特性主要根据其所处的频段或波段来区分。

电磁波从发射天线辐射出去后，不仅电磁波的能量会扩散，接收机只能收到其中极小的一部分，而且在传播过程中，电磁波的能量会被地面、建筑物或高空的电离层吸收或反射，或者在大气层中产生折射或散射等现象，从而造成到达接收机时的强度大大衰减。根据无线电磁波在传播过程所发生的现象，电磁波的传播方式主要可分为直射（视距）传播、绕射（地波）传播、折射和反射（天波）传播及散射传播等，如图 2-3 所示。决定传播方式和传播特点的关键因素是无线电信号的频率。

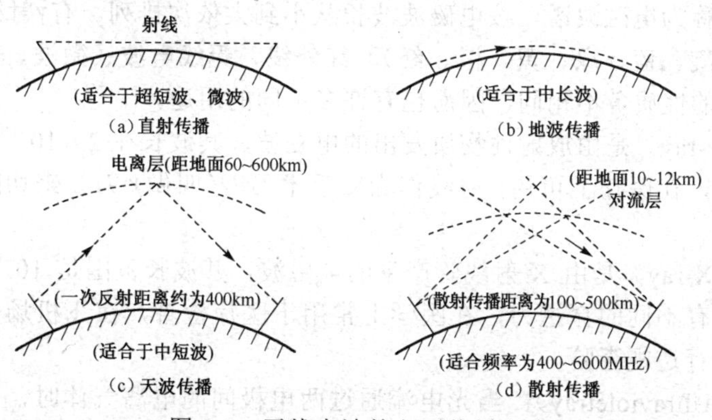

图 2-3 无线电波的主要传播方式

4．调制特性

无线电传播一般都要采用高频（射频）的一个原因就是高频适用于天线辐射和无线传播。只有当天线的尺寸可以与信号波长相比拟时，天线的辐射效率才会较高，从而可以较小的信号功率传播较远的距离，接收天线也才能有效地接收信号。

所谓调制，就是用调制信号去控制高频载波的参数，使载波信号的某一个或几个参数（振幅、频率或相位）按照调制信号的规律变化。

根据载波受调制参数的不同，调制分为三种基本方式，即振幅调制（调幅）、频率调制（调频）、相位调制（调相），分别用 AM、FM、PM 表示。另外还有组合调制方式。

2.1.2 电磁波的应用

1. 无线电时代的产生

RFID 技术实现的基础是利用电磁能量实现 AIDC，而电磁能量是自然界存在的一种能量形式，追溯历史，公元前在中国即发现并开始利用天然磁石，并用磁石制成指南车，到了近代，越来越多的人对电、磁、光进行了深入的观察及数学基础的研究。

19 世纪 60 年代，英国物理学家麦克斯韦在分析和总结前人对电磁现象研究成果的基础上，建立了经典电磁理论。麦克斯韦预言：不均匀变化的电场将产生变化的磁场，不均匀变化的磁场将产生变化的电场，这种变化的电场和变化的磁场总是交替产生，由近及远地传播，从而形成电磁波。任何电磁波在真空中的传播速度都等于真空中的光速。1887 年，德国物理学家赫兹用实验首次获得电磁波，证实了麦克斯韦的这一预言。1922 年，诞生了雷达（Radar），至今，雷达技术还在不断发展，人们正在研制各种用途的高性能雷达。人类从此进入了无线电时代。

2. 无线电通信发展简史

1895 年，马可尼发明了用电磁波远距离传送信号的方法；1899 年，美国柯林斯达造出了第一个无线电话系统；1906 年，费森登在美国建立了第一个无线电话发射台；1919 年，英国建立了第一座播送语言和音乐节目的无线电台；1921 年，人类首先实现短波跨洋传播；1925 年，英国贝尔德发明了第一台实用电视机；1930 年，实现了微波通信；现在，人类可以将文字、声音、数据、图像等信息通过电磁波传向四面八方。

3. 电磁波谱

电磁波波长的产生机理和应用领域常常有很大区别，因此人们常把各类电磁波按波长大小依次排成一列，称为电磁波谱。按电磁波波长从小到大依次排列，有γ射线、X 射线、紫外线、可见光（紫、靛、蓝、绿、黄、橙、红）、红外线、无线电波（微波、超短波、短波、长波）等。由于它们的性质各不相同，因而也有许多不同的用途。

（1）γ 射线（γ-ray）是由放射性物质发出的电磁波，其波长在 2×10^{-10}m 以下，它是一种能量很大的光子流，在医疗上可用γ 射线作为“手术刀”（叫做γ 刀）来切除肿瘤，有很好的治疗效果。

（2）X 射线（X-ray）是由 X 射线管产生的电磁波，其波长范围是 $10^{-15}\sim10^{-7}$m。X 射线对不同密度的物质有不同的穿透力，在医学上常用于医疗检查，在飞机场安全检查中，也常用 X 射线对行李进行透视查验。

（3）紫外线（Ultravioletray）：当光电流通过两电极间的电离气体时，会产生紫外线，其波长为 $4\times10^{-8}\sim4\times10^{-7}$m。太阳光中含有紫外线，紫外线能激发荧光，日光灯就是利用管内紫外线激发涂在灯管内壁上的荧光粉而发出近似日光光谱的照明灯。紫外线也常用在医学杀菌和防伪技术上。

（4）可见光（Visiblelight）是能引起人的视觉感觉的电磁波，其波长范围是 $0.4\times10^{-6}\sim0.8\times10^{-6}$m。太阳能发出可见光，可见光具体是由不同比例的七色光（红、橙、黄、绿、蓝、靛、紫）混合组成的。

（5）红外线（Infraredray）是由灼热物体发出的电磁波，其波长范围是 $0.8\times10^{-6}\sim1\times10^{-3}$m，它会导致物体温度的升高，红外电磁波在特定的红外敏感胶片上能形成热成像。

（6）微波（Microwave）是常用于雷达设备上的波长很短的无线电波，其波长范围是 $1\times10^{-3}\sim1$m。由于微波的定向性好，所以常用发射、反射波的时间来测算目标的位置。微波炉是一种用微波的热效应来烹调食品的装置。

（7）无线电波（Radiowave）是在电磁场的作用下由无线电天线中自由电子发生振荡而产

生的电磁波，其波长范围是 $0.75\times10^{-3}\sim1\times10^{4}$m。

如图2-4所示为各种通信介质使用的电磁波谱范围。

2.1.3 电磁波频谱的划分与分配

由于不同频段的电磁波的传播方式和特点各不相同，所以它们的用途也不相同。在无线电频率分配上有一点需要特别注意，那就是干扰问题。因为电磁波是按照其频段的特点传播的，此外再无什么规律来约束它，所以如果两个电台用相同的频率（*F*）或极其相近的频率工作于同一地区（*S*）、同一时段（*T*），必然会产生干扰。因为现代无线电频率可供使用的范围是有限的，不能无秩序地随意占用，而需要仔细地计划加以利用，所以在国外，不少人将频谱看成大自然中的一项资源，提出了频谱利用问题。

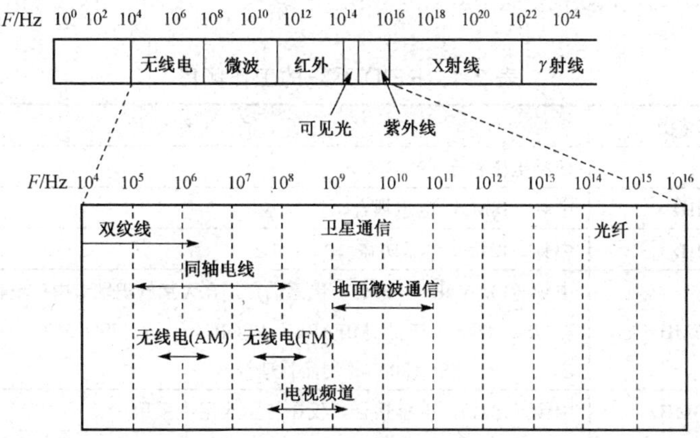

图 2-4 各种通信介质使用的电磁波谱范围

1．频谱利用问题

所谓的频谱利用问题包含两方面：频谱的分配，即将频率根据不同的业务加以分配，以避免频率使用方面的混乱；频谱的节约。

从频谱利用的观点来看，由于总的频谱范围是有限的，所以每个电台所占的频谱应减少，以便容纳更多的电台和减少干扰。这就要求尽量压缩每个电台的带宽，减小信道间的间隔并减小杂散发射。

因为电磁波是在全球传播的，所以需要由国际的协议来解决传播通信问题不可能由某一个国家单独确定。因此，要有专门的国际会议来讨论确定这些划分和提出建议或规定。同时，由于科学的不断发展，这些划分也应不断地改变。在历史上，关于频谱分配的会议已举办多次，如 1906 年的柏林会议、1912 年的伦敦会议、1927 年的华盛顿会议、1932 年的马德里会议、1938 年的开罗会议、1947 年的大西洋城会议和 1959 年的日内瓦会议。

如图 2-5 所示为 1959 年日内瓦会议上将世界划分为三个频率分区的示意图。其中 1 区为欧洲和非洲，2 区为北美洲和南美洲，3 区为亚洲和澳洲，国际电信联盟的总部设在瑞士的日内瓦。

2．进行频率分配的世界组织

现在进行频率分配工作的世界组织是国际电信联盟（ITU）。其下设有：国际无线电咨询委员会（CCIR），以研究有关的各种技术问题并提出建议；国际频率登记局（IFRB），负责国际上使用频率的登记管理工作。

频率的分配和使用的主要依据为：各个波段电磁波的传播特性；各种业务的特性及共用

要求；历史的条件、技术的发展等。

2.1.4 RFID 工作频率的分类

从应用概念来说，射频标签的工作频率也就是射频识别（RFID）系统的工作频率，这是该系统最重要的特点之一。射频标签的工作频率不仅决定着射频识别系统的工作原理（电感耦合还是电磁耦合）、识别距离，还决定着射频标签及读写器实现的难易程度和设备的成本。

工作在不同频段或频点上的射频标签具有不同的特点。射频识别应用占据的频段或频点在国际上有公认的划分规定，即位于 ISM 波段之中。其典型的工作频率有 125kHz、133kHz、13.56MHz、27.12MHz、433MHz、902～928MHz、2.45GHz、5.8GHz 等。

RFID 系统的工作频段如表 2-1 所示。但并非表 2-1 中的所有频率在 RFID 系统中都得到了广泛应用，主要采用的 RFID 频率为 13.56±007MHz、915±13MHz、2450±50MHz、5800±75MHz。

表 2-1 RFID 系统的工作频段

工作频率范围	说　明
< 135kHz	低频电感耦合
6.765～6.795MHz	中频（ISM），电感耦合
7.400～8.800MHz	中频，仅用于电子防盗
13.553～13.567MHz	中频（13.56MHz，ISM），电感耦合，在无接触识别卡中广泛使用，国际标准有 ISO14443（产品 MIFARE，LEGIC，…），ISO15693（产品 Tag-It，I-Code，…），ISO18000-3 物品管理等
26.957～27.283MHz	中频（ISM），电感耦合，仅在特别应用中采用
433MHz	UHF（ISM），反射散射耦合，少量 RFID 使用
868～870MHz	UHF，反射散射耦合，新频段，系统正在开发
902～928MHz	UHF（SRD），反射散射耦合，已有多个应用系统（中国铁路）
2.400～2.500GHz	SHF（ISM），反射散射耦合，多个系统采用（车辆识别：2.446～2.454GHz）
5.725～5.875GHz	SHF（ISM），反射散射耦合，少量 RFID 使用

2.1.5 RFID 的技术特点及相关管理规则

无线电频谱资源是一个国家重要的战略性资源。无线电频谱资源不是取之不尽、用之不竭的公共资源，其有限性日益凸显。而人类对无线电频谱资源的需求却急剧膨胀，各种无线电技术与应用的竞争愈加激烈，使无线电频谱资源的稀缺程度不断加大。

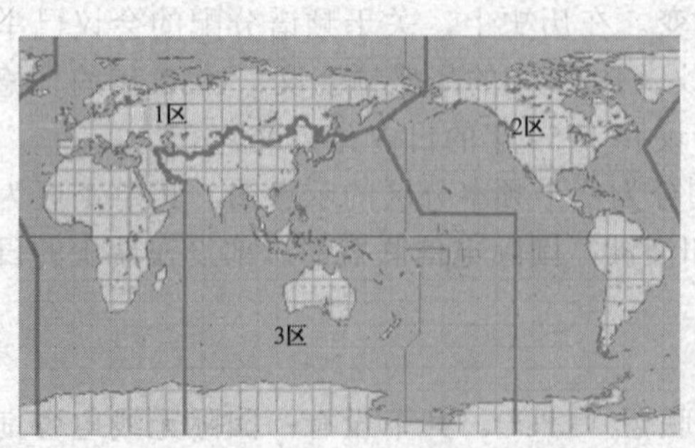

图 2-5 世界划分频率分区的示意图

尽管 RFID 在不同频段有着不同的应用，但近年来被业内人士看好的技术是基于 UHF 频段的无线射频识别技术。从应用的趋势来看，现代物流业、商品零售业会广泛应用 RFID 技术。为什么 UHF 频段的 RFID 技术会成为全球热点？主要有以下几个需考虑的因素（如表 2-2 所示）。

表 2-2 UHF 频段的应用特点

频率范围	LF	HF	UHF	微波频段
典型读写距离	<135kHz <0.5m	13.56MHz 1m	860～960MHz 4～5m	2.45GHz 1m
应用领域	接入控制、动物标签	智能卡、接入控制、行李控制、交通运输、服装	物流、标签、行李处理、电子收费系统	智能卡、电子收费系统、接入控制
标签读写速度	低 ⟷ 高			
金属和液体穿透率	高 ⟷ 低			
标签的尺寸	大 ⟷ 小			

假设发射机的功率是等同的，利用低频实现 RFID，理论上将获得很大的接收功率，但标签的尺寸较大将影响市场的广泛应用；如果利用微波实现 RFID 的方案，尽管标签将变得较小，但路径衰耗较大，波长较短，接收功率相当小，会极大地影响读写距离。综合考虑，UHF 频段的 RFID 具有波长适中、远场耦合、标签较小、空间衰耗小、工作距离相对较远等优点，加上 IC 智能卡技术不断的成熟，电子标签的价格将不断走低，更为其广泛应用奠定了必要的基础，因此 UHF 频段的 RFID 技术将服务于全世界成为不争的事实。

基于 RFID 的技术特点和潜在的应用空间，在国际上，相关无线电管理机构已经开始进行频率规划工作，并制定了相应的管理政策，具体情况如表 2-3 所示。

表 2-3 世界各国的 RFID 频率规划概况

国家或地区	UHF 频段 RFID 的频率应用情况	最大功率限值（ERP）
美国	902～928MHz	4W（EIRP）
欧盟	868～870MHz	500mW
澳大利亚	918～926MHz	1W（EIRP）
中国内地及香港地区	840～845MHz 920～925MHz	2W（ERP） 4W（EIRP）
印度尼西亚	866～869MHz 923～925MHz	0.5W（EIRP） 2W（ERP）
韩国	908.5～914MHz	4W（EIRP）
日本	952～954MHz	4W（EIRP）
新加坡	866～869MHz 923～925MHz	500mW 2W

从表 2-3 可以清晰地看到，在已进行规划的国家或地区，RFID 的频率使用大致在 860～960MHz 频段，这已经成为国际主流趋势，同上面所进行的技术分析的结论是吻合的。

各国政府除了对 RFID 的 Reader（读写器）的发射功率做了相关规定外，对占用带宽、调制方式、调频数目均做了相关的规定。

（1）欧盟规定信道间隔为 200kHz，在 865.6～867.6MHz 的 2MHz 频带内，读写器发射功率小于 2W（ERP）；在使用 856～856.6MHz 的三个信道时，读写器的发射功率须小于 100mW；在使用 867.6～868MHz 的两个信道时，读写器的发射功率须小于 500mW，因此，实际上在欧洲使用的 RFID 设备的信道间隔为 200kHz，有 10 个功率可以达到 2W 的跳频信道。

（2）美国 FCC 机构规定美国 FCC 将 902～928MHz 这一频段划分为工、科、医（ISM）频段，因此对于信道划分及带外辐射的要求相对宽松，要求信道间隔不超过 500kHz 即可，所允许的发射机最大发射功率小于 4W（EIRP），因此，目前美国市场上所使用的设备信道间隔以 500kHz 为主流，而且由于有相对较宽的 26MHz 的频带供使用，所以跳频信道个数也在 50 个以上，读写器的发射功率基本上为 4W（EIRP）。

（3）RFID 调制方式主要以 FSK（带副载波）、ASK、PSK 较简单的制式为主，未来可能出现较复杂的数字调制方式。

（4）对标签的天线尽管没有规定，但其趋势是使用半波偶极子天线，因为它所能辐射的面积较大，可达到 $1.64\lambda^2/4\pi$，增益因子为 1.64。

我国的无线电管理机构正积极开展 RFID 的频率规划和指配工作，并启动了相关技术研究工作。我国所从事的频率规划工作的指导原则如下。

（1）必须确保现有业务的正常运行，在专用频段、公众移动通信、集群通信频段不能安排此项业务。

（2）需要进行 RFID 业务与现有业务的共存条件研究，需进行大量深入细致的电磁兼容分析和实验；在电磁兼容分析和实验的基础上制定出 RFID 工作频带、发射功率、带外发射、杂散发射等指标，必要时要制定配套的相关台站管理规定。

（3）制定设备的无线技术指标时，要考虑满足 RFID 业务在中国的大规模有效使用的频带、信道带宽、带外杂散、发射功率的相关要求。

电磁兼容性实验作为频率规划的重要的技术支撑手段是十分必要的，电磁兼容性工作实际上就是关于无线电频谱资源的有效利用和合理分配的问题，是对新技术、新制式无线通信进行频率规划必需的技术研究工作。如表 2-4 所示是我国 860～960MHz 频段的频率规划和分配情况。如图2-6所示是我国无线电频率划分图。

表 2-4 我国 860～960MHz 频段的频率规划和分配情况

CDMA 下行频段	GSM 上行频段	无中心对讲机（业务较少）	点对点立体声广播传输（业务较少）	航空导航业务	GSM 下行频段
870～880MHz	870～880MHz	915～917MHz	917～925MHz	925～930MHz	930～960MHz

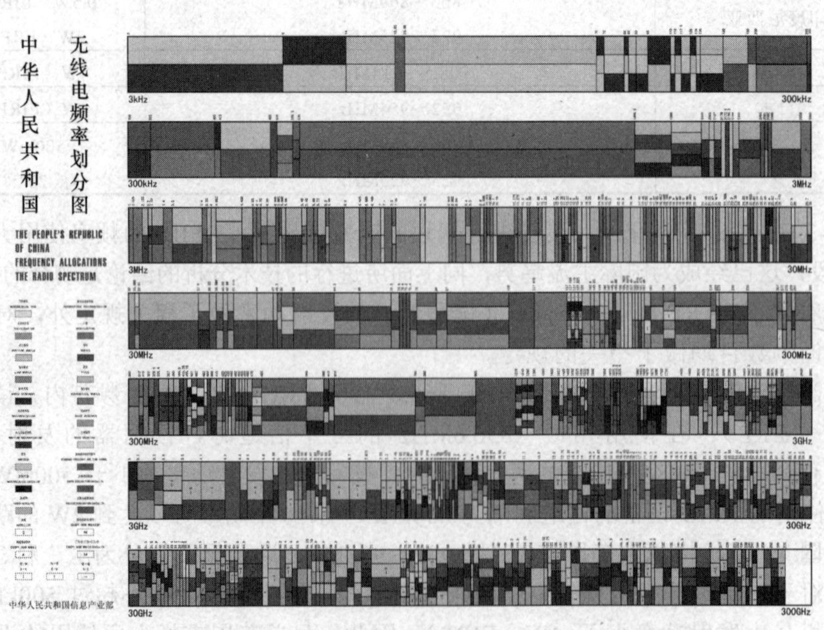

图 2-6 我国无线电频率划分图（注：教学 PPT 提供清晰图片）

2.2 RFID 技术基础之天线的基本知识

2.2.1 RFID 天线概述

电子标签和读写器通过各自的天线构建起两者之间的非接触信息传输通道，如图 2-7 所示。无论是射频标签还是读写器的正常工作，都离不开天线或耦合线圈：一方面，无源射频标签芯片要启动电路工作，需要通过天线在读写器天线产生的电磁场中获得足够的能量；另一方面，天线决定了射频标签与读写器之间的通信信道和通信方式，它在射频标签与读写器实现数据通信过程中起到了关键的作用，因此，对 RFID 天线的研究具有重要意义。

小于 1m 的近距离应用系统的 RFID 天线一般采用工艺简单、成本低的线圈型天线，它们主要工作在中低频段。而 1m 以上远距离的应用系统需要采用微带贴片型或偶极子型的天线（即 ID 天线），它们工作在高频及微波频段。

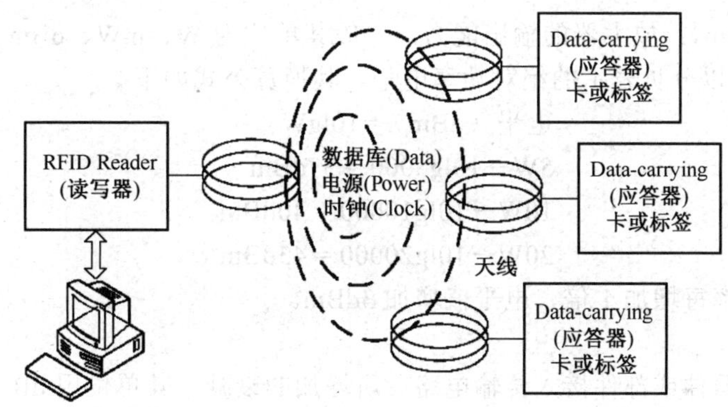

图 2-7 RFID 读写器、标签天线构成示意图

2.2.2 RFID 天线基础知识

1．概念辨析（dBm, dBi, dBd, dB, dBc）

1）dBm

dBm 是一个考征功率绝对值的值，其计算公式为：10lg*P*（功率值/1mW）。

【例 2-1】 如果发射功率 *P* 为 1mW，折算为 dBm 后为 0dBm。

【例 2-2】 对于 40W 功率，按 dBm 单位进行折算后的值应为 10lg（40W/1mW）=10lg（40000）=10lg4+10lg10+10lg1000=46dBm。

2）dBi 和 dBd

dBi 和 dBd 是考征增益的值（功率增益），它们都是相对值，但参考基准不一样。dBi 的参考基准为全方向性天线，dBd 的参考基准为偶极子，因此两者略有不同。一般认为，表示同一个增益的，用 dBi 表示出来的值比用 dBd 表示出来的值要大 2.15。

【例 2-3】 对于一面增益为 16dBd 的天线，其增益折算成单位 dBi 时，为 18.15dBi（一般忽略小数位，为 18dBi）。

【例 2-4】 0dBd=2.15dBi。

【例 2-5】 GSM900 天线增益可以为 13dBd（15dBi），GSM1800 天线增益可以为 15dBd（17dBi）。

3）dB

dB 是功率增益的单位，表示一个相对值。计算甲的功率比乙的功率大或小多少个 dB 时，可采用的计算公式为：10lg（甲的功率/乙的功率）。

【例2-6】 甲的功率比乙的功率大 1 倍，则有 10lg（甲的功率/乙的功率）=10lg2=3dB。也就是说，甲的功率比乙的功率大 3dB。

【例2-7】 7/8 英寸 GSM900 馈线的 100m 传输损耗约为 3.9dB。

【例2-8】 如果甲的功率为 46dBm，乙的功率为 40dBm，则可以说甲比乙大 6dB。

【例2-9】 如果甲天线增益为 12dBd，乙天线增益为 14dBd，则可以说甲比乙小 2dB。

4）dBc

dBc 是一个表示功率相对值的单位，与 dB 的计算方法完全一样。一般来说，dBc 是相对于载波（Carrier）功率而言的，在许多情况下，它用来度量与载波功率的相对值，如用来度量干扰（同频干扰、互调干扰、交调干扰、带外干扰等）及耦合、杂散等的相对值。在采用 dBc 的地方，原则上也可以使用 dB 替代。

5）dBm

功率/电平（dBm）：放大器的输出能力，一般其单位为 W、mW、dBm。注意，dBm 是取 1mW 作为基准值，以分贝表示的绝对功率电平。其换算公式如下。

电平（dBm）=10lgW

5W→10lg5000 = 37dBm

10W→10lg10000 = 40dBm

20W→10lg20000 = 43dBm

不难看出，功率每增加 1 倍，电平值增加 3dBm。

2．插损

插损指当某一器件或部件接入传输电路后所增加的衰减，其单位用 dB 表示。

3．三阶交调

若存在两个正弦信号 ω_1 和 ω_2，由于非线性作用将产生许多互调分量，其中 $2\omega_1-\omega_2$ 和 $2\omega_2-\omega_1$ 两个频率分量称为三阶交调分量，其功率 P_3 和信号 ω_1 或 ω_2 的功率之比称三阶交调系数 M_3。

$$M_3 = 10\lg P_3/P_1(\mathrm{dBc})$$

4．噪声系数

噪声系数一般定义为输出信噪比与输入信噪比的比值，实际使用时将其转化为分贝（dB）来计算。

5．耦合度

耦合度指耦合端口与输入端口的功率比，其单位用 dB 表示。

6．隔离度

隔离度指本振或信号泄露到其他端口的功率与原有功率之比，其单位用 dB 表示。

7．天线增益（dB）

天线增益指天线将发射功率往某一指定方向集中辐射的能力。一般把天线的最大辐射方向上的场强 E 与理想各向同性天线均匀辐射场场强 E_0 相比，将功率密度增加的倍数定义为增益，表示为 $G = E/E_0$。

8．天线方向图

天线方向图是天线辐射出的电磁波在自由空间存在的范围。方向图的宽度一般是指主瓣宽度，即从最大值下降一半时两点所张的夹角。

E 面方向图指与电场平行的平面内的辐射方向图；*H* 面方向图指与磁场平行的平面内的辐射方向图。一般方向图越宽，增益越低；方向图越窄，增益越高。

9．天线前后比

天线前后比指最大正向增益与最大反向增益之比，其单位用 dB 表示。

2.2.3　RFID 天线的分类

天线是一种以电磁波形式把前端射频信号接收或辐射出去的装置，是电路与空间的界面器件，用来实现导行波与自由空间波能量的转化。在 RFID 系统中，天线分为电子标签天线和读写器天线两大类，分别承担接收能量和发射能量的作用。

RFID 天线品种繁多，以在不同频率、不同用途、不同场合、不同要求等情况下使用。对于众多品种的 RFID 天线而言，进行适当的分类是必要的。按工作频段分类。RFID 天线可分为短波天线、超短波天线、微波天线等;按方向性分类。RFID 天线可分为全向天线、定向天线等;按外形分类。RFID 天线可分为线状天线、面状天线等;根据天线的设计工艺分类。根据 RFID 天线的设计工艺分类，主要有线圈型、微带贴片型、偶极子型三种基本形式的天线。

以下着重根据天线能量模式来进行天线划分，RFID 读写器的天线可以有线极化和圆极化天线两种。线极化天线与圆极化天线的特点如表 2-5 所示。

表 2-5　线极化天线与圆极化天线的特点

	线极化天线	圆极化天线
发送方式	射频能量以线性的方式发射	射频能量以圆形螺旋式发射
电磁场	线性波束具有单方向电磁场	圆形螺旋式波束具有多方向电磁场
方向性	相对圆极化天线强	相对线性极化天线弱
识读范围	相对圆极化天线窄长	相对线性极化天线宽泛
识读距离	相对圆极化天线远	相对线性极化天线近
应用	行进方向确定的标签（标识对象）	行进方向不确定的标签（标识对象）

1．线极化天线

线极化天线的读写器发出的电磁波是线性的，其电磁场具有较强的方向性，详细特点见表 2-5，极化能量示意图如图 2-8 所示。

当 RFID 标签与读写器天线平行时，线极化天级有较好的识读率，因此，线级化天线一般用于标识对象进行方向已知的标签识读，如托盘；由于线级化天线电磁波波束局限于读写器天线平面尺寸内较窄的范围，能量相对集中，可以穿透密度较大的材料，所以对于密度较高材料的有较好的穿透力，适合于较高密度的标识对象，如面粉、打印纸等。

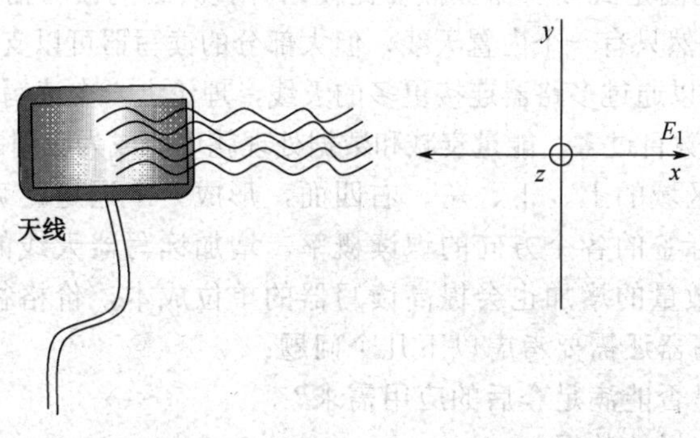

图 2-8　线极化天线的电磁波

线极化天线实际上是牺牲了识读范围的宽泛度，换来了标签敏感性强度和单向识读距离的长度，因此，使用时必须使用标签与读写器天线实体平面平行，才能有良好的识读效果，如果标签平面与读写器天线实体平面垂直，则将全完读不到标签数据。

2. 圆极化天线

圆极化天线的电磁场发射为螺旋式的波束，详细特点见表 2-5，极化能量示意图如图 2-9 所示。

圆极化天线的圆形电磁波束能够同时向各个方向发送。当遇到障碍时，圆极化天线的电磁波束具有更强的弹性和绕行能力，增大了标签从各个方向进入天线的识读机几率，因而对标签的粘贴与行进方向的要求相对宽容；但是圆形波束的宽泛度也带来了电磁波的强度的相对降低，使标签只能享受某一个方向的一部分电磁波能量，而使识读距离相对变短。可以说圆极化天线是牺牲识读距离为代价，换来了识读范围的宽泛。圆极化天线适应于标签（标识对象）行进方向未知的场合，如配送中心的货物缓存区等。

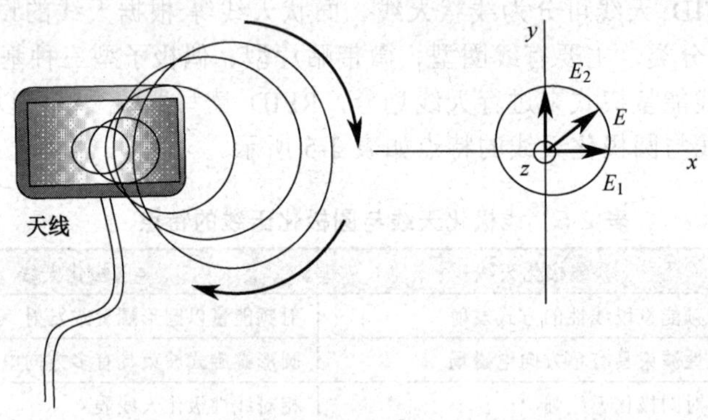

图 2-9　圆极化天线的电磁波示意图

2.2.4　RFID 天线的数量

使用固定式读写器，要考虑所需天线的数量。固定式读写器有内置天线，或者可以通过接口连接多个天线。有内置天线的固定式读写器和外接天线的读写器的应用相同，各有各的优缺点。

内置天线的固定式读写器安装比较简单，只需要固定好读写器，连接上电源线即可。其另外一个优点是：读写器与天线的连接足够短，不会因电缆线的长度影响能量传输和读写器的信号强度。

而外置天线读写器的优点是能覆盖更大的识读面积，在相同面积之下，要想达到相同的识读率，使用内置天线的固定式读写器显然要比使用外置天线的读写器所需的数目多。

市面上有些读写器虽然只有一个内置天线，但大部分的读写器可以支持扩展到两个、四个、甚至八个天线。有的还可以通过多路器连接更多的天线，理论上一个读写器可以通过多路器最多连接 255 个天线，但天线数目过多，能量衰减和数据处理就可能成为应用的瓶颈。

将天线放置在识读区域的上、下、左、右四面，形成一个通道，克服了线极化天线的识读局限，将极大地提高标签的各个方向的识读概率。增加读写器天线的数量可以直接提高识读率，但是读写器天线数量的增加也会提高读写器的单位成本，价格往往也是用户最为关心的问题。此外，购买读写器还需要考虑以下几个问题：

- 购买的读写器是否能满足今后的应用需求？
- 读写器采集什么样的数据？
- 供应链上的其他企业将采用什么样的读写器？

- 供应商使用的 RFID 标签采用什么样的标准？

2.2.5　RFID 天线的性能要求

1. RFID 天线与 RFID 读写性能的关系

天线是一种能将接收到的电磁波转换为电流信号，或者将电流信号转换成电磁波的装置。在 RFID 系统中，射频标签和读写器中都包含天线，天线既可以集成到射频标签和读写器中，也可以与射频标签和读写器分开放置。为保证射频识别系统的正常工作，标签和读写器的天线性能必须满足一定的要求。

1）射频标签的天线

在射频装置中，当工作频率增加到微波区域时，天线与标签芯片之间的匹配问题变得更加严峻。天线的目标是保证最大的传输能量进出标签芯片，这需要综合考虑天线设计、自由空间以及相连的标签芯片。

（1）标签天线的必要条件：

① 足够小以至于能够贴到需要的物品上；

② 有全向或半球覆盖的方向性；

③ 提供最大可能的信号给标签的芯片；

④ 无论物品处于什么方向，天线的极化都能与读卡机的询问信号相匹配；

⑤ 具有鲁棒性；

⑥ 非常便宜。

（2）在选择标签天线时主要应考虑：

① 天线的类型；

② 天线的阻抗；

③ 应用到物品上的射频的性能。

2）读写器天线

射频系统的读写器必须通过天线来发射能量，形成电磁场，再通过电磁场来对射频标签进行识别。可以说，天线所形成的电磁场范围就是 RFID 系统的可读区域，任意 RFID 系统至少应该包含一根天线（不管是内置还是外置）以发射和接收射频信号。有些 RFID 系统是由一根天线来同时完成发射和接收任务的，但也有些 RFID 系统由一根天线来完成发射任务，而由另一根天线来完成接收任务，所采用天线的形式及数量应视具体应用而定。

在电感耦合射频识别系统中，读写器天线用于产生磁通量，而磁通量用于向射频标签提供电源，并在读写器和射频标签之间传送信息。

因此，读写器天线的设计或选择必须满足以下基本条件：天线线圈的电流最大，用于产生最大的磁通量；功率匹配，以最大限度地利用磁通量的可用能量；足够的带宽，保证载波信号的传输，这些信号是用数据信号调制而成的。

在目前的超高频与微波系统中，广泛使用平面形天线，包括全向平板天线、水平平板天线和垂直平板天线等。

2. RFID 天线性能的主要参数

1）电磁波的辐射

当导线上有交变电流流动时，就会产生电磁波的辐射，辐射的能力与导线的长度和形状有关。如图 2-10（a）所示，若两导线的距离很近，则电场被束缚在两导线之间，因此辐射很微弱；若将两导线张开，如图2-10（b）所示，电场就散播在周围空间，因此辐射增强。

必须指出，当导线的长度 L 远小于波长 λ 时，辐射很微弱；当导线的长度 L 增大到可与波长相比拟时，导线上的电流将大大增加，从而会形成较强的辐射。

2）RFID 天线的对称振子

对称振子是一种经典的、迄今为止使用最广泛的天线，单个半波对称振子可简单、独立使用或用做抛物面天线的馈源，也可采用多个半波对称振子组成天线阵。

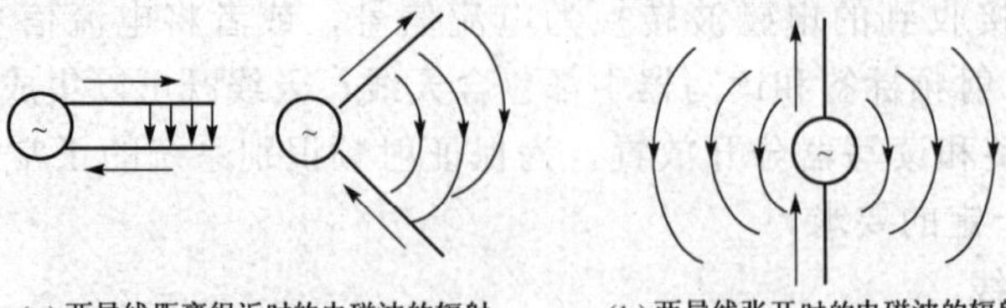

图 2-10　电磁波的辐射示意图

两臂长度相等的振子叫做对称振子。每臂长度为 1/4 波长、全长为 1/2 波长的振子，称为半波对称振子，如图2-11（a）所示。

另外，还有一种异型半波对称振子，可看成将全波对称振子折合成一个窄长的矩形框，并把全波对称振子的两个端点相叠制成，这个窄长的矩形框称为折合振子，注意，折合振子的长度也是 1/2 波长，因此称其为半波折合振子，如图2-11（b）所示。

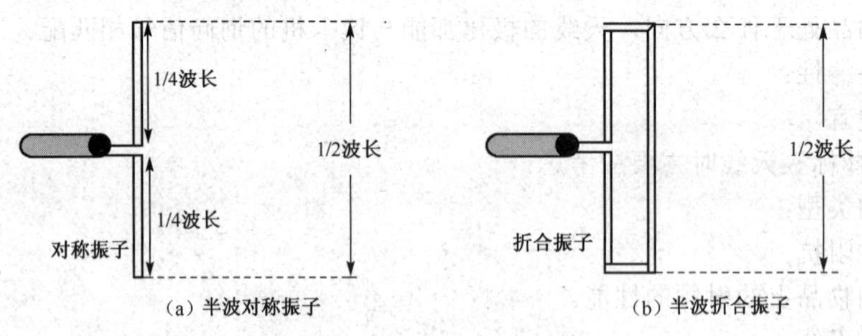

图 2-11　对称振子示意图

3）RFID 天线的方向性

RFID 天线分为发射天线与接收天线。其中，发射天线的基本功能之一是把从馈线取得的能量向周围空间辐射出去，基本功能之二是把大部分能量朝所需的方向辐射。垂直放置的半波对称振子具有平放的“面包圈”形的立体方向图，如图 2-12（a）所示。立体方向图虽然立体感强，但绘制困难，图 2-12（b）与图 2-12（c）给出了它的两个主平面方向图，平面方向图描述天线在某指定平面上的方向性。从图 2-12（b）可以看出，在振子的轴线方向上辐射为零，最大辐射方向在水平面上；而从图 2-12（c）可以看出，在水平面上各个方向上的辐射一样大。

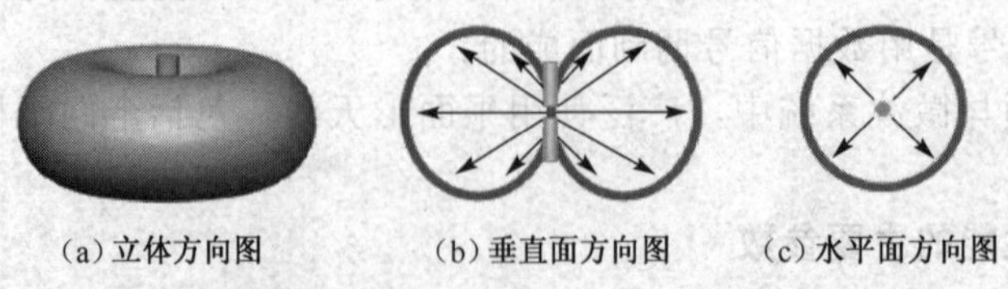

图 2-12　RFID 天线方向性示意图

若干个对称振子组阵，能够控制辐射，产生“扁平的面包圈”，把信号进一步集中到水平面方向上。如图 2-13 所示是 4 个半波对称振子沿垂线上下排列成一个垂直四元阵时的立体方向图和垂直面方向图。

也可以利用反射板把辐射能控制到单侧方向，此时平面反射板放在阵列的一边构成扇形区覆盖天线。如图 2-14 所示的水平面方向图说明了反射面的作用——反射面把功率反射到单侧方向，提高了增益。

抛物反射面的使用，更能使天线的辐射，像光学中的探照灯那样，把能量集中到一个小立体角内，从而获得很高的增益。不言而喻，抛物面天线的构成包括两个基本要素：抛物反射面和放置在抛物面焦点上的辐射源。

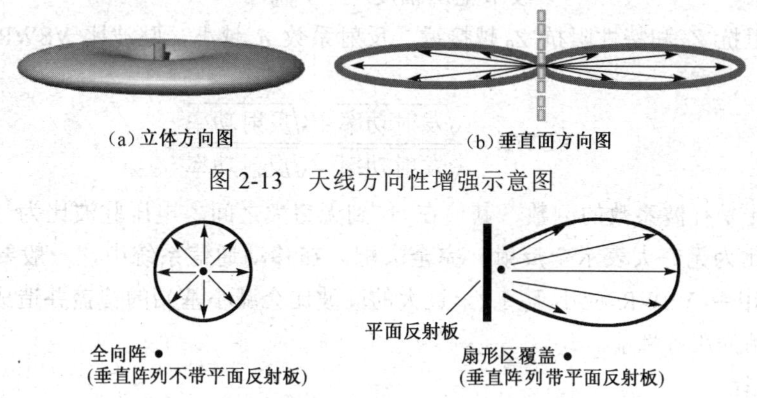

(a) 立体方向图　　(b) 垂直面方向图

图 2-13　天线方向性增强示意图

图 2-14　反射面的作用示意图

4）天线的输入阻抗 Z_{in}

天线馈电端输入电压与输入电流的比值，称为天线的输入阻抗。输入阻抗具有电阻分量 R_{in} 和电抗分量 X_{in}，即 $Z_{in}=R_{in}+jX_{in}$。电抗分量的存在会减少天线从馈线对信号功率的提取，因此，必须使电抗分量尽可能为零，也就是尽可能使天线的输入阻抗为纯电阻。事实上，即使是设计、调试得很好的天线，其输入阻抗中总还含有一个小的电抗分量值。

天线与馈线的连接，最佳情形是天线输入阻抗是纯电阻且等于馈线的特性阻抗，这时馈线终端没有功率反射，馈线上没有驻波，天线的输入阻抗随频率的变化比较平缓。天线的匹配工作就是消除天线输入阻抗中的电抗分量，使电阻分量尽可能地接近馈线的特性阻抗。匹配的优劣一般用四个参数来衡量，即反射系数、行波系数、驻波比和回波损耗，这四个参数之间有固定的数值关系，使用哪一个依据个人习惯而定。在日常维护中，使用较多的是驻波比和回波损耗。一般移动通信天线的输入阻抗为 50Ω。

输入阻抗与天线的结构、尺寸及工作波长有关。半波对称振子是最重要的基本天线，其输入阻抗为 $Z_{in}=73.1+j42.5$（Ω）。当把其长度缩短 3%～5%时，就可以消除其中的电抗分量，使天线的输入阻抗为纯电阻，此时的输入阻抗为 $Z_{in}=73.1\Omega$（标称 75Ω）。

注意，严格来说，纯电阻性的天线输入阻抗只是针对点频而言的。

顺便指出，半波折合振子的输入阻抗为半波对称振子的 4 倍，即 $Z_{in}=280\Omega$（标称 300Ω）。

有趣的是，对于任一天线，人们总可通过天线阻抗调试，并在要求的工作频率范围内，使输入阻抗的虚部很小且实部相当接近 50Ω，从而使得天线的输入阻抗为 $Z_{in}=R_{in}=50\Omega$——这是天线能与馈线处于良好的阻抗匹配所必需的。

5）驻波比

在不匹配的情况下，馈线上同时存在入射波和反射波。在入射波和反射波相位相同的地方，电压振幅相加为最大电压振幅 V_{max}，形成波腹；而在入射波和反射波相位相反的地方，电压振幅相减为最小电压振幅 V_{min}，形成波节。其他各点的振幅值则介于波腹与波节之间。这种合成波称为行驻波。

反射波电压和入射波电压幅度之比叫做反射系数，记为 R：

$$R=\frac{\text{反射波幅度}}{\text{入射波幅度}}=\frac{(Z_L-Z_0)}{(Z_L+Z_0)} \tag{2-2}$$

波腹电压与波节电压幅度之比叫做驻波系数，也叫电压驻波比，记为VSWR：

$$\text{VSWR}=\frac{\text{波腹电压幅度}}{\text{波节电压幅度}}=\frac{V_{max}(1+R)}{V_{min}(1-R)} \tag{2-3}$$

终端负载阻抗 Z_L 和特性阻抗 Z_0 越接近，反射系数 R 越小，驻波比 VSWR 越接近于 1，匹配也就越好。

$$\text{VSWR}=\frac{\sqrt{\text{发射功率}}+\sqrt{\text{反射功率}}}{\sqrt{\text{发射功率}}-\sqrt{\text{反射功率}}} \tag{2-4}$$

电压驻波比是行波系数的倒数，其值在 1 到无穷大之间。电压驻波比为 1，表示完全匹配；电压驻波比为无穷大表示全反射，完全失配。在移动通信系统中，一般要求驻波比小于 1.5，但实际应用中 VSWR 应小于 1.2。过大的驻波比会减小基站的覆盖并造成系统内的干扰加大，影响基站的服务性能。

6）回波损耗

回波损耗是反射系数绝对值的倒数，用分贝值表示。回波损耗的值在 0dB 到无穷大之间。回波损耗越小表示匹配越差，回波损耗越大表示匹配越好。0 表示全反射，无穷大表示完全匹配。在移动通信系统中，一般要求回波损耗大于 14dB。

7）天线的极化方式

天线向周围空间辐射电磁波。电磁波由电场和磁场构成。人们规定电场的方向就是天线极化方向，也就是天线辐射时形成的电场强度方向。当电场强度方向垂直于地面时，此电波就称为垂直极化波；当电场强度方向平行于地面时，此电波就称为水平极化波。

一般使用的天线为单极化的。图 2-15 给出了两种基本的单极化情况：垂直极化——是最常用的；水平极化——也经常被用到。

由于电磁波的特性，决定了水平极化传播的信号在贴近地面时会在大地表面产生极化电流，极化电流因受大地阻抗影响产生热能而使电场信号迅速衰减，而垂直极化方式则不易产生极化电流，从而避免了能量的大幅衰减，保证了信号的有效传播。

因此，在移动通信系统中，一般均采用垂直极化的传播方式。另外，随着新技术的发展，最近又出现了一种双极化天线。它一般分为垂直与水平极化和±45°极化两种方式，一般后者的性能优于前者，因此目前大部分采用的是±45° 极化方式。双极化天线组合了+45° 和 –45°两副极化方向相互正交的天线，并同时工作在收发双工模式下，大大节省了每个小区的天线数量；同时由于±45°为正交极化，从而有效保证了分集接收的良好效果（其极化分集增益约为 5dB，比单极化天线提高约 2dB）。

图 2-16 给了另外两种单极化的情况：+45° 极化与–45° 极化，它们仅仅在特殊场合下使用。这样共有四种单极化。把垂直极化和水平极化两种天线组合在一起，或者把+45° 极化和 –45° 极化两种天线组合在一起，就构成了一种新的天线——双极化天线。

图 2-17 给出了由两个单极化天线安装在一起组成的双极化天线。注意，双极化天线有两个接头。双极化天线辐射（或接收）两个极化在空间相互正交（垂直）的波。

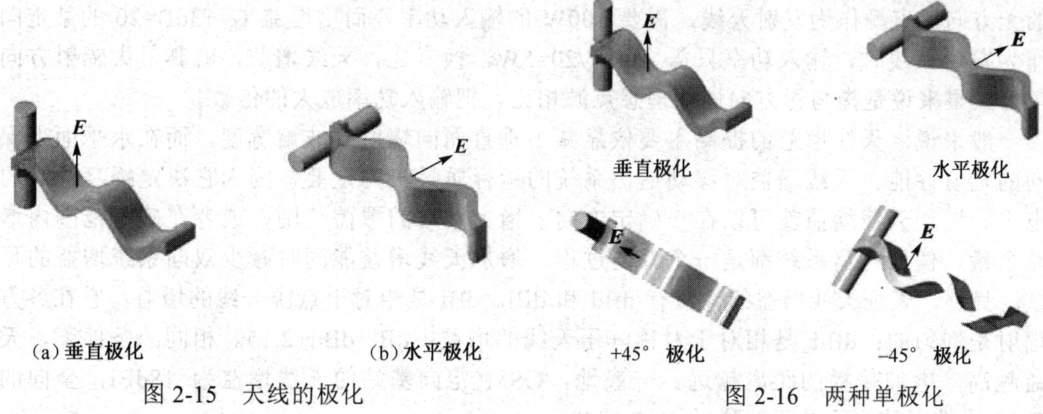

图 2-15 天线的极化

图 2-16 两种单极化

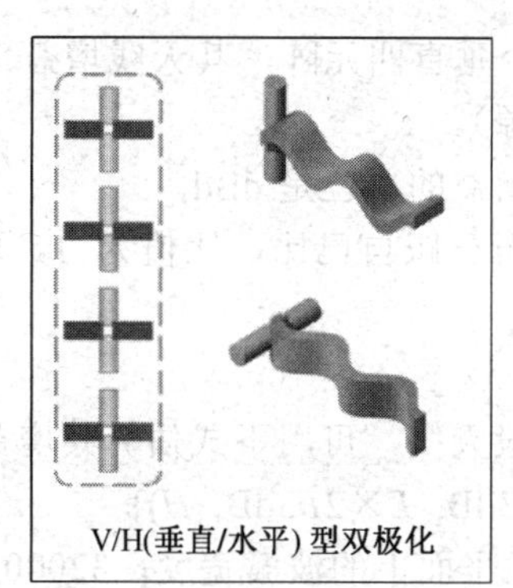

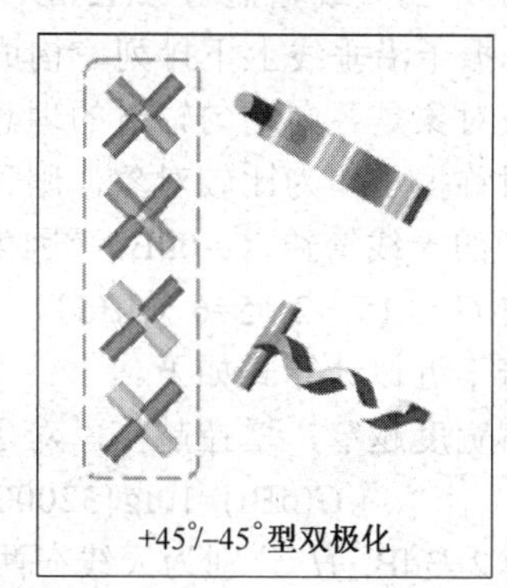

图 2-17 双极化天线

垂直极化波要用具有垂直极化特性的天线来接收，水平极化波要用具有水平极化特性的天线来接收；右旋圆极化波要用具有右旋圆极化特性的天线来接收，而左旋圆极化波要用具有左旋圆极化特性的天线来接收。

当来波的极化方向与接收天线的极化方向不一致时，接收到的信号都会变小，也就是说会发生极化损失。例如，当用+45°极化天线接收垂直极化波或水平极化波时，或者用垂直极化天线接收+45°极化波或–45°极化波时，都要产生极化损失。用圆极化天线接收任一线极化波，或者用线极化天线接收任一圆极化波时，也必然发生极化损失，但只能接收到来波的一半能量。

当接收天线的极化方向与来波的极化方向完全正交时，如用水平极化的接收天线接收垂直极化的来波，或者用右旋圆极化的接收天线接收左旋圆极化的来波时，天线就完全接收不到来波的能量，这种情况下的极化损失为最大，称为极化完全隔离。

理想的极化完全隔离是不存在的。因为馈送到一种极化天线中去的信号总会有一点点在另外一种极化天线中出现。在双极化天线中，设输入垂直极化天线的功率为 10W，则在水平极化天线的输出端测得的输出功率为 10mW。

8）天线增益

天线增益是用来衡量天线朝一个特定方向收发信号的能力，它是选择基站天线最重要的参数之一。

天线增益具体是指在输入功率相等的条件下，实际天线与理想的辐射单元在空间同一点处所产生的信号的功率密度之比。它定量地描述一个天线把输入功率集中辐射的程度。天线增益显然与天线方向图有密切的关系，方向图主瓣越窄，副瓣越小，天线增益越高。可以这样来理解天线增益的物理含义：为在一定的距离上的某点处产生一定大小的信号，如果用理想的无方向性点源作为发射天线，需要 100W 的输入功率，而用增益 G=13dB=20 的某定向天线作为发射天线时，输入功率只需 100W/20=5W，换言之，天线增益，就其最大辐射方向上的辐射效果来说是指与无方向性的理想点源相比，把输入功率放大的倍数。

一般来说，天线增益的提高主要依靠减小垂直面向辐射的波瓣宽度，而在水平面上保持全向的辐射性能。天线增益对移动通信系统的运行质量极为重要，因为它决定蜂窝边缘的信号电平。增加天线增益就可以在一确定方向上增大网络的覆盖范围，或者在确定范围内增大增益余量。任何蜂窝系统都是一个双向过程，增加天线增益能同时减少双向系统增益的预算余量。另外，表征天线增益的参数有 dBd 和 dBi。dBi 是相对于点源天线的增益，它在各方向的辐射是均匀的；dBd 是相对于对称阵子天线的增益，dBi=dBd+2.15。相同的条件下，天线增益越高，电波传播的距离越远。一般地，GSM 定向基站的天线增益为 18dBi，全向的为 11dBi。半波对称振子的天线增益 G=2.15dBi。

4 个半波对称振子沿垂线上下排列，构成一个垂直四元阵，其天线增益 G≈8.15dBi（dBi 这个单位表示比较对象是各向均匀辐射的理想点源）。

如果以半波对称振子作为比较对象，则天线增益的单位是 dBd。

半波对称振子的天线增益 G=0dBd（因为是自己跟自己比，比值为 1，取对数得零值）；垂直四元阵的增益 G=8.15－2.15=6（dBd）。

天线增益的若干近似计算式如下。

（1）天线主瓣宽度越窄，增益越高。对于一般天线，可用下式估算其增益：

$$G(\text{dBi})=10\lg\{32000/(2\theta3\text{dB},\ E\times2\theta3\text{dB},\ H)\} \tag{2-5}$$

式中，$2\theta3$dB, $E\times2\theta3$dB, H 分别为天线在两个主平面上的波瓣宽度；32000 是统计出来的经验数据。

（2）对于抛物面天线，可用下式近似计算其增益：

$$G(\text{dBi})=10\lg\{4.5\times(D/\lambda_0)2\} \tag{2-6}$$

式中，D 为抛物面直径，λ_0 为中心工作波长。

（3）对于直立全向天线，有近似计算式：

$$G(\text{dBi})=10\lg\{2L/\lambda_0\} \tag{2-7}$$

式中，L 为天线长度；λ_0 为中心工作波长。

9）天线的波瓣宽度

方向图通常都有两个或多个瓣，其中辐射强度最大的瓣称为主瓣，其余的瓣称为副瓣或旁瓣。如图 2-18（a）所示，在主瓣最大辐射方向两侧，辐射强度降低 3dB（功率密度降低一半）的两点间的夹角为波瓣宽度（又称波束宽度或主瓣宽度或半功率角）。波瓣宽度越窄，方向性越好，作用距离越远，抗干扰能力越强。

波瓣宽度是定向天线常用的一个很重要的参数，它是指天线的辐射图中低于峰值 3dB 处所成夹角的宽度（天线的辐射图是度量天线各个方向收发信号能力的一个指标，它通常通过图形方式来表示出功率强度与夹角的关系）。

天线垂直的波瓣宽度一般与该天线所对应方向上的覆盖半径有关。因此，在一定范围内通过对天线垂直度（俯仰角）的调节，可以达到改善小区覆盖质量的目的，这也是在网络优化中经常采用的一种手段。天线的波瓣宽度主要涉及两个方面，即水平平面波瓣宽度和垂直平面波瓣宽度。水平平面的半功率角（H－Plane Half Power beamwidth，为 45°、60°、90°等）定义了天线水平平面的波束宽度。角度越大，在扇区交界处的覆盖越好，但当提高天线倾角时，也越容易发生波束畸变，形成越区覆盖。角度越小，在扇区交界处的覆盖越差。提高天线倾角可以在移动程度上改善扇区交界处的覆盖，而且相对而言不容易产生对其他小区的越区覆盖。在市中心基站由于站距小，天线倾角大，应当采用水平平面的半功率角小的天线，在郊区应选用水平平面的半功率角大的天线；垂直平面的半功率角（V－Plane Half Power beamwidth，为 48°、33°、15°、8°）定义了天线垂直平面的波束宽度。垂直平面的半功率角越小，偏离主波束方向时信号衰减越快，越容易通过调整天线倾角准确控制覆盖范围。

还有一种波瓣宽度，即 10dB 波瓣宽度。顾名思义，它是方向图中辐射强度降低 10dB（功率密度降至十分之一）的两点间的夹角，如图 2-18（b）所示。

10）前后比（Front-Back Ratio）

前后比表明了天线对后瓣抑制的好坏。选用前后比低的天线，天线的后瓣有可能产生越区覆盖，导致切换关系混乱，产生掉话。其值一般在 25～30dB 之间，应优先选用前后比为 30 的天线。

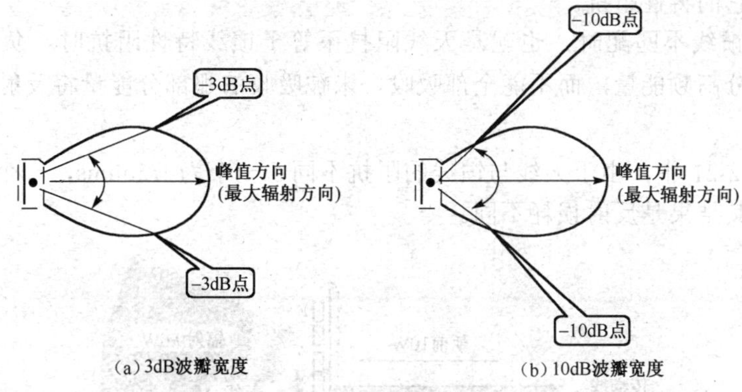

图 2-18 波瓣宽度

在前后比方向图（如图 2-19 所示）中，前后瓣最大值之比称为前后比，记为 *F*/*B*。前后比越大，天线的后向辐射（或接收）越小。前后比 *F*/*B* 的计算十分简单：*F*/*B*=10lg{（前向功率密度）/（后向功率密度）}。

对天线的前后比 *F*/*B* 有要求时，其典型值为（18～30）dB，特殊情况下则要求达（35～40）dB。

11）上旁瓣抑制

对于基站天线，人们常常要求它的垂直面（即俯仰面）方向图中的主瓣上方的第一旁瓣尽可能弱一些。这就是所谓的上旁瓣抑制（如图2-20 所示）。基站的服务对象是地面上的移动电话用户，指向天空的辐射是毫无意义的。

12）天线的下倾

为使主波瓣指向地面，安置时需要将天线适度下倾。

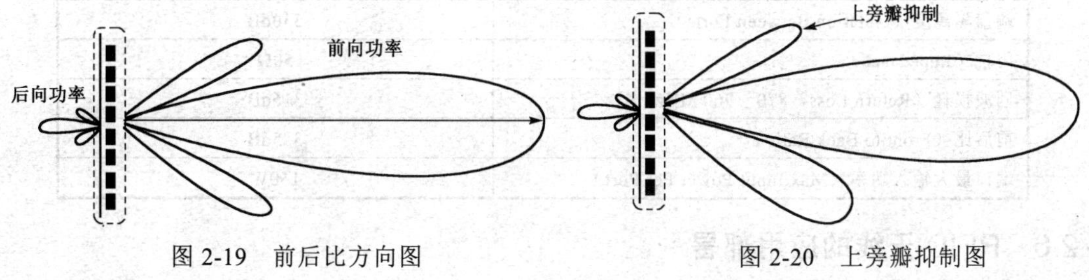

图 2-19 前后比方向图　　图 2-20 上旁瓣抑制图

13）天线的工作频率范围（频带宽度）

无论是发射天线还是接收天线，它们总是在一定的频率范围（频带宽度）内工作的，因此天线的频带宽度有以下两种不同的定义。

（1）在驻波比 VSWR≤1.5 条件下，天线的工作频带宽度。

（2）天线增益下降 3dB 范围内的频带宽度。

在移动通信系统中，通常是按（1）定义的。具体来说，天线的频带宽度就是指天线的驻波比 VSWR 不超过 1.5 时，天线的工作频率范围。

一般来说，在工作频带宽度内的各个频率点上，天线性能是有差异的，但这种差异造成的性能下降是可以接受的。

14）反射损耗

前面已指出，当馈线和天线匹配时，馈线上没有反射波，只有入射波，即馈线上传输的只是向天线方向行进的波。这时，馈线上各处的电压幅度与电流幅度都相等，馈线上任意一点的阻抗都等于它的特性阻抗。

而当天线和馈线不匹配时，也就是天线阻抗不等于馈线特性阻抗时，负载就只能吸收馈线上传输的部分高频能量，而不能全部吸收，未被吸收的那部分能量将反射回去形成反射波。

例如，在图 2-21 中，由于天线与馈线的阻抗不同，一个为 75ohms，一个为 50ohms，阻抗不匹配，所以其结果是反射损耗不同。

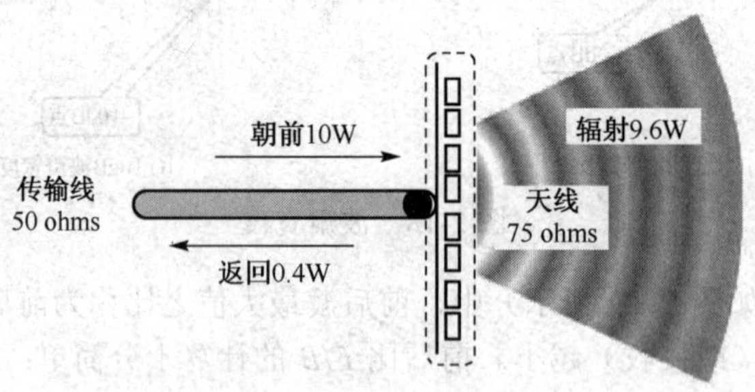

图 2-21　反射损耗示意图

3．常见 RFID 天线的参数设置

常见 RFID 天线的参数设置如表 2-6 所示。

表 2-6　常见 RFID 天线的参数设置

技 术 参 数	性 能 指 标
增益（Gain）	16dBi
频率范围（Frequency Range）	870～960 MHz
双极化（Polarisation Dual）	Slant±45°
端口隔离度（Isolation Between Ports）	330dB
阻抗（Impedance）	50Ω
回波损耗（Return Loss，870～960 MHz）	316dB
前后比（Front to Back Ratio）	325dB
端口最大输入功率（Max Input Power Per Port）	150W

2.2.6　RFID 天线的应用部署

1．RFID 天线的作用与地位

无线电发射机输出的射频信号功率通过馈线（电缆）输送到天线，由天线以电磁波形式辐射出去。当电磁波到达接收地点后，由天线接收下来（仅仅接收很小一部分功率），并通过馈线送到无线电接收机。由此可见，天线是发射和接收电磁波的一个重要的无线电设备，没有天线也就没有无线电通信。

2. RFID 天线的影响因素

RFID 天线的影响因素有天线的结构和数量、工作频率、系统功率、天线匹配（芯片与天线之间的阻抗匹配）、带宽、环境因素等。

工作在 UHF 和微波频段的标签天线特性受所标识物体的形状及物理特性影响，标签到贴标签物体的距离、贴标签物体的介电常数、金属表面的反射、局部结构对辐射模式的影响等都将影响天线的性能。

天线特性还受天线周围物体和环境的影响。障碍物会妨碍电磁波传输；金属物体产生电磁屏蔽，会导致无法正确地读取电子标签内容；其他宽频带信号源，如发动机、水泵、发电机和交直流转换器等，也会产生电磁干扰，影响电子标签的正确读取。

在天线的性能参数中，受影响最大的有天线的阻抗匹配、方向图、抗干扰性和读取范围。

2.3 实训项目

2.3.1 实训项目任务单

RFID 读写器与天线安装实践项目任务单

任务名称	RFID 读写器与天线安装实践
任务要求	掌握 RFID 读写器接口类型及 RFID 天线的基本特性
任务内容	根据 RFID 接口类型来完成 RFID 与控制器或计算机连接，根据 RFID 设备完成 RFID 天线的安装与配置
提交资料	实训报告及完成实训任务表
相关网站资料	大学城空间：http://www.worlduc.com/SpaceShow/Index.aspx?uid=256484 RFID 产品类别总览：http://www.pepperl-fuchs.cn/china/zh/classid_1542.htm
思考问题	1. RFID 天线的特性与标签的读取率有什么关系？ 2. 根据 RFID 天线的特性，该如何部署应用系统的天线？ 3. 根据实训设备类型，请你指出室外露天安装 RFID 天线时应注意哪些因素？

2.3.2 实训目的及要求

1. 实训目的

通过实训，掌握 RFID 读写器的接口类型及主要参数，能准确的进行 RFID 读写器与控制器或计算机进行互连，掌握 RFID 天线的基础知识，在安装部署 RFID 天线时能使 RFID 标签的读取率最高。

2. 实训要求

能正确进行 RFID 读写器与控制器或计算机连接，能正确进行 RFID 天线连接与配置，提交实训报告。

3．所需仪器设备

RFID 读写器（多个接口类型）、供电电源、示波器。

2.3.3 实训步骤

1．实训设计

实训设计示意图如图 2-22 所示。

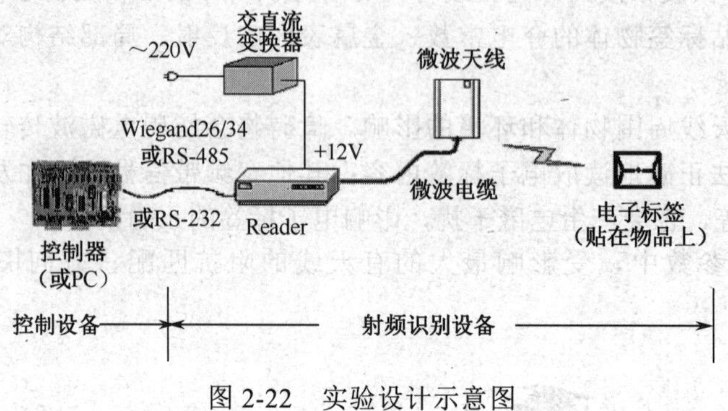

图 2-22 实验设计示意图

2．安装步骤

RFID 设备实训安装时，应按下列步骤操作：

图 2-23 安装步骤

3．安装读写器

RFID 读写器根据具体的应用环境，RFID 读写器具有一体机（读写器与天线在一起），分体机（读写器与天线分离）两种，图 2-24 为 RS-232 接口的一体机，图 2-25 为分体机的接口示意图。

图 2-24　配置 RS-232 接口的一体机

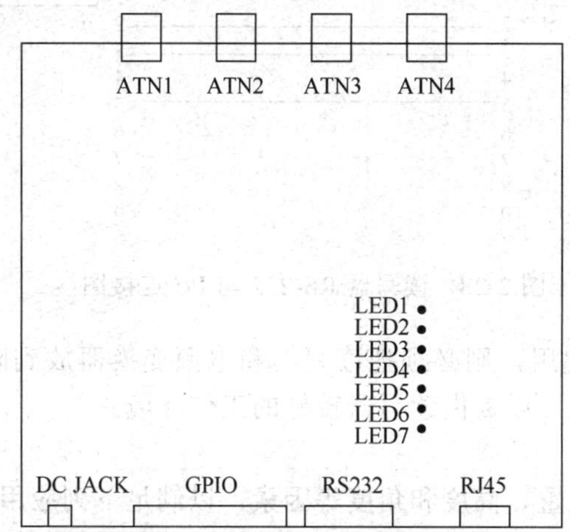

图 2-25　分体机的接口示意图

读写器可通过 Wiegand、RS-485 或 RS-232 这三种接口中任意一种与控制器（或 PC 机）连接，以接收命令和发送数据。

（1）Wiegand 口

使用 Wiegand 口通信，需要把读写器接线排上的 Data0（WDATA1-0 和 WDATA2-0）、Data1（WDATA1-1 和 WDATA2-1）、GND 三个引脚与应用系统控制器上对应的三个引脚用导线连接。读写器 Wiegand 口只能单向发送数据。

（2）RS-485 口

使用 RS-485 口通信，则需要把读写器接线排上的 RS-485+、RS-485-两个引脚与应用系统控制器上对应的 2 个引脚用导线连接。通过转换器也可与 PC 串口连接，如图 2-26 所示：

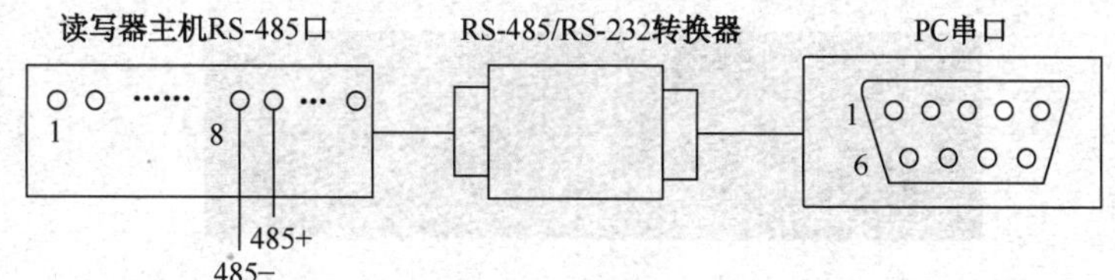

图 2-26　读写器 RS-485 与 PC 连接图

若使用的是 DB15 头，则 RS-485 与 PC 连接图如图 2-27 所示：

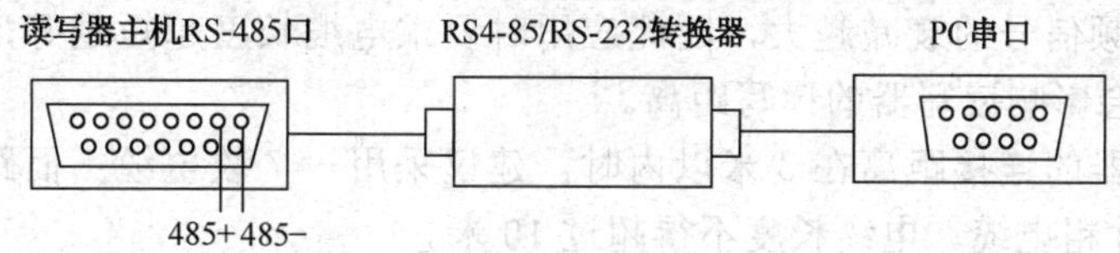

图 2-27　读写器 RS-485 与 PC 连接图

（3）RS-232 口

RS-232 口可使用配套电缆直接与 PC 连接，工程中 RS-232 口连接线长度应小于 10 米。其连线图如图 2-28 所示。

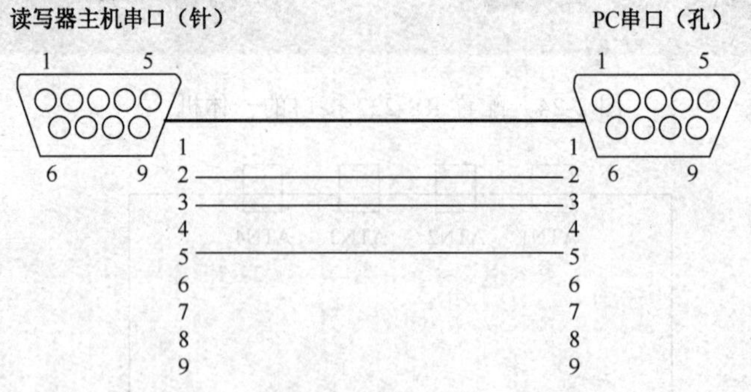

图 2-28　读写器 RS-232 与 PC 连接图

如果希望安装在室外使用，则必须把读写器和电源变换器放到防护箱中。要求防护箱具有防雨防尘、保温隔热功能，以提供读写器较好的工作环境。

4．安装天线

天线的安装需要考虑位置、高度和角度等因素，以满足下列应用要求：

（1）保证天线波束范围能够覆盖可靠读取电子标签的范围。

（2）保证天线到读写器的射频电缆走线长度不超过 10 米，最好不超过 3 米。

（3）根据具体应用情况，天线可以采用横式顶装（龙门架）或立式侧装（立柱）等安装方式，但要保证天线的极化方向与电子标签的极化方向保持一致（关于天线极化方向等知识请参见附录《微波射频识别技术简介》）。

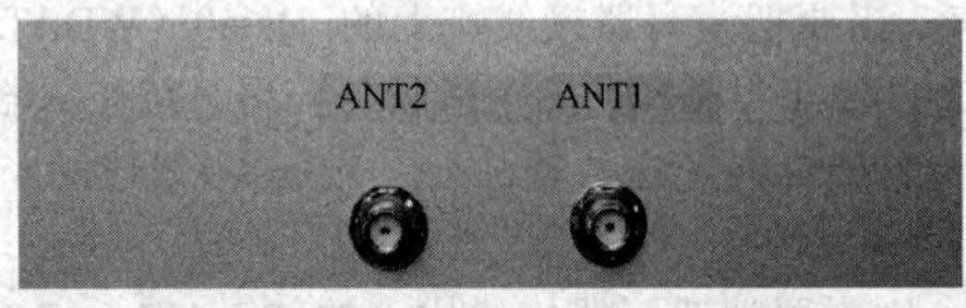

图 2-29　ANT1 和 ANT2 两个 SMA 型接口的读写器

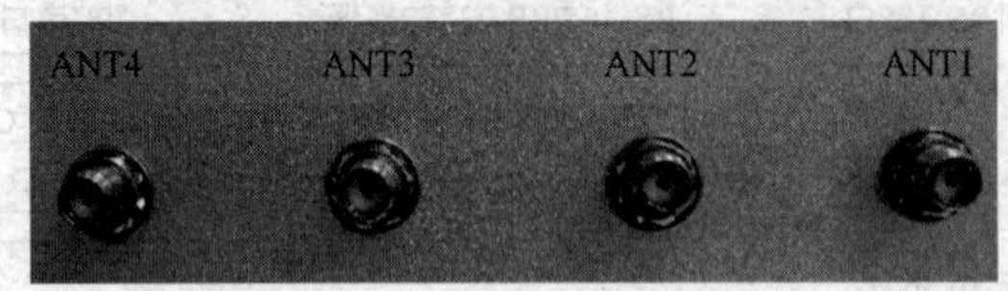

图 2-30　配置 ANT1、ANT2 、ANT3 和 ANT4 四个 SMA 型接口读写器

5．连接天线与读写器

读写器提供 2（或 4）个 SMA 型射频接口，要求采用低损耗同轴电缆与天线连接。由于电缆长度越长对高频信号的衰减越大，因此应用时要求电缆长度越短越好，增加电缆的长度或采用普通电缆将会影响读写器的读写距离。

当天线到读写器的连接距离在 3 米以内时，建议采用－7 软电缆；而距离在 3 米以上时则必须选用 1/2 英寸粗电缆。电缆长度不得超过 10 米。

电缆接头与天线及读写器端连接时应旋紧。电缆接头旋紧后应加热缩管密封或用胶带扎紧来保护电缆接头。

6．连接电源

检查并确认交流电源的电压及工作频率是否符合：AC 100—240V/50Hz 的要求。

将电源变换器的 DC 输出插头插入读写器的直流输入口。

将变换器的 220V 交流电源输入线插入或接到交流供电线路上。

读写器电源指示灯应点亮，表示电源输入正常。

7．设备联调

设备联调的关键是：调整天线的高度、方向角、倾角使读写器能够读取希望范围内的电子标签。调试方法是：打开读写器电源，将读写器设置为定时工作方式（根据具体的读写器参数设置），关闭参数设置程序并断开和 PC 的连接。

关闭读写器电源，再打开，读写器自动进入定时工作状态。如果读写器能够正确读到电子标签，则内置蜂鸣器鸣叫，同时绿色 LED 闪亮。

8．贴放标签

在射频识别系统应用过程中，贴标签是经常要做的工作。贴标实训见第 7 章。

2.3.4　实训任务表

上网查询列举同功能设备相关参数公司名称及报价，完成下表。

实训任务表

序号	设备公司名称	报价	接口类型	主要技术特点
1				
2				
3				
4				
5				
6				
7				

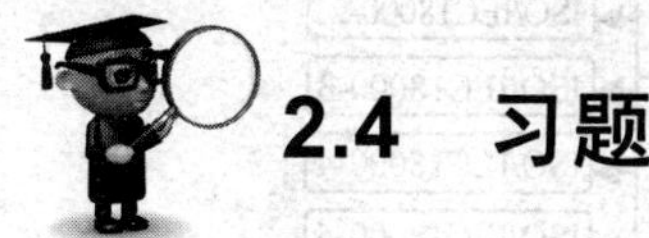

2.4　习题

1．简述电磁波频谱的划分与分配。

2．简述 RFID 工作频率的分类及主要应用领域。

3．简述 RFID 天线的主要性能要求及部署时应注意的问题。

第3章 RFID的频率标准与技术规范

导教——教学导航

职业能力要求

- 专业能力：能运用所学的RFID的频率标准与技术规范来解决实际工作中的问题。
- 社会能力：对新技术标准的应用推广能力。
- 方法能力：对新技术有较强的实践应用能力。

学习目标

- 了解制定和实施RFID标准的重要意义、分类及常见的RFID标准化组织及频段；
- 熟悉ISO/IEC RFID的相关标准；
- 熟悉UHF频段空中接口标准及ISO/IEC18000标准系列；
- 熟悉EPC RFID及UID RFID的相关标准；
- 熟悉各标准之间的区别及联系。

学习任务

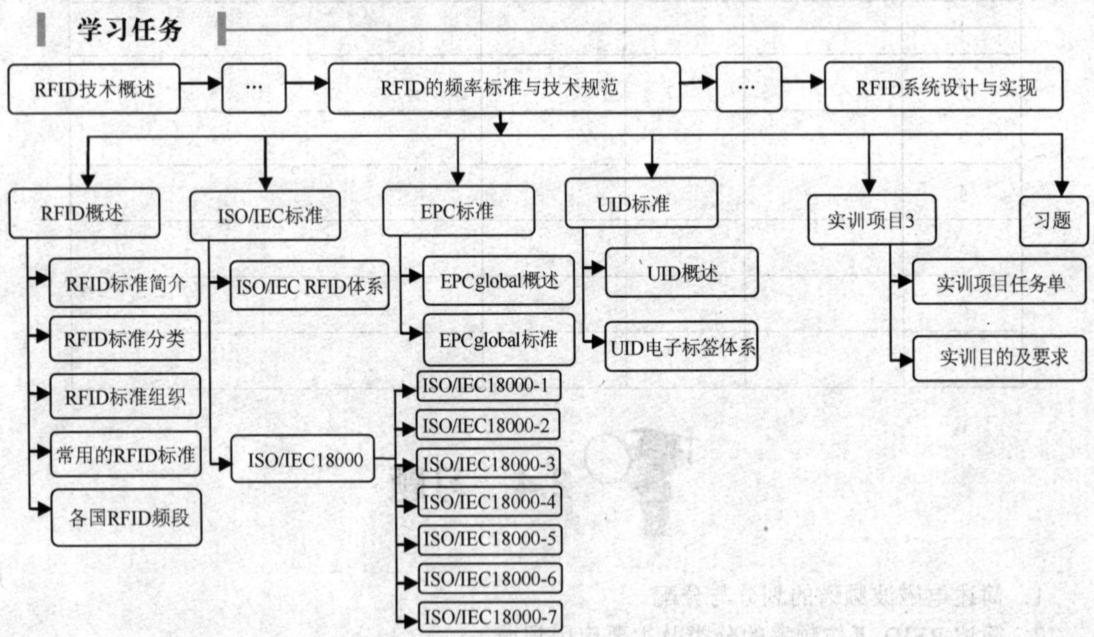

导读3-1 RFID标准之争即利益之争

一项专利影响一个企业，一个技术标准影响一个产业。在信息技术领域，一个产业往往是围绕一个或几个标准建立起来的。RFID 标准之争的实质是规则制定的竞争，是市场控制权的竞争。“三流企业做产品，二流企业做技术，一流企业做标准”，如果我国RFID产业不能拥有自主知识产权，那么，他们的生存与发展能力值得怀疑。

造成我国 RFID 技术标准缺失和不统一的原因主要有两个。第一，我国的 RFID 产业起步较晚，在应用方面的实践也不是很多，特别是在食品溯源方面。技术的相对落后和缺乏成功的实践案例，使我国制定 RFID 标准的条件也成熟得比较慢。第二，以前我国食品行业以中小企业为主，没有形成产运销一条龙的产业链，也缺乏强有力的约束和监管。

目前，我国的 RFID 产业发展比较迅猛，也出现了很多应用案例。一些行业看到 RFID 技术对本行业的发展所起的积极促进作用之后，也纷纷引进该项技术，并逐步形成了自己的行业标准，如石油、汽车等领域。RFID 技术在食品行业的发展非常迅速，而制定标准是目前最紧要的事情。

标准之争即利益之争，一旦我们失去 RFID 国际标准制定的主导权和产业主导权，我国的 RFID 产业，无论是知识产权方面还是信息安全方面，必会受制于人。在此背景下，中国 RFID 标准的制定必须从速。制定具有中国自主知识产权的标准，才是摆脱受制于人局面的唯一办法。所以，无论是企业还是科研机构都要加大科研力度，力争在关键技术层面上有所建树，早日制定出属于中国的 RFID 标准。

国家信息安全高于一切，在 RFID 标准的制定过程中，应牢牢把握这个核心。RFID 标准中涉及国家安全的核心问题是编码规则、传输协议、中央数据库等，我国必须警惕信息侵略，国家必须掌握电子标签领域发展的主动权。RFID 的使用离不开中央数据库，谁掌握了产品信息的中央数据库和电子标签的注册登记和密码发放权，谁就获得了全部产品、产品身份、产品结构、物流及市场信息的拥有权。没有自主知识产权的 RFID 编码标准、芯片和核心技术，就不可能有真正的信息安全。

建立具有中国自主知识产权的 RFID 标准必然会产生与国际食品行业 RFID 标准衔接和协调的问题。要解决这一问题有两种途径，第一，加强我国在国际标准制定上的话语权，把具有自主知识产权的关键技术纳入国际标准。第二，建立一个公共信息服务平台，除了服务于我国国内的 RFID 信息交换外，也可作为与国际标准进行衔接和协调的平台。

（资料来源：2010 赛迪网-中国电子报）

【分析与讨论】

（1）为什么说 RFID 标准之争即利益之争？

（2）我国该如何破解 RFID 标准的困境？

3.1　RFID 标准概述

制定标准的目的为在混乱中建立秩序!标准能够确保协同工作的进行、规模经济的实现、工作实施的安全性，以及其他许多方面工作的更高效地开展。标准应在恰当的时机发布和实施，标准采用过早，有可能会制约技术的发展和进步；标准采用过晚，则可能会限制技术的应用范围。RFID 标准化的主要目的在于：通过制定、发布和实施标准，解决编码通信、空中接口和数据共享等问题，最大程度地促进 RFID 技术及相关系统的应用。

就一个成熟的 RFID 应用系统来说，以下几个方面是必需的。

（1）遵循开放标准：即遵循国内标准还是兼容国际标准。

（2）业务价值定义：过滤特定行业应用的价值点，进行应用模式的创新，明确业务目标。

（3）硬件有效实施：针对不同物理环境和业务目标选择特定技术，辅助以强大的硬件集成能力，提供适应不同环境复杂度的硬件部署和实施。

（4）成熟软件架构：兼容现有应用环境，面向未来业务进行拓展。

（5）灵活业务流程：适应不同应用场景下的业务流程定制能力，支持供应链环境下的信息交换。

（6）完整业务展现：简化业务操作的同时，为企业决策层提供全面业务透视能力。

因此，只有专业的 RFID 硬件厂商、RFID 中间件厂商、软硬件系统集成商及咨询服务机构通力合作，针对最终客户的业务目标确定实施路线，分工协作，有条不紊地完成 RFID 企业级应用，使不同行业内的企业得到突破，形成大规模的应用示范，国内的 RFID 应用生态链才能取得长远发展。

目前，RFID 标准种类繁多，本章将首先讨论世界上三大 RFID 标准化组织（ISO/IEC JTC 1/SC31、UID 和 EPCglobal）的 RFID 标准的制定情况，然后重点介绍超高频（UHF）频段空中接口标准及 ISO/IEC 18000 标准系列，以及各标准之间的关系与比较。

3.1.1 RFID 标准简介

国家标准 GB/T3935.1－1996 标准化基本术语第一部分对标准进行了如下定义："标准是对重复性事物和概念所做的统一规定。它以科学、技术和实践经验的综合成果为基础，经有关方面协商一致，由主管机构批准，以特定形式发布，作为共同遵守的准则和依据。"

国家标准 GB/T3935.1－1996 对标准化的定义是："在经济、技术、科学及管理等社会实践中，对重复性事物和概念通过制定、发布和实施标准，达到统一，以获得最佳秩序和社会效益"。RFID 技术的发展离不开标准和标准化工作，如果不遵循从各个不同技术层面研究归结而成的标准，将无法获得广泛的应用。标准能够确保协同工作的进行、规模经济的实现、工作实施的安全及其他许多方面。实施标准化的原因在于以下三个需要：设计和实现可靠且稳定工作的 RFID 系统的需要；设计和实现 RFID 开放系统的需要；设计和实现 RFID 兼容系统的需要。

RFID 标准可以处理以下几个问题。

（1）技术问题，如接口和数据传输技术。例如，RFID 中间件（中间件技术）扮演着 RFID 标签和应用程序之间的中介角色，从应用程序端使用中间件所提供的一组通用的应用程序接口，就可以连接到 RFID 读写器，读取电子标签数据。RFID 中间件采用程序逻辑及存储转发的功能来提供顺序的消息流，具有数据流设计与管理的能力。

（2）一致性。一致性主要指能够支持多种编码格式，如支持 EPC、DOD 等规定的编码格式，也包括 EPCglobal 所规定的标签数据格式标准。

（3）性能问题。性能主要是指数据结构和内容，即数据编码格式及其内存的分配。

（4）与传感器的融合问题。目前，RFID 技术与传感器系统正逐步融合，物品定位已采用 RFID 三角定位法及更多复杂的技术，还有一些 RFID 技术中采用了传感器来代替芯片，例如，实现温度和应变传感器的声表面波标签已经和 RFID 技术相结合。

由于 RFID 系统主要由数据采集和后台数据库网络应用系统两大部分组成，所以目前无论是已经发布或是正在制定中的标准都主要与数据采集相关，包括电子标签与读写器之间的空中接口、读写器与计算机之间的数据交换协议、电子标签与读写器的性能、一致性测试规范，以及 RFID 电子标签的数据内容编码标准等。为构建全球范围的商品流程管理系统，需要对各种规范和技术要求进行研究，开展标准化工作。

3.1.2 RFID 标准的分类

目前和 RFID 技术领域相关的标准可分为以下四大类：技术标准、数据内容标准、一致性标准和应用标准。

（1）技术标准（如符号、射频识别技术、IC 卡标准等），定义了应该如何设计不同种类的硬件和软件。这些标准提供了读写器和电子标签之间通信的细节、模拟信号的调制、数据信号的编码、读写器的命令及标签的响应；定义了读写器和主机系统之间的接口；定义了数据的语法、结构和内容。

（2）数据内容标准（如编码格式、语法标准等），定义了从电子标签输出的数据流的含义，提供了数据可在应用系统中表达的指导方法；详细说明了应用系统和标签传输数据的指令；提供了数据标识符、应用标识符和数据语法的细节。

（3）一致性标准（如印刷质量、测试规范等），定义了电子标签和读写器是否遵循某个特定标准的测试方法。

（4）应用标准（如船运标签、产品包装标准等），定义了实现某个特定应用的技术方法。例如，集装箱装箱识别系统，在该系统中，RFID 标签贴标的位置，产品封装和编号方式等应用标准。

3.1.3　常用的 RFID 标准

常用的 RFID 标准如下所示。

1．技术标准

ISO 18000：定义了询问者与标签之间在不同频率上的空中接口。

EPC Gen2：定义了频率在 860～960MHz 之间的空中接口标准。

与 RFID 技术相关的标准：由于 RFID 技术涉及的技术领域众多，行业广泛，其应用还涉及道德、伦理等社会问题，所以 RFID 技术和有关组织制定的标准关系密切。

1）与无线电通信管理相关的标准和规范

各国无线电管理部门对无线通信制定了有关标准和规范，包括频谱分布、功率、电磁兼容等，具有代表性的是美国联邦通信委员会（FCC）、欧洲电信标准协会（ETSI）等组织的有关标准和规范。

2）与人类健康相关的标准和规范

与人类健康有关的标准和规范，主要是指国际非电离辐射保护委员会（ICNIRP）提出的标准和规范。ICNIRP 是一个为世界卫生组织及其他机构提供有关非电离放射保护建议的独立机构，目前许多国家使用其推荐的标准作为放射规范标准。该标准和规范主要给出了有关无线电波辐射等对人体健康的影响。

3）与数据安全相关的标准和规范

除了 ISO/IEC 的与数据安全有关的标准和规范外，经济合作与发展组织（OECD）曾发布有关文件，规定了信息系统与网络安全的指导方针。虽然并不强求人们遵守 OECD 的这些指导方针，但它们为信息安全提供了坚实的基础。

4）隐私问题

隐私问题是社会道德伦理问题。隐私问题的解决基于同意原则，即用户和消费者的容忍程度。目前，很多用于物品识别的应答器（电子标签）都能支持 KILL 命令，以保护用户和消费者的隐私权。

2．数据内容标准

ISO/IEC 15424：数据载波和特征标识符。

ISO/IEC 15418：EAN/UCC 应用标识符及柔性电路数据标识符和保护。

ISO/IEC 15434：高容量 ADC 媒体传输语法。

ISO/IEC 15459：物品管理的唯一 ID。

ISO/IEC 24721：唯一 ID 规范。

ISO/IEC 15961 数据协议的应用接口。

ISO/IEC 15962：数据协议的数据编码方案和逻辑内存功能。

ISO/IEC 15963：射频标签的唯一 ID。

3．一致性标准

ISO/IEC 18046 RFID：设备性能测试方法。ISO/IEC 18047：RFID 设备一致性测试方法。

Part2：125～150MHz。

Part3：13.56MHz。

Part4：2450MHz。

Part6：860～960MHz。

Part7：433.92MHz（主动）。

4．应用标准

ISO 10374：货运集装箱标准（自动识别）。

ISO 18185：货运集装箱的电子封条的射频通信协议。

ISO 11784：动物的射频识别——编码结构。

ISO 11785：动物的射频识别——技术准则。

ISO 14223-1：动物的射频识别——高级标签第一部分的空中接口。

ANSI MH 10.8.4：可回收容器的 RFID 标准。

AIAG B－11：轮胎电子标签标准（汽车工业行动组）。

ISO 122/104 JWG：RFID 的供应链应用。

3.1.4 RFID 标准化组织

许多国家和地区的组织及一些产业协会都在开发 RFID 标准。目前影响全球 RFID 标准的有五大标准化组织，分别是 GS1/EPCglobal、AIMglobal、ISO、UID、IP-X，简介如下。

1．GS1/EPCglobal

GS1/EPCglobal 以欧美跨国列强为阵营，是当今世界最大的 RFID 标准组织。该组织的前身为北美 UCC 产品统一编码组织和欧洲 EAN 产品标准组织，合并后称为 EPCglobal，其核心成员包括美国的沃尔玛、德国的麦德龙、硅谷的思科、欧洲的吉列公司等世界 500 强企业。

2．AIMglobal 组织

AIMglobal 组织即全球自动识别组织，是一个全球性的编码标识，它在全球有 13 个国家与地区性的分支，且目前其全球会员数已快速累积到 1000 多个。

3．ISO

ISO 即为国际标准化组织。

4．UID（Ubiquitous ID，泛在 ID）

UIO 即为日本泛在技术核心组织。

5．IP-X

IP-X 主要在南非南美、澳大利亚、瑞士等国家推行，为中性主权国的第三世界标准组织。

地区性的组织有欧洲标准化委员会（CEN）等；地区性的标准化机构有美国国家标准化组织（ANSI）、英国标准化组织（BSI）、加拿大标准化协会（SCC）、法国工业标准化协会（AFNOR）和 DIN；产业联盟有汽车工业行动组（AIAG）、美国统一代码协会（UCC/EAN）、ATA 和 EIA。这些机构均在制定与 RFID 相关的国家和地区或产业的联盟标准，并希望通过不同的渠道提升为国际标准。

3.1.5 制定 RFID 标准的推动力

制定 RFID 标准的推动力主要来自以下方面。

1．大零售商的要求

Wal-Mart（沃尔玛）、Metro（麦德龙）等大零售商对基于 RFID 的“未来商店”抱有信心，因此对供应商提出了使用 RFID 电子标签（应答器）的要求，这就促进了 RFID 技术的发展，推动了标准的建立。

2．美国国防部的推动

美国国防部（DOD）在 RFID 应用方面公布了对其供应商的详细指导方针，这一举措对 RFID 标准的推进产生了极大的影响。

3．RFID 的广泛应用推进了标准的实施

RFID 应用广泛，各种应用领域的企业和研究所在 RFID 的应用中获得了效益和发展，相反，RFID 标准的建立和实施为标准化和开放的环境提供了保证。

3.1.6 RFID 标准多元化的原因

RFID 的国际标准较多，主要有技术因素和利益因素两方面的原因。

1．技术因素

1）RFID 的工作频率

RFID 的工作频率分布在低频至微波的多个频段中，频率不同，其技术差异很大。例如，125kHz 的电路、天线设计与 2.45GHz 的电路、天线设计迥然不同。即使频率相同，由于基带信号、调制方式的不同，也会形成不同的标准。例如，对于 13.56MHz 的工作频率，ISO/IEC1443 标准有 TYPE A 和 TYPE B 两种方式。

2）作用距离

作用距离的差异也是标准不同的主要原因。作用距离不同产生的差异表现在以下几方面。

（1）应答器工作方式有无源工作方式和有源工作方式两种。

（2）RFID 系统的工作原理不同，近距离为电感耦合方式，远距离为基于微波的反向散射耦合方式。

（3）载波功率的差异。例如，同为 13.56MHz 工作频率的 ISO/IEC 14443 标准和 ISO/IEC 15693 标准，由于后者的作用距离较远，所以其阅读器输出的载波功率较大（但不能超出 EMI 有关标准的规定）。

（4）应用目标不同。

（5）RFID 的应用面很宽，不同的应用目的，其存储的数据代码、外形需求、频率选择、复杂度等都会有很大的差异。例如，动物识别和货物识别、高速公路的车辆识别计费和超市货物的识别计费等，它们之间都存在着较大的不同。

（6）技术的发展。由于新技术的出现和制造业的进步，使得标准需要不断融入这些新进展，以形成与时俱进的标准。

2．利益因素

尽管标准是开放的，但标准中的技术专利也会给相应的国家、集团、公司带来巨大的市场和经济效益，因此标准的多元化与标准之争也是国家、集团、公司利益之争的必然反映。

3.1.7 各国的 RFID 频段规范

1．美国的 RFID 频段规范

联邦通信委员会（Federal Communications Commission，FCC）是一家独立的政府机构，直

接对美国国会负责，于 1934 年建立。FCC 通过控制无线电广播、电视、电信、卫星和电缆来协调国内和国际的通信；承担了各州之间及国际间的无线电广播、电视、电信、卫星和电缆通信的规范化工作。为确保与生命财产有关的无线电和有线通信产品的安全性，FCC 的工程技术部负责委员会的技术支持和设备认可方面的事务。许多无线电应用产品、通信产品和数字产品要进入美国市场，都要先得到 FCC 的认可。FCC 委员会负责调查和研究产品安全性的各个阶段以找出解决问题的最好方法，同时也负责无线电装置、航空器的检测等。FCC 通过美国的法律来规范射频技术的使用。所有射频技术的使用都必须符合这些规范。

FCC 第 15 部分的条款 15.247 规定了 UHF 频段的 RFID 设备可以工作在工业、科学和医学频段上；定义了在 902～928MHz、2400.2～2483.5MHz 和 5725～5850MHz 频段内的操作，其中 902～928MHz 带宽提供了优化的工作频率范围并优先给供应链使用。符合第 15 部分要求的 RFID 系统采用跳频扩频调制技术从读写器功率的最大动态范围获益。符合第 15 部分要求的 UHF 读写器在跳变信道超过 50 个时，可以有最大 1W 的发射功率，或者在有向天线的情况下达到 4W 的功率。

2．欧洲的 RFID 频段规范

欧洲电信标准化协会（European Telecommunications Standards Institute，ETSI）是由欧共体委员会于 1988 年批准建立的一个非营利性电信标准化组织，其总部设在法国南部的尼斯。ETSI 的标准化领域主要是电信业，并涉及与其他组织合作的信息及广播技术领域。ETSI 作为一个被 CEN（欧洲标准化协会）和 CEPT（欧洲邮电主管部门会议）认可的电信标准协会，其制定的推荐性标准常被欧共体作为法规的技术基础而采用并被要求执行。2004 年 9 月，ETSI 发布了 EN302—208 标准，规定了 865～868MHz 波段中的 UHF 段（欧洲 RFID 所用超高频段）的 RFID 设备的“技术要求和测量方法”。

3．日本的 RFID 频段规范

日本内务通信部（MIC，原总务省，2004 年 9 月 10 日改名）对无线电波的使用采取了放松的策略，该组织负责规范所有与通信有关的政策，包括制定日本的 RFID 标准。通过对各种工业应用的调查，MIC 认为 130kHz、13.4MHz 和 2.4GHz 频段对 RFID 标记的使用是安全的。除此之外，950～954MHz 频段及其相邻频率也可在新的频谱分配中加以考虑。MIC 已同意开启 952～954MHz 的 UHF 频谱供 RFID 使用。天线功率在 10mW～1W 之间的高功率被动标签系统和增益为 6dBi 的天线，可以传输的最大功率相当于 4W 等效全向辐射功率，用户使用该系统需要获得许可；对于在 10mW 以内的功率系统，用户则无须获得许可。

4．我国的 RFID 频段规范

在过去的几年里，我国已经和世界同步发展并建立起了自己的 RFID 标准。我国信息产业部（现为工业和信息化部）于 2007 年 5 月 11 日公布了 800～900MHz 频段射频识别（RFID）技术应用规定（试行），800～900MHz 频段 RFID 技术的具体使用频率为 840～845MHz 和 920～925MHz，频率范围在 840～845MHz 之间和 920～925MHz 之间的有效发射功率不超过 100mW，其中，840.5～844.5MHz 和 920.5～924.5MHz 之间的有效发射功率不超过 2W。工作模式为跳频扩频方式，每跳频信道最大驻留时间为 2s。该频段的 RFID 技术无线电发射设备是按作用范围进行管理的。设备投入使用前，必须获得工业和信息化部核发的无线电发射设备型号核准证。国家制定的双频段 UHF 标准，除了基本的 800MHz 贴近欧洲等地区的标准外，900MHz 贴近美国等标准，这样就可能兼容世界上绝大多数国家和地区的 RFID 标准，还有自己的特色。另外，这两个频段也是我国目前能找出的比较接近国际标准的频段。

5．印度的 RFID 频段规范

印度的无线频率管理局（WPC，属于通信与信息技术部）是印度规范射频应用的无线电

部门。WPC 采用 865～867MHz 作为 RFID UHF 频段，并免除了 RFID 设备在该频段上的使用许可，只要满足 1W 最大发射功率、4W 有效辐射功率和 200kHz 载波带宽的要求，同时对其他无线设备没有干扰，任何人无须许可就可以使用这个频段。印度的软件业准备为欧美 RFID 系统的解决方案提供配套软件，这样他们可以更好地在国内测试和开发 RFID 系统。另外，芯片开发商也准备在印度开发 RFID 芯片。频段确定以后，印度的厂商就可以随时从事有关 RFID 的技术工作，而不必再向 WPC 提出申请了。

6. 加拿大的 RFID 频段规范

在 902～908MHz 的 UHF 频段，加拿大的规范和美国的规范类似。加拿大牛标识机构（CCIA）（最近被命名为加拿大牲畜标识机构，CLIA），建议所有的牲畜标签应该被 RFID 标签所替换。由于可以通过 RFID 技术有效地进行追踪动物和验证动物的年龄，从而满足国内和国际上关于动物健康和食品安全的要求，所以加拿大的养牛工业大力支持这一建议。在加拿大移除 CCIA 标签是一种严重的犯罪，所有 CCIA 认可的 RFID 标签颜色都是黄色的。

3.2 ISO/IEC 的相关标准

3.2.1 ISO/IEC 的相关标准概述

ISO 是公认的全球非营利性工业标准组织。与 EPCglobal 只专注于 860～960MHz 频段不同，ISO/IEC 对各个频段的 RFID 都颁布了标准。ISO/IEC 组织下的多个分技术委员会从事 RFID 标准的研究。ISO/IEC JTC1/SC31，即 AIDC 自动识别和数据采集分技术委员会，其正在制定或已颁布的标准有不同频率下自动识别和数据采集通信接口的参数标准，即 ISO/IEC 18000 系列标准。ISO/IEC JTC1/SC17，即识别卡与身份识别技术委员会，其正在制定或已颁布的标准主要有 ISO/IEC 14443 系列，我国的第二代身份证采用的就是该标准。此外，ISO TC104/SC4 识别和通信分技术委员会制定了集装箱电子封装标准等。

ISO/IEC 已出台的 RFID 标准（如图 3-1 所示）主要关注基本的模块构建、空中接口和涉及的数据结构及其实施问题。它具体可以分为技术标准、数据结构标准、性能标准及应用标准 4 个方面。

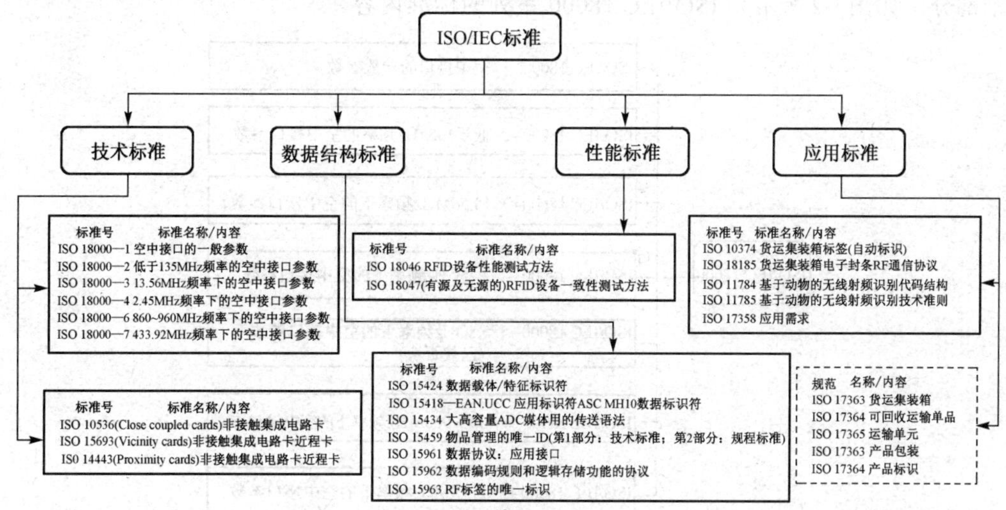

图 3-1 ISO/IEC 已出台的 RFID 标准

图中，ISO 18000 系列包括了有源和无源 RFID 技术标准，主要是基于物品管理的 RFID 空中接口参数。

ISO 17363～17364 是一系列物流容器识别的规范，它们还未被认定为标准。该系列内的每种规范都用于不同的包装等级，如货盘、货箱、纸盒与个别物品。

目前我国常用的 RFID 标准主要为用于非接触智能卡的两个 ISO 标准：ISO 14443 和 ISO 15693。ISO 14443 和 ISO 15693 标准于 1995 年开始实行，其完成则是在 2000 年之后，两者皆以 13.56MHz 交变信号为载波频率。ISO 15693 的读写距离较远，而 ISO 14443 的读写距离稍近，但应用较广泛。目前的第二代身份证采用的是 ISO 14443 TYPE B 协议。ISO 14443 定义了 TYPE A、TYPE B 两种类型协议，通信速率均为 106kbps，其不同之处在于载波的调制深度及位的编码方式。TYPE A 采用开关键控（On-Off-keying）的曼彻斯特编码，TYPE B 采用 NRZ-L 的 BPSK 编码。TYPE B 与 TYPE A 相比，具有传输能量不中断、速度更高、抗干扰能力较强的优点。RFID 的核心是防碰撞技术，这也是 RFID 和接触式 IC 卡的主要区别。ISO 14443 规定了 TYPE A 和 TYPE B 的防碰撞机制。两者的防碰撞机制原理不同，前者基于位碰撞协议，而后者则通过通信系列命令序列完成防碰撞。ISO 15693 则采用轮询机制、分时查询的方式完成防碰撞机制。防碰撞机制使得同时处于读写区内的多张卡的正确操作成为可能，既方便了操作，也提高了操作的速度。ISO 技术委员会及联合工作组 TC104/SC4 主要处理有关 ISO/IEC 贸易应用方面的问题，如针对货运集装箱及包装制定了 RFID 电子封条（ISO 18185）、集装箱标签（ISO10374）和供应链标签（ISO 17363）等标准。

这些标准并不关心标签和读写器的数据的内容或者物理实现，因为不同频率的射频波会被不同材料所反射、折射和吸收。这些标准还定义了读写器和标签之间的通信采用 5 个频段。其中，标签天线的类型和尺寸随着频率而变化，最大的读取距离则随着频率和频率分配的不同而变化。

3.2.2 UHF 频段空中接口标准的 ISO/IEC 18000 标准系列

UHF 频段空中接口标准的 ISO/IEC 18000 标准系列是由 ISO/IEC JTC1/SC31 负责制定的 RFID 空中接口通信协议，它涵盖了 125kHz～2.45GHz 的通信频率，其识读距离为几厘米至几十米，主要适合用于 RFID 技术在单品管理中的应用。

根据前面的介绍可知，ISO/IEC 18000 标准系列主要包括 ISO/IEC 18000—1～18000—7 共 7 个部分。如图3-2所示为 ISO/IEC 18000 系列的标准内容。

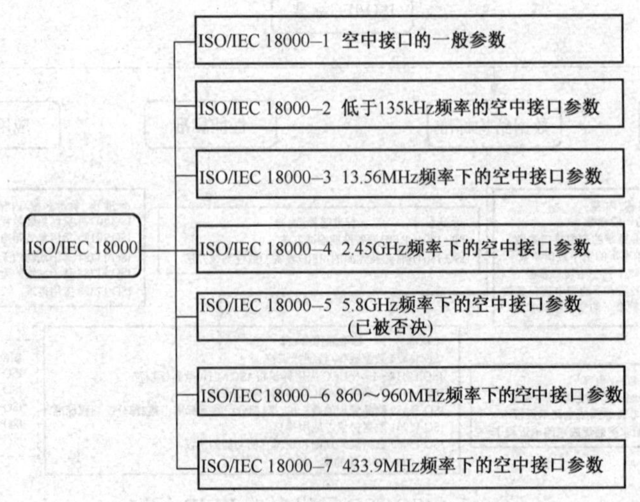

图 3-2 ISO/IEC 18000 系列的标准内容

1．ISO/IEC 18000—1

ISO/IEC 18000—1 定义了所有 ISO/IEC 18000 系列标准中空中接口定义所要用到的参数，同时还列出了所有相关的技术参数数据及各种通信模式，如工作跳频速率、占用频道带宽、最大发射功率、杂散发射、调制方式、调制指数、数据编码、比特速率、标签唯一标识符（UID）、读处理时间、写处理时间、错误检测、存储容量、防冲突类型、标签识读数目等。同时，它还在标准的其他 5 个部分中详细给出了在该通信频率和模式下的具体参数值，为后续的各部分标准设定了一个框架和规则，并提供了有关射频法规方面的信息和结构框架示例，这样更有利于简化、增加或修订标准内容的工作。

2．ISO/IEC 18000—2

ISO/IEC 18000—2 定义了工作频率在 135kHz 以下时读写器和标签之间的通信空中接口参数，还定义了协议、命令及在多个标签中某一个标签的检测和通信方法（防碰撞），防碰撞方法可选。此标准中的标签分为两个类型，TYPE A 和 TYPE B，它们在物理层上不同，但是支持同样的协议和防碰撞机制。TYPE A 标签工作在 125kHz 双工模式下，它使用同一个信道进行读写器和标签之间的双向传输（FDX）。FDX 标签始终由读写器提供能量，包括从标签到读写器的传输。TYPE B 标签工作在半双工模式下，其工作频率为 134.2Hz，它使用两个不同的单向信道进行读写器到标签和标签到读写器的单向数据传输（HDX）。HDX 标签除了标签到读写器的传输外，其他都由读写器供电。为了和这个标准兼容，标签必须是 TYPE A 或 TYPE B。另外，读写器必须同时支持 TYPE A 和 TYPE B，这样在存货阶段，读写可以在 TYPE A 和 TYPEB 之间进行通信。

3．ISO/IEC 18000—3

ISO/IEC 18000—3 提供了工作频率为 13.56MHz 的通信空中接口参数。它定义了物理层、碰撞管理系统和符合 ISO/IEC 18000—1 要求的物体识别协议值。这个标准有非干扰、非互操作两种模式，可用于不同的场合。非干扰模式基于 ISO 15693，修订了物品管理，试图改进供货商之间货物管理的兼容。它具有以下参数：读写器到标签的数据传输速率为 1.65kbps 或 26.48kbps；标签到读写器的数据传输速率为 26.48kbps。非互操作模式允许比非干扰模式有更高的数据传输速率和内存（PJM 或相位调制方法）。它具有以下参数：读写器到标签的数据传输速率为 423.75kbps；标签到读写器的数据传输速率为 105.9375kbps，8 个信道。读写器必须支持非干扰模式或非互操作模式，或者两者都支持。

4．ISO/IEC 18000—4

ISO/IEC 18000—4 定义了工作频率为 2.45GHz 的空中接口的通信协议，它主要应用于货品管理领域。同时它还定义了前向和反向链路的参数，其技术参数包括工作频率、信道带宽、最大功率、数据编码、数据传输速率、跳频速度、跳频、扩频序列和码片传输速率。该标准定义了两种模式，非干扰模式用于被动标签，其工作方式为读写器先说（ITF）；第二种模式定义了电池辅助标签，也称非互操作模式，其工作方式为标签先说（TIF）。

模式 1 有以下特点：应用于被动反向散射 RFID 系统，且该系统使用了 ITF 技术；读取范围内有一个或多个标签；范围很广，可用于很多商业活动。

模式 2 有以下特点：在大范围、高速数据传输的 RFID 系统中应用；标签使用电池辅助但可像 TTF 一样操作；空中接口描述对标签的电池辅助没有做明确说明；范围大于 300ft（ft 为英尺）；可读写标签在空中接口的总数据传输速率达 284kbps，只读标签的传输速率为 76.8kbps。

5．ISO/IEC 18000—5

该标准定义了 RFID 设备的空中接口工作在 5.8GHz 频率下的通信协议，用于单口管理应用。由于该频段缺乏商业前景，所以这个标准已经终止。

6．ISO/IEC 18000—6

ISO/IEC 18000—6 有三种类型。

类型 A 的特点为：使用脉冲间隔编码（Pulse Interval Encoding，PIE）；读写器首先工作方式；ALODA 防碰撞算法；在反向链路使用双相间隔码编码（Bi-Phase Space Encoding）；数据传输速率为 33/40kbps；频宽为 860～960MHz。

类型 B 的特点为：在前向链路使用双向线路编码模式和 Manchester 加密；读写器首先工作；二叉树防碰撞算法；数据传输速率为 8/4kbps；频宽为 860～930MHz。

类型 C 和 EPC Class1 Gen2 Standard 相同。

7．ISO/IEC 18000—7

ISO/IEC 18000—7 定义了工作在 433.92MHz 频率下的有源 RFID 设备的空中接口通信协议，用于单品管理应用方面，其典型读取距离超过 1m。它还规定了时序参数、标签与读写器之间通信的物理层协议、多标签同时读取时的防碰撞、数据编码、工作周期等，可用于开发能获得 FCC 许可的读/写有源电子标签。这些标签被美国国防部使用，读写范围超过 300ft，约合 90m。ISO/IEC 18000—7 有可能成为远洋运输集装箱追踪管理的全球性“事实标准”。表 3-1 列出了 ISO/IEC 18000 的主要空中接口技术指标。

表 3-1　ISO/IEC 18000 的主要空中接口技术指标

技术指标 工作模式		RF 工作场频率	调制方式	数据编码	数据传输速率/（kbps）	UID 长度	差错检测	标签识别数目
ISO/IEC 18000-2	TYPE A	125kHz±4kHz	ASK	PIE, Manchester	4.2	64	CRC—16	2^{64}
	TYPE B	134.2kHz±8kHz	ASK, FSK	PIE, NRZ	8.2, 7.7	64	CRC—16	2^{64}
ISO/IEC 18000-3	Mod 1	13.56kHz±7kHz	ASK, PPM	Manchester	1.65, 26.48 6.62 26.48	64	CRC—16	2^{64}
	Mod 2	13.56kHz±7kHz	PJM, BPSK	MFM	105.94	64	CRC—16 CRC—32	>32000
ISO/IEC 18000-4	Mod 1	2400～2483.5MHz	ASK	Manchester, FM0	0～40	64	CRC—16	≥250
	Mod 2	2400～2483.5MHz	GMSK, CW, Differential BPSK	Shortened Fire, Manchester	76.8, 384	32	用不同的 CRC 检测	由系统安装配确定
ISO/IEC 18000-6	TYPE A	860～969MHz	ASK	PIE，FM0	33	64	CRC—16	≥250
	TYPE B	860～969MHz	ASK	Manchester, FM0, Bi-phase	10，40	64	CRC—16	≥250
ISO/IEC 18000-7		433.92MHz	FSK	Manchester	27.7	32	CRC—16	3000

这里需要特别注意的是，UHF 频段的 RFID 系统在供应链管理中的应用是当前关注的一个重点，在 ISO/IEC18000 系列标准中没有规定相关频段读写器的具体工作频率、发射功率、频道占有带宽、信道数量、杂散发射、跳频速率等技术指标，这完全取决于各国的无线电管理政策。

3.3　EPC 的相关标准

3.3.1　EPCglobal 概述

EPCglobal 是由美国统一代码协会（UCC）和国际物品编码协会（EAN）于 2003 年 9 月共同成立的非营利性组织，其前身是 1999 年 10 月 1 日在美国麻省理工学院成立的非营利性组织 Auto-ID 中心。EPCglobal 的目标是解决供应链的透明性，透明性是指供应链各环节中所有合作方都能够了解单件物品的相关信息，如位置、生产日期等。目前，EPCglobal 已在中国、加拿大、日本等国建立了分支机构，专门负责 EPC 码段在这些国家的分配与管理、EPC 相关技术标准的制定、EPC 相关技术在本国的宣传普及和推广应用等工作。

EPCglobal 是以美国和欧洲为首，由全球很多企业和机构参与的 RFID 标准化组织。它属于联盟性的标准化组织，在 RFID 标准制定的速度、深度和广度方面都非常出色，受到全球广泛地关注。有关 RFID 标准的制定过程和相关标准可以访问网站 http://www. epcglobalinc.org。

EPCglobal 制定了标准开发过程规范，它规范了 EPCglobal 各部门的职责及标准开发的业务流程。它会对递交的标准草案进行多方审核，技术方面的审核内容包括防碰撞算法性能、应用场景、标签芯片占用面积、读写器复杂度、密集读写器组网、数据安全六个方面，以确保制定的标准具有很强的竞争力。下面分别介绍 EPCglobal 的体系框架和相应的 RFID 技术标准。

3.3.2　EPC 系统的特点

EPC 系统是一个全球的大系统，供应链的各个环节、各个节点、各个方面都可从中受益，但低价值的识别对象（如食品、消费品等）对 EPC 系统引起的附加价格十分敏感。EPC 系统正在考虑通过革新相关技术，进一步降低成本，同时系统的整体改进将使得供应链管理得到更好的应用，以提高效益，抵消和降低附加价格。EPC 系统的主要特点包括开放的结构体系、独立的平台与高度的互操作性，以及灵活的、可持续发展的体系。

1．开放的结构体系

EPC 系统采用全球最大的公用的 Internet 网络系统，这就有效地避免了系统的复杂性，同时也大大降低了系统的成本，并且还有利于系统的增值。

2．独立的平台与高度的互操作性

EPC 系统识别的对象是一组十分广泛的实体，因此不可能有哪一种技术适用于所有识别对象。同时，不同国家、不同地区的射频识别技术标准也不尽相同。因此，开放的结构体系必须具有独立的平台和高度的互操作性。EPC 系统网络构建在 Internet 网络系统上，并且可以与 Internet 网络所有可能的组成部分协同工作。

3．灵活的、可持续发展的体系

EPC 系统是一个灵活的、开放的、可持续发展的体系，可在不替换原有体系的情况下做到系统升级。由于 EPC 系统实现了供应链中贸易项信息的真实可见性，从而使得组织运作更具有效率。确切地说，通过高效的、顾客驱动的运作，供应链中诸如贸易项的位置、数目等即时信息会使组织对顾客及其需求做出更灵敏的反应。

3.3.3　EPCglobal 标准总览

EPCglobal 是由 UCC 和 EAN 共同组建的 RFID 标准研究机构。EPCglobal 成立伊始，就致力于建立一套全球中立的、开放的、透明的标准，并为此进行了艰苦的努力。该机构于

2004 年 4 月公布了第一代 RFID 技术标准、包括 EPC 标签数据规格，超高频 Class 0 和 Class 1 标签标准，高频 Class 1 标签标准，以及物理标识语言内核规格。2004 年 12 月 17 日，EPCglobal 批准发布了第一个标准——超高频第二代空中接口标准（UHF Gen2），迈出了 EPC 从实验室走向应用的里程碑意义的一步。

从全球范围来说，EPC 的发展已经逐步走向实际应用，虽然还有不少问题（包括标准、技术、隐私、地区发展平衡等）有待解决，但其强劲的发展势头将是不可阻挡的。

1. EPCglobal 体系框架活动

EPCglobal 体系框架包含三种主要的活动，每种活动都是由 EPCglobal 体系框架内相应的标准支撑的，如图3-3 所示。

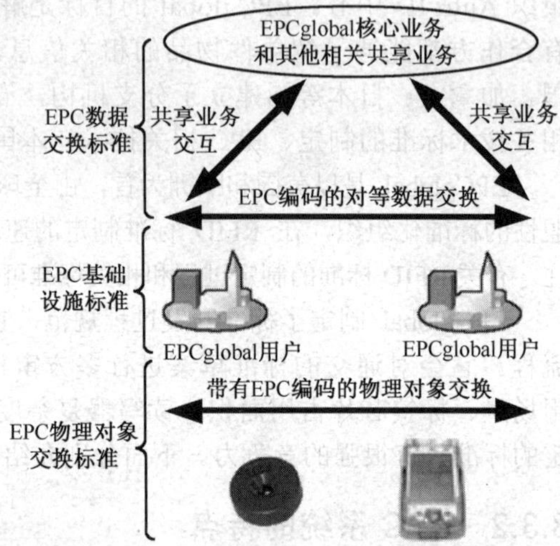

1）EPC 物理对象交换

在这一活动中，用户与带有 EPC 编码的物理对象进行交互。对于许多 EPCglobal 网络终端用户来说，物理对象是商品，用户是该商品供应链中的成员。物理对象交换包括许多活动，如装载、接收等。还有许多与这种商业物品模型不同的其他用途，但这些用途仍然包括对物品使用标签进行标识。EPCglobal 体系框架定义了 EPC 物理对象交换标准，从而能够保证当用户将一种物理对象提交给另一个用户时，后者将能够确定该物理对象有 EPC 代码并能较好地对其进行说明。

图 3-3　EPCglobal 体系框架

2）EPC 基础设施

为达成 EPC 数据的共享，每个用户开展活动时将对新生成的对象进行 EPC 编码，通过监视物理对象携带的 EPC 编码进行跟踪，并将收集到的信息记录到组织内的 EPC 网络中。EPCglobal 体系框架定义了用来收集和记录 EPC 数据的主要设施部件接口标准，因而允许用户使用互操作部件来构建其内部系统。

3）EPC 数据交换

用户通过相互交换数据来提高自身拥有的运动物品的可见性，进而从 EPCglobal 网络中受益。EPCglobal 体系框架定义了 EPC 数据交换标准，为用户提供了一种点对点共享 EPC 数据的方法，并提供了用户访问 EPCglobal 核心业务和其他相关共享业务的机会。

EPCglobal 体系框架设计用来为 EPCglobal 用户提供多种选择，通过应用这些标准满足其特定的商业运作。更进一步，ARC（Advanced RFID Controller）从 RFID 应用系统中凝练出多个用户之间的 EPCglobal 体系框架模型图（如图3-4 所示）和单个用户内部的 EPCglobal 体系框架模型图（如图 3-5 所示），该体系框架模型是典型 RFID 应用系统组成单元的一种抽象模型，目的是表达实体单元之间的关系。在模型图中，实线框代表实体单元，它可以是标签、读写器等硬件设备，也可以是应用软件、管理软件、中间件等；虚线框代表接口单元，它是实体单元之间信息交互的接口。体系结构框架模型清晰表达了实体单元及实体单元之间的交互关系，即实体单元之间通过接口实现信息交互。“接口”就是制定通用标准的对象，接口统一以后，只要实体单元符合接口标准就可以实现互联互通。这样允许不同厂家根据自己的技术和 RFID 应用特点来实现“实体”，也就是说提供相当的灵活性，适应技术的发展和不同应用的特殊性。“实体”就是制定应用标准和通用产品标准的对象。“实体”与“接口”的关系，类似于组件中组件实现与组件接口之间的关系，组件接口相对稳定，而组件的实现可以根据技术特点与应用要求由企业自己来决定。

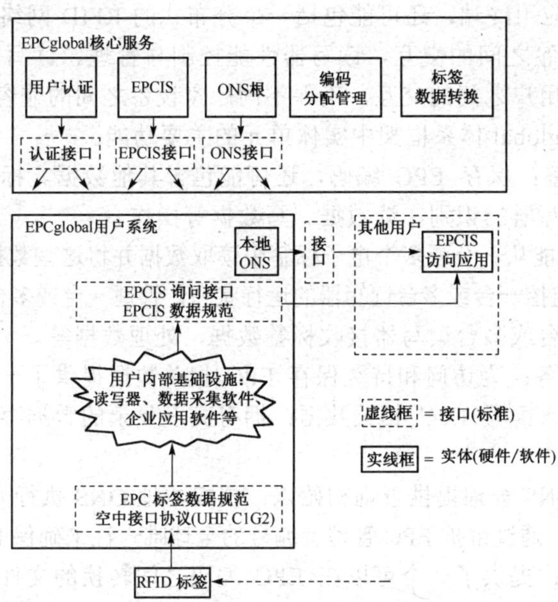

图 3-4　多个用户之间的 EPCglobal 体系框架模型图

图 3-4 中的多个用户交换 EPC 信息的 EPCglobal 体系框架模型为所有用户的 EPC 信息交互提供了共同的平台，不同用户的 RFID 系统之间通过它实现信息的交互，因此需要考虑认证接口、EPCIS 接口、ONS 接口、编码分配管理和标签数据转换。

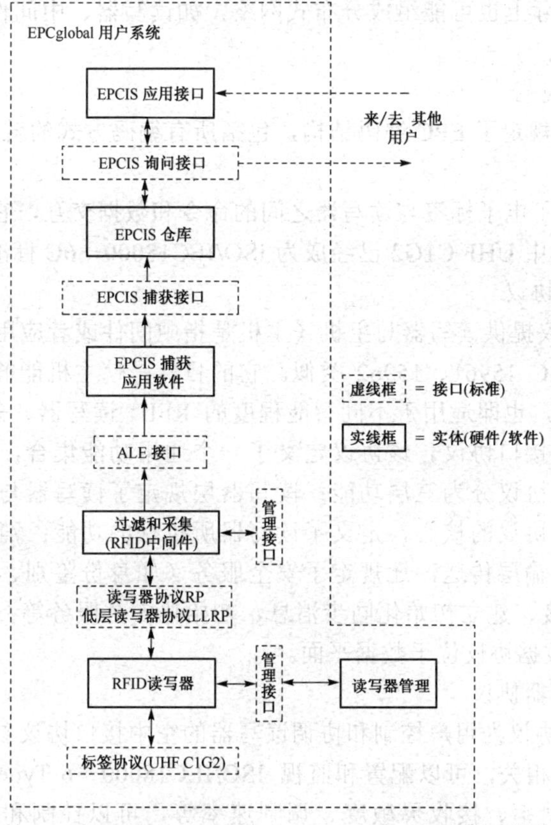

图 3-5　单个用户内部的 EPCglobal 体系框架模型图

对于图 3-5 中的单个用户系统内部的 EPCglobal 体系框架模型而言，该单用户系统可能包括很多 RFID 读写器和应用终端，还可能包括一个分布式的 RFID 网络。它不仅需要考虑主机与读写器、读写器与标签之间的交互，读写器性能控制与管理、读写器设备管理，还需要考虑与核心系统、与其他用户之间的交互，确保不同厂家设备之间的兼容性。

下面分别介绍 EPCglobal 体系框架中实体单元的主要功能。

（1）RFID 电子标签：保存 EPC 编码，还可能包含其他数据。标签可以是有源标签与无源标签，它能够支持读写器的识别、读数据、写数据等操作。

（2）RFID 读写器：能从一个或多个电子标签中读取数据并将这些数据传送给主机等。

（3）读写器管理：监控一台或多台读写器的运行状态，管理一台或多台读写器的配置等。

（4）中间件：从一台或多台读写器接收标签数据、处理数据等。

（5）EPCIS 信息服务：为访问和持久保存 EPC 相关数据提供了一个标准的接口，已授权的贸易伙伴可以通过它来读写 EPC 相关数据；拥有高度复杂的数据存储与处理过程，支持多种查询方式。

（6）ONS 根：为 ONS 查询提供查询初始点；授权本地 ONS 执行 ONS 查找等功能。

（7）编码分配管理：通过维护 EPC 管理者编号的全球唯一性来确保 EPC 编码的唯一性等。

（8）标签数据转换：提供了一个可以在 EPC 编码之间转换的文件，它可以使终端用户的基础设施部件自动地知道新的 EPC 格式。

（9）用户认证：验证 EPCglogal 用户的身份等。

2. EPCglobal 体系框架的标准

EPCglobal 制定的 RFID 标准，实际上就位于图 3-4、3-5 所示两个体系框架模型图中的接口单元中，包括数据的采集、信息的发布、信息资源的组织管理、信息服务的发现等方面。另外，部分实体单元实际上也可能组成分布式网络，如读写器、中间件等。EPCglobal 的主要标准如下。

1）EPC 标签数据规范

EPC 标签数据规范规定了 EPC 编码结构，包括所有编码方式的转换机制等。

2）空中接口协议

空中接口协议规范了电子标签与读写器之间的命令和数据交互，它与 ISO/IEC18000－3、18000－6 标准对应，其中 UHF C1G2 已经成为 ISO/IEC18000－6C 标准。

3）RP 读写器数据协议

RP 读写器数据协议提供读写器与主机（主机是指中间件或者应用程序）之间的数据与命令交互接口，与 ISO/IEC 15961、15962 类似。它的目标是使主机能够独立于读写器、读写器与标签之间的接口协议，也即适用于不同智能程度的 RFID 读写器、条码读写器，多种 RFID 空中接口协议及条形码接口协议。该协议定义了一个通用功能集合，但是并不要求所有的读写器实现这些功能。该协议分为三层功能：读写器层规定了读写器与主计算机交换的消息格式和内容，它是读写器协议的核心，定义了读写器所执行的功能；消息层规定了消息如何组帧、转换及在专用的传输层传送，还规定了安全服务（如身份鉴别、授权、消息加密及完整性检验），建立网络连接、建立初始化同步消息、初始化安全服务等；传输层对应于网络设备的传输层。RP 读写器数据协议位于数据平面。

4）LLRP 低层读写器协议

LLRP 低层读写器协议为用户控制和协调读写器的空中接口协议参数提供通用接口规范，它与空中接口协议密切相关，可以配置和监视 ISO/IEC18000－6 TypeC 中防碰撞算法的时隙帧数、Q 参数、发射功率、接收灵敏度、调制速率等，可以控制和监视选择命令、识读过程、会话过程等。在密集读写器环境下，通过调整发射功率、发射频率和调制速率等参数，可以大大消除读写器之间的干扰等。它是读写器协议的补充，负责读写器性能的管理和控制，使得读写器协议专注于数据交换。LLRP 低层读写器协议位于控制平面。

5）RM 读写器管理协议

RM 读写器管理协议位于读写器与读写器管理之间的交互接口中。它规范了访问读写器配置的方式，如天线数等；规范了监控读写器运行状态的方式，如读到的标签数、天线的连接状态等。另外，它还规范了 RFID 设备的简单网络管理协议 SNMP 和管理系统库 MIB。RM 读写器管理协议位于管理平面。

6）ALE 应用层事件标准

ALE 应用层事件标准提供一个或多个应用程序，向一台或多台读写器发出对 EPC 数据请求进行处理的方式等。通过该接口，用户可以获取过滤后、整理过的 EPC 数据。ALE 基于面向服务的架构（SOA），可以对服务接口进行抽象处理，就像 SQL 对关系数据库的内部机制进行抽象处理那样。应用层事件可以通过 ALE 查询引擎，不必关心网络协议或者设备的具体情况。

7）EPCIS 捕获接口协议

EPCIS 捕获接口协议提供一种传输 EPCIS 事件的方式，包括 EPCIS 仓库、网络 EPCIS 访问程序，以及伙伴 EPCIS 访问程序。

8）EPCIS 询问接口协议

EPCIS 询问接口协议提供 EPCIS 访问程序从 EPCIS 仓库或 EPCIS 捕获应用中得到 EPCIS 数据的方法等。

9）EPCIS 发现接口协议

EPCIS 发现接口协议提供锁定所有可能含有某个 EPC 相关信息的 EPCIS 服务的方法。

10）TDT 标签数据转换框架

TDT 标签数据转换框架提供了一个可以在 EPC 编码之间转换的文件，它可以使终端用户的基础设施部件自动地知道新的 EPC 格式。

11）用户验证接口协议

用户验证接口协议用于验证一个 EPCglobal 用户的身份等，该标准目前正在制定中。

所有 EPCglobal 体系框架的标准制定情况如表 3-2 所示，这些标准与 EPC 物理对象交换、EPC 基础设施和 EPC 数据交换三种活动密切相关。

表 3-2 EPCglobal 体系框架之 RFID 标准应用

分类	标准	版本	应用界面
数据标准	标签数据标准	（TDS1.4）	用户界面
	标签数据解析协议（TDT）	（TDT1.0）	软、硬件开发及系统集成商界面
接口标准	标签空中接口协议 UHF C1G2	V1.1.0（UHF C1G21.0.9） V1.2.0（UHF C1G21.2.0）	
	低层读写器协议（LLRP）	（LLRP1.0.1）	
	读写器协议（RP）	（RP1.1）	
	读写器管理协议（RM）	（RM1.0.1）	
	应用级事件规范	（ALE1.1.1）	
信息服务标签	EPCIS 信息服务（EPCIS）	EPCIS 获取接口（EPCIS1.0.1）	软件开发商界面
		EPCIS 获取规范（EPCIS1.0.1）	EPC 机构界面
	对象名服务（ONS）	（ONS1.1）	信息服务商界面

续表

分类	标准	版本	应用界面
认证标准	EPC 认证	V2.0	EPC 机构界面
	谱系认证	V1.0	
制订中标准	标签空口接口协议（HFV2）		EPC 机构界面
	读写器发现，配置和初始化		
	发现服务（DS）		

（1）900MHz Class-0 射频识别标签规范。规范中定义了 900MHz Class-0 操作所采用的通信协议和通信接口，指明了该频段的射频通信要求和标签要求，并给出了该频段通信所需的基本算法。

（2）13.56MHz ISM 频段 Class-l 射频识别标签接口规范。规范中定义了 13.56MHz ISM 频段 Classl 操作所采用的通信协议和通信接口，指明了该频段的射频通信要求和标签要求，并给出了该频段通信所需的基本算法。

（3）869～930MHz Classl 射频识别标签与逻辑通信接口规范。规范中定义了 860～930MHz Classl 操作所采用的通信协议和通信接口，指明了该频段的射频通信要求和标签要求，并给出了该频段通信所需的基本算法。

（4）Class-l Gen-2 超高频 RFID 一致性要求规范。规范中给出了 EPCglobal 在 860～960MHz 频段内的 Classl Gen2 超高频 RFID 协议，包括读写器和标签之间在物理交互上的协同要求，以及读写器和标签操作流程与命令上的协同要求。

（5）EPCglobal 体系框架。它定义和描述了 EPCglobal 体系框架。EPCglobal 体系框架是由硬件、软件和数据接口的交互标准及 EPCglobal 核心业务组成的集合，它代表了所有通过使用 EPC 代码来提升供应链运行效率的业务。

（6）EPC 标签数据标准。这项由 EPCglobal 管理委员会通过的标准给出了系列编码方案，包括 EAN.UCC 全球贸易项目代码（Global Trade Item Number，GTIN）、EAN.UCC 系列货运包装箱代码（Serial Shipping Container Code，SSCC）、EAN.UCC 全球位置码（Global Location Number，GLN）、EAN.UCC 全球可回收资产标识（Global Returnable Asset Identifier，GRAI）、EAN.UCC 全球单个资产标识（Global Individual Asset Identifier，GIAI）、EAN.UCC 全球服务关系代码（Global Service Relation Number，GSRN）和通用标识符（General Identifier，GID），通用标识符增加了美国国防部结构头和 URI。

（7）Class-l Gen-2 超高频空中接口协议标准。这项由 EPCglobal 管理委员会通过的标准定义了被动式反向散射、读写器先激励（Interrogator Talks First，ITF）、工作在 860～960MHz 频段内的射频识别系统的物理与逻辑要求。该系统包含读写器与标签两大部分。

EPCglobal 有三个工作组介入了 Gen-2 的开发工作。其中，商业工作组负责收集用户对新标准的要求，软件工作组（SAG）从事 Gen-2 读写器软件的工作，硬件工作组（HAG）负责 Gen-2 标准的技术方面。另外，IP（知识产权）委员会负责调查与标准有关的 IP 问题。

Gen-2 有几个特点：拥有开放的标准，符合全球各国超高频段的规范，不同销售商的设备之间将具有良好的兼容性；可靠性强，标签具有高识别率，在较远的距离测试具有将近 100%的读取率；芯片将缩小到现有版本的 1/2～1/3，Gen-2 标签在芯片中有 96B 的存储空间，具有特定的口令、更大的存储能力及更好的安全性能，可以有效地防止芯片被非法读取，能够迅速适应变化无常的标签群；可在密集的读写器环境里工作；标签的隔离速度高，隔离率在北美可达每秒 1500 个标签，在欧洲可达每秒 600 个标签；安全性和保密性强，协议允许设置两个 32bit 的密码，一个用来控制标签的读写权，另一个用来控制标签的禁用/销毁权，并且读写器与标签的单向通信采用加密；实时性好，容许标签延时后进入识读区仍能被读取，这是 Gen-1 所不能达到的；抗干扰性强，更广泛的频谱与射频分布提高了 UHF 的频率调制性能，以减少与其他无线电设备的干扰；标签内存采用可延伸性存储空间，原则上用户可有无限的内存；识读速率大大提高，Gen-2 标签的识读速率是现有标签的 10 倍，这使得通过应用 RFID 标签可以实现高速自动作业。

（8）应用水平事件规范。这项由 EPCglobal 管理委员会通过的标准定义了某种接口的参数与功能，通过该接口，用户可以获取过滤后的、整理过的电子产品代码数据。

（9）对象名解析业务规范。本规范指明了域名服务系统如何用来定位与给定与电子产品码 GTIN 部分相关的权威数据和业务。其目标群体是对象名解析业务系统的开发者和应用者。

3.3.4　EPCglobal 标签的分类

EPCglobal 以创建“物联网”（Internet of Things）为使命，与众多成员企业共同制订一个统一的开放技术标准。其旗下有沃尔玛集团、英国 Tesco 等 100 多家欧美的零售流通企业，同时有 IBM、微软、飞利浦、Auto-ID 实验室等公司给其提供技术研究支持。EPCglobal 标签的分类如表 3-3 所示。

表 3-3　EPCglobal 标签的分类

Class-0	身份识别用标签（Identity Tags）	① 被动式（Passive） ② 只读（Read-only，RO） ③ 在出厂时写入产品电子码（EPC） ④ 发射信号能量来自读取器 ⑤ 读取范围：最远到 10m ⑥ 由 Symbol（前身是 Matrics）制造 ⑦ 与 Class-1 使用不同协定 ⑧ 应用于商品电子防盗系统
Class-1	身份识别用标签（Identity Tags）	① 被动式 ② 一写多读（Write Once，Read Many, WORM） ③ 由使用者写入产品电子码 ④ 发射信号能量来自读取器 ⑤ 读取范围：最远到 10m ⑥ 主要制造厂商有 Alien 等 ⑦ 应用于商品识别
Class-2	多功能标签（Higher-Functionality Tags）	① 被动式 ② 具有延伸的标签识别码（Tag ID） ③ 拥有比 Class-1 多的可用记忆体（65KB） ④ 具有可验证存取控制（Authenticated Access Control）功能 ⑤ 读取范围：最远到 10m
Class-3	半被动式标签（Battery-Assisted Passive Tags（called Semi-Passive Tags in UHF Gen2））	① 被动式 ② 具有延伸的标签识别码（Tag ID） ③ 拥有比 Class-1 多的可用记忆体（65KB） ④ 具有可验证存取控制（Authenticated Access Control）功能 ⑤ 具备电池供应感测器，可记录温度、湿度等外在环境的变化 ⑥ 具备感测器的能力 ⑦ 读取范围：最远到 30m
Class-4	主动式标签（Active Tags）	① 可读写 ② 内置电源 ③ 可主动传送讯号给读取器 ④ 相较于 Class-3，功能较多，电池电力较多，可用记忆体较多 ⑤ 读取范围：大于 100m ⑥ 可和相同频段的主动式标签进行通信

续表

Class-5	主动式标签（Active Tags）/基本读取器	① 可读写 ② 内置电源 ③ 供电给 Class-0、Class-1 和 Class-2 的标签 ④ 与 Class-4 和 Class-5 的标签进行通信 ⑤ 应用于远距无线网络系统上

3.4 UID 的相关标准

3.4.1 UID 中心简介

泛在 ID（Ubiquitous ID，UID）中心成立于 2003 年 3 月 4 日，其主要任务是在 T-engine 论坛内开展 UID 技术的研究开发、标准化及普及活动。UID 中心的主要活动包括：研究开发用于自动识别“物品”和“场所”的核心技术，以及开展作为 UID 技术基础的系统应用的相关活动。UID 中心还研究用于识别“物品”和“场所”的码制（uCode）的标准化和编码配置，UID 中心让条码与 RFID 共存，根据出发点不同等特性在两者中选择使用。此外，它也进行 uCode 服务器的应用和泛在环境下实现安全通信的 eTRON 认证机构（entity and economy TRON Certificate Authority）的运营。日本泛在技术核心组织目前已经公布了电子标签超微芯片的部分规格，但正式标准尚未推出。支持这一 RFID 标准的有索尼、三菱、日立、东芝、夏普、富士通、NTT DocOMO、KDDI 等 300 多家日本 IT 企业。

3.4.2 T-engine 论坛

T-engine 论坛于 2002 年 6 月成立，是日本在 RFID 方面的核心体系结构，全体成员约有 500 人。我国也建立了唯一的 UID 中心，负责对 T-engine 论坛开发的 UID 技术进行测试等。T-engine 论坛的会员构成如图3-6 所示。

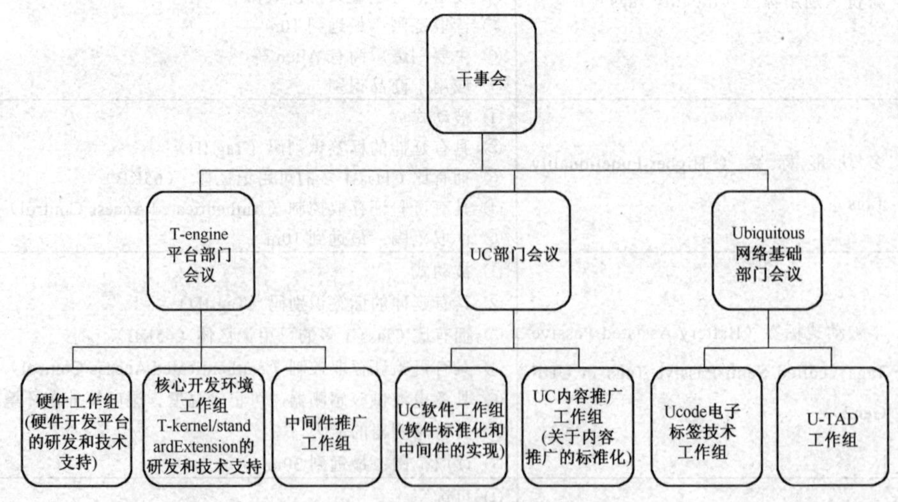

图 3-6　T-engine 论坛的会员构成

T-engine 论坛由干事会（负责编制标准和指导方针草案）和干事会以下的部门会议（负责报告和批准工作组的研究内容及操作过程）构成，负责一体化系统的硬件标准化，以及确定在 T-engine 论坛上应用标准实时操作系统（T-kernal）和中间件的标准。同时，T-engine 论坛作为开放的信息源，正积极开展相关技术的推广和普及活动。各工作组根据自身的工作目标和活动范围独立展开工作。

3.4.3 泛在 ID

随着各种无线技术的融合发展，网络及应用广泛的“泛在网络”时代正在逐渐实现。在这种信息无处不在的网络中，所有的“物品”和“场所”都会被赋予写有被称为泛在编码（uCode）的电子标签——uCode 电子标签，进而也都将持有这种标签。可以从这些 uCode 电子标签中读取 uCode，通过网络向人们提供各种服务，泛在 ID（Ubiquitous ID）概述如图 3-7 所示。

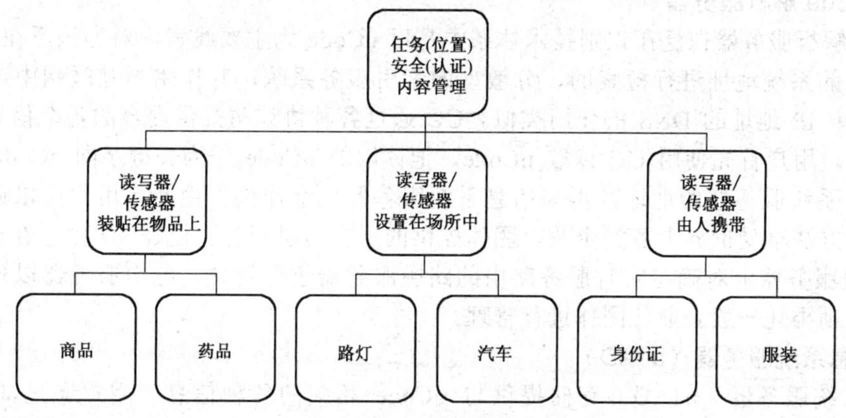

图 3-7 泛在 ID 概述

在泛在环境中，把 uCode 电子标签置于人们随身携带的身份证或服装上，就能够掌握人们出入某一场所的情况；把 uCode 电子标签装贴在商品等各类“物品”上，可以实现对“物品”的管理，有效提高检验和批发“物体”的工作效率；把 uCode 电子标签放置在车辆上，可以通过读写器或传感器掌握车辆的运行和保管状况，并及时将异常情况通知车主，以在加强车辆安全、抑制盗车等犯罪案例等方面发挥重要作用。

在 uCode 电子标签中，仅以识别“物品”和“场所”都设置 uCode 电子标签或传感器为前提的泛在通信器（Ubiquitous Communicator，UC）从 uCode 电子标签中读取 uCode 数据，而“物品”和“场所”的详细信息则存放在网络的信息服务器中，通过 uCode 获取并显示关联信息。uCode 与现存的各类编码（如 EPC、UPC、EAN、JAN、ISBN、IP 地址及电话号码等）具有互操作性，它利用 128bit 的码长形成了可包含现有各类编码的码制。

泛在 ID 结构在将 uCode 电子标签中的 uCode 变换为信息服务器中的信息的实现过程中起了桥梁作用，是“泛在网络”的重要基础结构。泛在识别技术体系如图 3-8 所示。

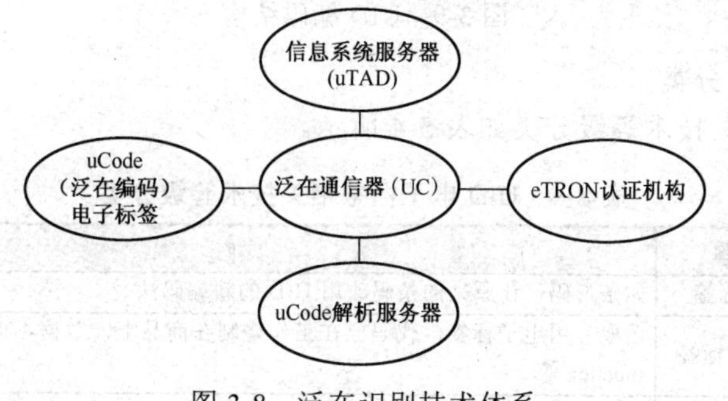

图 3-8 泛在识别技术体系

1．uCode

uCode 是统一识别“物品”和“场所”的 ID，是用于在大规模泛在网络中识别对象的一种手段。uCode 的基本码长是 128bit，也可根据需要以 128bit 为单位进行扩充。在使用时，将 uCode 赋予各个“物品”或“场所”，计算机通过读取信息对每个“物品”和“场所”进行识别。

2．泛在通信器

泛在通信器（UC）由电子标签、读写器和无线网络等部分构成，用于将读取到的 uCode 码信息传送到 uCode 解析服务器，并从信息系统服务器获取有关服务。UC 使泛在网络能够实现在任何时间、任何地点的通信。

3．uCode 解析服务器

uCode 解析服务器在泛在识别技术体系中是以 uCode 为主要线索，对为该泛在 ID 提供相关信息服务的系统地址进行检索的、分散型的索引服务系统，其作用与互联网中连接主机名和 TCP/IP 中 IP 地址的 DNS 的作用类似。UC 通过各种协议与提供内容的各个信息服务器进行信息连接。用户首先使用 UC 读取 uCode，把读取的 uCode 作为关键字向 uCode 解析服务器询问信息系统服务器的地址，再与信息系统服务器地址连接。由此，用户可以通过安全、统一的介入方法享受世界上各类企业、团体提供的泛在信息服务。泛在 ID 中心在分散管理的 uCode 处理服务器上对确定实时服务路由的路由服务器进行管理，路由服务器以外的 uCode 处理服务器则委托一般企业、团体进行管理。

4．信息系统服务器（uTAD）

信息系统服务器（uTAD）存储提供与 uCode 相关的各种信息。用户通过 UC 读取的 uCode 作为关键字向 uCode 解析服务器查询信息系统服务器的地址，可以连接到各种信息服务器上。信息系统服务器具有一定的抗破坏性，它使用基于 PKI 技术的虚拟专用网，具有只允许数据移动而无法复制等特点。通过设备自带的 AA ID，信息系统服务器能够接入多种网络建立通信。用户终端在读取表示“场所”的 uCode 时，会连接到提供“场所”的信息服务器上；在读取食品上的 uCode 时，会连接到提供食品追溯信息的服务器上。但是在信息系统服务器向网络传送数据时，应使用 uTAD 数据格式。

3.4.4 UID 电子标签体系

1．UID 编码体系

在泛在 ID 技术中，泛在环境的各种物品都有 uCode，包括 uCode 的设备就是 UID 电子标签。uCode 的基本代码长度为 128bit，根据需要能够扩展到 256bit、384bit 或 512bit。UID 编码由三字段组成，UID 编码结构如图3-9 所示。

编码类别标识符	编码的内容（长度可变）	唯一标识

图 3-9　UID 编码结构

2．UID 电子标签分类

UID 电子标签相关技术等级分类如表 3-4 所示。

表 3-4　UID 电子标签相关技术等级分类

等　级	名　称	内　容
Class-0	光学 ID 标签	如条形码，让原来的条码改用 UID 的新编码法
Class-1	低档 RFID 标签	读取专用电子标签，代码已在工作烧制在商品上，数据不可改变，如 Muchip 和 T-Junction 等
Class-2	高档 RFID 标签	能够读、写的电子标签，通过简易认证方式，具有防止识别协议的标签；代码通过认证状态后，数据可以写入；而且通过控制命令，保持控制用的状态

续表

等级	名称	内容
Class-3	低档智能标签	具有抗破坏性，在内置 CPU 内核和加密处理电路等元件的电子标签中，具备专用加密处理功能的产品，如 eTRON/8
Class-4	高档智能标签	具有抗破坏性，在内置 CPU 内核和加密处理电路等元件的电子标签中，具备通用密处理功能的产品，如 eTRON/16
Class-5	低档主动标签	可通过不可识别的简易认证通信访问，其代码通过了认证的状态，是可写入标签；在内置电池和发电装置能够自行发送信息的电子标签中，没有嵌入 CPU 内核和加密处理电路等元件的产品
Class-6	高档主动标签	具有抗破坏性，是与公开键密码认证通信网络对应的、具有端到端的访问保护功能的标签；在内置电池和发电装置能够自行发送信息的电子标签中，嵌入 CPU 内核和加密处理电路等元件的产品，可编程
Class-7	安全盒	能够保存大容量信息的服务器等，具有防篡改功能的架构、有线通信功能和支持 AA 规格的安全处理功能等
Class-8	安全服务器	除 Class 7 中的安全功能外，还具有根据保安手续运行的服务等

3.5 各标准之间的关系与比较

1. EPCglobal 和 UID 编码体系的比较

EPC 标准主要使用于使用替代条形码的无源电子标签的流通领域，同时也在研究医疗领域中应用。今后，EPC 标准还将适用于物流领域、海上及航空运输业、汽车行业等领域的需求。另外，EPCglobal 也在考虑对国际物流等领域的有源电子标签和装有传感器的 RFID 电子标签实施标准化。相比之下，UID 标准除了适用于电子标签之外，也适用于红外线、有源电子标签、蓝牙、W-LAN 及 GPS 等技术。UID 中心能够实现食品和药品的追溯，也在推进自律移动支援项目。UID 中心今后将考虑使其标准适用于物流领域，并进行有关的验证实验。

日本的 UID 电子标签标准和欧美的 EPC 标准主要涉及产品电子表编码、射频识别系统及信息网络部分，其思路在多数层面上都是一致的。但是它们在使用的无线频段、信息位数及应用领域等方面也有许多不同点：日本的电子标签采用的频段为 2.45GHz 和 13.56MHz，欧美的 EPC 标准采用的是 UHF 频段；日本的电子标签的信息位数为 128bit，欧美的 EPC 标准的位数为 96bit；日本的 UID 电子标签标准可用于库存管理、信息发送和平共处接收及产品和零部件的跟踪管理等，而欧美的 EPC 标准重于物流管理、库存管理等；在 RFID 技术的普及战略方面，EPCglobal 将应用范围限定在物流领域，着重于成功的大规模应用，而 UID 中心则致力于 RFID 技术在人们生产和生活的各个领域中的应用，通过丰富的应用案例来推进 RFID 技术的普及。EPCglobal 和 UID 编码体系的比较如表 3-5 所示。

表 3-5 EPCglobal 和 UID 编码体系的比较

	EPCglobal	UID
编码体系	EPC 编码通常为 64bit 或 96bit，也可扩展到 256bit；对不同的应用，它规定有不同的编码格式；它主要存放企业代码、商品代码和序号等，最新的 Gen2 标准的 EPC 编码可兼容多种编码	uCode 编码的码长为 128bit，并可以扩展到 128bit、256bit、384bit 或 512bit。uCode 的最大优势是能包容现在编码体系的元编码体系，可兼容多种编码

续表

		EPCglobal	UID
技术支撑体系	对象名解析服务	ONS	uCode 编码
	中间件	EPC 中间件	泛在通信
	网络信息共享	PML 服务器	信息系统服务器
	安全认证	基于互联网的安全认证	提出了可用于多种网络的安全认证体系 AA

2. EPCglobal 与 ISO/IEC RFID 标准的比较

1）EPCglobal 与 ISO/IEC RFID 标准之间的关系

目前，EPCglobal RFID 标准还在不断完善过程中。EPCglobal 以联盟形式参与 ISO/IEC RFID 标准的制定工作，比任何一个单独国家或者企业具有更大的影响力。ISO/IEC 比较完善的 RFID 技术标准是前端资料获取类，但它获取后的标签资料如何共享和读写器设备管理等标准制定工作才刚刚开始，而 EPCglobal 已经制定了 EPCIS、ALE、LLRP 等多个标准。EPCglobal 将 UHF 空中界面协定、LLRP 低层读写器控制协议、RP 读写器资料协定、RM 读写器管理协定、ALE 应用层事件标准递交给 ISO/IEC，其中 2006 年批准的 ISO/IEC 18000-6 TypeC 就是以 EPC UHF 空中介面协定为基础的，正在制定的 ISO/IEC 24791 软件体系框架中的设备界面也是以 LLRP 为基础的。

EPCglobal 借助 ISO 的强大推广能力，使自己制定的标准成为广泛采用的国际标准。EPC 系列标准中包含了大量专利，但由于 EPCglobal 是非营利性的组织，所以专利许可则由相关的企业自己负责。因此，采纳 EPCglobal 标准时必须十分关注其中的专利问题。

2）EPCglobal 与 ISO/IEC 标准的具体比较

与 ISO/IEC 相比，EPCglobal 标准在电子标签和读写器的空中界面技术要求上略有差异；在 EPC 电子标签资讯规范方面要求只能接受 EPCglobal 承认的代码，在软体标准化方面进展比 ISO/IEC 快一些；同时制定了 EPC 物品编码、分配管理规则及目标命名业务的措施推广等 EPCglobal 业务。

与 EPCglobal 相比，ISO/IEC 有着天然的公信力，因为 ISO/IEC 是公认的全球非营利工业标准组织。与 EPCglobal 只专注于 860～960 MHz 频段不同，ISO/IEC 在各个频段的 RFID 都颁布了标准。ISO/IEC 与 EPCglobal 标准的比较如表 3-6 所示。

表 3-6　ISO/IEC 与 EPCglobal 标准的比较

频率 标准	小于 135kHz	13.56MHz	900MHz	2.45GHz
EPCglobal		√	√	
ISO 11784/5	√			
ISO 14443		√		
ISO 15693		√		
ISO 18000	√	√	√	√

3. ISO18000—6B 和 ISO18000—6C（EPC C1G2）标准的比较

目前，有两个标准可供选择，一个是 ISO18000—6B；另一个是已被 ISO 接纳为 ISO18000—6C 的 EPC C1G2 标准。这两个标准，各有优缺点。

1）ISO18000—6B 标准

该标准定位于通用标准，应用比较成熟，产品性能相对稳定，数据格式和标准相对简单。其主要特点包括：标准成熟、产品稳定、应用广泛；ID 号全球唯一；先读 ID 号，后读数据区；1024bits 或 2048bits 的大容量；98Bytes 或 216Bytes 的大用户数据区；多标签同时读取，最多可同时读取数十个标签；数据读取速度为 40kbps。符合 ISO18000—6B 标准的电子标签主要适用于资产管理等领域。目前国内开发的集装箱标识电子标签、电子车牌标签、电子驾照（司机卡）均采用此标准的芯片。

根据 ISO18000—6B 标准的特点，从读取速度和标签数量来讲，在卡口、码头作业等标签数量不大的应用场合，应用 ISO18000—6B 标准的标签基本能满足需求。目前，中国海关物流监管系统中所使用的“电子车牌识别系统”使用的就是 ISO18000—6B 标准的电子标签。

ISO18000—6B 标准的不足之处在于：近几年发展停滞，有被 EPC C1G2 取代的趋势；用户数据的软件固化技术不太成熟，但这种情况可以通过芯片厂家将用户数据嵌入解决。

2）ISO18000—6C（EPC C1G2）标准

该标准的特点是：速度快，数据速率可达 40～640kbps；可以同时读取的标签数量多，理论上能读到 1000 多个标签；首先读 EPC 号码，标签的 ID 号需要用读数据的方式读取；功能强，具有多种写保护方式，安全性强；区域多，分为 EPC 区（96bits 或 16Bytes，可扩展到 512bits）、ID 区（64bit 或 8Bytes）、用户区（224bit 或 28Bytes）、密码区（32bits 或 4 Bytes），但有的厂商提供的标签没有用户数据区，如 Inpinj 的标签。EPC C1G2 标准主要适用于物流领域中大量物品的识别，正处于不断发展之中。

EPC C1G2 标准具有通用性强、符合 EPC 规则、产品价格低、兼容性好等众多优点，但有如下问题需要考虑。

（1）该标准的标签产品及应用还不成熟，目前的标签多为空气介质。

（2）用户数据区小，只有 28Bytes，对于集装箱标识电子标签而言，如需将 ISO10374 所定义的集装箱数据全部写入，则数据区容量不够。

（3）目前，用于 EPC 标签的芯片几乎都是倒贴片的，可焊接封装的芯片极少。倒贴片的工艺对于长年工作在室外、运动、颠簸的物品来说，可靠性难以保证。

（4）EPC C1G2 电子标签定位于通用性标签，但由于过于追求低廉的价格，其芯片设计和封装设计对产品的环境适应性考虑较弱，所以其芯片的技术、性能、工艺需要进一步提高。

（5）该标准内含自毁程序，这对于集装箱这种长期流动使用的运输工具来说需要认真考虑。

根据以上分析比较可知，ISO18000—6B 标准的电子标签技术的应用比较成熟，如应用于集装箱标签，产品化、实用化步骤可快一点；对于 EPC C1G2，首先要解决芯片的技术、性能、工艺等问题，需要得到国内外芯片商的大力支持，其实用化推广的时间难以预料。

3.6　我国 RFID 标准的现状

在 RFID 技术发展的 10 年中，有关 RFID 技术的国际标准的研讨空前热烈，国际标准化组织 ISO/IEC JTC1/SC31 下级委员会成立了 RFID 标准化研究工作组（WG4）。而我国与 RFID 有关的标准化活动为：由国家物流信息管理标准化委员会自动识别与数据采集分委会对口国际 ISO/IEC JTC1/SC31，负责条码与射频部分国家标准的统一归口管理。我国的 ISO/IEC JTC1/SC31 秘书处设在中国物品编码中心。

近年来，我国在 RFID 技术与应用的标准化研究工作上已有一定的基础，从各个方面开展了相关标准的研究制定工作，2007 年 4 月 20 日，工业和信息化部公布的《800/900MHz 频段射频识别（RFID）技术应用规定（试行）》规定，我国 800/900MHz 频段射频识别技术的具体使用频率为 840～845MHz 和 920～925MHz，发射功率为 2W。我国 800/900MHz 试行频段的出台将对 EPC Gen2 标准产生一定的影响，也会使我国的 RFID 技术应用步入新的应用进程，满足我国企业对 800/900MHz 频段 RFID 技术的研发和应用需求，并与国际相关标准衔接。

我国作为世界制造业中心，也是最大的消费国之一，毫无疑问将成为 RFID 技术的大国。当前 RFID 技术发展迅速，但尚未成熟，我国有必要利用这一时机，集中开展 RFID 核心技术的研发，制定符合我国国情的技术标准，促进具有竞争力的产业链形成，使我国在该领域占有一席之地。

3.7 RFID 标准化存在的问题

虽然各国、各地区和各大 RFID 供应商与应用商都在加快各自标准的制定进程，但随着 RFID 技术的普及，标准化才是其广泛获得市场接受的必要措施，同时也是各国企业发展与国际化的一个良好契机。例如，国际标准化组织（ISO）和 EPCglobal 在 RFID 的空中接口方面形成了多个标准，但是不同标准的 RFID 电子标签和读写器无法互通，这就不利于它们之间的交流和发展。

在 RFID 标准化过程中，要解决和规范的一般问题是硬件或与硬件相关的问题，包含物理特性（电磁特性、频谱要求与机械特性）、测试方法与要求、硬件接口、传输协议（工作模式、同频方式、编码与调制方式、文件格式、字符集选定等）、加密与安全、硬件扩展等。具体而言，RFID 标准化过程中存在如下问题。

1. 现有的 RFID 标准体系不够完善

无论欧美体系，还是其他国家或地区制定的标准，更多的是表达硬件的基本要求与软件的简单规范，在体系的平衡性、扩展性、加密与安全方面还只是初步的考虑，并没有完善的解决方案。

2. RFID 标准广度与深度不够

RFID 是一种信息收集与交互的技术，其潜在的应用能力与应用领域极大，其应用的深度与广度也将远远超过条形码技术所能达到的程度。这样一来，RFID 技术标准需要关注与解决的问题会多得多，同时也复杂得多。如果 RFID 标准化不考虑这些因素，将很快面临标准滞后与重大修改的窘迫，同时也会给 RFID 供应商和使用商造成混乱与损失，甚至破坏好不容易建立起来的 RFID 国际统一标准联盟成员之间的互信与协议关系。

3. RFID 标准的防碰撞技术和安全性不足

目前的 ISO/IEC18000 系列标准仍存在着一些不足，如标准中定义的基于概率的防碰撞机制是在确定时间内，依靠一定的概率分辨出所有在读写器工作范围内的标签，如果在识别区内的标签数目相对开始识别命令中制定的初始时隙数较多时，防碰撞的过程就会比较长，识别效率不高，不能适应同时识别很大数量标签的应用，此外，若数据指令和识别过程比较复杂，则无法适应一些需要高速识别的应用；对一些社会问题如个人隐私保护等还考虑不周等，这些都有待进一步改进。

4．RFID 在供应链管理中的其他标准还有得继续研究

UHF 的 RFID 系统在供应链管理中的应用是当前关注的一个重点。目前，ISO/IEC18000 系列标准只规定了各频段下的空中接口协议，而标签的物理特性，如形状、紫外线、X 射线、交变磁场、静电、静磁场、工作温度等指标没有进行相应定义，因此也需要开展这方面的研究并制定相应的标准。

RFID 技术不断延伸到应用领域会催生出基于不同应用的主流标准，随着成本的不断降低和市场的扩大，RFID 技术的应用带来的巨大效益与潜在的市场需求均会促进统一的主流标准的产生。统一的国际标准会更多地将指导性定义或法则集中到体制、协议、接口与应用层面上来。

3.8　实训项目

3.8.1　实训项目任务单

RFID 标准的应用与分析实践项目任务单

任务名称	RFID 标准的应用与分析
任务要求	观察日常生活中的 RFID 技术应用，并记录它们的使用具体情况，撰写观察实践分析报告
任务内容	熟悉和学习 ISO/IEC18000—3，ISO15693 标准规范的天线使用技术，通过示波器观测从电子标签返回的信号
提交资料	1．提交实训任务分析报告表 2．PPT 演示文稿
相关网站资料	大学城空间：http://www.worlduc.com/SpaceShow/Index.aspx?uid=256484 RFID 世界网：http://tech.rfidworld.com.cn/20051130165620586.htm EPCgloabl 官网：http://www.epcglobalus.org/ EPCgloabl 中国网：http://www.epcglobal.org.cn/
思考问题	1．RFID 的标准对 RFID 技术的发展起到什么作用？ 2．我国制定 UHF RFID 标签标准对物流业发展起到什么意义？

3.8.2　实训目的及要求

1．实训目的

通过实训，比较日常生活中应用的 RFID 技术，掌握 RFID 的相关标准。

2．实训要求

比较日常生常中应用的 RFID 技术，如校园一卡通、公交卡、门禁卡、酒类防伪卡、物流货品卡等。

3.8.3　实训任务分析

填写实训任务分析报告表。

实训任务分析报告表

序号	日常生活中的 RFID 应用技术	RFID 技术标准
1	校园一卡通	
2	公交卡	
3	门禁卡	
4	酒类防伪卡	
5	物流货品卡	
6	…	
7	…	

3.9 习题

一、填空题

1．两大非营利性的制定 RFID 标准的组织是______和______。

2．EPCglobal 是指______________________________。

3．ISO18000－7 标准的工作频率是______MHz。

4．ISO18000－6 标准的工作频率是______MHz。

5．美国 UHF RFID 的主要频段是______MHz。

6．我国 UHF RFID 的主要频段是______MHz 和______MHz。

7．UID 是指______，uCode 是指______。

二、简答题

1．简述 RFID 标准的分类及主要的 RFID 标准组织。

2．简述 UHF 频段空中接口标准和 ISO/IEC 18000 系列标准的主要频率特征及应用领域。

3．简述 EPCglobal 标签的分类及各类的主要特点。

4．比较 EPC 和 UID 标准，分析其主要区别。

5．比较 EPCglobal 与 ISO/IEC RFID 标准，分析其主要区别。

三、分析题

1．动物追踪应采用什么类型的标签，分析并说明理由。

2．大型集装箱应采用什么类型的标签，分析并说明理由。

第 4 章 RFID 系统的构成及工作原理

导教——教学导航

职业能力要求

- 专业能力：掌握 RFID 系统的组成；掌握 RFID 编码、调制与数据校验；掌握 RFID 技术的工作原理；区分 RFID 的电感耦合和电磁反向散射工作原理；RFID 标签数据写入工作情况。
- 社会能力：具备良好的团队协作和沟通交流能力。
- 方法能力：具备良好的观察分析能力，对新应用系统的快速掌握能力。

学习目标

- 掌握 RFID 应用系统的构架及组成；
- 理解 RFID 技术的工作原理；
- 了解常见电子标签的分类及应用。

学习任务

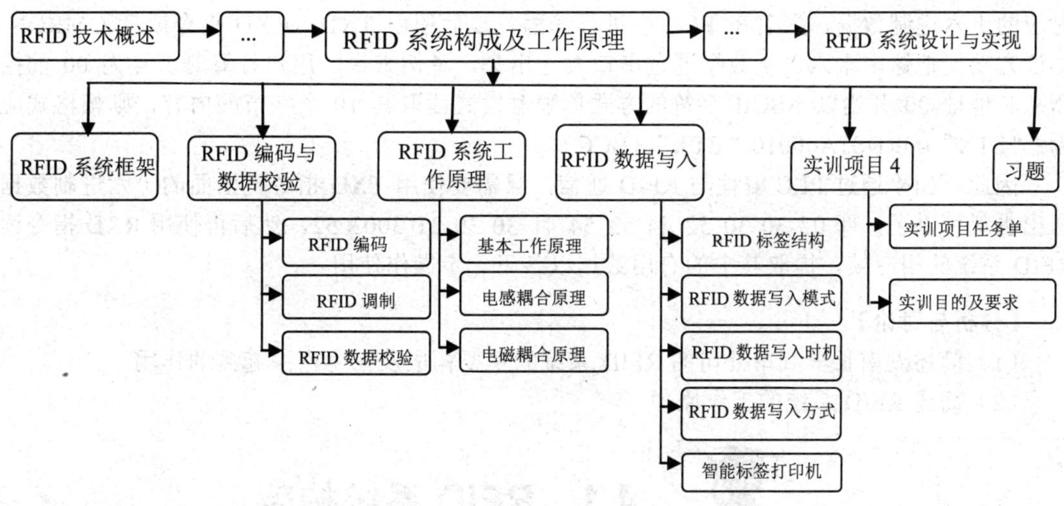

导读 4-1 RFID 系统在湖南长丰汽车公司的案例

湖南长丰汽车公司是一家专门生产 SUV 的汽车生产厂家，由于扩大生产的需要，它在长沙建立了新的生产基地。新基地大量采用了 OMRON 的相关产品，尤其是其涂装部完全采用了 OMRON 公司的 RFID 系统作为其现场生产信息管理系统。涂装部成功实施后，焊装部和总装部也采用了相同的信息管理方式，从而大大提高了信息管理的安全性和生产效率。

1．系统构成

整个系统采用了总线式分布控制方式，中央控制计算机通过 DeviceNet 总线和现场的各种元器件进行通信，各个元器件独立完成各自的工作，其中 RFID 系统用于记录、辨别工序、颜色、编号等各种相关加工数据（如图 4-1 所示）。

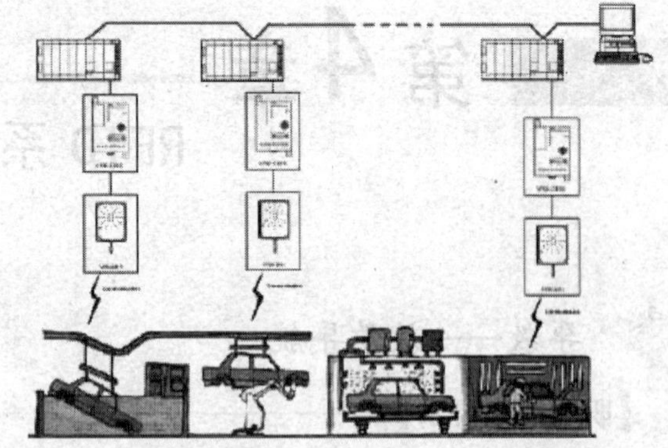

图 4-1　湖南长丰汽车公司 RFID 系统构成示意图

2．工作原理

上位计算机发出命令，通过 DeviceNet 现场总线传递给现场的 PLC，PLC 再通过 RS-232 串行通信的方式按照 RFID 系统的命令格式组合命令帧发送给 RFID 系统的控制器，读取有关的加工数据，然后进行相应的处理，把数据存储到数据库或者对下一步的操作进行选择。

3．命令格式

如上所述，PLC 通过 RS-232 口向 RFID 系统的控制器发送命令帧，下面就以读取数据为例说明一下命令帧及其相应帧的结构和格式。与其他通信方式类似，该命令帧由起始码、节点地址、命令码、可选项、读取首地址、读取数据个数和帧尾构成，其通信方式经过组合有 ST、SA、SR、FT、FA、FR、MT 和 MR 等多种方式。需要说明的是，帧尾的 BCC 校验为从节点号开始一直到“ETX”所有字符的异或校验。

4．通信的实现方法

用户根据具体的需要对命令帧进行组合，然后对照标准 ASCII 字符表查得每一个字符所对应的十六进制数据，接着在 PLC 中进行编程，最后使用 TXD、RXD 指令或者 OMRON 的协议宏功能把这串十六进制数据通过串口发送出去。举例来说，用户打算对节点为 00 的控制器从其地址 00 开始以 ASCII 字符的方式单独触发式读取其 10 个字节的内容，则帧格式应该为：“STX”00RDSTA00010“ETX”+BCC。

因此，如果通过 PLC 编程与 RFID 通信，只需要使用 TXD 指令把上面的十六进制数据发送出去就可以了，即 02 30 30 52 44 53 54 41 30 30 31 3003 52，然后再使用 RXD 指令读取 RFID 系统的相应帧，提取其中的有用数据以备下一步操作使用。

【分析与讨论】

（1）简述湖南长丰汽车公司的 RFID 系统的主要构成及在生产中起到的作用。

（2）简述 RFID 系统的工作原理。

4.1　RFID 系统构架

RFID 是一种射频识别系统。典型的 RFID 系统主要由读写器、电子标签、中间件和应用系统软件四部分构成，一般把中间件和应用系统软件统称为应用系统。RFID 的系统结构具体如图 4-2 所示。

电子标签（Tag）：由耦合元件及芯片组成，每个标签具有唯一的电子编码，高容量电子标签有用户可写入的存储空间，附着在物体上标识目标对象。电子标签又称射频标签、电子标签、数据载体。

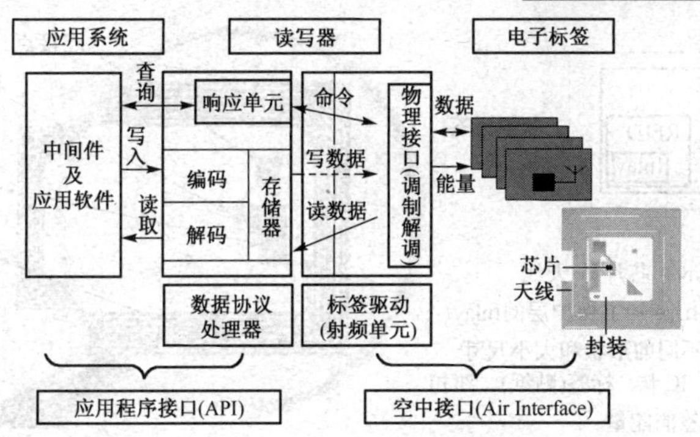

图 4-2　RFID 的系统结构

读写器（Reader）：也称阅读器、读取器，读取（有时还可以写入）标签信息的设备，可设计为手持式或固定式；因为实际需求的原因，它一般都带与计算机连接的接口。

天线（Antenna）：是一种以电磁波形式把无线电收发机的射频信号功率接收或辐射出去的装置，在标签和读取器间传递射频信号。它分为标签天线和读写器天线两种。标签天线的目的是传输最大的能量进出标签芯片：发射时，把高频电流转换为电磁波；接收时，把电磁波转换为高频电流。

在实际 RFID 解决方案中，不论是简单的 RFID 系统还是复杂的 RFID 系统都包含一些基本组件。这些基本组件分为硬件组件和软件组件。

若从功能实现的角度观察，可将 RFID 系统分成边沿系统和软件系统两部分，如图 4-3 所示。这种观点与现代信息技术观点相吻合。图 4-3 中的边沿系统主要完成信息的感知，属于硬件组件部分；软件系统主要完成信息的处理和应用；通信设施主要负责整个 RFID 系统的信息传递。

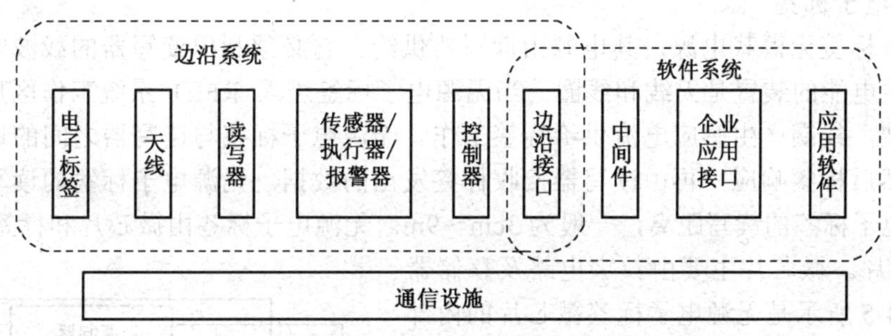

图 4-3　RFID 系统的基本组成

RFID 系统中的硬件组件包括电子标签、读写器、传感器/执行器/报警器和边沿接口电路、控制器和天线；该系统中当然还要有主机，用于处理数据的应用软件程序，并连接网络。

1. 电子标签

电子标签也称应答器或智能标签（Smart Label），是一个微型的无线收发装置，主要由内置天线和芯片组成。电子标签是 RFID 系统真正的数据载体，其芯片中存储有能够识别目标的信息。它根据应用场合不同表现为不同的应用形态，如在动物跟踪和追踪领域中称为动物标签或动物追踪标签、电子狗牌；在不停车收费或车辆出入管理等车辆自动识别领域中称为车辆远距离 IC 卡、车辆远距离射频标签或电子牌照；在访问控制领域中称为门禁卡或一卡通。电子标签的内部结构如图4-4所示。

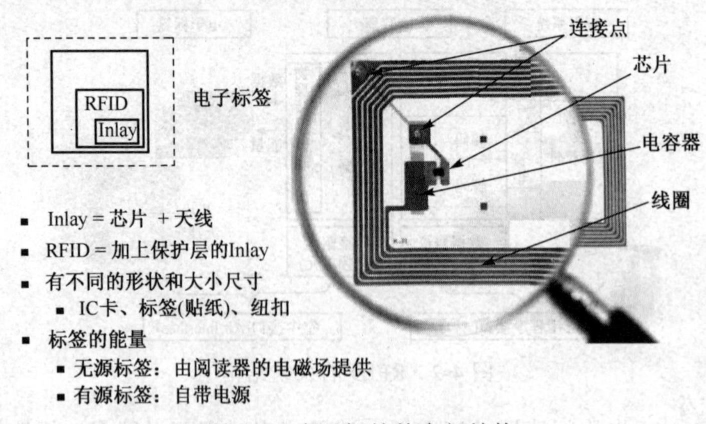

图 4-4　电子标签的内部结构

电子标签内部各模块的功能描述如下。

（1）天线：用来接收由读写器送来的信号，并把要求的数据送回给读写器。

（2）电压调节器：把由读写器送来的射频信号转换为直流电源，并经大电容储存能量，再经稳压电路来提供稳定的电源。

（3）调制器：逻辑控制电路送出的数据经调制电路调制后加载到天线送给读写器。

（4）解调器：去除载波以取出真正的调制信号。

（5）逻辑控制单元：用来译码由读写器送来的信号，并依其要求回送数据给读写器。

（6）存储单元：包括 EEPROM 与 ROM，作为系统运行及存放识别数据的位置。

RFID 标签具有持久性，信息接收传播穿透性强，存储信息容量大、种类多等特点。它根据组成原理和工作方式不同，分为有源电子标签、半有源电子标签、无源电子标签。

1）无源电子标签

无源电子标签无板载电源，其电源由读写器供给。它必须利用读写器的载波来调制自身的信号，其产生电能的装置是天线和线圈。当无源电子标签进入 RFID 系统工作区后，天线接收特定的电磁波，线圈产生感应电流供给标签工作。无源电子标签与读写器之间的通信总是由读写器发起，然后标签响应，再由读写器接收标签发出的数据。无源电子标签的读写距离小于有源和半有源电子标签的读写距离，一般为 3cm～9m。无源电子标签由微芯片和标签天线组成。

① 微芯片。微芯片主要由数字电路及存储器组成，如图 4-5 所示是无源电子标签微芯片的内部结构原理示意图。电源控制/整流模块将读写器发出的天线电磁波交流信号经过整流转换为直流电源，为微芯片及其组件工作供电；时钟从读写器的天线信号中提取时钟信号；调制器调制接收到的读写器信号，标签对接收的调制信号做出响应，然后将其传回读写器；逻辑单元负责标签和读写器之间通信协议的实施；存储器用于存储微处理器记忆数据，存储器一般是分段的（分块或字段），寻址能力就是地址读写范围，不同的分块可以存储不同的数据类型，如部分标记标签对象的标识数据，数据校验部分（循环冗余校验（CRC 码））保证发送数据的准确性等。近年来，随着技术的进步，可以将小规模的微芯片做得很小，然而，一个电子标签的物理尺寸不仅取决于它的芯片的大小，还与其标签天线有关。

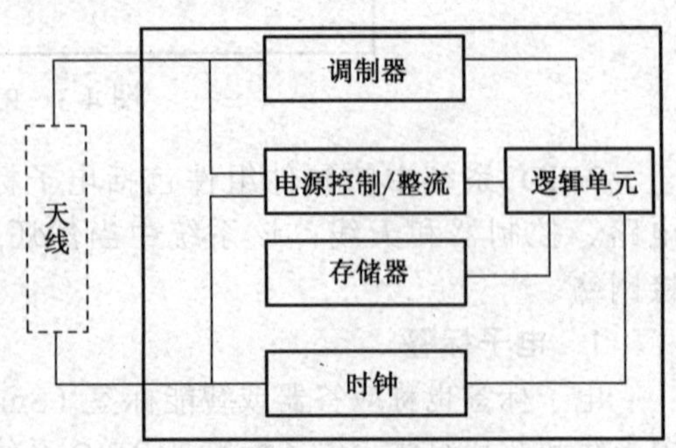

图 4-5　无源电子标签微芯片的内部结构原理示意图

② 天线。这里主要是指标签天线，标签天线是电子标签与读写器的空中接口，不管是何种电子标签，其读写设备均少不了标签天线或耦合线圈。标签天线用于接收读写器的射频能量和相关的指令信息，以及发射带有标签信息的反射信号。

一般的，一个标签天线的长度远超过微芯片的大小，因此天线尺寸决定一个电子标签的物理尺寸。标签天线的设计可以基于如下几个因素：①电子标签与读写器之间的距离；②电子标签与读写器之间的方位和角度；③产品类型；④电子标签的运动速度；⑤读写器天线极化类型。微芯片和标签天线之间的连接点是电子标签最薄弱的地方，如果这些连接点受损，则电子标签可能失效或性能显著下降。

无源电子标签具有构造简单、价格低、寿命长、抗恶劣环境等特点。例如，有的可以在水下工作，有的具有抗化学腐蚀、抗酸能力。

无源电子标签广泛用于各种场合，如门禁或交通系统、安全保障系统、身份证、消费卡等。

2）有源电子标签

有源电子标签有一个板载电源（如电池或太阳能电池），它可为标签的电子电路工作提供能量。有源电子标签可以主动向读写器发送数据，它不需要读写器发射能量来激活数据的传输。其板载电子电路包括微处理器、传感器、输入/输出端口和电源电路等。因此，这类电子标签可以测量环境温度和生成平均温度数据，然后可将这些数据、当时日期和唯一标识符等发送给读写器。

有源电子标签与读写器之间的通信始终都是由标签主动发起的，然后由读写器做出响应。在这类标签中，不管读写器是否存在，标签都能够连续发送数据。

有源电子标签的阅读距离一般可以在 30m 以上。有源电子标签通常包括微芯片、标签天线板载电源，而半有源标签一般有由铜薄带金属组成的板载电源、无线、芯片等组成部分。其微芯片和标签天线的构成与无源电子标签相同，区别在于板载电源和板载电子电路部分。

① 板载电源。所有的有源电子标签都有板载电源（电池），它可为板载电子电路提供能量和发送数据。根据电池的使用寿命，一般有源电子标签的寿命为 2～7 年，决定其寿命的因素之一是电子标签发送数据的时间间隔，间隔越大，电池持续时间越长，电子标签的寿命越长。例如，电子标签由每隔几秒钟发送一次增加到每分钟发送一次或每小时发送一次，这样会增加电池的寿命。另外，板载传感器和处理器也会消耗电能，缩短电池寿命。当电池消耗完后，电子标签就停止发送数据，此时即使电子标签在读写器的读取范围内，读写器也无法读取标签信号，除非电子标签向读写器发送电池状态信息。

② 板载电子电路。板载电子可以使电子标签主动发送数据和完成一项特殊任务，如计算、显示某种参数值，执行传感器感知等。它还可以提供与外部传感器的连接。因此根据传感器的类型，这类电子标签可以完成各种各样的感知任务。换句话说，这个元件的功能是无限的，但是其功能和物理大小是呈比例的，功能越强，物理大小越大，不过只要电子标签易于部署和没有硬件大小的限制，则这种增长是可以接受的。

3）半有源电子标签

半有源电子标签也有板载电源和完成特殊任务的电子元件，板载电源仅仅为电子标签的运算操作提供能量，其发送信号由读写器供电。半有源电子标签也称电池辅助电子标签。在电子标签和读写器之间的通信过程中，始终是读写器处于主动发起方，电子标签被动式响应。为什么使用半有源电子标签而不使用无源电子标签？首先，因为半有源电子标签不像无源电子标签那样由读写器来激活，所以它可以读取一个更远距离的读写器信号。其次，在读写器区域内，由于无须通电激活，电子标签有充分的时间被读写器读取数据，所以即使电子标签目标在高速移动，它仍可被可靠地读取数据。最后，半有源电子标签通过使用透明和吸附性材料的射频使其具有更好的可读性。在理想条件下，半有源电子标签使用反向散射调制技术，其读写器距离大约在 30m 以内。

2．读写器

读写器是一个捕捉和处理 RFID 标签数据的设备，它可以是单独的个体，也可以嵌入其他系统之中。读写器也是构成 RFID 系统的重要部件之一，由于它能够将数据写到 RFID 标签中，所以称之为读写器。但早期由于其功能单一，所以在许多文献中称之为读写器、查询器等。读写器还负责与主机接口，即通过计算机软件来读取或写入电子标签内的数据信息。由于电子标签是非接触式的，所以必须借助读写器来实现电子标签和应用系统之间的数据通信。

（1）读写器的组成结构

读写器的硬件部分通常由收发机、微处理器、存储器、I/O 接口、通信接口及电源等部件组成，如图4-6所示。

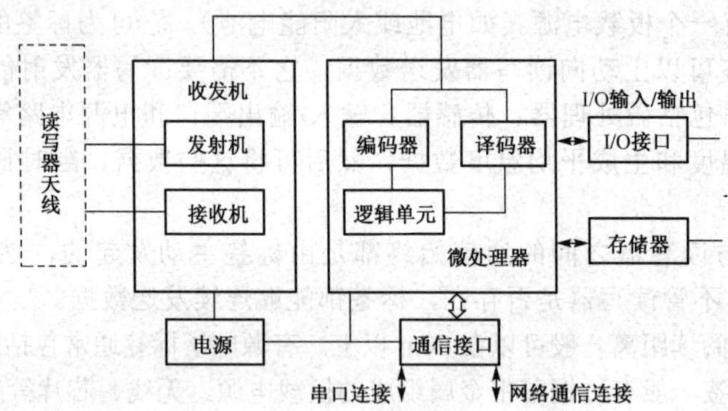

图 4-6　读写器的硬件部分组成示意图

（2）读写器的功能

在 RFID 系统中，读写器和电子标签的所有行为均由应用软件来控制完成。应用软件作为主动方对读写器发出读写指令，而读写器则作为从动方只对应用软件的读写指令做出回应。读写器接收到应用软件的动作指令后，回应的结果就是对电子标签做出相应的动作，建立某种通信关系。读写器触发电子标签工作，并对所触发的电子标签进行身份验证，然后电子标签开始传送所要求的数据信息。具体来说，读写器具有以下功能：

① 在规定的技术条件下，可与电子标签进行通信；

② 通过标准接口，如 RS-232 等，读写器可以与计算机网络连接，实现多读写器的网络通信；

③ 读写器能在读写区域内查询多标签，并能正确识别各个标签，具备防碰撞功能；

④ 能够校验读写过程中的错误信息；

⑤ 对于有源标签，读写器能够识别有源标签的电池信息，如电池的总电量、剩余电量等。

综上所述，读写器的功能包括三个主要部分：一是发送和接收功能；二是对接收信息进行初始化处理；三是连接主机网络，将信息传送给数据交换与管理系统。

3．控制器

控制器是读写器芯片有序工作的指挥中心，其主要功能是：与应用系统软件进行通信；执行从应用系统软件发来的动作指令；控制与电子标签的通信过程；基带信号的编码与解码；执行防碰撞算法；对读写器和电子标签之间传送的数据进行加密和解密；进行读写器与电子标签之间的身份认证；对键盘、显示设备等其他外部设备进行控制。

4．读写器天线

天线是一种以电磁波形式把前端射频信号功率接收或辐射出去的设备，是电路与空间的界面器件，用来实现导行波与自由空间波能量的转化。在 RFID 系统中，天线分为电子标签天线和读写器天线两大类，分别承担接收能量和发射能量的作用。

在选择读写器天线时应考虑的主要因素有：天线的类型；天线的阻抗；应用到物品上的电子标签的性能；在有其他物品围绕贴标签物品时射频的性能。

5．通信设施

通信设施为不同的 RFID 系统管理提供安全通信连接，是 RFID 系统的重要组成部分。通信设施包括有线或无线网络和读写器或控制器与计算机连接的串行通信接口。无线网络可以是个域网（PAN）（如蓝牙技术）、局域网（如 802.11x、WiFi），也可以是广域网（如 GPRS、3G 技术）或卫星通信网络（如同步轨道卫星 L 波段的 RFID 系统）。

4.2　RFID 编码、调制与数据校验

4.2.1　RFID 编码

1．数据和信号

数据可定义为表意的实体，分为模拟数据和数字数据。模拟数据在某些时间间隔上取连续的值，如语音、温度、压力等。数字数据取离散值，为人们所熟悉的例子是文本或字符串。在电子标签中存放的数据是数字数据。

在通信系统中，数据以电气信号的形式从一点传向另一点。信号是数据的电气或者电磁形式的编码，信号可以分为模拟信号和数字信号。

模拟信号是连续变化的电磁波，可以通过不同的介质传输，如有线信道和无线信道。模拟信号在时域中表现为连续的变化，在频域中其频谱是离散的。模拟信号用来表示模拟数据。

数字信号是一种电压脉冲序列，数据取离散值，它可以通过有线介质传输。数字信号用于表示数字数据，通常可用信号的两个稳态电平来表示，一个表示二进制的 0，另一个表示二进制的 1。

2．信号的带宽

信号的带宽是指信号频谱的宽度。很多信号具有无限的带宽，但是信号的大部分能量往往集中在较窄的一段频带中，这个频带称为该信号的有效带宽或带宽。

3．传输介质

传输介质是数据传输系统里发送器和接收器之间的物理通路。传输介质可以分为有线传输介质和无线传输介质。RFID 系统信道的传输介质为磁场（电感耦合）和电磁波（微波），都属于无线传输。

RFID 系统所用的频率为小于 135kHz 的 LF 频率及 ISM 频率的 13.56MHz（HF）、433MHz（UHF）、869MHz（UHF）、915MHz（UHF）、2.45GHz（UHF）、5.8GHz（SHF）。电磁波的频谱如图 4-7 所示。

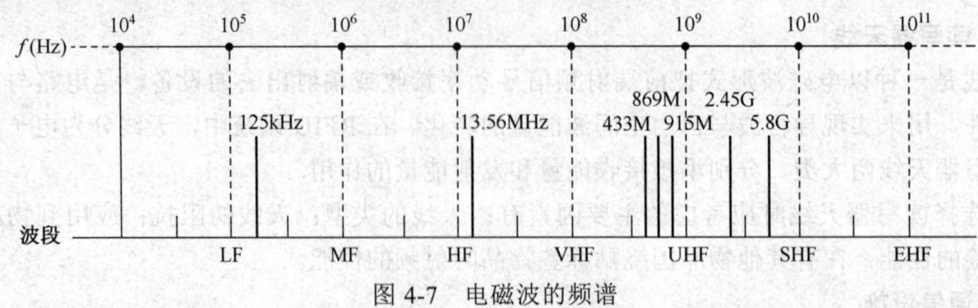

图 4-7 电磁波的频谱

4．信道

与信号可分为模拟信号和数字信号相似，信道也可以分为传送模拟信号的模拟信道和传送数字信号的数字信道两大类。但应注意的是，数字信号经过数模变换后就可以在模拟信道上传送，模拟信号经过模数变换后也可以在数字信道上传送。

1）数据传输速率

数据传输速率指每秒传输二进制信息的位数，单位为位/秒，记作 bps 或 b/s。其计算公式为

$$S = 1/T \log_2 N \text{ (bps)} \tag{4-1}$$

式中，T 为一个数字脉冲信号的宽度（全宽码）或重复周期（归零码），单位为秒；N 为一个码元所取的离散值个数。

通常 N=2K，K 为二进制信息的位数，K=$\log_2 N$。

当 N=2 时，S=1/T，表示数据传输速率等于码元脉冲的重复频率。

2）信号传输速率

信号传输速率指单位时间内通过信道传输的码元数，单位为波特，记作 Baud。其计算公式为

$$B=1/T \text{ (Baud)} \tag{4-2}$$

式中，T 为信号码元的宽度，单位为秒。

信号传输速率也称码元速率、调制速率或波特率。

由式（4-1）、式（4-2）得

$$S=B \log_2 N \text{ (bps)} \tag{4.3}$$

或

$$B=S/\log_2 N \text{ (Baud)} \tag{4-4}$$

5．信道容量

给定条件，给定通信路径或信道上的数据传输速率称为信道容量。信道容量表示一个信道的最大数据传输速率，其单位为位/秒（bps）。信道容量与数据传输速率的区别是，前者表示信道的最大数据传输速率，是信道传输数据能力的极限，而后者是实际的数据传输速率。

信道容量和传输带宽成正比关系。实际所用的带宽都有一定的限制，这往往是考虑到不要对其他的信号源产生干扰，从而有意对带宽进行了限制。因此，必须尽可能高效率地使用带宽，这样能在有限的带宽中获得最大的数据传输速率。制约带宽使用效率的主要因素是噪声。

1）离散的信道容量

奈奎斯特（Nyquist）在无噪声下的码元速率极限值 B 与信道带宽 H 的关系为

$$B=2 H \text{ (Baud)} \tag{4-5}$$

奈奎斯特公式：无噪信道传输能力公式，为

$$C=2 H \log_2 N \text{ (bps)} \tag{4-6}$$

式中，H 为信道的带宽，即信道传输上、下限频率的差值，单位为 Hz；N 为一个码元所取的离散值个数。

2）连续的信道容量

香农公式：带噪信道容量公式，为

$$C=H\ \log_2(1+S/N)\ \text{(bps)} \tag{4-7}$$

式中，S 为信号功率；N 为噪声功率；S/N 为信噪比，通常把信噪比表示成 10lg（S/N）分贝（dB）。

6．编码

RFID 系统的结构与通信系统的基本模型结构相类似，满足了通信功能的基本要求。其读写器和电子标签之间的数据传输构成了与基本通信模型相类似的结构。其读写器与电子标签之间的数据传输需要三个主要功能块，如图 4-8 所示。按读写器到电子标签的数据传输方向，RFID 系统的通信模型主要由读写器（发送器）中的信号编码（信号处理）和调制器（载波电路），传输介质（信道），以及电子标签（接收器）中的解调器（载波回路）和信号译码（信号处理）组成。

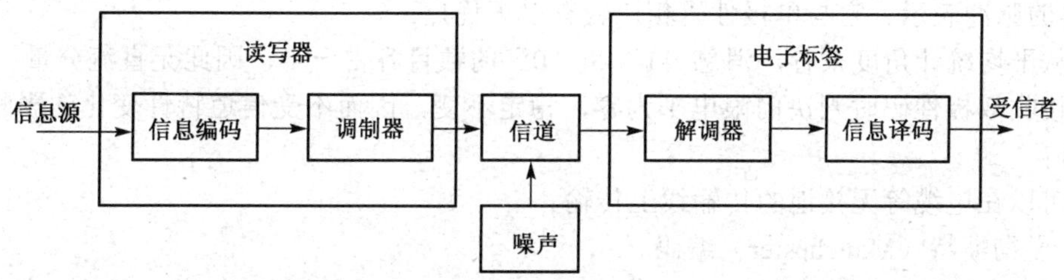

图 4-8　RFID 系统的基本通信模型

1）RFID 数据传输的常用编码格式

数字基带信号波形，可以用不同形式的代码来表示二进制的“1”和“0”。RFID 系统通常使用下列编码方法中的一种：反向不归零（NRZ）编码、曼彻斯特（Manchester）编码、单极性归零（RZ）编码、差动双相（DBP）编码、密勒（Miller）编码和差动编码。

最常用的数字信号波形为矩形脉冲，因为矩形脉冲易于产生和变换。下面以矩形脉冲为例来介绍几种常用的脉冲波形和传输码型。如图 4-9 所示为 4 种数字矩形码的脉冲波形。

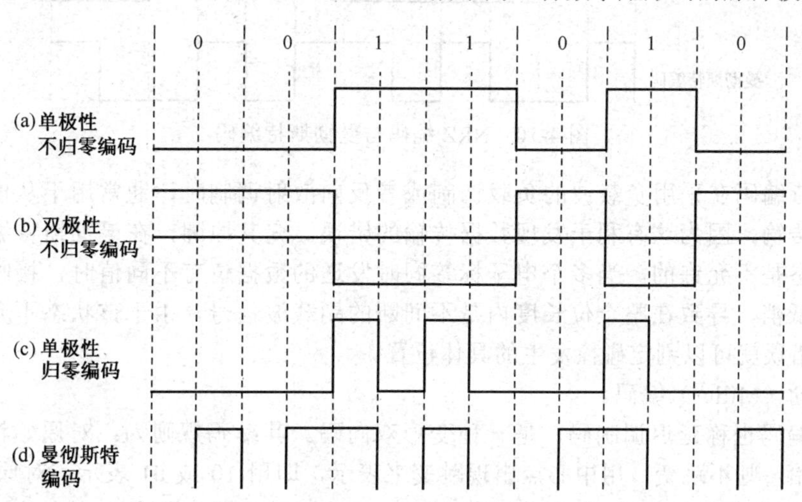

图 4-9　4 种数字矩形码的脉冲波形

（1）反向不归零（Non Return Zero，NRZ）编码。

反向不归零编码用高电平表示二进制“1”，用低电平表示二进制“0”，此码型不宜传输，有以下原因：有直流，一般信道难于传输零频附近的频率分量；接收端判决门限与信号功率有关，不方便使用；不能直接用来提取位同步信号，因为在 NRZ 中不含位同步信号频率成分；要求传输线有一根接地。

设消息代码由二进制符号“0”、“1”组成，则单极性不归零编码如图 4-9（a）所示。这里，基带信号的零电位及正电位分别与二进制符号的“0”及“1”一一对应。由此可见，它是一种最简单的常用码型。

（2）单极性归零（RZ）编码。

单极性归零码是在传送“1”码时发送一个宽度小于码元持续时间的归零脉冲，而在传送“0”码时不发送脉冲，即代表数码的脉冲在小于码的间隔内电平回到零值，因此它又称为归零码。它的特点是码元间隔明显，有利于码元定时信号的提取，但码元的能量较小。

（3）双极性不归零编码。

如图 4-9（b）所示的双极性不归零（NRZ）编码，其特点是数字消息用两个极性相反而幅度相等的脉冲表示。它与单极性码相比较有以下优点：

① 从平均统计角度来看，消息“1”和“0”的数目各占一半，因此无直流分量；

② 接收双极性码时判决门限电平为零，稳定不变，因而不受信道特性变化的影响，抗噪声性能好；

③ 可以在电缆等无接地的传输线上传输。

（4）曼彻斯特（Manchester）编码。

曼彻斯特编码也称分相编码（Split－Phase Coding），其波形如图 4-10 所示，在每一位的中间有一个跳变。位中间的跳变既作为时钟，又作为数据，其从高到低的跳变表示 1，从低到高的跳变表示 0。曼彻斯特编码也是一种归零码。

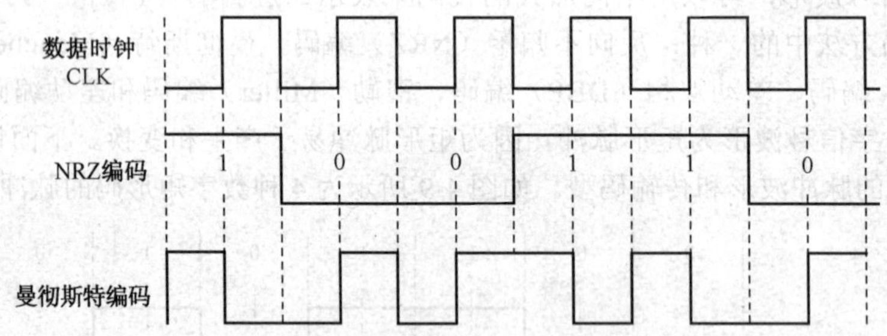

图 4-10　NRZ 编码与曼彻斯特编码

曼彻斯特编码在采用负载波的负载调制或者反向散射调制时，通常用于从电子标签到读写器的数据传输，因为这有利于发现数据传输的错误。究其原因，在曼彻斯特编码中“没有变化”的状态是不允许的。当多个电子标签同时发送的数据位有不同值时，接收的上升边和下降边互相抵消，导致在整个位长度内是不间断的副载波信号，由于该状态不允许，所以读写器利用该错误就可以判定碰撞发生的具体位置。

（5）密勒（Miller）编码。

Miller 编码也称延迟调制码，是一种变形双向码。其编码规则为：对原始符号，如果是“1”码元起始，则不跳变，用中心点出现跳变来表示，即用 10 或 01 表示。对原始符号“0”则分成单个“0”还是连续“0”分别进行处理：对于单个“0”，保持 0 前的电平不变，即在码元边界处的电平不跳变，码元中间点处的电平也不跳变；对于连续“0”，则使连续两个“0”的边界处发生电平跳变。密勒编码的编码规则具体如表 4-1 所示。

表 4-1　密勒编码的编码规则

bit（i–1）	bit i	密勒编码的编码规则
×	1	bit i 的起始位置不变化，中间位置跳变
0	0	bit i 的起始位置跳变，中间位置不跳变
1	0	bit i 的起始位置不跳变，中间位置不跳变

密勒编码在半个位周期内的任意边沿表示二进制“1”，而经过下一个位周期中不变的电平用二进制“0”表示。位周期开始时产生电平交变，如图 4-11 所示。因此，对接收器来说，位节拍比较容易重建。

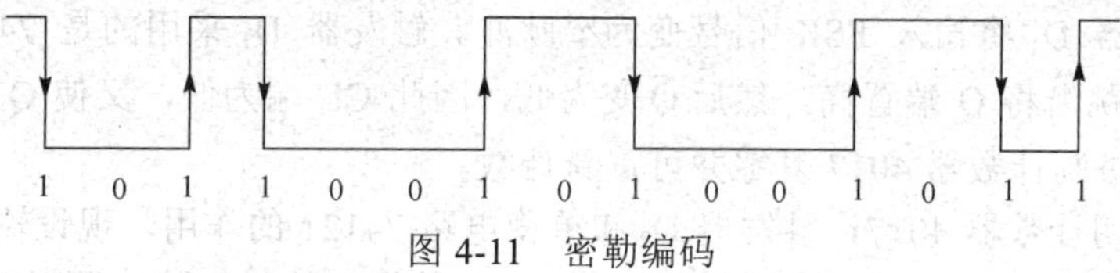

图 4-11　密勒编码

2）选择编码方法的考虑因素

在 REID 系统中使用的电子标签常常是无源的，而无源标签需要在读写器的通信过程中获得自身的能量供应。为了保证系统的正常工作，信道编码方式首先必须保证不能中断读写器对电子标签的能量供应。另外，出于保障系统可靠工作的需要，还必须在编码中提供数据一级的校验保护，编码方式应该提供这种功能。可以根据码型的变化来判断是否发生误码或有电子标签冲突发生。

4.2.2　RFID 调制

1．脉冲调制

脉冲调制是指将数据的 NRZ 码变换为更高频率的脉冲串，该脉冲串的脉冲波形参数受 NRZ 码的值 0 和 1 调制。其主要的调制方式为频移键控 FSK 和相移键控 PSK。

1）FSK 调制与解调

FSK 调制是指对已调脉冲波形的频率进行控制，用于频率低于 135kHz（射频载波频率为 125kHz）的情况。如图 4-12 所示为 FSK 脉冲调制波形，假设数据传输速率为 $f_c/40$，f_c 为射频载波频率，则 FSK 调制时对应数据 1 的脉冲频率 $f_1 = f_c/5$，对应数据 0 的脉冲频率 $f_0 = f_c/8$。

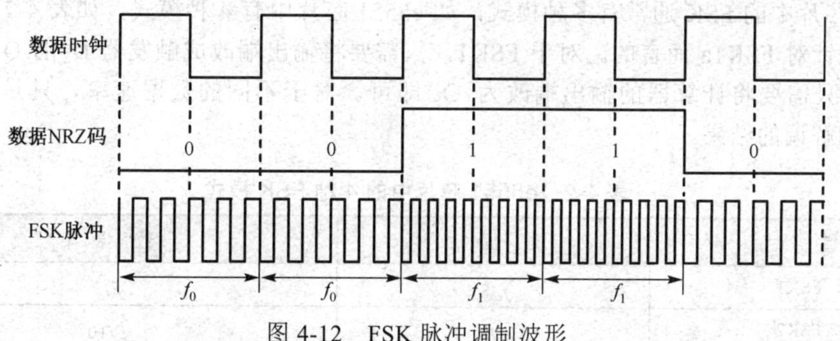

图 4-12　FSK 脉冲调制波形

（1）FSK 调制。FSK 调制方式的实现很容易，如图 4-13 所示，图中频率为 $f_c/8$ 和 $f_c/5$ 的脉冲可由射频载波分频获得，数据的 NRZ 编码对两个门电进行控制，便可获得 FSK 波形输出。

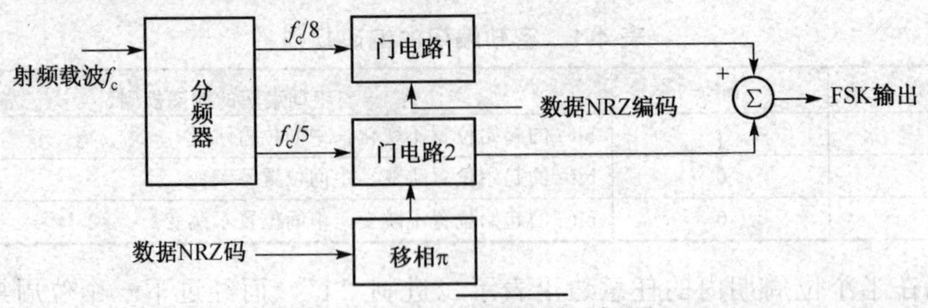

图 4-13　FSK 实现的原理框图

（2）FSK 解调。FSK 解调 NRZ 编码的电路原理图如图4-14所示，它用于读写器中，其工作原理为：触发器 D_1 将输入 FSK 信号变为窄脉冲。触发器 D_1 采用的是 7474，当$\overline{Q}$端为高时，FSK 信号上跳沿将 Q 端置高，然后$\overline{Q}$变为低，因此 CL 端为低，又使 Q 端回到低电平。Q 端的脉冲使十进制计数器 4017 复零并可重新计数。

为更好地说明计数器 4017，触发器 D_2和单稳电路 74121 的作用，现设输入射频载波频率 $f_c = 125\text{kHz}$，且数据 0 的对应脉冲调制频率 $f_0 = f_c/8$，数据 1 的对应脉冲调制频率 $f_1 = f_c/5$。

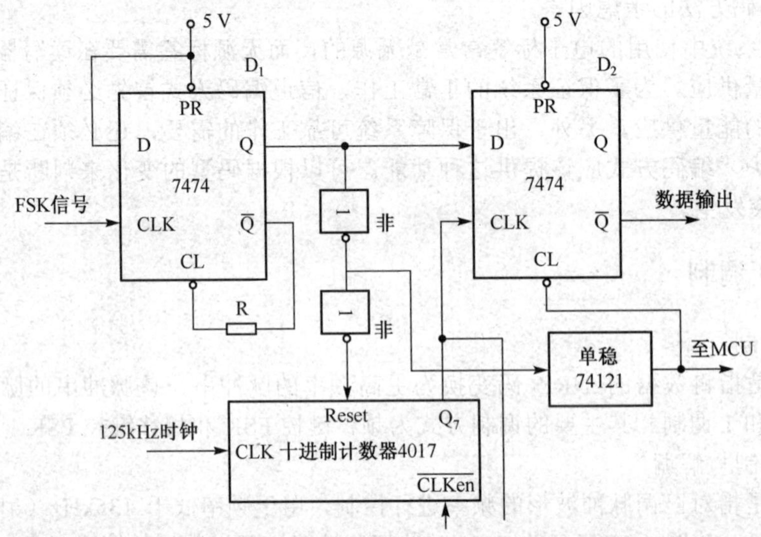

图 4-14　FSK 解调 NRZ 编码的电路原理图

RFID 芯片中的 FSK 通常有多种模式，如 e5551 芯片中有 4 种模式，如表 4-2 所示，上述分析描述是针对 FSK1a 而言的。对于 FSK1，只需要将输出端改成触发器 D_2的 Q 端即可；对于 FSK2，只需要将计算器的输出端改为 Q_9 即可。对于不同的数据速率，只是位宽不同而已，不影响解调的结果。

表 4-2　e5551 芯片中的 4 种 FSK 模式

模　式	数　据　1	数　据　0
FSK1	$f_c/8$	$f_c/5$
FSK2	$f_c/8$	$f_c/10$
FSK1a	$f_c/5$	$f_c/8$
FSK2a	$f_c/10$	$f_c/8$

2）PSK 调制与解调

PSK 调制方式通常有两种：PSK1 和 PSK2。当采用 PSK1 调制时，若在数据位的起始处出现上升沿或下降沿（即出现 1，0 或 0，1 交替），则相位将从位起始处跳变 180°;当采用 PSK2 调制时，在数据位为 1 时相位从位起始处跳变 180°，在数据位为 0 时则相位不变。PSK1 是一种绝对码方式，PSK2 是一种相对码方式。PSK1 和 PSK2 调制波形如图 4-15 所示，图中假设 PSK 速率为数据位速串的 8 倍。

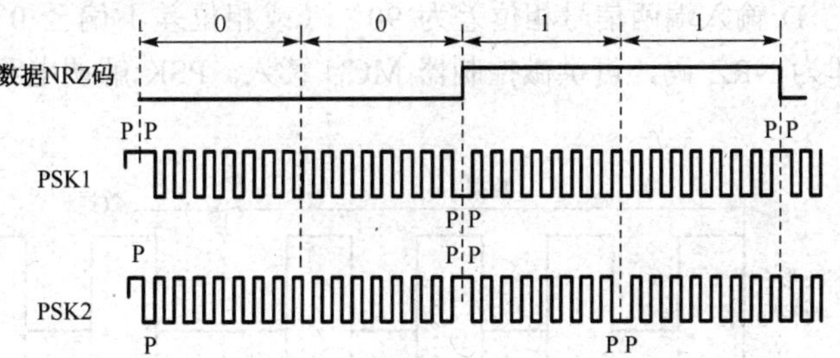

图 4-15 PSK1 和 PSK2 调制波形

（1）PSK 调制。二进制绝对移相信号的产生有两种方式：直接相位法和选择相位法。在采用选择相位法时，需要将两种不同相位（反相）的脉冲波准备好，由数据 NRZ 信号去选择相应位的脉冲波输出。如图4-16 所示为选择相位法的电路框图。如果数据 NRZ 码是由绝对码转换来的相对码，则输出为相对调相的脉冲波。

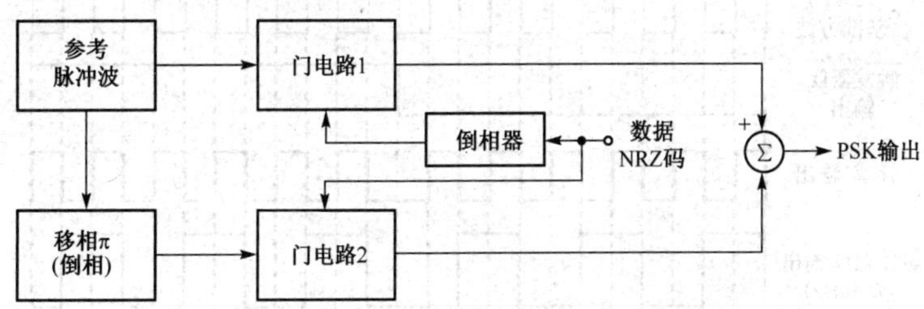

图 4-16 选择相位法的电路框图

（2）PSK 解调。PSK 解调电路（如图 4-17 所示）是读写器正确将 PSK 调制信号变换为 NRZ 码的关键电路。PSK 信号携带变化信息的部位是相位，可以用极性比较的方法解调。

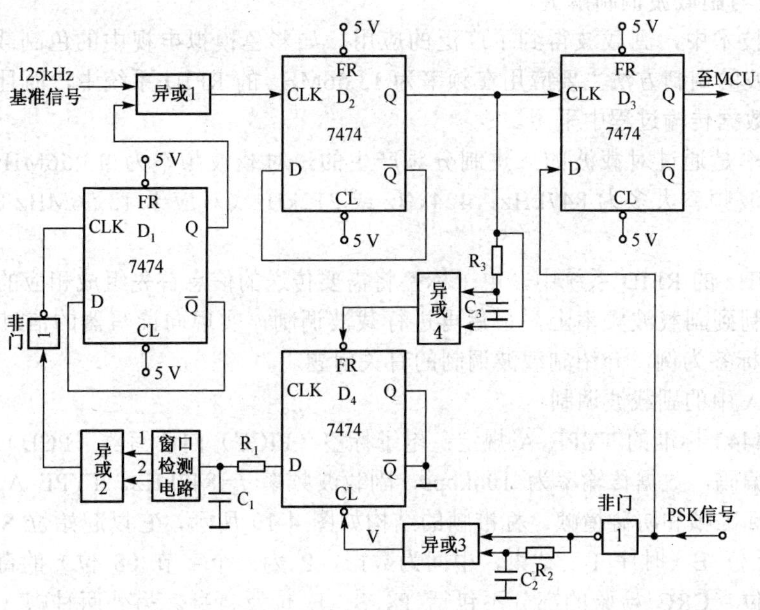

图 4-17 PSK 解调电路

设 PSK 信号的数据速率为 $f_c/2$（f_c 为射频载波频率值，125kHz），则加至解调器的 PSK 信号是 125kHz/2=62.5kHz 的方波信号。该 PSK 信号进入解调器后分为两路：一路加至触发器 D_3 的时钟输入端（CLK），触发器 D_3 是位值判决电路；另一路用于形成相位差为 90° 的基准信号。由于触发器 D_3 的 D 输入端加入的是由 125kHz 载波基准形成的 62.5kHz 基准方波信号，若触发器 D_3 的时钟与 D 输入端两信号相位差为 90°（或相位差不偏至 0° 或 180° 附近），则其 Q 端的输出信号即为 NRZ 码，可供微控制器 MCU 读入。PSK 解调电路的相关波形如图 4-18 所示。

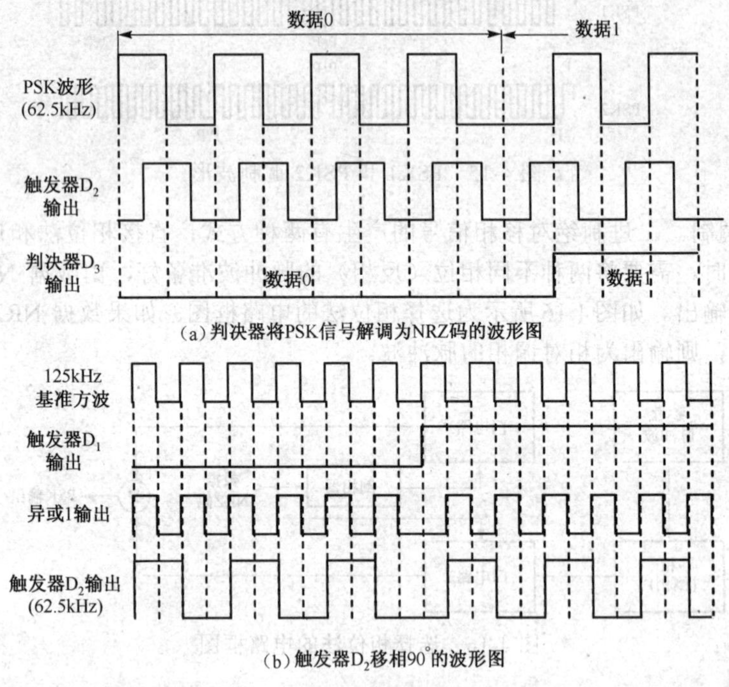

(a) 判决器将PSK信号解调为NRZ码的波形图

(b) 触发器D_2移相90°的波形图

图 4-18　PSK 解调电路的相关波形

2．副载波与副载波调制解调

在无线电技术中，副载波得到了广泛的应用，如彩色模拟电视中的色副载波。在 RFID 系统中，副载波的调制方法主要应用在频率为 13.56MHz 的 RFID 系统中，而且仅在从电子标签向读写器的数据传输过程中采用。

副载波频率是通过对载波的二进制分频产生的，对载波频率为 13.56MHz 的 RFID 系统使用的副载波频率大多为 847kHz、424kHz 或 212kHz（对应于 13.56MHz 的 16、32、64 分频）。

在 13.56MHz 的 RFID 系统中，电子标签将需要传送的信息首先组成相应的帧，然后将帧的基带编码调制到副载波频率上，最后再进行载波调制，实现向读写器的信息传输。下面以 ISO/IEC14443 标签为例，介绍副载波调制的有关问题。

1）TYPE A 中的副载波调制

ISO/IEC14443 标准的 TYPE A 规定：电子标签（PICC）向读写器（PCD）通信采用的编码是曼彻斯特编码，数据传输率为 106kbps，副载波频率 f_s=847kHz。TYPE A 中有三种帧结构，即短帧、标准帧和防碰撞帧。标准帧的结构如图 4-19 所示，它以起始位 S 开头（S 为时序 D），以停止位 E（时序 F）结束，中间为数据，P 为一个字节（8 位）的奇检验位，CRC 检验码为 16 位，CRC 检验的部分不包括 P、S、E 位及自身。另外两种帧（短帧和防碰撞帧）的结构虽然不同，但都以 S 位开头，E 位结束。

S	字节（8 位）	P	字节	P	…	CRC-1	P	CRC-2	P	E

图 4-19　标准帧的结构

从上面的内容可知，在 TYPE A 中，PICC 向 PCD 传输信息时，仅需要将所传送的帧结构的 NRZ 码转换为曼彻斯特码，将副载波信号（频率为 f_s）与曼彻斯特码相乘，即可实现副载波调制，其调制波形如图4-20 所示，副载波是周期方波脉冲。

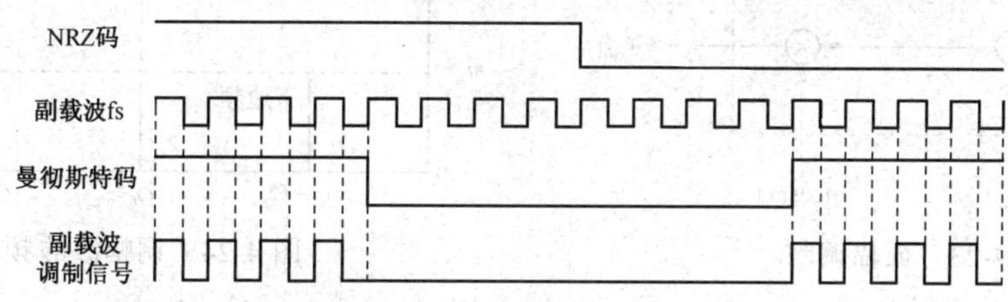

图 4-20　副载波调制波形

2）TYPE B 中的副载波调制

ISO/IEC14443 标准的 TYPE B 规定：位编码采用不归零 NRZ 编码，副载波调制采用 BPSK 方式，逻辑状态的转换用副载波相移 180°来表示，θ_0 表示逻辑 1，θ_0+180°表示逻辑 0，副载波频率 f_s=847kHz，数据传输速率为 106kbps。

如图4-21 所示为副载波调制后再进行负载调制的波形，载波的包络是 NRZ 码对副载波进行调制后的副载波调制信号的波形。

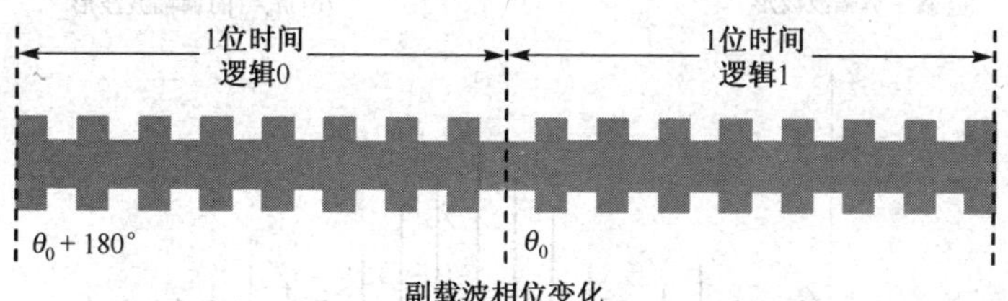

图 4-21　副载波调制后再进行负载调制的波形

相干解调（同步解调）：如图 4-22 所示为相干解调。

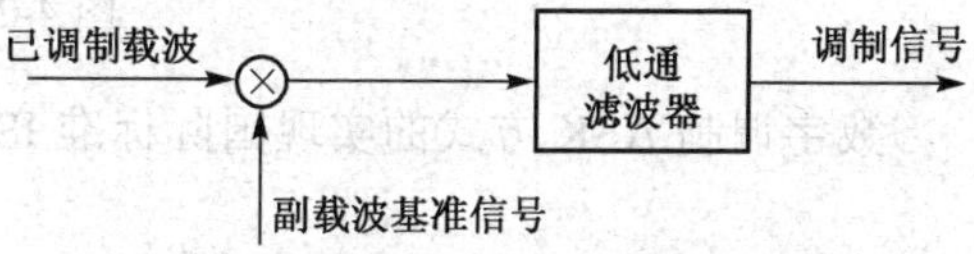

ASK 调制时，其包络线与基带信号成正比，因此采用包络检波就可以复现基带信号，这种方法无须同频同相的副载波基准信号。

已调制载波　低通滤波器　调制信号　副载波基准信号

图 4-22　相干解调

正弦波调制：

正弦振荡的载波信号为

$$v(t) = A\cos(\omega_c t + \varphi) = A\cos(2\pi f_c t + \varphi) \tag{4-8}$$

调幅调制信号为

$$A_0 + f(t) = A_0 + A_m \cos(\Omega t) \tag{4-9}$$

产生的调幅波为

$$v_{AM} = [A_0 + f(t)]v(t) \tag{4-10}$$

设式（4-10）中的 $v(t)$的相位角 $\varphi = 0$，则有

$$v_{AM} = [A_0 + A_m \cos(\Omega t)]A\cos(\omega_c t) \tag{4-11}$$

积化和差为

$$v_{AM} = A_0 A\cos(\omega_c t) + A_m A[\cos(\omega_c + \Omega)t + \cos(\omega_c - \Omega)t] \tag{4-12}$$

振幅调制模型如图 4-23 所示，调幅波的频域如图 4-24 所示，脉冲调幅波如图 4-25 所示。

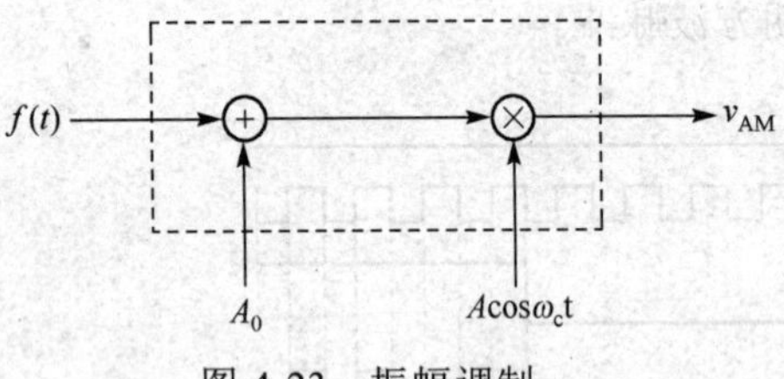

图 4-23　振幅调制

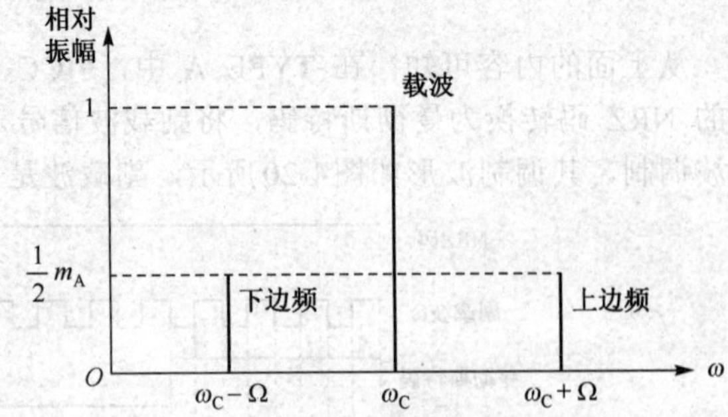

图 4-24　调幅波的频域

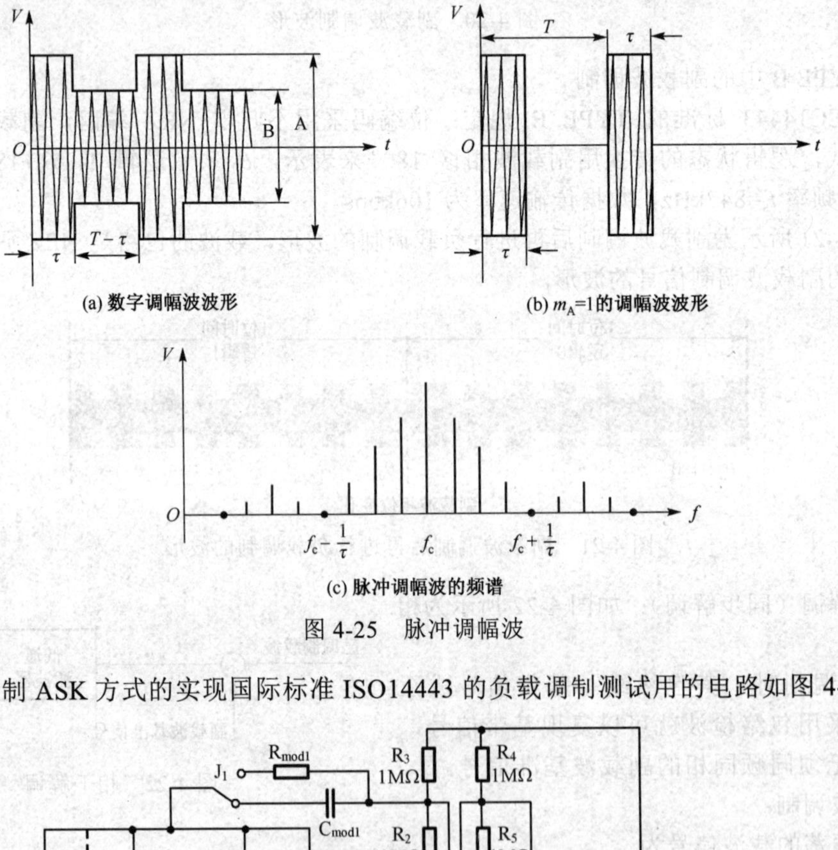

(a) 数字调幅波波形

(b) m_A=1 的调幅波波形

(c) 脉冲调幅波的频谱

图 4-25　脉冲调幅波

数字调制 ASK 方式的实现国际标准 ISO14443 的负载调制测试用的电路如图 4-26 所示。

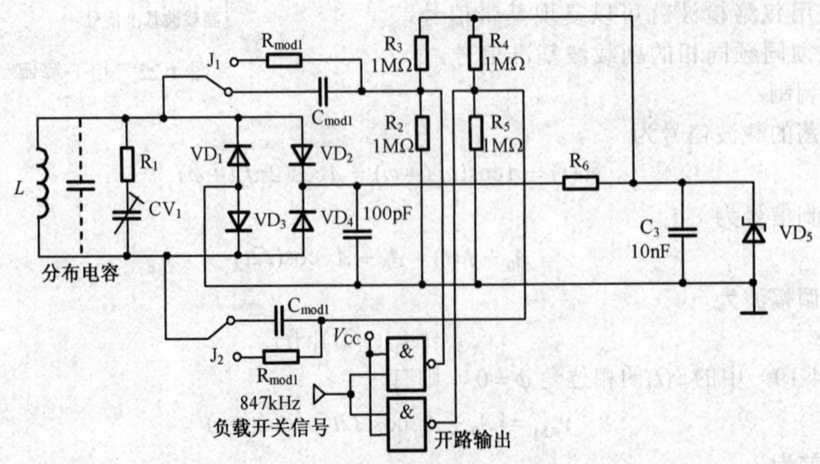

图 4-26　数字调制 ASK 方式的电路图

在图 4-26 中，电子标签谐振回路由线圈 L 和电容器 CV_1 组成，其谐振电压经桥式整流器 VD_1～VD_4 整流，并用齐纳二极管 VD_5 稳压在 3V 左右。副载波信号（847kHz）可通过跳线选择 C_{mod1} 或 R_{mod1} 进行负载调制。由曼彻斯特码或 NRZ 码进行 ASK 或 BPSK 副载波调制。

数字调频和调相：ASK、PSK 及 FSK 副载波调制示意图如图 4-27 所示。

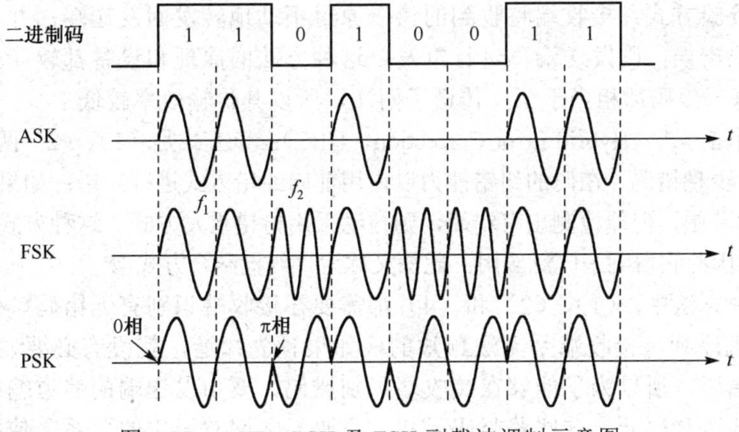

图 4-27　ASK、PSK 及 FSK 副载波调制示意图

4.2.3　RFID 数据校验

在 RFID 系统中，数据传输的完整性存在两个方面的问题：一是外界的各种干扰可能使数据传输产生错误；二是多个电子标签同时占用信道会使发送数据产生碰撞。运用数据检验（差错检测）和防碰撞算法可分别解决这两个问题。通常，在设计数字通信系统时，首先应从合理地选择调制制度、解调方法及发送功率等方面考虑。若采取上述措施仍难以满足要求，则需考虑采用下述差错控制技术。

1．差错

按加性干扰引起的错码分布规律的不同，可将差错分为以下三种类型。

（1）随机差错：由随机噪声（如热噪声）造成的误码、错码的出现是随机的；错码之间没有相关性，是统计独立的；错码的分布是零散的。

（2）突发差错：由脉冲噪声（如闪电等）造成的误码、错码的出现是成串的；差错分布比较密集，也就是说在一些短促的时间区间内会出现大量错码；差错之间有相关性。差错的持续时间称为突发长度。

（3）混合差错：既出现随机差错又出现突发出错，而且哪一种都不能忽略不计的差错称为混合差错。

出现上述三种差错的信道分别称为随机信道、突发信道和混合信道。

2．差错控制

为了降低误码率，提高数字通信的可靠性，往往要采用差错控制技术来发现可能产生的错码或发现并纠正错码。差错控制方式常用的有以下四种。

（1）检错重发方式（Automation Repeat Request，ARQ）：接收端收到发送端发出的信码后经检验，如果发现有错码，但不知道该错码的准确位置，则通过反向信道把这一判断结果告诉发送端，然后发送端把前面发出的信码重新传送，直到接收端确认已正确收到信码为止。这种方式的实时性不是很强，而且需要具备双向信道。它适用于非实时通信系统，如计算机数据通信。

（2）前向纠错方式（Forward Error Correction，FEC）：接收端在收到的信码中不仅能发现错码，而且还能够确定错码的准确位置，并纠正错码。对于二进制系统，如果能够确定错码的位置，就能够纠正它（只要将出错处的 bit 取反即可）。这种方式的优点是不需要反向信道（传送重发指令），也不存在由于反复重发所造成的时延，实时性好，但是其纠错设备要比检错设备复杂。它适用于实时通信系统，如语音通信等。

（3）反馈校验方式：接收端将收到的信码原封不动地转发回发送端，并与原发送信码相比较，如果发现错误，则发送端再进行重发。这种方法的原理和设备都较简单，但需要有双向信道。由于每一信码都相当于至少传送了两次，所以其传输效率较低。

（4）混合纠错方式（Hybrid Error Correction，HEC）：该方式是（1）、（2）两种方式的结合，接收端若发现有少量错码，在码的纠错能力以内用前向纠错方式进行纠错；如果错码很多，超出了码的纠错能力范围，但能检测出有错码，则自动采用检错重发方式。这种方式能大大降低通信系统的误码率，因此它得到了广泛应用。此法又称为“纠检结合方式”。

在上述几种方法中，（1）、（2）和（4）都需要在接收端识别有无错码。但由于信息码元序列是一个随机序列，接收端是无法预知的（如果预先知道，就没有必要发送了），也无法识别其中有无错码，所以为了能够在接收端识别错码，要由发送端的信道编码器在信息码元序列中增加一些监督码元。这些监督码元和信息码元之间有一定的关系，使接收端可以利用这种关系借助信道译码器来发现或纠正可能存在的错码。这种在信息码元序列中加入监督码元的编码就称为差错控制编码，又称信道编码或纠错编码。在信息码中附加冗余的监督码元降低了编码效率。由此可见，信道编码是以降低通信的有效性为代价来换取通信可靠性的提高的。

差错控制编码可以从不同的角度进行分类。按码的控制功能，它分为检错码（只能发现差错）和纠错码（能发现并纠正错码）；按信息码元和附加的监督码元之间的关系它可分为分组码和非分组码。将信息码分组，为每组信息码元附加若干监督码元，监督码元仅监督本码组中的信息码元，也就是说，每个码组的监督码元只和该码组的信息码元相关，而与其他组的信息码元无关，则这种码组称为分组码。如果分组内信息码元和监督码元之间是线性关系，则称为线性分组码，否则称为非线性分组码。如果采用的编码规则使若干个相邻的码组都具有了一定的相关性，则称这种码为非分组码。常用的卷积码就是非分组码中最主要的一类。虽然卷积码编码后的码元序列也划分为码组，但每组的监督码元不仅与本组的信息码元有关，而且与前面码组的信息码元也有约束关系。

3．检纠错码

RFID 数据信息由信息码元 k 与监督码元（也称检纠错码）r 组成，如图4-28所示。

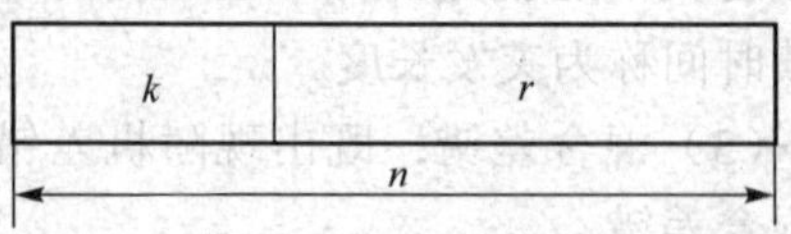

图 4-28　信息码元与监督码元示意图

4．检、纠错码的分类

根据检错码与纠错码对随机错误和突发错误的检错能力，可以对其分类，如图 4-29 所示。

1）分组码

码组的检纠错码元仅与本码组的信息码元有关，而与其他码元组的信息码元无关。这样的码组叫分组码。

2）卷积码

码组的检纠错码元不仅与本码组的信息码元相关，而且与本码组相邻的前 m 个时刻输入的码组的信息码元之间也具有约束关系，这样的码组叫卷积码，其性能优于分组码。

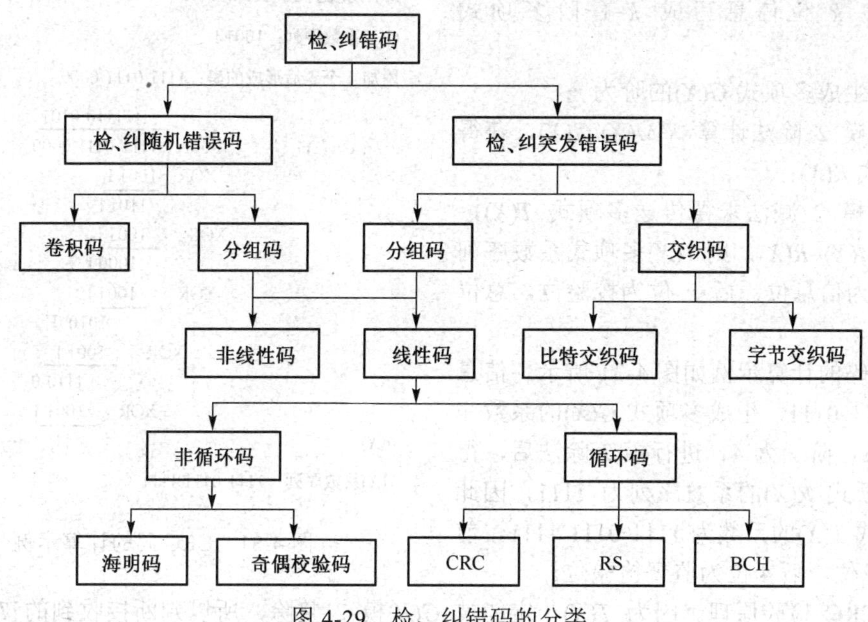

图 4-29　检、纠错码的分类

3）交织码

交织码是利用交织技术构造出来的编码。简单的比特交织的原理示意图如图 4-30 所示。

图 4-30　简单的比特交织的原理示意图

5. RFID 中的差错检测

RFID 中的差错检测主要采用的是奇偶检验码和 CRC 码，它们都属于线性分组码。

1）奇偶检验码

奇偶校验码是一种通过增加冗余位使得码字中“1”的个数恒为奇数或偶数的编码方法，它是一种检错码。在实际使用时，它又可分为垂直奇偶校验、水平奇偶校验和水平垂直奇偶校验等几种。

2）CRC 码

CRC 码（循环冗余码）具有较强的检错能力，其硬件实现简单，因此在 RFID 中获得了广泛的应用。

（1）算法步骤。CRC 码是基于多项式的编码技术，在多项式编码中，将信息位串看成阶次从 X^{k-1} 到 X^0 的信息多项式 $M(X)$ 的系数序列，多项式 $M(X)$ 的阶次为 $k-1$。在计算 CRC 码时，发送方和接收方必须采用一个共同的生成多项式 $G(x)$，$G(x)$ 的阶次应低于 $M(X)$，且其最高和最低阶的系数为 1。在此基础上，CRC 码的算法步骤为：

① 将 k 位信息写成 k–1 阶多项式 $M(X)$；

② 设生成多项式 $G(X)$的阶为 r；

③ 用模 2 除法计算 $X^rM(X)/G(X)$，获得余数多项式 $R(X)$；

④ 用模 2 减法求得传送多项式 $T(X)$，$T(X) = X^rM(X)–R(X)$，则 $T(X)$多项式系数序列的前 k 位为信息位，后 r 位为校验位，总位数 $n=k+r$。

CRC 码的计算示例如图 4-31 所示。信息位串为 1111 0111，生成多项式 $G(X)$的系数序列为 10011，阶 r 为 4，进行模 2 除法后，得到余数多项式 $R(X)$的系数序列为 1111，因此传送多项式 $T(X)$的系数为 1111 0111 1111，前 8 位为信息位，后 4 位为监督检验位。

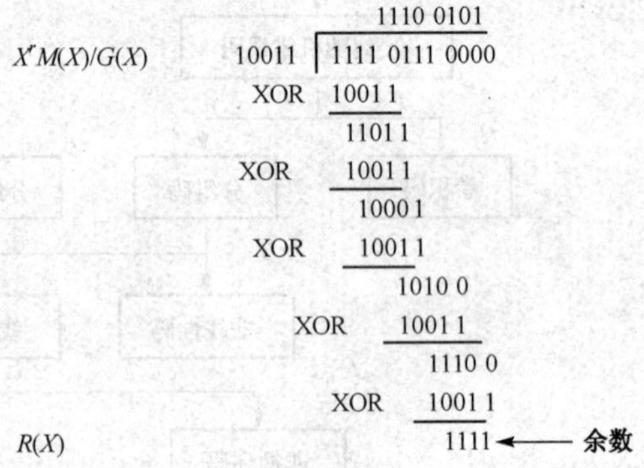

图 4-31　CRC 码的计算示例

（2）CRC 检验原理。因为 $T(X)$一定能被 $G(X)$模 2 整除，所以判断接收到的 $T(X)$能否被 $G(X)$整除，就可以知道在传输过程中是否出现错码。当采用循环移位寄存器实现 CRC 码计算时，应注意收、发双方的循环移位寄存器的初始值相同。

（3）CRC 编码标准。CRC 码的优点是识别错误的可靠性比较好，且只需要少量的操作就可以实现。16 位的 CRC 码适用于检验 4KB 长数据帧的数据完整性，而在 RFID 系统中，传输的数据帧明显地比 4KB 短，因此除了 16 位的 CRC 码外，还可以使用 12 位（甚至 5 位）的 CRC 码。

常用的标准生成多项式有如下 4 个（其中前 3 个生成多项式是国际标准）：

① CRC（12 位）$= X^{12}+X^{11}+X^3+X^2+X+1$；

② CRC（16 位）$= X^{16}+X^{15}+X^2+1$；

③ CRC（CCITT）$= X^{16}+X^{12}+X^5+1$；

④ CRC（32 位）$= X^{32}+X^{26}+X^{23}+X^{16}+X^{12}+X^{11}+X^{10}+X^8+X^7+X^5+X^4+X^2+X+1$。

CRC（16 位）多项式对应的二进制校验序列为 1 1000 0000 0000 0101B。国际电报电话咨询委员会（CCITT）推荐的多项式 CRC（CCITT）对应的二进制校验序列为 1 0001 0000 0010 0001B。

在 RFID 标准 ISO/IEC14443 中，采用的是 CRC（CCITT）的生成多项式。但应注意的是，该标准中的 TYPE A 采用 CRC-A，计算时循环移寄存器的初始值为 6363H；TYPE B 采用 CRC-B，循环位移寄存器的初始值为 FFFFH。

4.3　RFID 系统的基本原理

4.3.1　基本工作原理

RFID 系统的基本工作原理是：

从电子标签到读写器之间的通信及能量感应方式来看，RFID 系统一般可以分成两类，即电感耦合（Inductive Coupling）系统和电磁反向散射耦合（Backscatter Coupling）系统。电感耦合通过空间高频交变磁场实现耦合，依据的是电磁感应定律；电磁反向散射耦合（即雷达原理模型）是指发射出去的电磁波碰到目标后反射，同时携带回目标信息，依据的是电磁波的空间传播规律。

电感耦合方式一般适合于中、低频工作的近距离射频识别系统，其典型的工作频率有 125kHz、225kHz 和 13.56kHz。利用电感耦合方式的识别系统作用距离一般小于 1m，典型的作用距离为 10～20cm。

电磁反向散射耦合方式一般适用于高频、微频工作的远距离射频识别系统，其典型的工作频率有 433MHz、915MHz、2.45kHz、5.8GHz。其识别作用距离大于 1m，典型的作用距离为 4～6m。电感耦合系统与电磁耦合系统如图 4-32 所示。

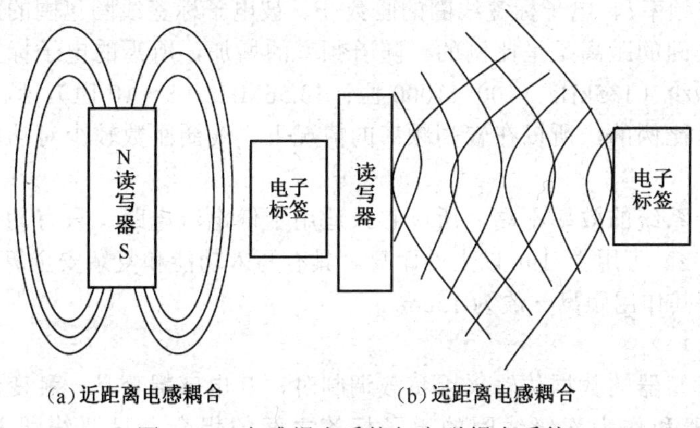

图 4-32　电感耦合系统与电磁耦合系统

4.3.2　电感耦合系统

RFID 的电感耦合方式对应于 ISO/IEC 14443 协议。电感耦合电子标签包含一个电子数据载体，而它通常由单个微芯片及用做无线的大面积的线圈组成。电感耦合系统的工作原理如图 4-33 所示，电感耦合方式的电子标签几乎都是无源工作的，在标签中的微芯片工作所需的全部能量由读写器发送的感应电磁能提供。高频的强电磁场由读写器的天线线圈产生，并穿越线圈横截面和线圈的周围空间，以使附近的电子标签产生电磁感应。因为电感耦合系统使用的频率范围（$f < 135$kHz 时，$\lambda > 2222$m；$f = 13.56$MHz 时，$\lambda = 22.1$m）内的波长比读写器天线和电子标签天线之间的距离大好多倍（采用电感耦合工作方式的 RFID 系统的读写器天线和电子标签天线之间的距离不超过 10cm），所以可以把电子标签到天线间的电磁场当成简单的交变磁场来考虑。

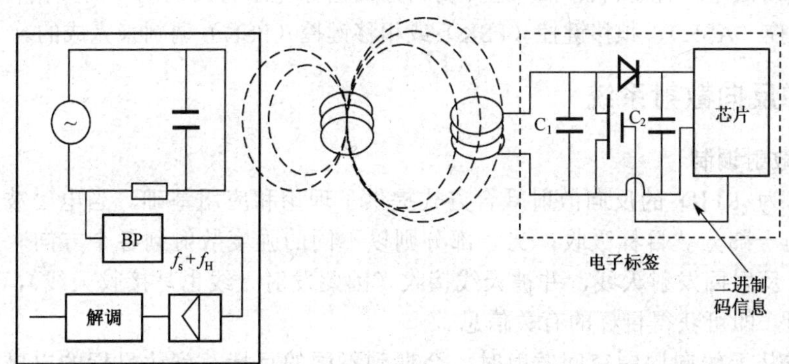

图 4-33　电感耦合系统的工作原理

1．能量供应

发射磁场的一小部分磁力线穿过距离读写器天线线圈一定距离的电子标签天线线圈。通过感应，在电子标签的天线线圈产生一个电容，将其整流后作为微芯片的工作电源。将一个电容器 C_r 与读写器并联，其中电容器与天线线圈的电感一起形成谐振频率与读写器发射频率相符的并联振荡回路，该回路的谐振使得读写器的天线线圈产生较大的电流，这种方法也用于产生供远距离电子标签工作所需要的能量。

电子标签的天线线圈和电容器 C_1 构成振荡回路，调谐到读写器的发射频率。通过该回路的谐振，电子标签线圈上的电压 U 达到最大值。这两个线圈的结构也可以解释为变压器（变压器的耦合），变压器的两个线圈之间只存在很弱的耦合。读写器的天线线圈与电子标签之间的功率传输与工作频率 f、电子标签线圈的匝数 n、被电子标签线圈包围的面积 A、两线圈的相对角度及它们之间的距离是呈比例的。随着频率的增加，所需的电子标签线圈的电感表现为线圈匝数 n 的减少（135kHz：100～1000 匝；13.56MHz：3～10 匝）。因为电子标签中的感应电压是与频率呈比例的，所以在较高频率的情况下，线圈匝数较少对功率传输效率几乎没有什么影响。

因为电感耦合系统的效率不高，所以它只适用于低电流电路。只有功耗极低的只读电子标签（小于 135kHz）可用于 1m 以上的距离。具有写入功能和复杂安全算法的电子标签的功率消耗较大，因而其作用距离一般为 15cm。

2．数据传输

电子标签与读写器的数据传输采用负载调制时，其电感耦合是一种变压器耦合，即作为初级线圈的读写器和作为次级线圈的电子标签之间的耦合。只要线圈之间的距离不超过 0.16λ，并且电子标签处于发送天线的近场范围内，则变压器耦合就有效。

如果把谐振的电子标签放入阅读天线的交变磁场，那么电子标签就可以从磁场获得能量。从供应读写器天线的电流在读写器内阻上产生的压降可以测得此附加功耗。电子标签天线上负载电阻的接通和断开促使读写器天线上的电压发生变化，实现了用电子标签对天线电压进行振幅调制。而通过数据控制负载电压的接通和断开，这些数据就可以从标签传输到读写器了。同时，为了在读写器中回收数据，需要对在读写器天线上测得的电压进行整流，即对经过振幅调制的信号进行解调。另外，由于读写器天线和电子标签天线之间的耦合很弱，所以读写器天线上表示有用信号的电压波动比读写器的输出电压小。在实践中，对于 13.56kHz 的系统，天线电压（谐振电压）只能得到大约 10mV 的有用信号。因为检测这些小电压变化很不方便，所以可以采用天线电压振幅调制所产生的调制波。如果电子标签的附加负载电阻以很高的时钟频率 f_H 接通或断开，那么，在读写器中，把发送频率区分开并产生两条谱线，此时该信号就容易检测了，这种调制方式也称为副载波调制。而数据传输是在数据流中通过幅度键控（ASK）、频移键控（FSK）或相移键控（PSK）调制来完成的。

4.3.3 电磁反向散射系统

1．反向散射调制

雷达技术为 RFID 的反向散射耦合方式提供了理论和应用基础。当电磁波遇到空间目标时，其能量的一部分被目标吸收，另一部分则以不同的强度散射到各个方向。在散射的能量中，一小部分反射回发射天线，并被天线接收（因此发射天线也是接收天线），对接收信号进行放大和处理，即可获得目标的有关信息。

当电磁波从天线向周围空间发射时，会遇到不同的目标。到达目标的电磁波能量的一部分（自由空间衰减）被目标吸收，另一部分则以不同的强度散射到各个方向上去。反射能量的一部分最终会返回发射天线，称之为回波。在雷达技术中，可用这种反射波测量目标的距离和方位。

对 RFID 系统来说，可以采用电磁反向散射耦合工作方式，利用电磁波反射完成从电子标签到读写器的数据传输。这种工作方式主要应用在 915MHz、2.45GHz 或更高频率的系统中。

2．RFID 反向散射耦合方式

一个目标反射电磁波的频率由反射横截面来确定。反射横截面的大小与一系列的参数有关，如目标的大小、形状和材料，电磁波的波长和极化方向等。由于目标的反射性能通常随频率的升高而增强，所以 RFID 反向散射耦合方式采用特高频和超高频，电子标签和读写器的距离大于 1 m。

RFID 反向散射耦合方式的原理框图如图 4-34 所示，图中的读写器、电子标签和天线构成了一个收发通信系统。

1）电子标签的能量供给

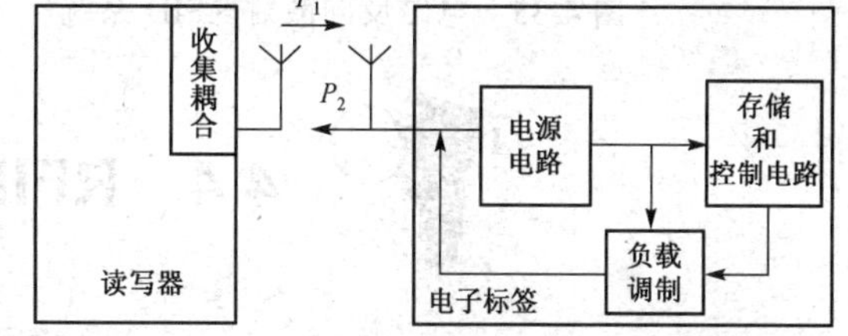

图 4-34　RFID 反向散射耦合方式的原理框图

无源电子标签的能量由读写器提供，读写器天线发射的功率 P_1 经自由空间衰减后到达电子标签。在 UHF 和 SHF 频率范围，有关电磁兼容的国际标准对读写器所能发射的最大功率有严格的限制，因此在有些应用中，电子标签采用完全无源方式会有一定困难。为解决电子标签的供电问题，可在电子标签上安装附加电池。为防止电池产生不必要的消耗，电子标签平时处于低功耗模式，当电子标签进入读写器的作用范围时，电子标签由获得的射频功率激活，进入工作状态。

2）电子标签至读写器的数据传输

由读写器传到电子标签的功率的一部分被天线反射，反射功率 P_2 经自由空间后返回读写器，被读写器天线接收。接收信号经收发耦合器电路传输到读写器的接收通道，被放大后经处理电路获得有用信息。

电子标签天线的反射性能受连接到天线的负载变化的影响，因此，可采用相同的负载调制方法实现反射的调制。其表现为反射功率 P_2 是振幅调制信号，它包含了存储在电子标签中的识别数据信息。

3）读写器至电子标签的数据传输

读写器至电子标签的命令及数据传输，应根据 RFID 的有关标准进行编码和调制，或者按所选用电子标签的要求进行设计。

3．RFID 反向散射耦合工作原理

电磁反向散射系统（如图 4-35 所示）的工作可分为以下两个过程。

（1）电子标签接受读写器发射的信号，其中包括已调制载波和未调制载波。当电子标签接收的信号没有被调制时，载波能量全部被转换成直流电压，这个直流电压供给电子标签内芯片能量；当载波携带数据或者命令时，电子标签通过接收电磁波作为自己的能量来源，并对接收信号进行处理，从而接收读写器的指令或数据。

（2）电子标签向读写器返回信号时，读写器只向标签发送未调制载波，载波能量一部分被电子标签转化成直流电压，供给电子标签工作；另一部分被标签通过改变射频前端电路的阻抗调制并反射载波来向读写器传送信息。

电子标签的等效电路如图 4-36 所示，其中，V_s 代表天线接收信号，Z_a 表示天线阻抗，Z_1

表示芯片的输入阻抗，式（4-13）、式（4-14）给出了 Z_a 和 Z_1 的表达式，即

$$Z_a=R_a+jX_a \tag{4-13}$$

$$Z_1=R_1+jX_1 \tag{4-14}$$

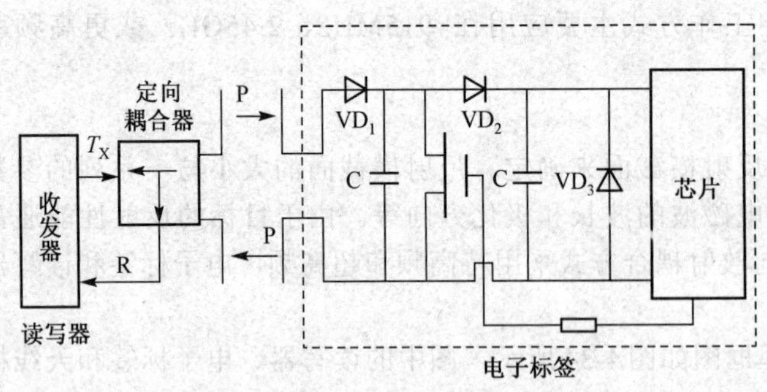

图 4-35　电磁反向散射 RFID 系统

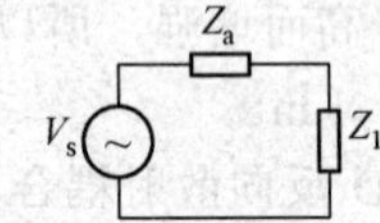

图 4-36　电子标签的等效电路

4.4　RFID 标签数据写入

RFID 系统中的所有标识对象都有一个 ID 代码，以射频耦合方式将标识对象的 ID 标记于 RFID 标签之中，称为 RFID 的数据写入，或称为数据加载，最初的 RFID 标签用户端数据写入也称为初始化，RFID 标签就是加载的操作对象。

4.4.1　RFID 标签基本术语

写入就是向标签里存储数据。写入有擦写和单纯写入两种。

（1）擦写。擦写就是清除标签中原来储存的数据，写入新的数据。

擦写的操作对象一定是已经写入了数据的标签，但 RFID 标签 UID 部分是与标识对象无关的标签自身数据，是不可以擦写的。

（2）单纯写入。单纯写入就是只向标签里存储数据。单纯写入是相对擦写而言的，其操作可以是已经写入了数据的标签的再写入，也可以是空白标签的首次写入，首次写入也称为初始化。

（3）智能标签打印机。用于 RFID 智能标签写入和打印的专用设备，有的文献也称为标签打印机/编码器，我们统称为智能标签打印机。

（4）贴标机。用于 RFID 智能标签写入和打印专用设备，我们也称为贴标机。

（5）标签机。用于智能标签写入，打印和贴标一体化的专用设备，实际上就是智能标签打印机和贴标机两机集成，我们统称为“标签机”。

4.4.2　RFID 数据写入模式

在 RFID 标签中需要写入的数据通常有如表 4-4 所示的三种情况。

表 4-4　标签的写入数据

写入数据	释义	选择	写入人	备注
UID 代码	标签身份代码	必选	标签制造商	出厂固化，不可擦写
ID 代码	标签对象身份代码	必选	用户	可以根据用户需要设置写入
附加信息	标签对象身份代码以外的数据	可选	用户	可以根据用户需要设置擦写

1. Date-on-Network 和 Date-on-Tag

数据的写入与应用有 Date-on-Network 和 Date-on-Tag 两种模式。

通常，实施 RFID 系统的用户都具备相当的信息化基础，在越来越强大的数据库支持下，所有的信息都存储在容量巨大且性能优越的数据库中，而标签中只存放标识对象的 ID 代码——这就是 Date-on-Network 模式。在 Date-on-Network 模式下，只要有了 ID 代码，通过 RFID 中间件存储相关数据则相当容易；而且数据采集界面的数据流量变小，则识别速度与可靠性将会呈几何级数提高，反之亦然，这也是我们提倡仅写入 ID 的重要原因。

标签供应商总是以大容量的标签性能吸引客户，在数据库支持不好且数据交换不足时，可以由 RFID 标签携带信息而弥补。但是标签主要作为一个动态数据采集与实时跟踪的符号，而不应该作为大量数据的传输载体。从技术、价格、安全、稳定、高效等各方面综合考量，除非特别需要，标签不应承载过多的信息。也就是说标签写入的数据并不是越多越好，而是应该本着简洁原则，以数据库信息的充分利用为前提，满足用户使用。

2. UID 码

UID 码是 RFID 标签的产品型号及序列号等标签自身属性数据，是标签身份代码。在标签出厂检验时，由标签制造商写入。UID 码与标识对象无关，UID 码不需要用户参与写入，但由于其代码是唯一的，用户可将其应用于系统的防伪和防盗码功能。

3. ID 码

ID 代码标识对象身份代码。在 RFID 系统中，标识对象的 ID 码是必须写入的基本数据，ID 代码按第 4 章的有关编码规则编制。

4. 附加信息

附加信息就是标识对象 ID 码以外的数据。

1）非开放性式 RFID 系统

所有非开放式 RFID 系统，都可以由用户根据自身的需求决定写入附加信息，如高速公路收费系统的收费地点、公里数、收费金额等数据的实时写入；又如，制造过程中控制系统的工作人员数据、在制品工艺数据、质量检测数据、生产管理数据。等等。建议非开放式 RFID 系统的用户协同标签供应商、系统开发商以及业务流程管理者共同为数据写入制定内部使用的编码方案。

2）开放式 RFID 系统

对于开放式的 RFID 系统附加信息的数据写入，业内一直颇有争议。

一方面，高存储容量是 RFID 标签的优势之一，许多 RFID 标签供应商也将标签储存容量列为产品优质的重要因素，根据标签供应商产品种类的不同，可提供不同储存容量的 RFID 标签；有关文献也提到了 EPC 的 RFID 标签可以遵照现有条码标准的规定，写入与应用标识符相关的附加信息，这些信息可以有效反映产品生产、供应与贸易、零售等全部供应链跟踪的相关数据，甚至更有的主张加入一些物流，仓储配送运输、批发分销、诸如产品存储库存储号，当前位置，状态，售价，批号等信息，以便能使 RFID 标签在数据库支持不好，交换不足时读取数据，不参照数据库也可以直接得到标识对象的相关信息，更好地运用于脱机工作的单个识读器数据采集终端——这就是所谓的 Data-on-Tag 模式。

但是另一方面，应用标识符之后的附加信息是贸易单元 ID 的附属代码，必须跟随贸易单元 ID 一起使用，而不能单独使用。附加信息在 SGTN 中的数据格式是怎样的？应用标识符在 SGTN-96，SGTN-198 格式里的位置应该怎样确定？实现条码标准的应用标识符如何向 EPC 标准转换？到目前为止没有相关标准的具体规定，因此无法确定附加信息在开放式 RFID 系统中的统一编码方法。

4.4.3 在哪个环节写入

在哪个环节给 RFID 标签写入数据？从有效利用 RFID 数据的角度出发，数据的写入应该是越早越好。一般来说，在标签前写入数据的情况居多，但具体确定哪个环节，还要针对用户的业务流程及 RFID 系统应用集成度的实际情况决定。

1．在初始化时一次性写入

如果确定采用内置式标签，那么可以委托标签制造商一次性写入标识对象的相关数据，这样可以降低标签操作成本。

2．在业务流程多个不同的环节多次写入

在实际使用中，你也许需要在业务流程多个不同的环节多次写入，以较为复杂的制造业应用为例，当根据确定 RFID 系统应用集成度之后，实际上已经基本确定了标签数据写入的具体环节。

- 应用集成度 1——单纯“贴一运”：委托他人写入或在发货前写入数据并标签。
- 应用集成度 2——“贴一检一运”：三结合：在出货前写入数据并标签。
- 应用集成度 3——WMS 贴标：在检货后写入数据并标签。
- 应用集成度 4——自动贴标在产品制造下线时自动写入或离线批次写入或入库前写入。
- 应用集成度 5——集成贴标：在生产计划下达时从物料开始全面写入。

4.4.4 怎样写入

如果选择了如以上所述的供应链 RFID 的应用，则大多数都选用智能标签，一次性大批量写入数据，打印标签，然后再贴到标识对象上。

在“标物分离”的初始状态，从供应商那里买来的空白智能标签，一般是卷成一盘一盘成卷存放，因此也被称为卷标，在这样的空白标签上写入数据，一般都选用智能标签打印机。

如果标签已经贴在标签对象之上， RFID 嵌体直接嵌入标识对象或其商品标签中，在这种“签物不分离”状态下，标签是跟标识对象在一起，此时就只能采用读写器写入数据，这种情况一般是应用过程中的实时数据写入，那么读写器应用配置在相应的流程控制点或数据采集点上。

4.4.5 智能标签打印机

适用于智能标签的数据写入与条码可视化标签打印的 RFID 标签打印机被称为智能标签打印机。智能标签打印机是集数据的读出、写入和打印功能为一体的 RFID 标签专用设备。智能标签打印机也可以说是一台带有近场 RFID 读写器的条码打印机，其工作流程控制如图 4-37 所示。

（1）①为应用系统（ERP/WMS/MES 等）发出写入、打印等指令，同时下载所需要的相关数据给智能标签打印机的端口控制器。

（2）②为智能标签打印机的端口控制器传导应用系统的打印指令。

（3）③为智能标签打印机首先发出打印预备指令，指示读写器（编码器）去读取卷标上的智能标签。

（4）④为读写器（编码器）执行读命令，进行标签完好性检验。

（5）⑤为如果发现智能标签存缺陷，则发出跳过指令，在标签上打印记号，并向应用系统发挥信息，记录在案。

（6）⑥为如果未发现智能标签存缺陷，则确认标签完好，发出写入指令，将从应用系统下载的相关数据写入当前智能标签。

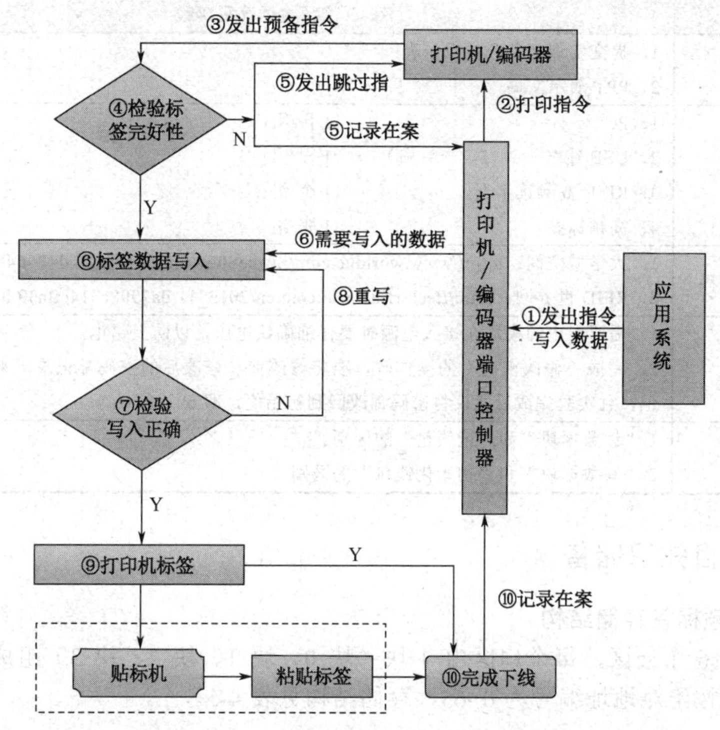

图 4-37　智能标签打印机工作流程控制

（7）⑦为检验写入正确性。

（8）⑧为如果发现写入不正确，则返回重新写入数据。

（9）⑨为如果未发现不正确，则打印标签。

（10）⑩为完成整个写入、打印工作流程，下线并将该标签操作记录返回应用系统，转入写一个标签的操作循环。

4.5　实训项目

4.5.1　实训项目任务单

见 RFID 高频数据读写实践项目任务单

RFID 高频数据读写实践项目任务单

任务名称	RFID 高频数据读写实践
任务要求	RFID 读写器的使用，利用 RFID Demo 程序对各种标签进行读写操作，分析相关数据
任务内容	1．了解 RFID 中高频相关知识； 2．掌握如何对卡进行更改密码、钱包初始化、钱包充值、钱包扣款、读/写块等操作； 3．完成实训任务分析报告表； 4．分析与汇报

续表

任务名称	RFID 高频数据读写实践
提交资料	1．提交实训任务分析报告表； 2．PPT 演示文稿
实验设备	1．PC　　1 台/组； 2．USB 线（一头方，一头扁）　　1 根/组； 3．RFID 高频读卡器　　1 个/组； 4．高频标签　　1 张/组
相关网站资料	1．大学城空间：http://www.worlduc.com/SpaceShow/Index.aspx?uid=256484 2．RFID 世界网：http://tech.rfidworld.com.cn/2013_11/da7998c314cffa39.html
注意事项	1．需要上电的模块在接入电源时要仔细确认电压，以防上错电。 2．完成“修改密码”的操作时，要将修改前和修改后的密码都记录下来，以免忘记，且实验完成后建议将密码都改回到初始值，即 6 个 F
思考问题	1.“读数据块”和“读钱包”的区别。 2.“写数据块”和“初始化钱包”的区别

4.5.2　实践项目知识储备

1．RFID 高频标签存储结构

S50 卡分为 16 个扇区，每个扇区由 4 块（块 0、块 1、块 2、块 3）组成，我们也将 16 个扇区的 64 个块按绝对地址编号为 0~63，存储结构见表 4-5。

表 4-5　RFID 高频标签存储结构

扇区	块	内容	绝对地址
扇区 0	块 0	制造商占用该块	数据块　0
	块 1		数据块　1
	块 2		数据块　2
	块 3	密码 A　存取控制　密码 B	控制块　3
扇区 1	块 0		数据块　4
	块 1		数据块　5
	块 2		数据块　6
	块 3	密码 A　存取控制　密码 B	控制块　7
		⋮	
扇区 15	块 0		数据块　60
	块 1		数据块　61
	块 2		数据块　62
	块 3	密码 A　存取控制　密码 B	控制块　63

说明：

- 第 0 扇区的块 0（即绝对地址 0 块），它用于存放厂商代码，已经固化，不可更改。
- 每个扇区的块 0、块 1、块 2 为数据块，可用于存储数据。
- 每个扇区的块 3 为控制块，包括了密码 A、存取控制、密码 B，对该数据块操作要谨慎。

通信原理。命令由读写器发出，根据相应区读写条件受数字控制单元的控制。如图 4-38 所示。

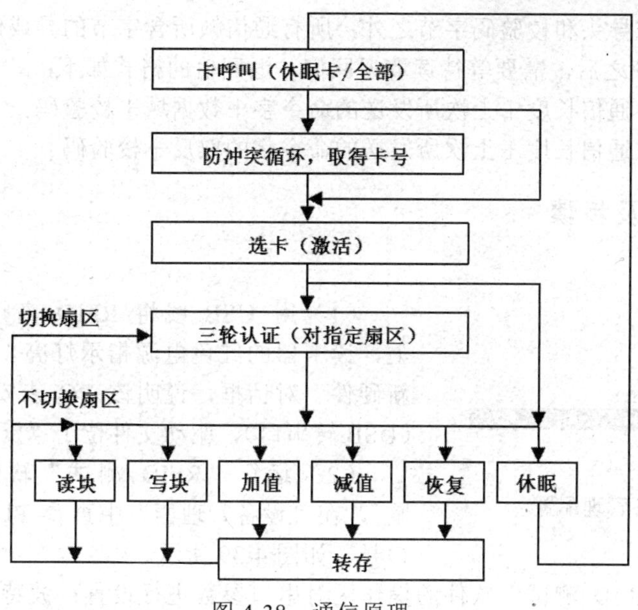

图 4-38 通信原理

2．RFID 高频模块通信协议

该实验平台配备的 RFID 高频模块设有 UART 通信接口，波特率默认为 19200，1 位起始位，8 位数据位，1 位停止位。UART 工作在半双工方式，即模块接收指令后才会做出应答。

通信命令格式如下：

前导头	通信长度	命令字	数据域	校验码

前导头：0xAABB，共两个字节，若数据域中也包含 0xAA，那么模块会自动在它后面插入一个字节数据 0，但是通信长度的值不变。

通信长度：去掉前导头之外的通讯帧所有字节数（含通信长度字节本身）。

命令字：各种用户可用命令见表 4-6。

表 4-6 RFID 高频模块指令系统

命令解析	数据长度	命令字	指令说明
读卡的类型	2	0x19	正确返回数据域为 2 字节的帧 S50 卡：0x400 S70 卡：0x200；其他类型参考手册
读卡	2	0x20	正确返回数据域为 4 字节的卡序列号
读数据块	0x0A	0x21	正确返回数据域为 16 字节的块内容 发送：1 字节密钥标志+1 字节块号＋6 字节密钥
写数据块	0x1A	0x22	正确返回数据域为空的帧 发送：1 字节密钥标志+1 字节块号＋6 字节密钥＋16 字节数据
初始化钱包	0x0E	0x23	正确返回数据域为空的帧 发送：1 字节密钥标志+1 字节块号＋6 字节密钥＋4 字节钱包初始化值
读钱包	0x0A	0x24	正确返回数据域为 4 字节的钱包值 发送：1 字节密钥标志+1 字节块号＋6 字节密钥
给钱包充值	0x0E	0x25	正确返回数据域为空的帧 发送：1 字节密钥标志+1 字节块号＋6 字节密钥＋4 字节钱包增加值
钱包扣款	0x0E	0x26	正确返回数据域为空的帧 发送：1 字节密钥标志+1 字节块号＋6 字节密钥＋4 字节钱包需扣款值

说明：钱包操作涉及的值都是低字节在前，值为四字节有符号数；密钥标志设为 0。

校验码：去掉前导头和校验码字节之外，所有通信帧所含字节的异或值。

CPU 发送命令帧之后，需要等待读取返回值，返回值的格式如下：

正确：前导头＋通信长度＋上次所发送的命令字＋数据域＋校验码

错误：前导头＋通信长度＋上次所发送的命令字的取反＋校验码

4.5.3 实践内容及步骤

1. 读卡器连接

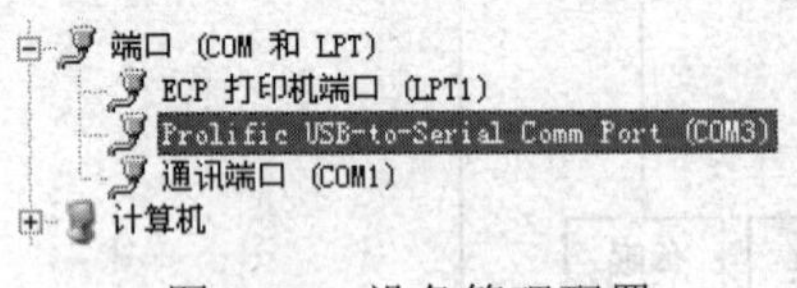

图 4-39 设备管理配置

（1）用 USB 线将 RFID 高频读卡器连接到 PC 上，读卡器的红色电源指示灯亮。若 PC 弹出“发现新硬件”对话框，说明该 PC 未安装过 PL2303 驱动（USB 转串口），驱动文件位于“资料/usb_driver.rar”。

（2）运行“RFID 测试”软件，右击“我的电脑”，在“设备管理器”中查看 PL2303 驱动对应的串口号，如图 4-39 所示。

（3）然后在“RFID 测试”软件的操作区对串口参数进行设置：波特率—19200、数据位—8 位、停止位—1、奇偶校验—无，并打开串口。

2. 读卡（标签）类型

（1）将一张高频标签放到 RFID 高频读卡器上面，绿色信号指示灯亮。打开“RFID 测试”软件的“RFID”界面，单击“读卡类型”命令，执行结果如图 4-40 所示。

（2）根据 RFID 高频模块通信协议和指令系统可知，在“发送区”的数据串中，“AA BB”为前导头，“02”为通信长度，“19”为命令字（读卡的类型），“1B”为“02 19 1B”这 3 个字节的校验码。

（3）在“接收区”中收到的数据串中“AA BB”为前导头，“04”为通信长度，“19”为命令字（与“发送区”中的命令字相同，说明刚才的指令执行成功），“04 00”为数字域，即 S50 卡的编号，“19”为“04 19 04 00”这 4 个字节的校验码。

3. 读卡序列号

单击“读卡类型”命令，执行结果如图 4-41 所示。该卡的序列号为“39 3D 39 48”。

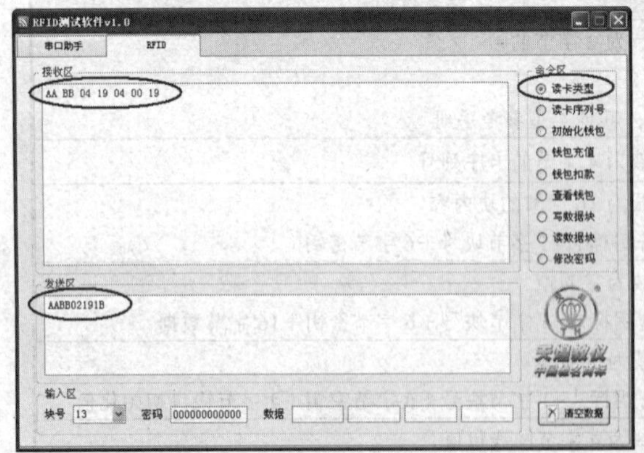

图 4-40 软件的“RFID”界面

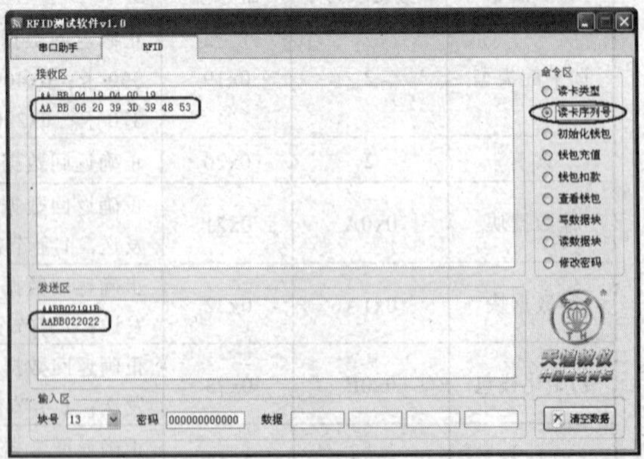

图 4-41 读卡序列号

4. 初始化钱包

（1）在“输入区”选择块 8 作为“钱包”（除了进行修改密码操作以外不要选择控制块），“密码”设为 6 个字节的 0xFF，数据编辑框输入 100，然后发送“初始化钱包”命令，如图 4-42 所示。

（2）单击“查看钱包”命令，返回的数据为“64 00 00 00”。钱包操作涉及的值是低字节在前，因此返回的数据转换成十进制数为 100，说明钱包初始化成功。如图 4-43 所示。

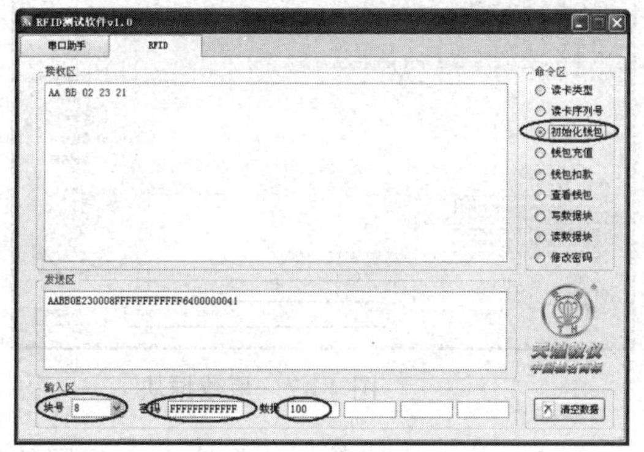

图 4-42　初始化钱包

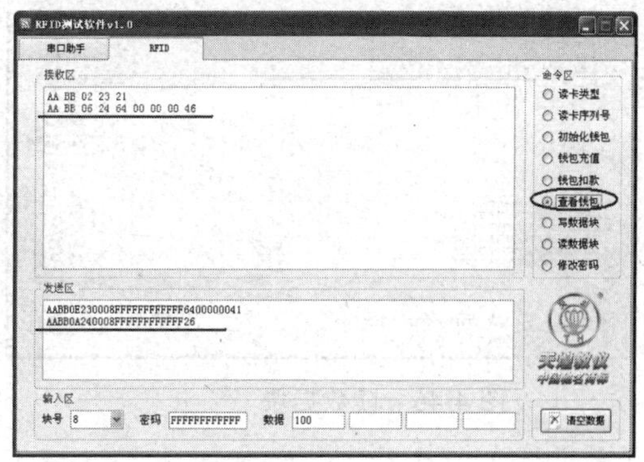

图 4-43　查看钱包

5．钱包充值

（1）在“输入区”的“数据”第 1 个编辑框中输入“300”，然后单击“钱包充值”命令。

（2）单击“查看钱包”命令，返回的数据为“90 01 00 00”，转换成十进制数为 400，说明钱包充值成功。如图 4-44 所示。

6．钱包扣款

（1）在“输入区”的“数据”第 1 个编辑框中输入“50”，然后点击“钱包扣款”命令。如图 4-45 所示。

（2）单击“查看钱包”命令，返回的数据为“5E 01 00 00”，转换成十进制数为 350，说明钱包扣款成功。

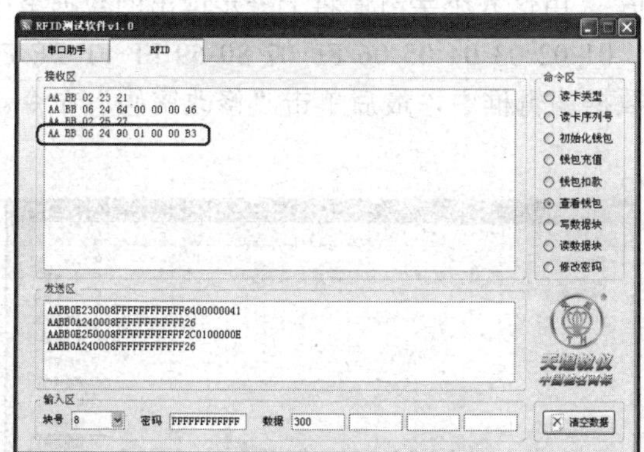

图 4-44　钱包充值

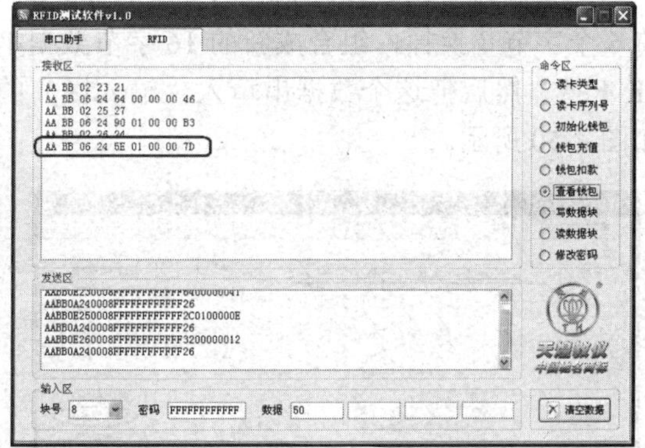

图 4-45　钱包扣款

7．读数据块

“输入区”的块号不变，“密码”不变，单击“读数据块”命令，返回的数据为“5E 01 00 00 A1 FE FF FF 5E 01 00 00 00 FF 00 FF”，共 16 个字节。如图 4-46 所示。

8．写数据块

（1）“输入区”的块号不变，“密码”不变，“数据”段的 4 个编辑框中输入 0，然后单击

“写数据块”命令。如图 4-47 所示。

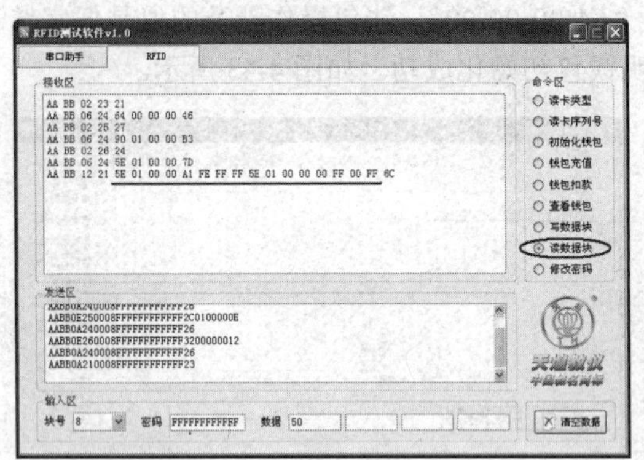

图 4-46　读数据块

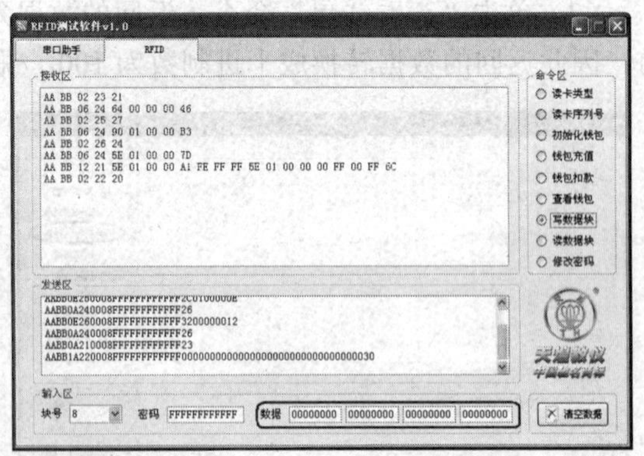

图 4-47　写数据块

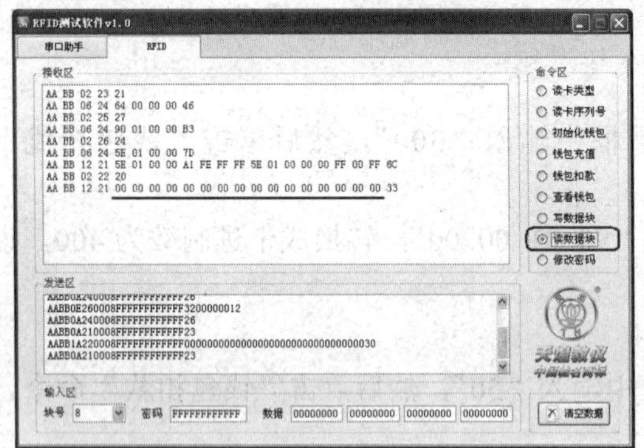

图 4-48　读数据块

（2）单击“读数据块”命令，返回的数据为 0，说明数据写操作成功。如图 4-48 所示。

9. 修改密码

S50 卡的存储空间是通过扇区进行管理的，密码存放在每个扇区的控制块。因此我们修改密码是相对扇区而言，不是针对某个块。

（1）在“输入区”中选择扇区的控制块块号。块号 8 所在的扇区编号为 2，因此该扇区的控制块块号为 11。密码为默认的 6 个字节 FF。单击“读数据块”命令，如图 4-49 所示：

（2）假设密码要修改为“01 02 03 04 05 06”，用这 6 个字节值将上一步读出的数据串中前 6 个字节替换掉，组合成新的 16 字节数据串“01 02 03 04 05 06 FF 07 80 69 FF FF FF FF FF FF”。然后把这个数据串填入“输入区”的数据编辑框中，最后单击“修改密码”命令。如图 4-50 所示。

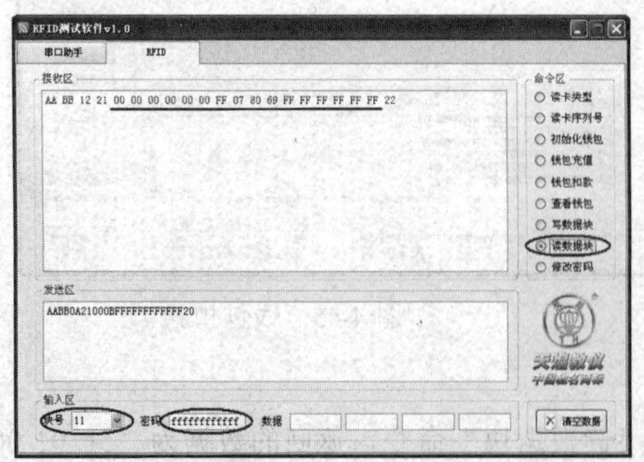

图 4-49　修改密码

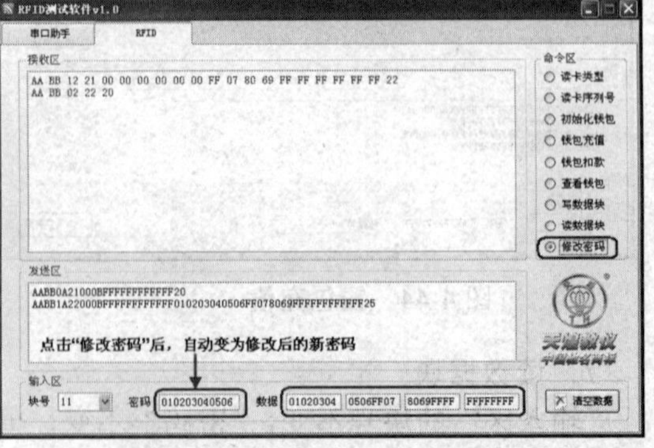

图 4-50　修改密码

（3）在“输入区”中选择块 8，密码改为旧密码“FF FF FF FF FF FF”，然后单击“读数据块”命令，如图 4-51 所示。模块返回的数据为“AA BB 02 DE DC”，命令字变为 0xDE，即“读数据块”命令（0x21）的反码，说明用以前旧的密码进行读数据块操作失败。

（4）将“输入区”中密码改为新密码“01 02 03 04 05 06”，然后再单击“读数据块”命令，如图 4-52 所示。数据块 8 的 16 个字节数据被读取出来，说明用新的密码进行读数据块操作成功。

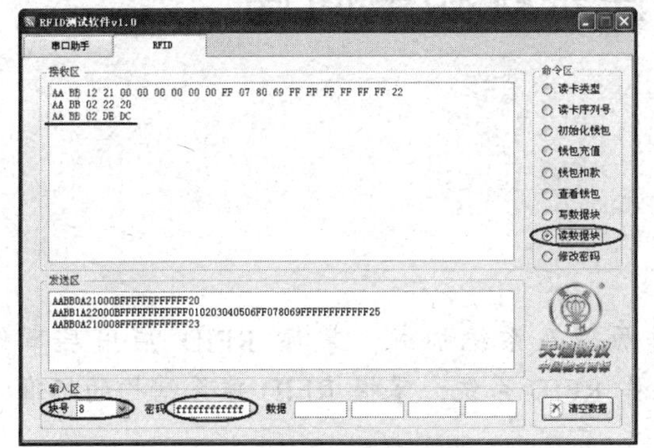

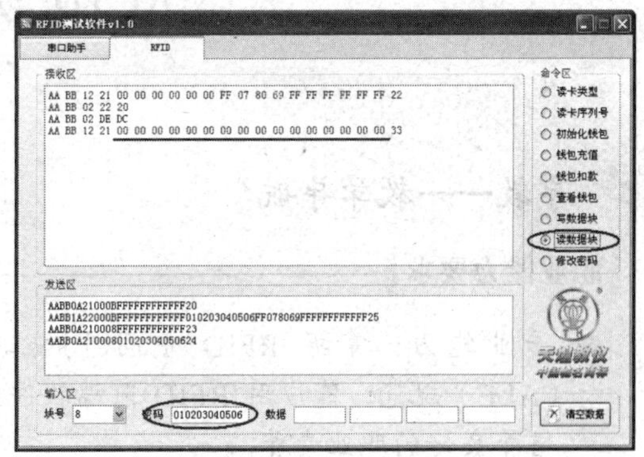

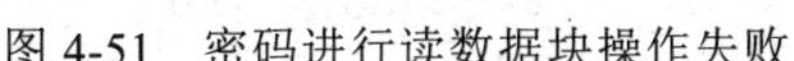

图 4-51　密码进行读数据块操作失败　　　　图 4-52　密码进行读数据块操作成功

4.6　习题

一、填空题

1．RFID 是利用______来传送识别信息的，不受空间限制，可快速地进行物体追踪和数据交换。

2．RFID 读写原理主要有两种，即标签天线耦合的通信方式，是______耦合（或______原理）和______耦合（或______原理）。

3．______能阻碍电磁波的传输，而______能吸收电磁波。

4．RFID 编码主要有______、______、______、______等。

5．RFID 调制的主要方法有______、______、______等。

6．RFID 数据的校验方式有______、______、______等。

二、简答题

1．简述 RFID 系统的硬件构成。

2．简述 RFID 电感耦合与电磁耦合的主要区别。

3．简述声表面波电子标签的识别原理。

4．简述电磁反向散射系统。

第 5 章 RFID 软件系统和中间件

导教——教学导航

职业能力要求

■ 专业能力：掌握 RFID 中间件的工作原理及系统构成；掌握 RFID 应用层事件（ALE）规范；能应用 RFID 前端软件操作 RFID 系统；掌握 RFID 体系结构的标准；培养良好的职业素养。

■ 社会能力：具备良好的团队协作和沟通交流能力。

■ 方法能力：具备良好的分析问题、解决问题的能力。

学习目标

■ 掌握 RFID 软件系统的组成，RFID 前、后端软件的功能作用；

■ 掌握 RFID 中间件的网络框架、中间件系统实现原理及 ALE 应用层事件规范；

■ 掌握 RFID 中间件产品的类型及各中间件产品的解决方案。

学习任务

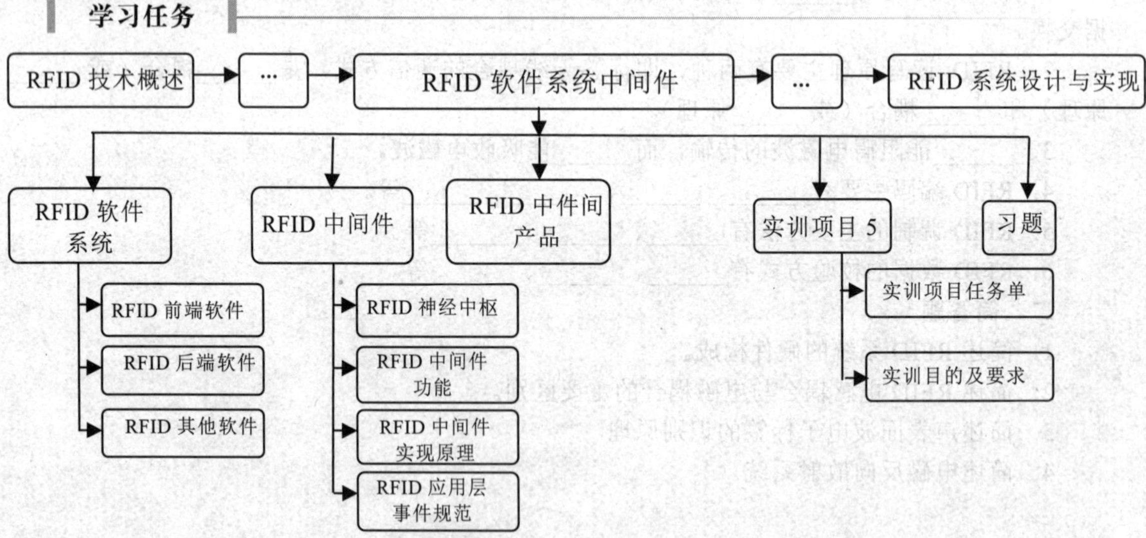

导读 5-1 远望谷与 IBM 联手开发 RFID 中间件适配层软件

为使 RFID 硬件和应用系统之间的互动更为顺畅，中国最有实力的 RFID 上市公司远望谷与全球最大的信息工业跨国公司、硬件公司、信息技术服务及信息技术租赁和融资公司 IBM 强强联手，共同合作开发了 RFID（射频识别）中间件适配层软件，本次合作成功实现了远望谷 RFID 系统与 IBM 系统在技术上的无缝对接，同时对 RFID 技术在各个领域的推广有着深远影响。该软件在 IBM 中国创新中心实验室顺利通过测试，测试结果得到了 IBM 美国公司的认证。认证通过后，远望谷公司的读写器将会添加到 IBM RFID 中间件官方支持列表，这意味着使用 IBM 企业级软件平台的用户通过 IBM RFID 中间件可直接使用远望谷公司的 RFID 产品。

IBM 与远望谷此次合作开发 RFID 新产品绝非偶然。远望谷公司在中国 RFID 业界处于领军地位，有着广泛的影响力和专业的技术力量，而 IBM 更是在全球有着巨大的号召力和高效的技术团体。为了解决 RFID 硬件和应用系统之间的衔接问题，两公司商榷已久，正式合作研究并最终研发合作成功。IDTechEx 预期 2017 年仅仅是美国市场的 RFID 业务额就将上升到 278.8 亿美元。现阶段中、美 RFID 市场都非常广阔，市场潜在价值无可限量。

远望谷和 IBM 作为中国 RFID 产业和全球信息领域的两大领军企业，它们的战略合作对推动世界 RFID 产业发展具有重要意义。此次双方秉着合作双赢、共谋发展的精神联手开发了 RFID 中间件适配层软件，必将在 RFID 中间件领域产生积极深远的影响，为 RFID 产业在各行业的推广开辟新的篇章。

（资料来源：http://sec.chinabyte.com/35/11378535.shtml）

【分析与讨论】

（1）什么是 RFID 中间件，简述 RFID 中间件的主要功能。

（2）请分析远望谷与 IBM 联手开发 RFID 中间件适配层软件的意义在哪里？

5.1 RFID 软件系统

RFID 软件系统可以分成如下 3 类（如图5-1所示）。

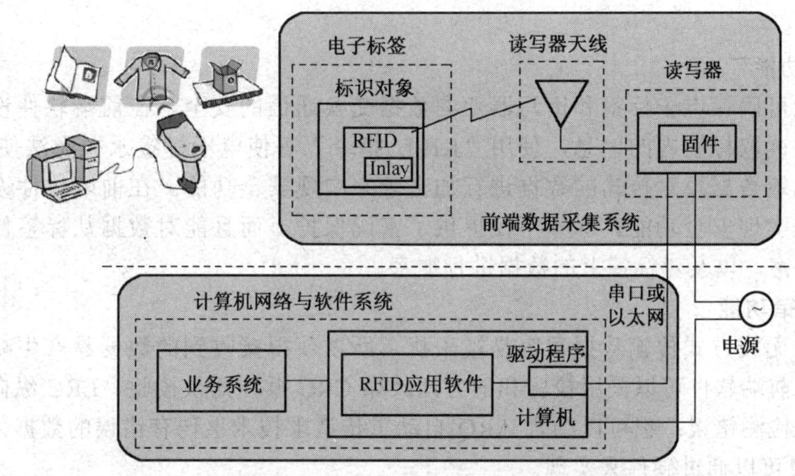

图 5-1 RFID 软件系统的构成

1. 前端数据采集系统

前端数据采集系统也称前端软件，主要包括设备供应商提供的系统演示软件、驱动软件、接口软件、集成商或者客户自身开发的 RFID 前端操作软件等。

2．计算机网络与软件系统（后端软件）

计算机网络与软件系统由 RFID 数据传输系统（业务系统）及应用软件系统构成，其中应用软件系统也称后端软件，包含处理这些采集信息的后台应用软件和管理信息系统软件。

3．中间件软件及其他软件

中间件软件是为实现采集信息在后台传递与分发而开发的，其他软件包括 RFID 系统开发平台或者为模拟其系统性能而开发的仿真软件等。

5.1.1 RFID 系统的前端软件

集成商或者用户自身开发的 RFID 前端操作软件主要提供给 RFID 设备操作人使用，如手持读写设备使用的 RFID 识别系统、超市收银台使用的结算系统和门禁系统使用的监控软件等，此外还应包括将 RFID 读写器采集到的信息向软件系统传送的接口软件。

前端软件最重要的功能是保障电子标签和读写器之间的正常通信，并通过驱动硬件设备的运行和接受高层后端软件的控制来处理和管理电子标签和读写器之间的数据通信。前端软件完成的基本功能介绍如下。

1．读/写功能

读功能就是从电子标签中读取数据。根据读写器的指令，电子标签查询其内部存储器的数据，将数据发送给读写器，读写器再将数据发送给后端软件，这样便完成了整个读功能。

写功能就是将数据写入电子标签。读写器首先将后端软件需要写入的数据发送给电子标签，电子标签再将数据存入内部存储器。这个中间涉及编码和调制技术的使用，如采用 FSK 还是 ASK 方式发送数据。

2．防碰撞功能

很多时候不可避免地会有多个电子标签同时进入读写器的读取区域，要求同时识别和传输数据时，就需要前端软件具有防碰撞功能。例如，超市的多个物品堆积时，由于它们相互干扰会造成读写器的识别率降低，而防碰撞就可以解决这个问题。具有防碰撞功能的 RFID 系统可以同时识别进入识别范围内的所有电子标签，其并行工作方式可大大提高 RFID 系统的工作效率。

3．安全功能

安全功能可确保电子标签和读写器双向数据交换通信的安全。在前端软件设计中，可以利用密码限制读取标签内的信息，使用“KILL 指令”等使电子标签永久无法使用，读/写一定范围内的标签数据及对传输的数据进行加密等来实现安全功能。在前端软件设计中，也可以结合硬件来实现安全功能。标签不仅提供了密码保护，而且能对数据从标签传输到读写器的过程进行加密，以及对标签上的数据进行加密。

4．检/纠错功能

由于使用无线方式传输数据很容易被干扰，所以使得接收到的数据易产生畸变，从而导致传输出错。前端软件可以采用校验和的方法，如 CRC 循环冗余校验、LRC 纵向冗余校验、奇偶校验等来检测错误；也可以结合 ARQ 自动重传请求技术重传有错误的数据来纠正错误。检/纠错功能也可以通过硬件来实现。

5.1.2 RFID 系统的后端软件

RFID 系统的前端软件（前台软件）和中间件的主要作用是对数据进行收集和整理，最终对数据进行记录，而实现企业管理功能的是其后端软件（后台软件或应用软件）。由于信息是为生产决策服务的，所以 RFID 系统所采集的信息最终要向后端软件传送，后端软件系统需要具备相应的处理 RFID 数据的功能。后端软件的具体数据处理功能和结构需要根据客户的具体需求和决策的支持度来进行设计。

就目前的应用而言，RFID 系统的后端软件既有针对高端市场的，也有为中、小企业开发的。它大致可以分成两类，用于实现最基本记录分析功能的软件和企业资源规划应用中的应用软件。前者的主要应用有门禁管理软件、小区停车管理软件等，由于其功能较少，成本较低，所以很多都作为硬件设备的附赠品提供给公司用户使用。后者主要用在企业资源计划（Enterprise Resource Planning，ERP）系统的概念软件上，外加了 RFID 功能或进行了一些改造后的 ERP 软件，因此其价格很难固定，主要取决于企业的规模和软件模块的数量。

采用 RFID 技术的后端管理软件大致可以分为以下 3 种情况。

（1）采用 RFID 技术之前，企业或公司内部都有自己的管理软件系统，这些系统的数据可能是手工输入或者通过条形码识别系统输入的。如果该程序的数据接口定义良好，则 RFID 中间件的设计将会非常简单，这样数据对于后端软件将会变得透明。

（2）如果后端管理软件的接口定义得不够完美，则需要重新修改才能接受 RFID 中间件提供的规格化数据。

（3）大多数情况下，RFID 的数据模式在过去的企业系统中尚未有过，因此需要重新开发或购买。

后端管理软件由中心数据服务器和管理终端组成，是系统的数据中心，它负责与读写器通信，将读写器经过中间件转换之后的数据插入后台业务仓库管理系统的数据库中，对电子标签管理信息、电子标签和采集的电子标签信息集中进行存储和处理。一般来说，后端管理软件需要完成以下功能。

（1）RFID 系统管理：系统设置及系统用户信息和权限的设置。

（2）电子标签管理：在数据库中管理电子标签序列号和每个物品对应的序号和产品名称、型号规格、芯片内记录的详细信息等，完成数据库内所有电子标签的信息更新。

（3）数据分析和储存：对整个系统内的数据进行统计分析，生成相关报表，并对采集到的数据进行存储和管理。

5.1.3　RFID 系统的其他软件

RFID 系统的其他软件包括开发平台、测试软件、评估软件、演示软件或者为模拟性能而开发的仿真软件等。在 RFID 设备供应商向用户提供的演示软件中，包括需要连接设备和不需要连接设备两种情况。需要连接设备的演示系统必须将 RFID 系统设备和计算机系统（软件）相连才能启动演示软件基本界面，而不需要连接设备的软件系统则可以脱机启动，但此时无法演示设备运行情况。由于 RFID 系统是一个非常复杂的电磁系统，对其性能测试涉及很多方面（电磁的、环境的和空间的等），所以有必要建立一个 RFID 仿真环境来对其基本运行规律进行仿真。

在 RFID 仿真系统中，应该能够设定仿真环境参数，其主要参数包括仿真时间和仿真系统频率等。此外，还应该能够仿真不同标签运动方向和速度下的系统运行情况，设定投入仿真的标签组数、每组的标签个数及标签通过电磁场（读写区域）的方向等参数。RFID 仿真系统的设计必须保证仿真结果能够最大限度地模拟 RFID 系统的实际工作情况。

在 RFID 系统的规划、设计、运行、分析及改造的各个阶段，仿真技术都可以发挥重要作用。随着 RFID 系统规模的日益庞大，结构日益复杂，仅仅依靠人的经验及传统的技术已难以满足越来越高的要求。基于现代计算机及其网络的 RFID 仿真软件，不仅能提高效率，缩短研究开发周期，减少训练时间，而且不受环境及气候限制，对保证安全、节约开支、提高质量等具有突出功效。

同时，由于 RFID 仿真技术的使用建立在实验性的概念上，当一个企业决定使用 RFID 技术时，往往由于时间和资金的限制，没有办法承受失败所带来的风险，所以可以通过仿真软件来减少失败的风险。通过计算机虚拟实际的情况，RFID 实施方和决策者可以知道概念或设计的可行性，从而做出明智的决定。

目前已有一些开放源代码的软件可以提供 RFID 仿真功能，如 Rifidi 模拟软件，它可以提供一个 RFID 测试的平台。研究和开发人员可以使用 Rifidi 模拟 RFID 读写器，然后可以像控制真实的读写器一样控制它们。Rifidi 使得开发者可以在没有 RFID 硬件的情况下设计和开发出复杂的 RFID 应用程序。过去，RFID 技术的封闭性使得没有昂贵且复杂的硬件就难以完成设计和开发，而 Rifidi 的目标就是让 RFID 的研发人员专注于 RFID 技术本身。

Rifidi 可以创建读写器和电子标签，并提供了图形化的方式来控制它们。它还给出了创建一个 RFID 系统环境的配置，可以选择电子标签的数据类型（选择电子标签属于 Gen1 还是 Gen2），可以输入需要创建的电子标签的数量。其详细情况参见 http://www.rifidi.org/index.html。

5.2 RFID 中间件

5.2.1 RFID 技术的神经中枢——中间件

1. 什么是中间件

中间件（Middleware）是基础软件的一大类，属于可复用软件的范畴。顾名思义，中间件位于操作系统软件与用户的应用软件的中间，即中间件在操作系统、网络和数据库之上，应用软件之下，其总的作用是为应用软件提供运行与开发的环境，帮助用户灵活、高效地开发和集成复杂的应用软件。

2. 什么是 RFID 中间件

RFID 技术是企业可考虑引入的十大策略技术之一，而中间件（Middleware）可称为 RFID 运作的中枢，因此中间件的架构设计解决方案便成为 RFID 应用的一项极为重要的核心技术。

RFID 产业潜力无穷，应用的范围广，RFID 技术是其成功之关键，除了标签（Tag）的价格、天线的设计、波段的标准化、设备的认证之外，最重要的是应用软件（Killer Application）的设计与推广。中间件（Middleware）作为 RFID 运作的中枢，可以加速 RFID 技术关键应用的问世。

RFID 中间件是一种面向消息的中间件（Message-Oriented Middleware，MOM），信息（Information）是以消息（Message）的形式，从一个程序传送到另一个或多个程序中的。由于信息可以以异步（Asynchronous）的方式传送，所以传送者不必等待回应。面向消息的中间件不仅包括传递（Passing）信息的功能，还必须包含数据解码、数据安全性、数据广播、错误恢复、网络资源定位等服务。

RFID 中间件是用来加工和处理来自读写器的所有信息和事件流的软件，是连接读写器和企业应用的纽带。RFID 中间件构成示意图如图 5-2 所示。它要对标签数据进行过滤、分组和计数，以减少发往信息网络系统的数据量并防止错误识读、多读信息。

RFID 中间件扮演 RFID 标签和应用程序之间的中介角色，从应用程序端使用 RFID 中间件提供的一组通用的应用程序接口（API）即能连到 RFID 读写器上，从而读取 RFID 标签数据。这样一来，即使存储 RFID 标签情报的数据库软件或后端应用程序增加或改由其他软件取代，或者读写 RFID 读写器种类增加等情况发生，应用端不需修改也能处理，从而省去了多对多连接的维护复杂性问题。

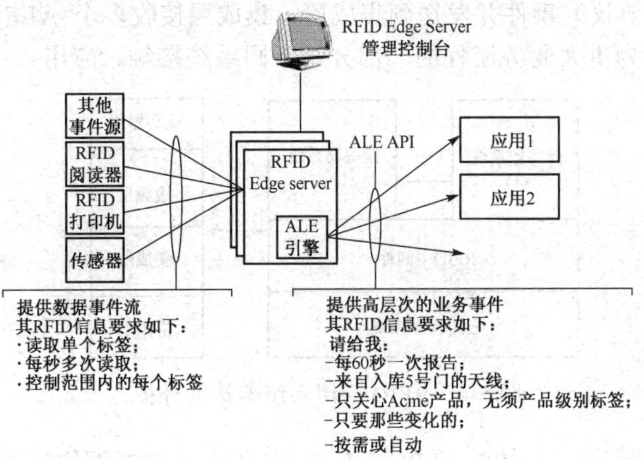

图 5-2　RFID 中间件构成示意图

3．为什么要使用 RFID 中间件

1）如何将现有的系统与新的 RFID Reader 连接起来

这个问题的本质是用户应用系统与硬件接口的问题。在 RFID 应用中，通透性是整个应用的关键，而正确抓取数据、确保数据读取的可靠性，如何有效地将数据传送到后端系统，如何将现有的系统与新的 RFID Reader 连接起来都是必须考虑的问题。

2）RFID 中间件与系统集成（如图 5-3 所示）

通过 RFID 中间件集成能解决：过滤和收集数据，去除读写器产生的冗余、错误的标签数据，并在生成报告时只上传关心的数据（分组统计的）；加强对 RFID 基础设施的管理，典型的企业级应用需要管理成百上千的读写器（可能是不同牌子的），RFID 中间件能对其进行配置管理，并实时监控读写器的状态。

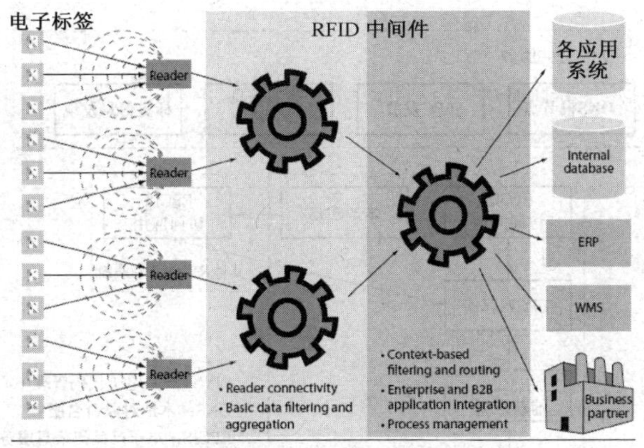

图 5-3　RFID 中间件与系统集成

5.2.2　RFID 网络框架及中间件的系统功能

1．RFID 网络框架

如图 5-4 所示，RFID 中间件在应用中位于应用程序系统之上，读写器系统之下。由于业务场景千变万化，所以 RFID 应用系统的架构也各不相同。但若要达到良好运用 RFID 数据信息的目的，其参考架构一般应采取图 5-9 中所示的四层结构形式，而 RFID 中间件的总架构就

是在 RFID 应用系统架构的中间两层，即边缘层和集成层（如图 5-9 中虚线所示）。边缘层通过边缘服务器定期轮询阅读器，以清除重复操作，并执行过滤和设备管理功能，同时产生 ALE（应用事件管理协议）事件并发送到集成层。集成层接收多个 ALE 事件，将它们合并到工作流中，工作流作为更大业务流程的一部分与不同系统接触、应用。

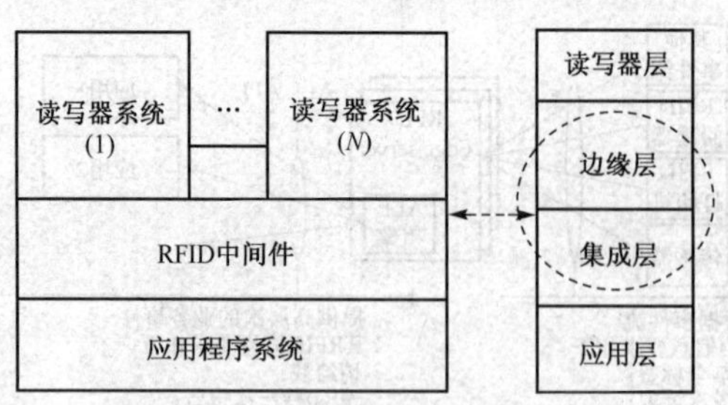

图 5-4　RFID 应用系统架构的分析

在全球产品电子代码管理中心（EPCglobal）定义的 RFID 网络框架中，包含了 RFID 标签、RFID 读写器、RFID 中间件、RFID 读写器管理、EPCIS 捕获应用、EPCIS 存储、EPCIS 访问应用、本地对象命名服务（ONS）等角色，以及 ONS 根节点、EPC 发放、标签信息转换模型、标签信息发现等公共服务。

如图 5-5 所示，RFID 中间件系统位于 EPCIS 捕获应用（如企业资源计划（ERP）系统等）和 RFID 读写器之间，它将根据 EPCIS 捕获应用设置的规则对从 RFID 读写器获取的标签信息进行过滤和聚合，并按照其指定的格式和方式上报。

2．RFID 中间件平台

RFID 中间件平台主要分为 3 个层次，自底向上依次为数据采集层、事件处理层、信息发布层。数据采集层（读写器标签等）负责采集粘贴在物品上的标签信息；事件处理层负责处理来自数据采集层的事件和数据；信息发布层负责处理来自事件处理层的抽象事件信息，对其进行存储、传送和发布等处理以服务用户。如图 5-6 所示为 RFID 中间件平台的层次结构。

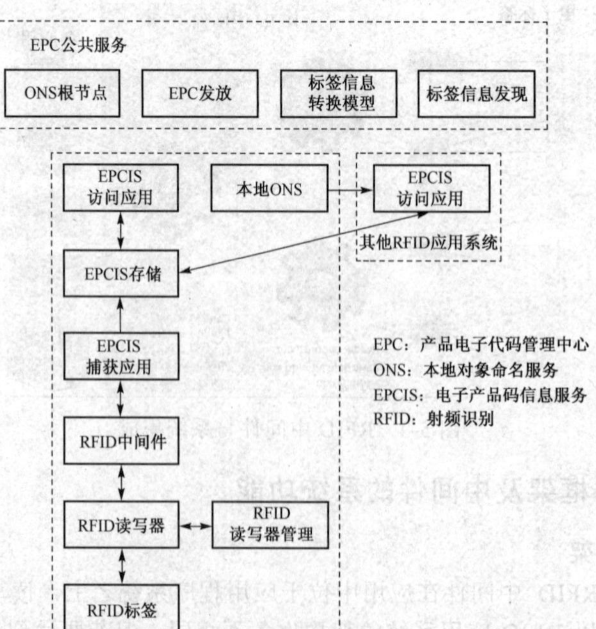

图 5-5　RFID 网络框架

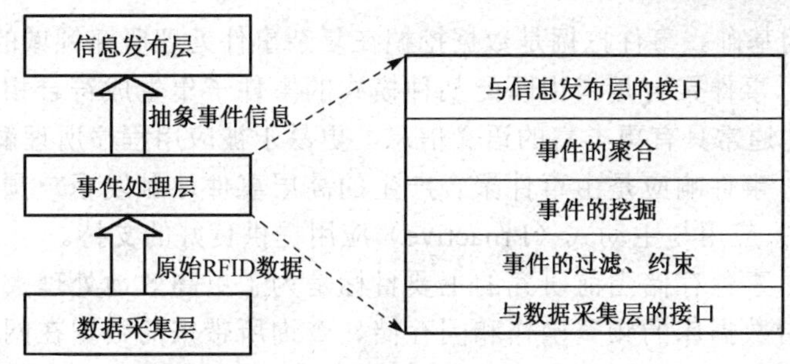

图 5-6 RFID 中间件平台的层次结构

1）数据采集层

数据采集层的设计目标是为整个系统提供精确的实时数据。整个系统的可用性、可靠性等都以此为基础。它主要包含阅读器的管理、大规模阅读器间的协调、异构阅读器网络的管理等功能。

2）事件处理层

事件处理层是 RFID 中间件平台的核心。RFID 事件处理以形式化方法、数据挖掘、神经网络、传感网络、复杂事件处理等理论为基础，针对原始数据规模大和原始数据包含的语义信息少两个问题，有效减少了数据冗余、压缩事件规模并为上层商业应用提供语义信息。如图 5-7 所示为 RFID 事件处理过程示意图。

RFID 事件处理的主要研究内容包括事件描述、事件过滤、事件挖掘、事件聚合、事件响应、事件存储等。

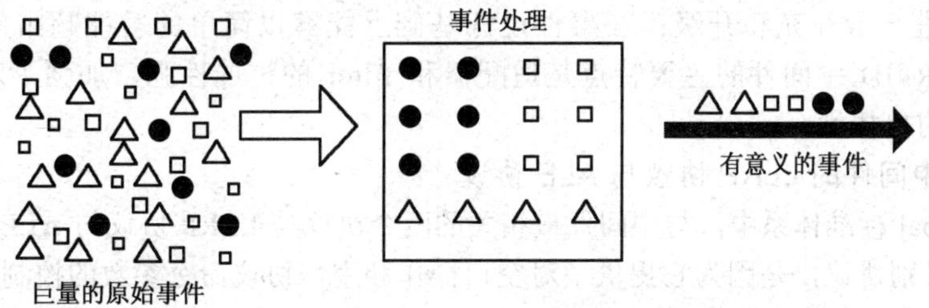

图 5-7 RFID 事件处理过程示意图

（1）事件描述。事件是“指示某种行为的信息”，包括系统产生的消息，系统状态的改变，任务的开始和结束等。事件在形式上类似于消息，如都包含数据，其不同之处在于事件直接指示某些行为的发生。事件根据角度不同有多种分类方法。根据事件语义的聚合程度不同，事件可以分为简单事件和复杂事件；从分层的角度划分，事件又可分为底层事件和高层事件，底层事件是系统产生的实际事件（Actual Event），高层事件是由用户自定义的，从低层事件映射而成的复杂事件（虚拟事件），复杂事件包含了更多的语义信息。从系统响应的角度来划分，事件可以分为常规事件、异常事件等。已有的事件处理模型主要包括 ECA（Event-Condition-Action），CEP（Complex Event Processing）Situation Manager 等。

（2）事件过滤。事件过滤是指在输入的巨量事件中发现有用的和重要的事件，过滤冗余的、无关的数据，其目标在于减少事件的数量。在 RFID 事件过滤方面，尚无成熟的过滤规则或标准可以遵循。Sun 和 SAP 定义了一些简单过滤规则，如 smooth、delta、bandpass 等。尽管商业逻辑不同，但过滤都可归结为一些特定操作，如分组、计数、冗余删除、区分等。

（3）事件挖掘。事件挖掘是指基于事件之间的时间、空间和因果关系及事件的属性信息，利用形式化的模式语言，实时地从大规模事件集合中提取模式的过程。这个过程所发现的模式是事件聚合的基础。事件挖掘是数据挖掘在复杂事件处理研究领域的延伸。

（4）事件聚合。事件聚合是指由匹配某种模式的事件子集生成符合相应输出模式的高层事件的过程。该事件通常具有更丰富的语义信息，更易于被应用程序所理解和使用。

（5）事件响应。事件响应是由事件聚合产生的高层事件，触发用户预设的动作或行为，为反应式（Reactive）应用与主动式（Proactive）应用提供良好的支持。

（6）事件存储。事件存储当前研究的主要目标是为了更高效地处理大批量事件数据，减少数据处理中对后台数据库的频繁操作和因存储、查询所带来的数据在网络中来回传输。其中，内存数据库的研究是当前热点，内存数据库采用不同的缓存策略，使得 RFID 系统在把数据提交到磁盘存储之前会将其写入 RAM 中去，其操作效率是传统操作效率的几百倍甚至几千倍。

3）信息发布层

从事件处理层传递来的 RFID 信息流，不同的应用对其有不同的计算需求，如它在物流领域用于定位与追踪，在安全领域用于身份识别，在终端客户领域用于物品防伪等。但是不同的应用都有信息存储、信息包的路由、信息发布、访问控制、安全认证等共性需求，这些共性需求可抽取出来作为支撑不同应用的基础设施。由这些基础设施就构成了整个信息发布层。

目前笔者所设计的 RFID 中间件已经初步具备了以上 3 个层次的功能：在数据采集层，编写的程序库能够支持符合 ISO、EPC 等标准的阅读器和标签，但是目前还不具备即插即用（Plug and Play）功能和阅读器自组网的功能；在事件处理层，能够根据标签的 ID 的相关范围来选择标签，对粘贴有标签的物品的进出事件做出判断和响应，但是过滤规则和事件的挖掘机制还有待于进一步补充和升级；在事件过滤基础上能够以简单的智能超市的形式来进行信息的发布。该 RFID 中间件的主要特点是适配器和 filter 的扩展性强，加强了对 RFID 事件的处理，有较好的鲁棒性。

3. RFID 中间件的 LLRP 协议与 ALE 协议

在 EPCglobal 标准体系中，与中间件最相关的两个协议是 LLRP 协议与 ALE 协议。LLRP 之所以被称为低级别协议，是因为它提供了对空口操作和空口协议命令参数的控制能力，提供更底层读写器操作的访问能力。ALE 协议是 EPCglobal 定义的 RFID 应用系统和 RFID 中间件之间的接口规范，通过 ALE 接口，从应用程序端与中间件之间有了一组 API 来进行数据通信。通常 RFID 中间件接口定义了一个相对稳定的高层应用环境，不管底层的计算机硬件和系统软件怎样更新换代，只要将中间件升级更新，并保持中间件 RFID 采集系统的接口定义不变，则应用软件几乎不需任何修改，由此保护了企业在应用软件开发和维护中的重大投资。同时，使用 RFID 中间件有助于减轻企业二次开发时的负担，使其升级现有软件系统时显得得心应手，同时能保证软件系统的相对稳定及对软件系统的功能扩展，简化了开发的复杂性等。

LLRP 协议是 EPCglobal 公布的第二代读写器协议，定义了 RFID 读写器和客户端之间的接口。与上一代的读写器协议相比，LLRP 协议更接近于读写器运行时所需的空口协议的细节，或者更明确地说，是对 EPCglobal Class1 Gen2 协议中读写器参数和控制参数的支持。LLRP 除了目前对 EPCglobal Class1 Gen2 的支持外，其架构也提供相应的扩展能力，可以方便地支持未来其他空气接口协议。

从 LLRP 接口的具体职责上来看，它主要包括如下职责：

（1）提供方法，用来操作 RFID 读写器进行清点、读、写等动作，以及执行其他相关协议中的命令，如杀死标签、加锁等；

（2）在对标签进行操作时，获得健壮性报告和进行错误处理；

（3）用来在操作命令需要时传输标签密码；

（4）用来控制前向、反向的无线射频（RF）链路操作，包括管理 RF 功率和反向灵敏度，在多读写器环境中评估冲突；

（5）用来控制标签协议操作，包括协议参数和防碰撞算法的参数；

（6）使之更易于支持新的空中接口协议；

（7）用来恢复读写器的出厂设置；

（8）用于读写器生产厂商在一定范围内扩展协议。

ALE 协议包含标签内存区管理 API、ALE 读 API、ALE 写 API、ALE 逻辑读写器 API 和访问控制 API 共 5 组接口及业务功能。通过实现 ALE 规定的这 5 类 API，中间件不但可以屏蔽读写器的物理位置信息，还可以实现标签信息的过滤和聚集，使应用系统可以把主要的精力放在业务逻辑的处理上。

4．RFID 中间件的功能

RFID 中间件在实际应用中具有完成数据的处理、传递和对读写器的管理等功能，它可用来监测 RFID 设备及其工作状态，管理和处理电子标签和读写器之间的数据流，以及提供 RFID 设备和主机的接口。具体而言，通过对 RFID 系统的分析，RFID 中间件应具备以下几个功能。

1）标签数据的读写

RFID 中间件的一个重要功能就是提供透明的标签读写功能。目前市场上的电子标签不但可以存储标识数据，有的还提供用户自定义读写存储操作的功能。当网络发生故障时，通过读取标签存储器的内容仍能够获取必要的信息。RFID 中间件应提供统一的 API，完成数据的读出和写入工作。它还应提供对不同厂家读写设备及不同协议设备的支持，实现对设备的透明操作。

对于应用程序来讲，通过 RFID 中间件从电子标签中读写数据，应该就像从硬盘中读写数据一样简单和方便。这样，RFID 中间件应主要解决两方面的问题：第一是要兼容不同读写器的接口；第二是要识别不同的标签存储器的结构以进行有效的读写操作。

每一种读写器都有自己的 API，根据功能的差异，其控制指令也各不相同。RFID 中间件定义一组通用的 API，对应用系统提供统一的界面，从而可屏蔽各类设备之间的差异。

标签存储器分为只读和读写两种类型，其存储空间也可分为不同的数据块，每个数据块均存储定义不同的内容，可读写的存储器还可以由用户来定义存储的内容和方式。进行写入操作时，如果只针对指定的数据块进行而不是全部读写，则可以提高读写性能并降低带宽需求。为了实现这样的功能，RFID 中间件应该设计虚拟的标签存储服务。为标签存储服务设计的虚拟存储空间应与实际的标签存储空间一一对应（如图5-8 所示）。RFID 中间件接收用户提供的数据（单个数据或一组结构数据）后，先写入虚拟存储空间，再由专用的驱动程序通过读写器写入电子标签。如果写入操作成功，则 RFID 中间件向应用系统返回信息并按照规则将已经写入的数据暂存在 RFID 中间件系统中；如果标签的存储器损坏而写入失败，则可由 RFID 中间件系统在虚拟存储空间中保存应写入的数据，之后应用程序发出读出请求，均由中间件将虚拟存储空间中的数据读到应用程序，同时在电子标签即将离开 RFID 中间件部署范围之前，更新该电子标签即可。类似这样的操作同样适用于标签能源不足、数据溢出等情况。实现虚拟存储空间的一个重要前提是虚拟存储空间应该是分布式的架构，所有的 RFID 中间件实例均能够访问该虚拟存储空间。

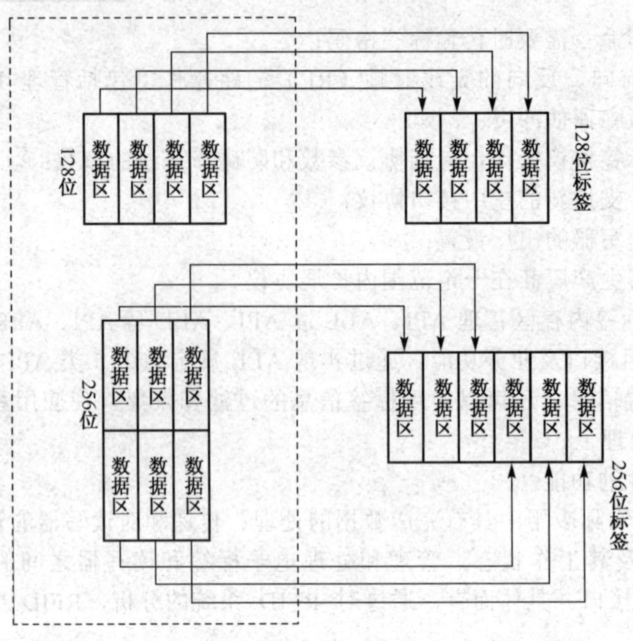

图 5-8　虚拟标签与实际标签的对应图

2）RFID 数据的过滤和聚集

读写器会不断地从电子标签中读取大量未经处理的数据，一般来说应用系统并不需要大量的重复数据，因此数据必须进行去重和过滤。而不同的应用需要取得不同的数据子集，如装卸部门的应用关心包装箱的数据而不关心包装箱内物品的数据，因此 RFID 中间件应能够聚集汇总上层应用系统定制的数据集合并进行过滤。

过滤就是指按照规则取得指定的数据。过滤有两种类型：基于读写器的过滤、基于标签和数据的过滤。表 5-1 描述了这两种过滤类型。

表 5-1　过滤类型表

过 滤 类 型	描　述
基于读写器的过滤	仅从指定的读写器中读取数据
基于标签和数据的过滤	仅关心指定标签的集合，如在同一个托盘内的标签

过滤功能的设计最初主要是用于解决读写器与电子标签之间进行无线传输时带宽不足的问题，虽然它是否能真正解决该问题还不能够下定论，但至少可以优化数据传输的效率问题。

聚集是指将读入的原始数据按照规则进行合并，如对于重复读入的数据只记录第一次读入的数据和最后一次读入的数据。聚集的类型可以分为 4 种：移入和移出、计数、通过及虚拟读取。详细描述如表 5-2 所示。

表 5-2　聚集类型表

聚 集 类 型	描　述
移入和移出	只记录标签进入读取范围和离开读取范围的数据
计数	只记录在读取范围内有多少标签数据而不关心具体的数据内容
通过	只记录标签是否通过了指定的位置，如门口
虚拟读取	几个读写器之间可以通过组合形成一个虚拟的读写器，几个读写器均读入标签数据，但只需要记录一次即可

目前聚集功能主要依靠代理（Agent）软件来实现，但也有一些功能较强的读写器能够自己设置并完成聚集功能。

3）RFID 数据的分发

RFID 设备读取的数据并不一定仅由某一个应用程序来使用，它也可能被多个应用程序使用（包括企业内部的各个应用系统甚至是企业商业伙伴的应用系统），由于每个应用系统可能需要数据的不同集合，所以 RFID 中间件应该能够将数据整理后发送给相关的应用系统。RFID 数据的分发还应支持分发时间的定制，如应立即将读取的 RFID 数据传送给生产线控制系统以指导生产，在整批货物处理完成后，再将完整的数据传送给企业合作伙伴的应用系统中，待每天业务处理完成后，再将当天的全部数据传送给决策支持系统等。

在 RFID 系统中，一方面各种应用程序以不同的方式频繁地从 RFID 系统中取得数据，另一方面它却只具有有限的网络带宽，二者的矛盾使得设计一套消息传递系统成为自然而然的事情。消息传递系统的示意图如图 5-9 所示。

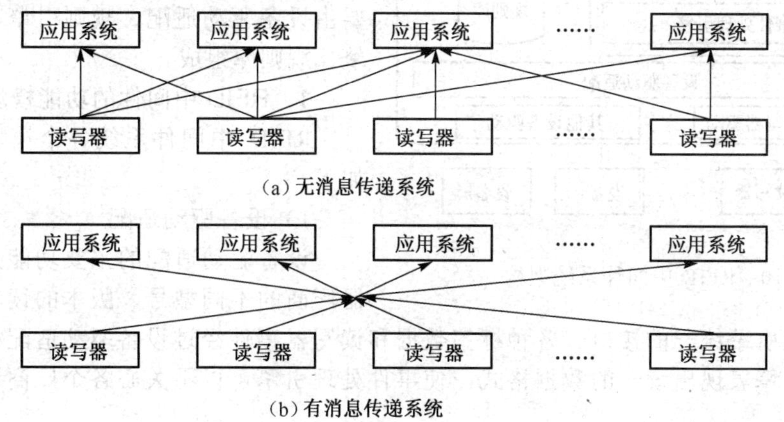

图 5-9 消息传递系统的示意图

从图5-9 可以看出，读写器产生事件，并将事件发送到消息传递系统中，由消息传递系统决定如何将事件数据传递给相关的应用系统。在这种模式下，读写器不必关心哪个应用系统需要什么数据，同时，应用程序也不需要维护与各个读写器之间的网络通道，仅需要将需求发送到消息传递系统中即可。因此，设计出的消息传递系统应该具有如下功能。

（1）基于内容的路由功能。对于读写器获取的全部原始数据，在大多数情况下仅仅需要其中的一部分，如设置在仓库门口的读写器读取了货物消息和托盘消息，但是由于业务管理系统只需要货物消息，固定资产管理系统只需要托盘消息，所以 RFID 中间件必须提供通过事件消息的内容来决定消息传递方向的功能，否则将导致消息系统不得不将全部信息传递给应用程序，而应用程序不得不自己完成部分过滤工作。

（2）反馈机制。消息系统的设计初衷之一就是减少 RFID 读写器与应用系统之间的通信量，其中比较有效的方法就是使 RFID 系统能够明白应用系统对哪些 RFID 数据感兴趣，而不需要获得全部的 RFID 数据，这样就可以将部分数据过滤的工作安排在 RFID 读写器而不是在 RFID 中间件上进行。目前市场上的 RFID 读写器，有些已经具备了进行数据过滤等高级功能，RFID 中间件应该能够自动配置这些读写器，并将数据处理的规则反馈到读写器，从而有效降低 RFID 数据通信对网络带宽的需求。

（3）数据存取功能。有些应用（如物流分拣系统或销售系统）需要实时得到标签信息，因此消息传递系统几乎不需要存储这些标签数据。而有些系统则需要得到批量 RFID 标签数据，并从中选取有价值的 RFID 事件信息，这就要求消息传递系统应该提供数据存取功能，直到用户成功接收数据为止。

4）数据安全

RFID 往往使用在不为人所知的地方，如在家用电器上，服装上，甚至是食品包装盒上可能都嵌入了 RFID 芯片。因为芯片的内部保存着标识信息，也许还有其他的附加信息，一些别有用心的人也许能够通过收集这些数据而窥探到个人隐私，所以 RFID 中间件应该考虑到用户的这些顾虑，并在法律法规的指导下进行数据收集和处理工作。

5.2.3 RFID 中间件系统的实现原理

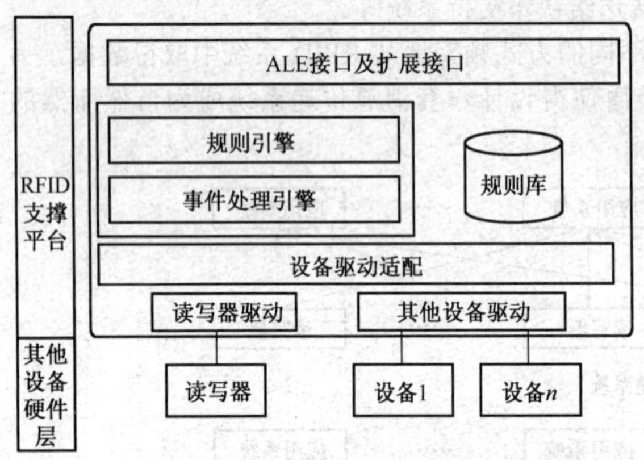

图 5-10 RFID 中间件系统架构

RFID 中间件系统根据 EPCIS 捕获应用设置的规则对从读写器获取的标签信息进行过滤和聚集，并按照其指定的格式和方式上报。其架构如图 5-10 所示，由图可看出它主要由设备驱动适配、规则引擎、事件处理引擎、规则库组成。

1. RFID 中间件的功能模块

RFID 中间件系统各个模块功能的介绍如下。

1）设备驱动适配

设备驱动适配的主要功能是将各个读写器厂商的不同型号、版本的读写器接口适配成对事件处理引擎统一的接口。各种标签数据和读写器事件经过设备驱动适配模块处理后，对事件处理引擎表现出统一的数据格式，使事件处理引擎可以不关心各个厂商读写器的具体接口。

2）事件处理引擎

事件处理引擎对读写器上报的标签数据和读写器事件进行过滤、分组、合成等操作，以便满足 EPCIS 捕获应用的需要。

3）规则引擎

规则引擎处理来自 EPCIS 捕获应用的规则，并将事件处理引擎处理后的信息以标准的 ALE 接口上报给 EPCIS 捕获应用。

4）规则库

规则库用于对 EPCIS 捕获应用设置的规则进行持久化，以便在 RFID 系统重新启动时，即时加载已经设置成功的事件规则。

这种 RFID 中间件系统的架构，通过设备驱动适配模块很好地实现了屏蔽读写器接口差异的功能。但是它也存在一个很大的弊端，就是针对不同厂商的不同读写器型号，甚至是同一读写器型号的不同版本，都要开发对应的设备驱动适配模块。由于模块的定制开发需要的周期较长，所以这种架构的 RFID 中间件系统不利于快速集成。

在 RFID 网络架构中，LLRP 协议处于中间件和读写器之间。从架构上分析，RFID 中间件以下的部分可分为以下三个功能组。

（1）数据分支：用于标签数据的处理。

（2）管理分支：用于读写器设备的管理。

（3）控制分支：用于读写器的控制和协作。

LLRP 协议同时涉及了这三个分支的处理。

基于 LLRP 的 RFID 中间件系统的实现原理如图 5-11 所示。从图 5-11 可以看到，基于 LLRP 的 RFID 中间件系统不再有针对各个厂商不同接口读写器的适配模块，而是统一采用 LLRP 操作和控制各个读写器进行标签的清点、读写等操作。

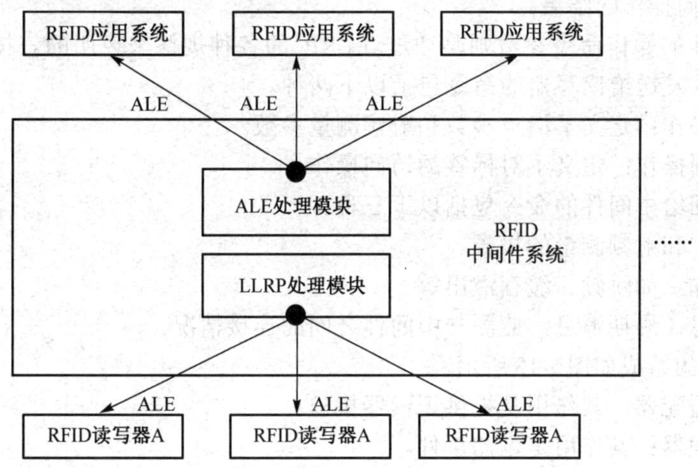

图 5-11　基于 LLRP 的 RFID 中间件系统的实现原理

随着诸如超高频（UHF）C1G2 等空中接口协议的成熟，以及读写器的大量使用，读写器的控制和协作就显得尤为重要。LLRP 通过直接将与空中接口协议相关的控制方法暴露给中间件的方式来改进控制分支的功能，同时，LLRP 也支持多空中接口协议以方便扩展。

如图 5-12 所示，LLRP 使用消息在中间件和读写器间进行通信。消息是一种协议数据单元。按照传递的方向，消息可分为以下两种。

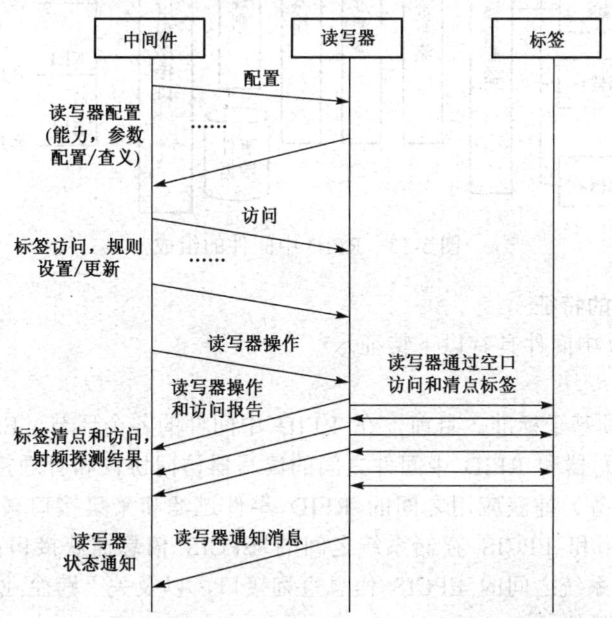

图 5-12　LLRP 定义的中间件和读写器交互消息

（1）从中间件到读写器的消息。它包括：

① 获取和设置读写器的配置信息；

② 读写器能力的获取；

③ 管理读写器的清点和访问操作。

（2）从读写器到中间件的消息，它包括：

① 读写器状态报告；

② 射频监测信息；

③ 清点和访问操作的结果。

而读写器具体的操作命令参数则是通过 LLRP 的各种规格来声明的。按照命令的发送方向来看，由中间件发送给读写器的命令包括以下两种。

（1）读写器操作：定义了清点参数和射频测量参数。

（2）标签访问操作：定义了对标签的访问操作。

由读写器返回给中间件的命令包括以下三种。

（1）标签操作和射频测量的报告。

（2）事件通知：如跳频、缓存溢出等。

（3）心跳消息：周期消息，监测与中间件之间的连接情况。

RFID 中间件的组成如图5-13所示。

（1）识读器适配器：其作用是提供识读器接口。

（2）事件管理器：其作用是过滤事件。

（3）应用程序接口：其作用是提供一个基于标准的服务接口。

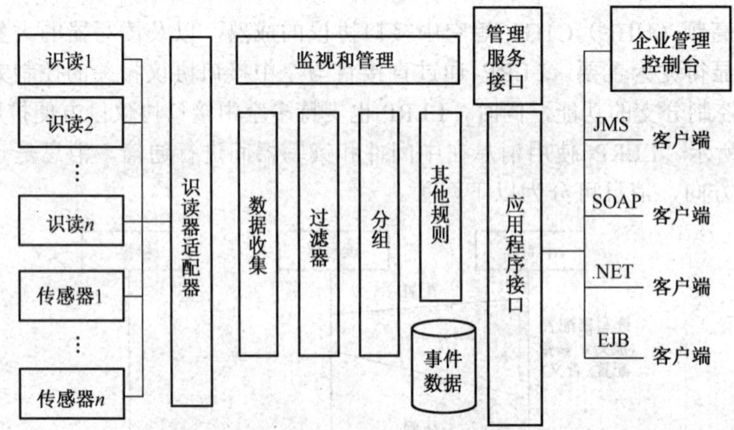

图 5-13　RFID 中间件的组成

2. RFID 中间件的特征

一般来说，RFID 中间件具有以下特征。

1）基于标准

RFID 中间件必须基于标准。目前，在 RFID 中间件的各个环节，EPCglobal 出台了相关标准和规范：包括读写器和 RFID 中间件之间的读写器访问协议和管理接口；RFID 中间件和 EPCIS（EPC 信息服务）捕获应用之间的 RFID 事件过滤和采集接口（ALE，应用层事件接口）；EPCIS 捕获应用和 EPCIS 存储系统之间的 EPCIS 信息捕获接口；EPCIS 存储系统与 EPCIS 信息系统访问系统之间的 EPCIS 信息查询接口，以及关于跨企业信息交互的规范和接口，如对象名称解析服务（Object Name Service，ONS）接口等。

2）独立于架构（Insulation Infrastructure）

RFID 中间件独立并介于 RFID 读写器与后端应用程序之间，并且能够与多个 RFID 读写器及多个后端应用程序连接，以减轻维护的复杂性。

3）数据流（Data Flow）处理

RFID 中间件的主要目的是将实体对象转换为信息环境下的虚拟对象，因此数据处理是

RFID 中间件最重要的功能。RFID 中间件具有数据的收集、过滤、整合与传递等特性，以便将正确的对象信息传到企业后端的应用系统中去。

处理流（Process Flow）RFID 中间件采用程序逻辑及存储再转送（Store-and-Forward）的功能来提供顺序的消息流，具有数据流设计与管理的能力。

标准（Standard）RFID 为中间件自动数据采样技术与辨识实体对象的应用。EPCglobal 目前正在研究为各种产品的全球唯一识别号码提出通用标准，即 EPC（产品电子编码）。EPC 是指在供应链系统中以一串数字来识别一项特定的商品。EPC 数据通过无线射频辨识标签由 RFID 读写器读入后，传送到计算机或应用系统中的进行商品名称解析的过程称为对象命名服务（Object Name Service，ONS）。对象命名服务系统会锁定计算机网络中的固定点来抓取有关商品的消息。EPC 存放在 RFID 标签中，被 RFID 读写器读出后，即可提供追踪 EPC 所代表的物品名称及相关信息，并立即识别及分享供应链中的物品数据，从而有效率地提供信息透明度。

3．RFID 中间件的优点

1）标准和规范

在中间件的各个环节，EPC global 出台了相关标准和规范：

① 在 RFID 标签和 RFID 读写器之间，定义了 EPC 标签数据规范和标签协议；

② 在 RFID 读写器和 RFID 中间件之间，定义了读写器访问协议和管理接口；

③ 在 RFID 中间件和 EPCIS 捕获应用之间，定义了 RFID 事件过滤和采集接口（ALE）；

④ 在 EPCIS 捕获应用和 EPCIS 存储系统之间，定义 EPCIS 信息捕获接口；

⑤ 在 EPCIS 存储系统和 EPCIS 信息访问系统之间，定义了 EPCIS 信息查询接口；

其他还有关于跨企业信息交互的规范和接口，如 ONS 接口等。一个典型的 RFID 应用基本上都会包含这些层面的软硬件设施，而 RFID 中间件作为沟通硬件系统和软件系统的桥梁，在 RFID 应用环境中尤为重要。

2）优越性

其优越性具体表现如下。

（1）降低开发难度：企业使用 RFID 中间件进行二次开发时，可以减轻开发人员的负担，使其可以不用关心复杂的 RFID 信息采集系统，而集中精力在于自己擅长的业务开发中。

（2）缩短开发周期：基础软件的开发是一件耗时的工作，特别是 RFID 方面的开发，它有别于常见应用软件的开发，仅靠单纯的软件技术不能解决所有问题，还需要一定的硬件、射频等基础支持。若使用成熟的 RFID 中间件，保守估计可缩短 50%～75%的开发周期。

（3）规避开发风险：任何软件系统的开发都存在一定的风险，因此，选择成熟的 RFID 中间件产品，可以在一定程度上规避开发风险。

（4）节省开发费用：使用成熟的 RFID 中间件，可以节省 25%～60%的二次开发费用。

（5）提高开发质量：成熟的 RFID 中间件在接口方面都是清晰和规范的，规范化的模块可以有效地保证应用系统质量及减少新旧系统的维护。

总体来说，使用 RIFD 中间件带给用户的不只是开发的简单、开发周期的缩短，也减少了系统的维护、运行和管理的工作量，还减少了总体费用的投入。

4．RFID 中间件的发展

1）发展阶段

RFID 中间件的发展可分为以下三阶段。

（1）应用程序中间件（Application Middleware）发展阶段。RFID 初期的发展多以整合、串接 RFID 读写器为目的，该阶段多为 RFID 读写器厂商主动提供简单 API，以供企业将后端系统与 RFID 读写器串接起来。以整体发展架构来看，此时企业的导入须自行花费许多成本去处理前后端系统连接的问题。通常企业在该阶段会通过 Pilot Project 方式来评估成本效益与导入的关键议题。

（2）架构中间件（Infrastructure Middleware）发展阶段。该阶段是 RFID 中间件成长的关键阶段。由于 RFID 的强大应用，WalMart 与美国国防部等关键使用者相继进行 RFID 技术的规划并导入 PilotProject，促使各国际大厂持续关注 RFID 相关市场的发展。在该阶段，RFID 中间件的发展不但已经具备基本数据收集、过滤等功能，同时也满足企业多对多（Devices-to-Applications）的连接需求，并具备平台的管理与维护功能。

（3）解决方案中间件（Solution Middleware）发展阶段。未来在 RFID 标签、读写器与中间件的发展成熟过程中，各厂商将针对不同领域提出各项创新应用解决方案，如 Manhattan Associates 提出了"RFID in a Box"，使得企业不需再为前端 RFID 硬件与后端应用系统的连接而烦恼。该公司还与 Alien Technology Corp 在 RFID 硬件端合作，发展 Microsoft.Net 平台为基础的中间件，针对该公司 900 家的已有供应链客户群发展 Supply Chain Execution（SCE）Solution，使得原本使用 Manhattan Associates SCE Solution 的企业只需通过"RFID in a Box"，就可以在原有应用系统上快速利用 RFID 来加强供应链管理的透明度。

2）发展方向

根据 ABI Research Inc.的统计，2008 年之前全球各产业的需求所创造出来的 RFID 市场规模已达到 200 亿美元，其中软件市场约占 47 亿美元，2007 年 RFID 的整合服务收入已超越 RFID 产品收入。随着硬件技术的逐渐成熟，庞大的软件市场商机促使国内外信息服务厂商无不持续注意与提早投入，RFID 中间件在各项 RFID 产业应用中居于神经中枢，特别受到国际大厂的关注，未来在应用上它可朝下列方向发展。

（1）Service Oriented Architecture Based RFID（面向服务架构（SOA）的中间件）。面向服务架构（SOA）的中间件的目标就是建立沟通标准，突破应用程序对应用程序沟通的障碍，实现商业流程自动化，支持商业模式的创新，让 IT 变得更灵活，从而更快地响应需求。因此，RFID 中间件在未来发展上，将会以面向服务的架构为趋势，提供给企业更弹性灵活的服务。

（2）Security Infrastructure RFID（安全体系结构的中间件）。RFID 应用最让外界质疑的是 RFID 后端系统所连接的大量厂商数据库可能引发的商业信息安全问题，尤其是消费者的信息隐私权。目前 Auto-ID Center 也正在研究 Security 机制以配合 RFID 中间件的工作。相信 Security 将是 RFID 未来发展的重点之一，也是成功的关键因素。

5.2.4 RFID 应用层事件规范

应用层事件（Application Level Event）规范，简称 ALE 规范，于 2005 年 9 月由 EPCglobal 组织正式对外发布。它定义出 RFID 中间件对上层应用系统应该提供的一组标准接口，以及 RFID 中间件最基本的功能——收集/过滤（Collect/Filter）。

1. ALE 产生的背景——RFID 数据的冗余性/业务逻辑

RFID 读写器工作时，会不停地读取标签，这会造成同一个标签在一分钟之内被读取几十次，这些数据如果直接发送给应用程序，将带来很大的资源浪费，因此需要 RFID 中间件对这些原始数据（Raw Data）进行一层收集/过滤处理，提供出有意义信息。

"What, when, Where"（何时何地发生什么事情）这是 ALE 向应用系统提供的最典型的信息内容。例如，"2006-3-20 19:30 门禁处读取到 epc#1"。此外，在智能货柜（Smart Shelf）之类的应用中，业务流程只关注物品是否增加或减少。此时，ALE 就可以向上层汇报"2006-3-20 19:31 epc#1 在货柜#1 区出现/消失"。

可以说，ALE 的出现主要是为了减少原始数据的冗余性，以从大量数据中提炼出有效的业务逻辑。

2．ALE 与应用系统的关系

ALE 层介于应用业务逻辑层和原始标签读取层之间，如图 5-14 所示。它接收从数据源（一个或多个读写器）中发来的原始标签读取信息，然后按照时间间隔等条件累计（Accumulate）数据，将重复或不感兴趣的 EPCs 剔除过滤（Filter），同时进行计数及组合（Count/Group）等操作，最后将这些信息对应用系统进行汇报。在 ALE 中，应用系统可以定义这些内容：在什么地方（地点可以映射一个或多个读写器及天线）读取标签；在怎样的时间间隔内（决定触发时间、某个外部触发事件）收集到的数据；如何过滤数据；如何整理数据报告内容（按照公司、商品还是标签分类）；标签出现或消失时是否对外报告，以及读取到的标签数目。

图 5-14 ALE 与应用系统的关系

ALE 规范定义的是一组接口，它不涉及具体实现。在 EPCglobal 组织的规划中，支持 ALE 规范是 RFID 中间件最基本的一个功能，这样，在统一的标准下，应用层上的调用方式就可统一，应用系统也就可以快速部署了。因此，ALE 规范定义的是应用系统对 RFID 中间件的标准访问方式。

3．ALE 规范的主要优点

1）事件管理标准

为了可以从 RFID 读写器接收、过滤及分组事件，ALE 规范提供了一个读写器接口。这样，使用兼容 ALE 的中间件的应用程序不需要为每个读写器都安装单独的驱动程序，也不需使用每个读写器的专有编程接口。

2）扩展性

ALE 标准具有高度扩展性。虽然 ALE 规范的目标是处理 EPC 事件源，但它也可以创建一些应用扩展以连接到非 EPC 标签或非 RFID 读写器设备的接口上。

3）接口和实现的分离

ALE 规范在客户端和 RFID 中间件中提供一个接口，把实现细节留给开发人员，即开发人员可以根据技术平台、部署选项、附加特性等来选择实现技术的细节。RFID 中间件提供的 ALE 服务可以在应用系统的边缘或内部作为一个独立的模块存在，也可以驻留在 RFID 读写器中。

应用层事件规范为访问应用层事件服务提供了 Web 服务兼容的绑定接口（Binging Interface），使得 ALE 接口的实现方式可以适应不同的电信协议（如 SOAP/HTTP）和 API。

4．ALE 输入（ECSpec）/输出（ECReport）

在 ALE 模型中，有几个最基本的概念：事件发生器、识读周期（Read Cycle）、事件周期（Event Cycle）和报告（Report）。

1）事件发生器（Event Originator）

事件发生器是指任何能捕获到 RFID 标签的出现及其他识读的设备，RFID 读写器和传感器就是事件发生器的例子。ALE 规范将物理设备和读写器区分开来。在 ALE 规范内容中，一个物理设备可能是拥有一个或多个天线的 RFID 读写器、一个符合 EPC 的条形码扫描仪或类似设备。

ALE 规范定义的读写器是一个抽象概念，从本质上讲，一个读写器是一个提供 EPC 原始事件数据源。一个读写器可以有以下 3 种表现形式。

（1）一个读写器映射到一个物理设备上，即一个读写器可以由单个物理设备实现，如一个单根天线的 RFID 读写器、一个符合 EPC 标准的条形码扫描仪或一个每根天线都可以收集数据的多天线读写器。

（2）几个读写器映射到相同的物理设备上。一个读写器也可以由几个物理设备实现，如一个有多根天线的读写器，其每根天线都是一个独立的数据源。

（3）一个读写器映射到多个物理设备上。多个读写器可以协同工作来获取综合的观测资料，如两个或更多个读写器可以用于三角测量以获取位置信息。

ALE 规范也支持逻辑读写器的概念，即一个或更多个读写器的标志或名字。逻辑读写器的概念使应用程序得以从读写器的具体部署中脱离出来，当读写器的具体分布发生改变时，只需要改变实际读写器和逻辑读写器之间的映射关系，而无须重新编写应用程序。

2）识读周期

一个识读器能以一组频率（或根据要求）扫描 RFID 标签或得到其他物理测读记录，每次扫描称为一个识读周期，也称读写周期。读写周期是和读写器交互的最小单位，一个读写周期的结果是一组 EPCs 集合。读写周期的时间长短和具体的天线、RF 协议有关，读写周期的输出就是 ALE 层的数据来源。读写周期示例如图 5-15 所示。

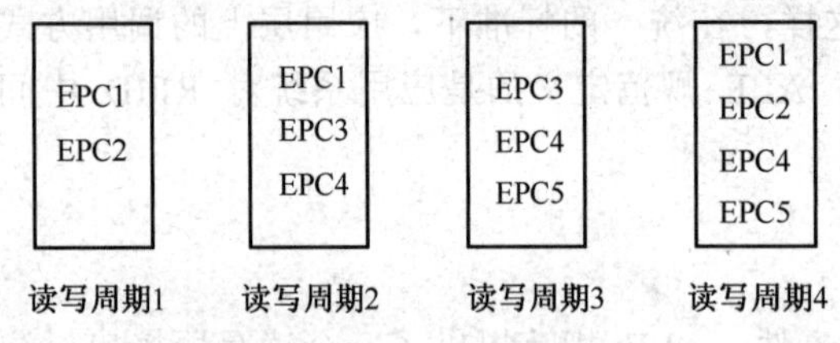

图 5-15　读写周期示例

3）事件周期

一个事件周期是客户端使用 ALE 服务进行交互的一个单位，它与读取周期的映射关系（如图 5-16 所示）有很大的灵活性。事件周期可以是一个或多个读周期。它是从用户的角度来看待读写器的，可以将一个或多个读写器当做一个整体。它是 ALE 接口和用户交互的最小单位。应用业务逻辑层的客户在 ALE 中定义好事件周期的边界之后，就可接收相应的数据报告。

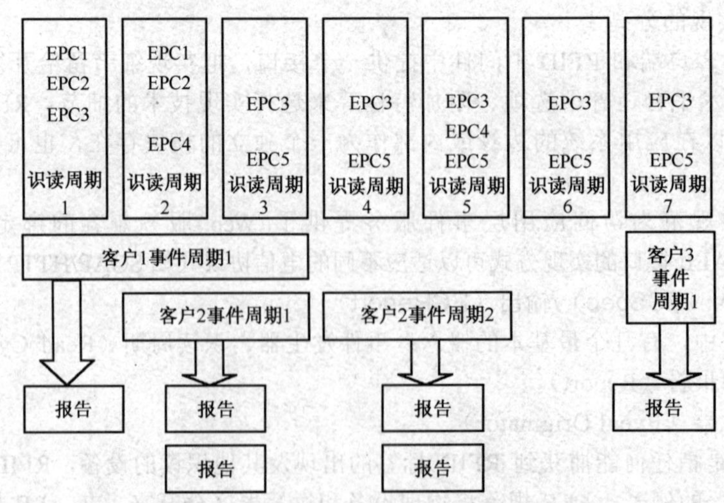

图 5-16　事件周期与读取周期的映射关系

4）报告

报告则是在事件周期的基础上，由 ALE 向应用层分析提供的数据结果。

对于事件周期的定义，在 ALE 中由 ECSpec 表达；对于报告的内容，由 ECReport 负责，如图5-17 所示。

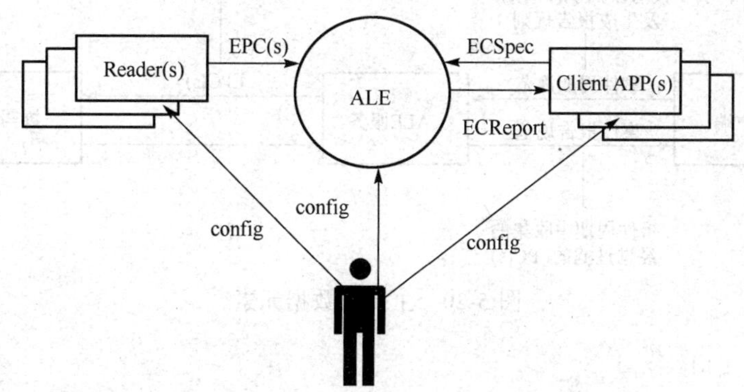

图 5-17　客户由 ALE 向应用层分析提供报告的示意图

5．交互模式

可以通过客户机和 ALE 服务器间可用的交互模式来识别 ALE 规范的机动性。客户机可以在需要时请求服务（同步模式）或在某种特定情况下将登记信息发送到服务器上（异步模式）。

1）同步模式

主要的交互模式是请求/答应模式，在这种模式下，所有调用 ALE 服务的方法都同步执行，如图5-18 所示为同步模式。ALE 规范的同步模式支持即时和轮询两种交互方式。

2）异步模式

ALE 接口也支持异步模式，在这种模式下，客户的同步端可以预定事件，当事件发生时，ALE 服务器会异步地传送数据到客户机上。异步模式可以选择不同的技术来实现，包括 JMS、TIBCO、MQ-Series、E-mail、SOAP。客户用通告 URI（Uniform Resource Identifier，统一资源标识）来预定事件，通告 URI 可以基于 HTTP、TCP 或简单文件类型。基于 HTTP 的通告 URI 设定了事件周期报告通过 HTTP 传送，使用 POST 操作；基于 TCP 的通告 URI 允许事件周期报告使用原始 TCP 连接来传送；基于文件类型的通告 URI 允许将事件周期报告写入文件中。

图 5-18　同步模式　　图 5-19　异步模式

3）数据元素

下面介绍主要的数据元素是如何在中间件中交换的。客户端的主要目的是请求获取 EPC 数据，这是通过提供一个 ECSpec（事件周期规范）给 ALE 服务来实现的。ECSpec 描述了一个事件周期，以及定义了生成报告的规范，它是与 ALE API 关联的两种主要数据类型之一。另一种是 ECReport（事件周期报告）。

ECSpec 定义了事件周期开始和结束及生成报告的规则。当一个事件周期从一个或多个读写器的读写周期中提取数据时，也包括逻辑读写器的列表。

使用 ALE 语言的报告是一个事件周期的输出，是 ECReport 的实例。报告规范的表达形式由 ECReportSpec 定义，提供过滤、分组和其他数据处理指令。如图 5-20 所示为主要的数据元素。

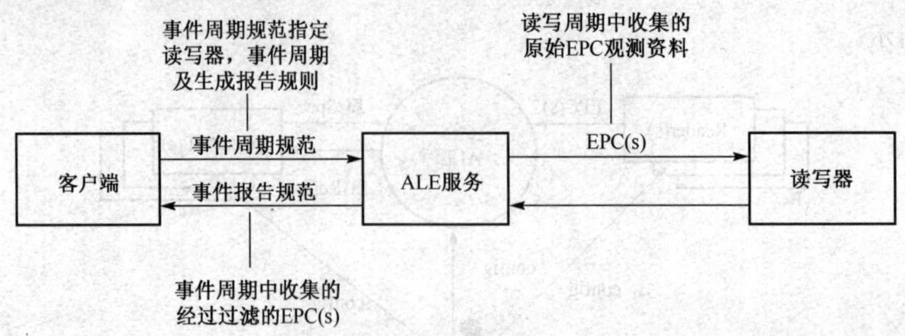

图 5-20　主要的数据元素

4）ALE 服务接口

EPCglobal 的 ALE 规范为主要的 ALE API 提供了一个抽象定义，这个规范也为 ALE API 提供了一种符合 WS-IO（Web Services Interoperability Organization，Web 服务互操作性组织）的 SOAP 绑定。主要的 ALE 服务接口如表 5-3 所示。

表 5-3　主要的 ALE 服务接口

ALE 服务接口	解　释
+define（String:specName, ECSpec:sepc）:void	定义（ECSpec）
+undefined（String:specName）:void	取消定义
+getECSpec（String:specName）:ECSpec	取得 ECSpec
+getECSpec（）:String[]	取得 ECSpec 名
+subscribe（String:specName, String:notificationURI）:void	预定义（ECSpec 名）
+unsubscribe（String:specName, String:notificationURI）:void	取消预定
+poll（String:spec）:ECReports	查询（得到 ECReports）
+immediate（ECSpec:sepc）: ECReports	立即（得到 ECReports）
+getSubscribers（StringName, String:notificationURI）:notificationURI）	取得预定者
+getStandardVersion（）:String	取得标准版本
+getVendorVersion（）:String	取得开发商版本

6．ECSpec 介绍

ECSpec（如图 5-21 所示）描述了事件周期及报告产生的格式。它包括一组逻辑读写器（Logical Readers），这些逻辑读写器的读写周期在该事件周期内，一份定义事件周期边界的规范，以及在这个事件周期内产生的一组报告（report）的格式规范。

```
Readers : List       // List of logical reader names
Boundaries : ECBoundarySpec0
reportSpecs : List  // List of one or more ECRreportSpec
                    // instances
includeSpeceInReports: boolean
<<extension point>>
----SHAPE\*MERGEFORMAT
```

图 5-21　ECSpec

在 ALE 规范中定义出了 ECSpec 的 XSD 文件，以及 ECSpec 表示的具体例子，如图 5-22 所示。

```
<?xml version="1.0" encoding="UTF-8"?>
<ale:ECSpec xmlns:ale="urn:epcglobal:ale:xsd:1">
            xmlns:epcglobal="urn:epcglobal:xsd:1"
            xmlns:xsl=http://www.w3.org/2001/XMLSchema-instance
            xsl:schemaLocation="urn:epcglobal:ale:xsd:1 Ale.xsd"
            schemaVerion="1.0"
            creationData="2003-08-06T10:54:06.444-05:00"
<logicalReaders>
    <logicalReader>dock_la</logicalReader>
    <logicalReader>dock_lb</logicalReader>
</logicalReaders>
<boundarySpec>
      <startTrigger>http://sample.com/triggerl</startTrigger>
      <repeatPeriod unit="MS">20000</repeatPeriod>
      <stopTrigger>http://sample.com/trigger2</stopTrigger>
<duration unit=>"MS">30000</duration>
</boundarySpec>
<reportSpecs>
    <reportSpec reportName="report1">
      <reportSet set="CURRENT"/>
      <output includeTag="true"/>
</reportSpecs>
    <reportSpec reportName="report2">
      <reportSet set ="ADDITIONS"/>
      <output includeTag="true"/>
</reportSpecs>
    <reportSpec reportName="report3">
      <reportSet set ="DELETIONS"/>
    <groupSpec>
      <pattern>urn:epc:pat:sgtin-64:X.X.X.*</pattern>
    </groupSpec>
      <output includeCount="true"/>
      </reportspec>
      </reportspecs>
</ale:ECspec>
```

图 5-22 ECSpec 示例

从图 5-23 中可以看出，上层应用系统需要逻辑读写器 dock_1a 和 dock_1b，在满足开始及结束的触发事件文件 trigger1/trigger2 定义的条件下，重复周期为 20000ms，间隔为 3000ms，对外发送 3 个报表 report1、report2、report3，其中 report1 报告当前读取到的标签，report2 报告每个事件周期内增加的标签及总个数，report3 报告每个事件周期内减少的标签及总个数，以及标签进行组合的形式。

```
<reports>
   <reports reportName= "report1" >
     <group>
         <groupList>
            <member><tag>urn:epc:tag:gid-96:10.50.1000</tag></member>
            <member><tag>urn:epc:tag:gid-96:10.50.1001</tag></member>
         </groupList>
     </group>
</reports>
<report   reportName= "report2" >
       <group><groupcount><count>6847</group></groupcount></count>
</reports>
< report   reportName= "report3" >
       <group name= "urn:epc:pat:sgtin-64:3.0037000.12345.*" >
          <groupCount><count>2</count></groupCount></count>
       </group>
       <group name= "urn:epc:pat:sgtin-64:3.0037000.55555.*" >
          <groupCount><count>3</count></groupCount>
       </group>
       <group>
          <groupCount><count>6842</count></groupCount>
       </group>
   </reports>
  </reports>
</ale:ECReprots>
```

图 5-23 ECReports

7．ECReports 介绍

ECReports 是 ALE 中间件向上层应用系统做出的报告，如图5-28所示。

从图 5-28 中可以看出 Report1 报告当前读取到的标签个数为 2 个，Report2 报告当前读取到的标签个数为 6847。Report3 报告 EPC 3.0037000.12345 类的物品读取到 2 个，3.0037000.55555 类的物品读取到 3 个，读取到的标签数为 6842。

8．典型的 ALE 调用场景

要想实现应用系统与 ALE 中间件的交互，必须先将事件周期的定义文件（ECSpec）传送至中间件，同时将报告发回的地址告知中间件。在 ALE 交互形式中，有几个最基本的方法：define/undefine， subscribe/unsubscribe, poll/immediate。其中 define/undefine 是定义/撤销 ECSpec 的操作，subscribe/unsubscribe 是订阅/撤销某个 ECSpec 的服务。

1）直接订阅（Direct Subscription）

直接订阅如图 5-24 所示。该模式下，ECspec 由客户 A 定义，得到的报告反馈给 A。

图 5-24 的说明如下。

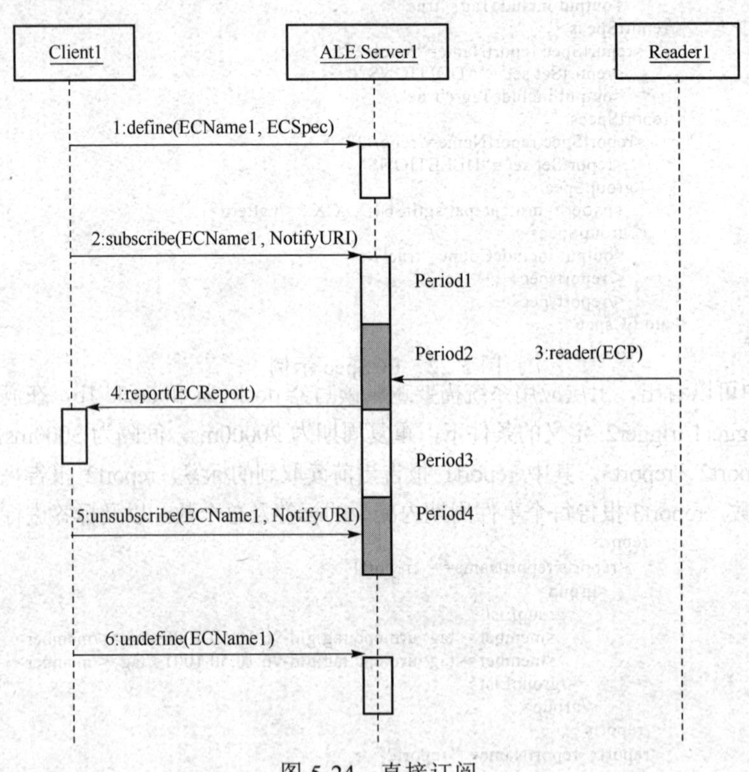

图 5-24　直接订阅

首先，Client1 将名为 ECName1 的 ECSpec 定义给 ALE 中间件，然后 Client1 订阅该 ECName1 的报告，并将它发至地址为 NotifyURI 的接收处。

在时间 1（Period1）内，读写器 Reader1 没有读到标签，因此没有反馈。在时间 2（Period2）内，读到标签，然后 ALE 中间件自动将 ECReport 发送给 Client1。

当 Client1 不需要 RFID 信息时，它首先退订 NotifyURI 的 ECName1 的服务。当 ECName1 没有订阅者之后，就可以撤销 ECName1 的时间周期了。

2）间接订阅（InDirect Subscription）

间接订阅（如图 5-25 所示）与直接订阅的差异是，得到的报告不反馈给 A，而反馈给 B。

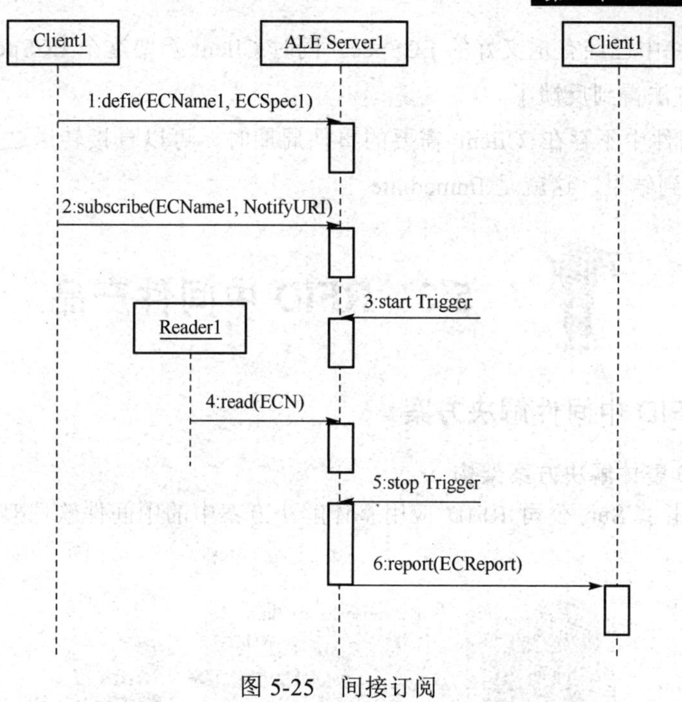

图 5-25　间接订阅

图 5-30 显示的 ECSpec 边界由触发器来决定。在第 6 步中，可以看到 ECReport 发至 Client1，而不是初始的服务定义者，这是因为在第 2 步中的服务反馈地址 NotifyURI 指向 Client1。

Poll/Immediate（如图 5-26 所示）可以看成应用系统对 ALE 中间件的快照。在很多应用中，不需要一直监听 ALE，而只要知道当时读到的标签信息，这两种模式就是为满足这些需求而设计的。

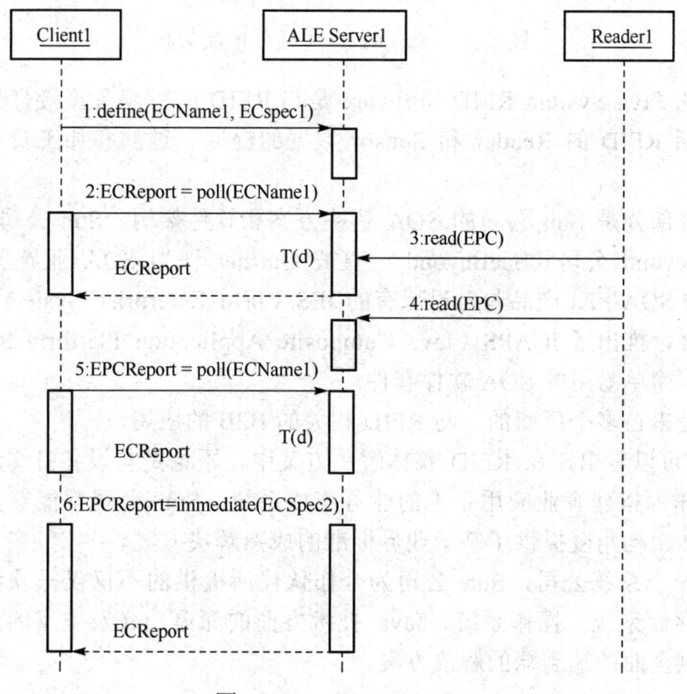

图 5-26　Poll/Immediate

当 ALE 中间件中已经有定义好的 ECSpec，同时 Client 需要这个 ECSpec 提供的信息时，就可以使用 Poll 方法得到反馈了。

当 ALE 中间件中不存在 Client 需要的事件周期时，可以直接转送这个事件周期的定义 ECSpec2，然后得到结果，这就是 Immediate。

5.3 RFID 中间件产品

5.3.1 SUN RFID 中间件解决方案

1. Sun RFID 整体解决方案架构

图 5-27 中给出了 Sun 公司 RFID 应用整体解决方案中的中间件软件架构及其相关产品在架构中的定位。

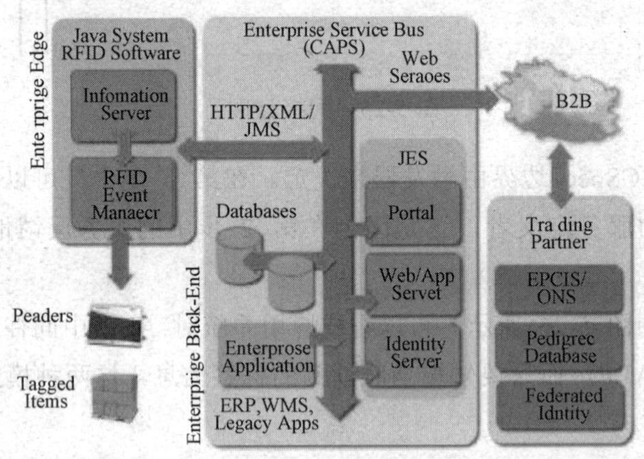

图 5-27　Sun RFID 中间件产品架构

图中最左侧的 Java System RFID Software 是与 RFID 读写设备直接打交道的软件套件。其主要的功能包括 RFID 的 Reader 和 Sensor 数据的提取、过滤和加工及与其他应用的集成接口。

中间的矩形框部分是 Sun 公司的 SOA 解决方案和软件架构。Sun 公司在 2005 年收购了业界著名的 SeeBeyond 公司（SeeBeyond 一直被 Gartner 评为 SOA 业界产品的前三强），将 SeeBeyond 公司的 SOA/EAI 产品与自己原有的 JES（Java Enterprise System，一套功能丰富的中间件产品）整合，推出了 JCAPS（Java Composite Application Platform Suites）——一套全新的、功能全面、简单易用的 SOA 软件套件。

最右侧部分是来自多个厂商的、与 RFID 相关的 B2B 的应用。

从图 5-27 中可以看出，在 RFID 整体解决方案中，不论是与设备打交道的 RFID 边缘中间件产品，还是作为搭建企业应用主干的业务集成系统，Sun 公司都能够提供全面、领先的配套产品，并且从架构角度提供了基于业界标准的成熟解决方案。

当然，作为一个系统公司，Sun 公司为合作伙伴所提供的不仅仅是软件解决方案，凭借其在主机系统、存储系统、操作系统、Java 技术方面的深厚功底及丰富的业界经验，它还可以为合作伙伴提供全面的端到端的解决方案。

2．Sun Java System RFID 软件架构

Sun Java System RFID Software 是 Sun 公司 RFID 解决方案中的主要中间件产品，图 5-28 给出了 Sun Java System RFID 软件的架构。

在图 5-28 中，用虚线圈出的部分就是 Sun Java RFID System 软件包。在其左侧是 RFID 标签的 Reader 或者 Sensor，每一个 Reader 都可以连续不断地读取大量的标签并将所读取的数据信息传送给 Java System RFID 软件包，由 Java System RFID 软件包对数据进行处理。

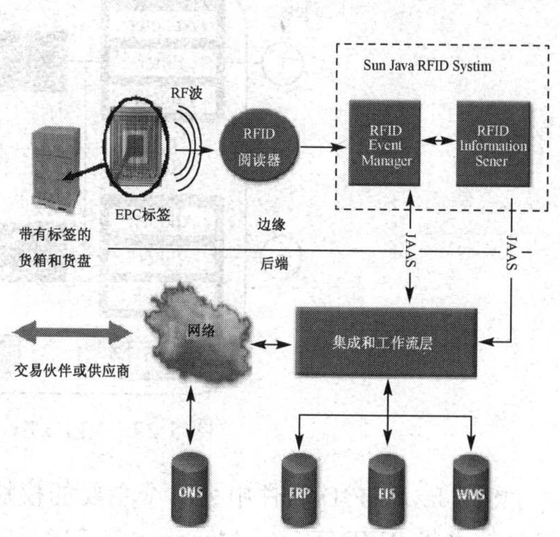

图 5-28　Sun Java System RFID 软件的架构

Java System RFID 软件包由两部分组成：RFID Event Manager 和 RFID Information Server。

RFID Event Manager 用来处理来自一个或多个 RFID Reader、Sensor 的数据流。在将数据进一步发送给相关的应用前，RFID Event Manager 对数据进行过滤和集成的预处理。例如，一个贴有标签的物品放在 RFID Reader 前，即使它没有移动，也会被读取多次，产生许多冗余的数据。使用 Sun 公司的 RFID Event Manager 中所提供的过滤机制，就可以以编程的方式抛弃在物品没有移动时所产生的读取数据，而仅当物品的状态有所改变时（如当物品移动或者有新的物品进入 reader 的扫描范围内）才真正触发一个动作或者事件。RFID Event Manager 还提供其他的过滤机制，可以通过编程的方式来实施特定的业务逻辑。借助于 Event Manager 所提供的过滤机制，相关的数据就可以被 JES 产品栈中的其他层面的软件持续性使用了。

为了就近获得 Reader 读取的信息，一些地理区域跨度较广的企业，如商场、配送中心或者仓库等，可以使用多个 RFID Event Manager，也就是为每一个场所配备一个 RFID Event Manager，这种方式可以大大减轻网络通信负载：使用 Event Manager 将过滤和处理过的数据通过网络发送，而不是将 Reader 直接连接到网络，可减少通过网络传输的数据流量。除此之外，通过 RFID Event Manager 将 Reader 与网络隔离开也是基于安全因素考虑的一个良好的架构方式。

Sun 公司的 RFID Event Manager 的主要功能模块包括以下几个。

（1）nDevice Adapter：设备适配器允许来自不同厂商的设备能够与 RFID Event Manager 通信和交互。

（2）nFilter：过滤器能够过滤 RFID 设备所提供的冗余数据，还可以用来实施小规模的数据处理和业务逻辑。

（3）nConnectors：RFID Event Manager 中的 nConnectors 模块可以将相关信息发送到文件系统，从而可以将 RFID 或者是非 RFID 的相关事件数据通知给外部系统。

（4）nEnterprise Gateway：该模块可以作为连接企业应用程序的公共接口。

（5）nFailover：由于 Sun 的 RFID Event Manager 是基于 Java 和 Jini 技术框架的，所以服务的失效转移是其固有的技术特色。

RFID Event Manager 的架构示意图如图5-29 所示。

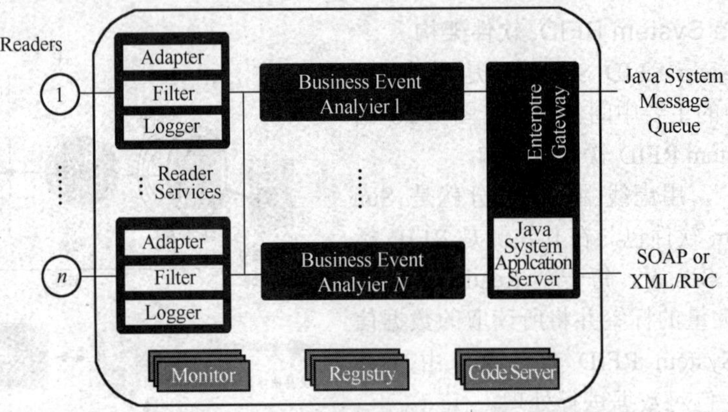

图 5-29　RFID Event Manager 的架构示意图

Sun Java RFID 软件中另一个主要的模块就是 RFID Information Server。Sun 公司提倡使用整合技术将 RFID Event Manager 与 EIS（Enterprise Information Systems）互连，这里所说的 EIS 包括传统的 ERP、WMS（仓储管理系统）、SCM（供应链管理系统）、CRM 系统及一切希望使用 RFID 标签信息的系统。JES 不仅为这种整合提供了丰富的技术支持手段，也提供了丰富而成熟的功能模块和解决方案。

在图 5-29 中，整个软件架构中的最下层就是由 EIS 系统所组成的，可以包括 ERP、WMS、传统遗留的系统及企业的私有信息系统。这些系统必须能够接收并集成来自标签标识物品的数据和事件。实际上，可以将 RFID Information Server 理解成将 RFID Event Manager 和现有的 EIS 及其他的企业应用系统集成的集成层，由 RFID Information Server 提供了底层的 RFID 数据与高层业务应用的连接通道。将 RFID Information Server 置于 RFID Event Manager 和其他的企业应用之间就可以针对业务需求的变化、企业应用的变化提供最大的灵活性。

通过 RFID Information Server 以获取的数据包括:

（1）通过 RFID Event Manager 所获取的来自 Reader 或 Sensor 的数据；

（2）标签的标识物品的特征数据，如制造日期、重量、失效日期等；

（3）产品目录信息。

RFID Information Server 的架构图如图5-30所示。

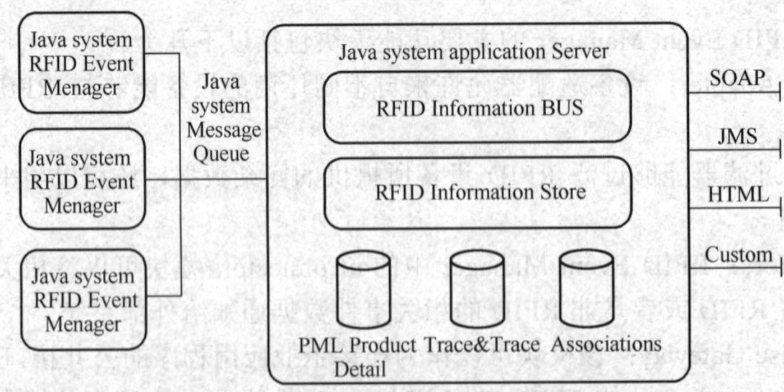

图 5-30　RFID Information Server 架构图

3. Sun Java System RFID Software for Java ME Devices

Java ME（Java Micro Edition）是 Sun 公司提出的面向嵌入式设备的 Java 平台方案。基于 Java ME，Sun 公司提供了面向 RFID 设备的、支持 EPCglobal ALE（Application Level Events）规范的嵌入式软件包——Sun Java System RFID Software for Java ME Devices。该软件

包提供如下两方面的功能：

（1）在支持 Java ME 技术的 RFID 设备上直接、智能地处理、过滤设备所产生的相关数据，大幅度减少 RFID 设备向网络环境发送的数据流量；

（2）提供了远程管理 RFID 设备的软件接口，它能够与前面介绍的 Sun Java System RFID Software 无缝集成，具备以集中的方式来管理大量的分布式 RFID 设备的能力。

Sun Java System RFID Software for Java ME Devices 的具体功能包括：

（1）记录捕获 EPC code 的时间和位置；

（2）定时处理服务；

（3）同步或者异步的发送答复；

（4）定义事件的触发器，如侦测到一个 case tag；

（5）过滤数据，过滤的方法包括布尔逻辑、模式匹配、分组、计数等。

使用 Sun Java System RFID Software for Java ME Devices 还可以进一步简化 RFID 的部署环境。

4．Java System RFID Software Toolkit

Java System RFID Software Toolkit 提供了一套基于 Sun 公司的 RFID 解决方案的适配器开发环境，旨在简化针对不同 RFID reader、printer 及其他设备的适配器的开发，通过这些适配器就能够将设备与 Java System RFID Event Manager 相连。这套 Toolkit 既可以作为 NetBeans 的插件使用，也可以作为 Sun Studio IDE 的插件使用。同时，在插件中包括代码范例、适配器代码模板、ant 的编译脚本文件及 JUnit 的测试模板。

5．基于 Sun 公司 RFID 产品的行业解决方案

通过将 Sun 公司的 RFID Software 与 Sun 公司丰富的软、硬件产品相结合，合作伙伴可以为相关行业的特定应用提供定制化的解决方案。同时，Sun 公司也非常乐于与合作伙伴分享自己在 RFID 实施领域的丰富经验，合作伙伴可以参考 Sun 公司丰富而具体的、针对不同行业的参考解决方案来定制或扩展，构造自己的行业应用。图 5-31 展示了基于 Sun 公司软、硬件平台的资产跟踪和管理解决方案。

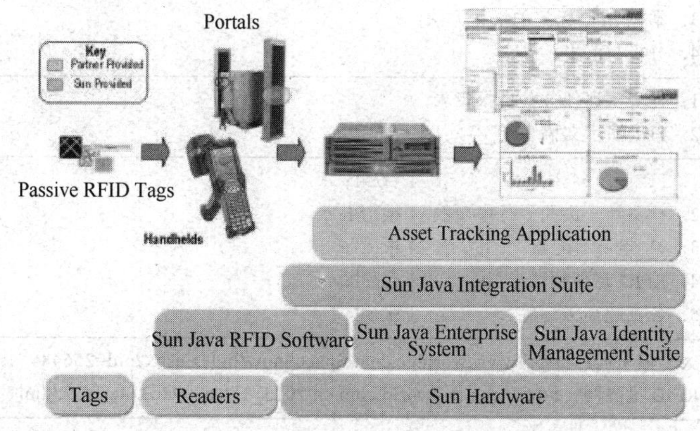

图 5-31　基于 Sun 公司软、硬件平台的资产跟踪和管理解决方案

5.3.2　国内 RFID 中间件的发展情况

RFID 技术进入中国的时间比较短，各方面的工作还处于起始阶段。虽然我国政府在“十一五”规划和“863”计划中对 RFID 应用提供了政策、项目和资金的支持，并且其在国内的

发展也较为迅速，但与国际技术的发展相比，在很多方面还存在明显的差距。目前我国做中间件的企业很多，但专门开发 RFID 中间件的企业却很少。

国内在 RFID 中间件和公共服务方面已经开展了一些工作。依托国家“863”计划中的“无线射频关键技术研究与开发”课题，中科院自动化所开发了 RFID 公共服务体系基础架构软件和血液、食品、药品可追溯管理中间件；华中科技大学开发了支持多通信平台的 RFID 中间件产品 Smarti；上海交通大学开发了面向商业物流的数据管理与集成中间件平台。此外，国内产品还包括东方励格公司的 LYNKO-ALE 中间件、清华同方的 ezRFID 中间件、ezONEezFramework 基础应用套件等。

虽然国内目前已经有了一些初具规模的 RFID 中间件产品，但大多没有在企业进行实际应用测试，还处于实验室阶段。与国外经历了很长时间的企业实际测试的 RFID 中间件产品相比，还有较大的距离。国内的相关厂家应尽快完成 RFID 中间件产品的企业测试，完善 RFID 中间件的相关功能，为国内中、小企业的 RFID 项目实施提供方便、实用、低成本的 RFID 中间件解决方案。

如果国内的企业能够赶在企业开始大规模实施 RFID 项目之前，开发出完善、成熟、可靠的 RFID 中间件产品，加上市场优势，要想占据中国国内的 RFID 中间件市场是完全有可能的。

5.4 实训项目

5.4.1 实训项目任务单

RFID 超高频数据读写实践项目任务单

任务名称	RFID 超高频数据读写实践
任务要求	超高频 RFID 读写器的使用，利用 RFID Demo 程序对各种标签进行读写操作，分析相关数据
任务内容	1．了解 RFID 超高频相关知识； 2．了解超高频 RFID 现行的标准； 3．掌握 EPC 标签的操作方法； 4．分析与汇报
提交资料	1．提交实训任务分析报告表； 2．PPT 演示文稿
实验设备	1．PC　1 台/组； 2．一头针一头孔平行串口线　1 根//组； 3．9V 电源适配器　1 根/组； 4．RFID 超高频读卡器　1 台/组； 5．各类超高频标签　1 张/组
相关网站资料	大学城空间：http://www.worlduc.com/SpaceShow/Index.aspx?uid=256484 RFID 世界网：http://tech.rfidworld.com.cn/2013_11/da7998c314cffa39.html
注意事项	1．超高频读写器需根据不同的厂商使用指定电源适配器供电，供电前请认真确认。 2．超高频读写器根据不同厂商有什么区别
思考问题	1．RFID 读写数据率与什么相关？ 2．有些标签读不出来，是什么原因，请分析？ 3．标签的 EPC 区和 TID 区有什么本质区别？

注：本节实践项目使用艾富迪公司提供的相关设备。

5.4.2　实践项目知识储备

1．超高频标签存储数据结构

超高 RFID 标签分为四个区：保留区、EPC 区、TID 区、用户区，具体结构如图 5-32。

保留区（在没有锁定时，可进行读写）：地址范围为 0~3，其中地址 0~1 存储 8 位 16 进制数的灭活密码；地址 2~3 存储 8 位 16 进制数的访问密码。

EPC 区（在没有锁定时，可进行读写）：地址范围为 2~7，存储 24 位 16 进制数的 ID。

TID 区（无论有没有锁定，都不允许写入，只可在没有锁定时，可进行读取）：地址范围为 2~5，存储全球唯一的 8 位 16 进制数 ID。

用户区（在没有锁定时，可进行读写）：地址范围为 0~31，存储用户数据。

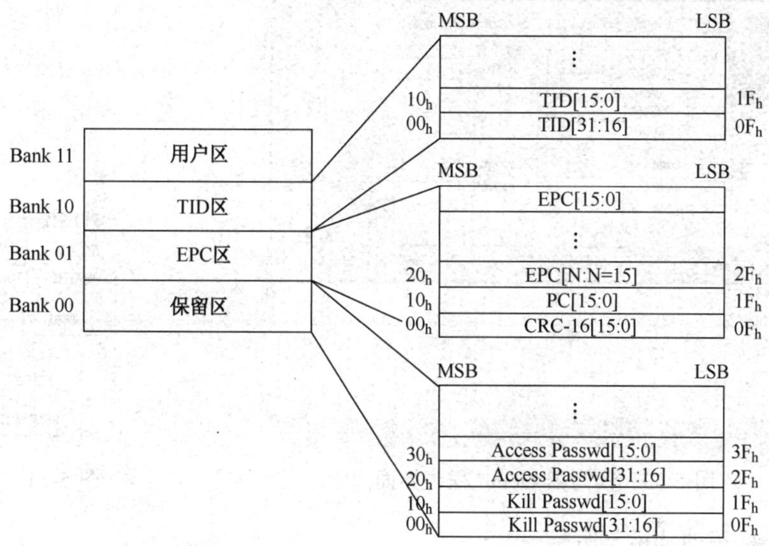

图 5-32　超高频标签存储数据结构

2．超高频特性及标准

超高频频段的射频标签典型工作频率为：433.92MHz，862（902）~928MHz。可分为有源标签与无源标签两类。工作时，射频标签位于阅读器天线辐射场的远区场内，标签与阅读器之间的耦合方式为电磁耦合方式。阅读器天线辐射场为无源标签提供射频能量，将有源标签唤醒。相应的射频识别系统阅读距离一般大于 1m，典型情况为 4~6m，最大可达 10m 以上。阅读器天线一般均为定向天线，只有在阅读器天线定向波束范围内的射频标签可被读/写。

由于阅读距离的增加，应用中有可能在阅读区域中同时出现多个射频标签的情况，从而提出了多标签同时读取的需求，进而这种需求发展成为一种潮流。目前，先进的射频识别系统均将多标签识读问题作为系统的一个重要特征。在超高频段当前已有许多 RFID 标准，有主要在欧洲使用的 ISO18000-6A 和 ISO18000-6B 标准。在美国 Auto-ID 中心提出过两个标准 Class-0 和 Class-1。

5.4.3　实践内容及步骤

1．准备工作

（1）在使用 Demo 程序读标前，将产品套件所附光盘的资料复制到用户计算机指定的目录下。

（2）正确连接计算机串口和读写器串口。

（3）连接读写器电源，红色电源指示灯亮表示电源正常。

2．运行 Demo 程序

在用户指定目录下，双击“ReaderDemo.exe”文件图标运行 Demo 程序。读写器 Demo 程序界面如图 5-33 所示。

用户进行演示之前，请正确选择串口和设置波特率（串口设置如图 5-34 所示），然后单击“联机”按钮，如果读写器工作正常，则 Demo 程序状态栏会显示设备正常和通信正常，可以进行读写器功能演示了。

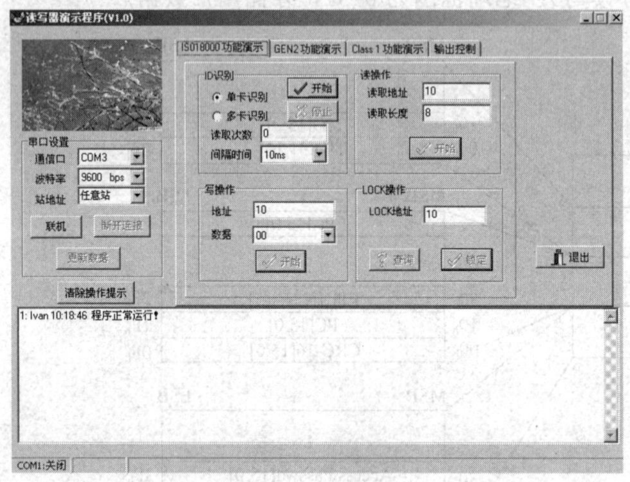

图 5-33 读写器 Demo 程序界面

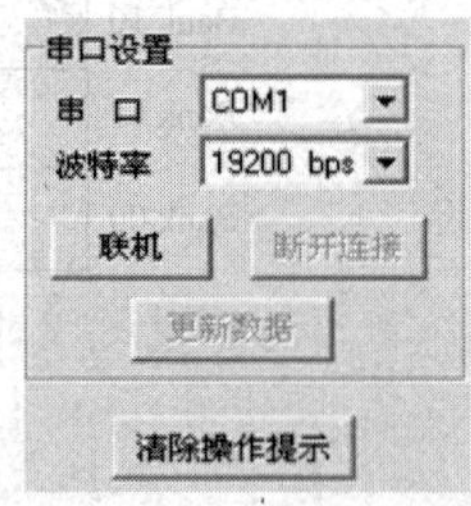

图 5-34 串口设置

3．GEN2 标签的读标与写标

GEN2 功能演示程序实现了标签识别、读标签、写标签、锁定标签和查询块锁定信息等功能。如图 5-35 所示是读写器 GEN2 功能演示的界面。

（1）单卡识别：识别单卡。当读写器有效作用范围内只有单张标签时，可以选用单卡识别（如图 5-36 所示）。

（2）多卡识别：采用防冲突算法进行标签 ID 识别。多卡识别可以识别读写器有效作用范围内的多张标签。

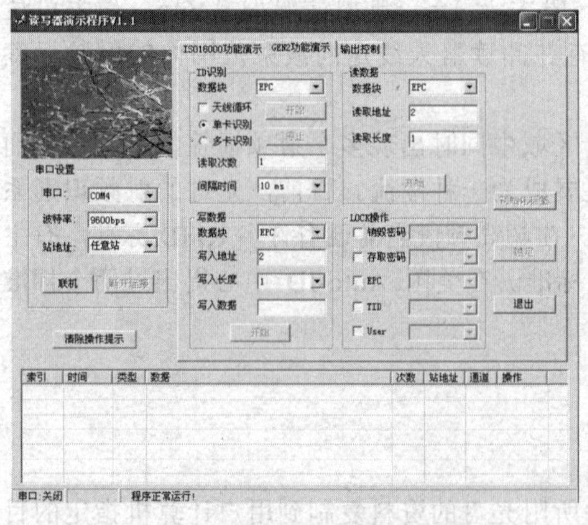

图 5-35 读写器 GEN2 功能演示界面

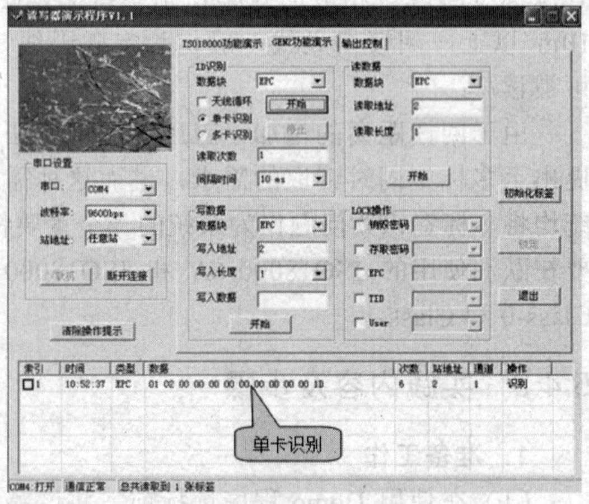

图 5-36 单卡识别

（3）读取次数：连续多次单卡或多卡识别标签的次数。

（4）间隔时间：连续 2 次标签识别之间的时间间隔。当读取次数设置大于 1 时，间隔时间有效，否则忽略间隔时间的设置。

4．功能演示

当设置好标签识别的功能演示要求后，单击“开始”按钮，进行功能演示，操作结果即显示在操作结果显示框中。

（1）ID 识别功能。主要用于识别标签 ID。

（2）写操作。对于 GEN2 标签，可以对 GEN2 标签的 EPC 码和 USER 区域进行写操作，其中 EPC 码的写入地址范围为地址 2～地址 7，USER 区域的写入地址为 0～USER 区域的最大地址，每个地址中可以输入两个数据，即数据 0 和数据 1，数据 0 和数据 1 所写入的数据为 0～255 中的任意值。EPC 的写操作如图 5-37 所示，USER 区域的写操作如图 5-38 所示。

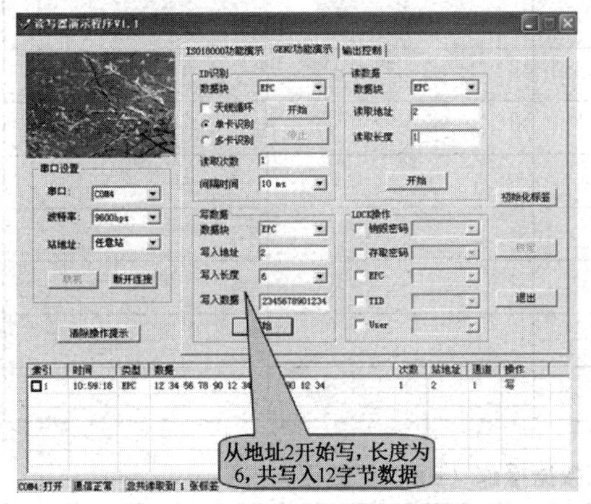

图 5-37 EPC 的写操作

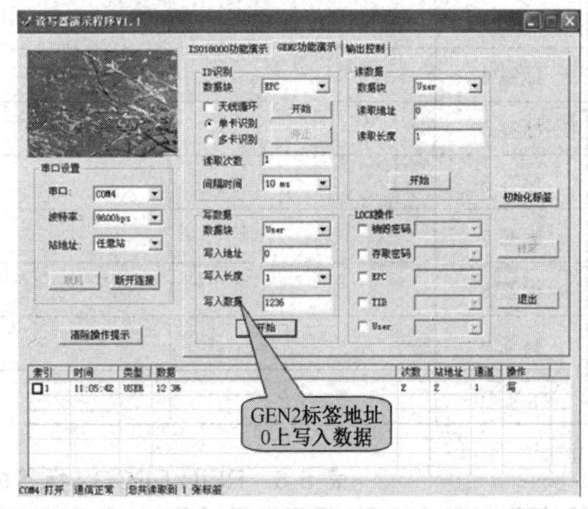

图 5-38 USER 区域的写操作

例如，对 EPC 码地址 2 写入 123 和 20，然后再对地址 7 写入 7 和 8，操作显示框中会显示出写数据成功。在演示程序中显示的结果如图 5-39 所示。

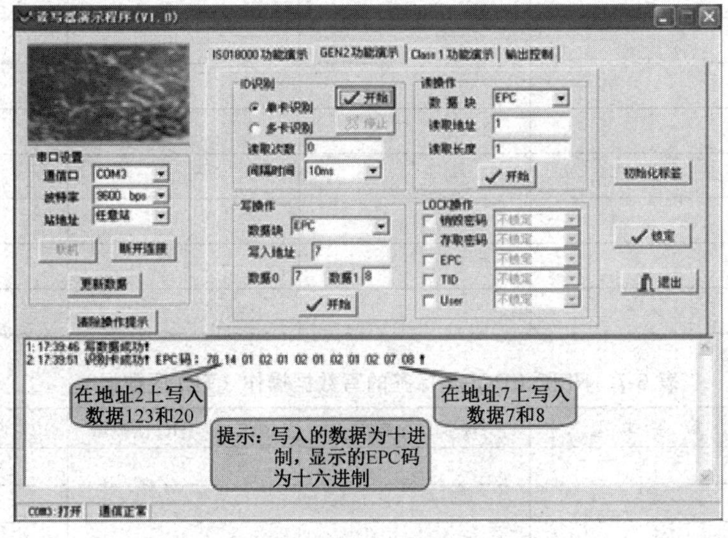

图 5-39 EPC 区域的读写操作

（3）读操作。利用 DEMO 演示程序，可以演示读取 GEN2 标签的 EPC 区域、TID 及 USER 区域的内存数据操作，其中 EPC 码的读取地址范围为地址 2～地址 7，TID 和 USER 区域的读取地址均为 0～其区域中的最大地址。

5.4.4 实验分析数据

填写 5-5～表 5-8。

表 5-5 RFID EPCG2 标签测读数据

序　号	测读标签频率/协议	测读标签 EPC 区数据	测读标签 TID 区数据	测读标签 USER 区数据
标签 1				
标签 2				
标签 3				
标签 4				
标签 5				
标签 6				
标签 7				
标签 8				
标签 9				
标签 10				

表 5-6 RFID EPCG2 标签的写数据操作（EPC 区数据）

序　号	标 签 类 型	原 EPC 区数据	修改后的 EPC 区数据	原 因 分 析
标签 1				
标签 2				
标签 3				
标签 4				
标签 5				
标签 6				
标签 7				
标签 8				
标签 9				
标签 10				

表 5-7 RFID EPCG2 标签的写数据操作（TID 区数据）

序　号	标 签 类 型	原 TID 区数据	修改后的 TID 区数据	原 因 分 析
标签 1				
标签 2				
标签 3				
标签 4				

续表

序　　号	标 签 类 型	原 TID 区数据	修改后的 TID 区数据	原 因 分 析
标签 5				
标签 6				
标签 7				
标签 8				
标签 9				
标签 10				

表 5-8　RFID EPCG2 标签的写数据操作（USER 区数据）

序　　号	标 签 类 型	原 USER 区数据	修改后的 USER 区数据	原 因 分 析
标签 1				
标签 2				
标签 3				
标签 4				
标签 5				
标签 6				
标签 7				
标签 8				
标签 9				
标签 10				

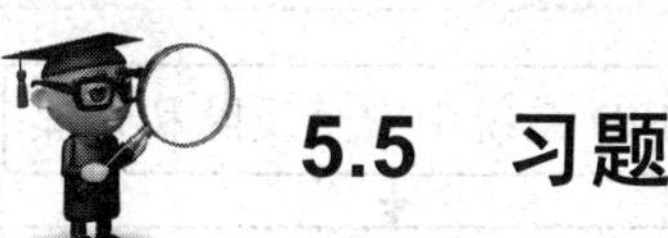

5.5　习题

一、填空题

1．RFID 中间件的功能是负责管理在______和______之间的数据流。

2．RFID 中间件最基本的功能是______和______。

3．ALE 是指______。

4．RFID 的识读周期是指______。

5．RFID 的事件周期是指______。

6．RFID ALE 的交互模式有______和______。

7．RFID ALE 的主要数据元素有______、______、______等。

二、简答题

1．简述 RFID 系统体系的结构及发展过程。

2．简述 RFID 中间件的主要功能。

3．简述 RFID 前端软件的主要功能。

4．简述 RFID 应用层事件的主要规范。

5．简述 RFID 的主要中间件产品及主要特点。

第 6 章 RFID 系统中的安全和隐私管理

导教——教学导航

职业能力要求

- 专业能力：掌握 RFID 安全与隐私管理的重要性；掌握 RFID 安全与隐私产生的根本原因；掌握 RFID 的安全技术基础，如密码学基础、RFID 安全算法方案；了解 RFID 的安全层次分析；熟悉 RFID 安全的攻击模式；掌握 RFID 安全解决方案；能对 RFID 信息系统的安全和风险进行正确评估。
- 社会能力：培养学生对信息安全的意识和管理能力。
- 方法能力：具备良好的安全保护能力，对新技术有学习、钻研精神，有较强的实践能力。

学习目标

- 掌握 RFID 安全技术基础；
- 掌握 RFID 的安全及隐私的攻击模式和应对策略。

学习任务

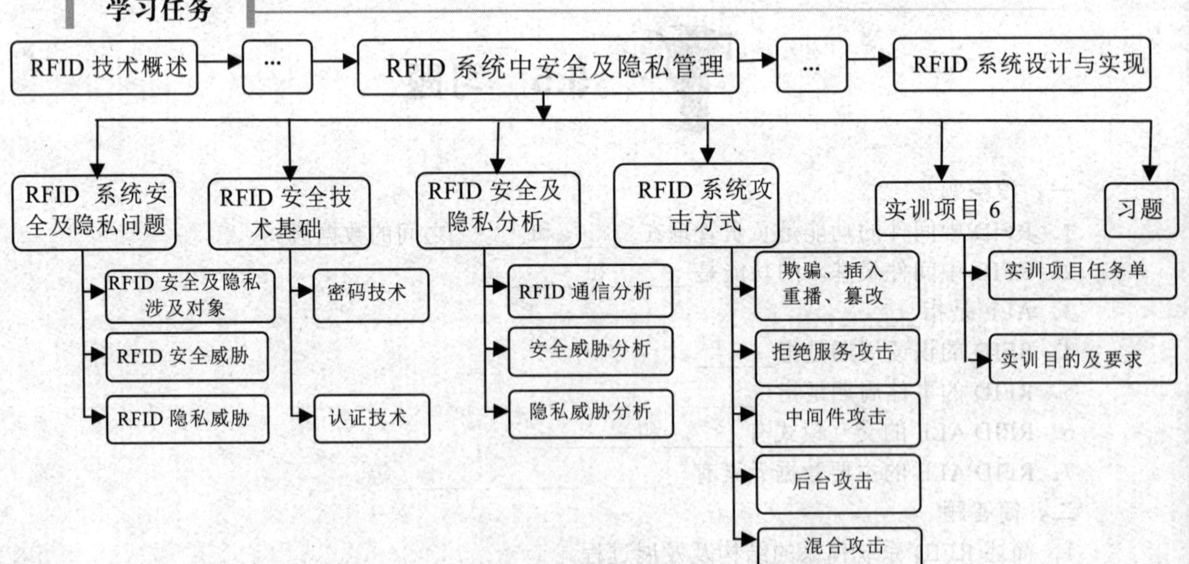

导读 6-1　汽车 RFID 遥控芯片钥匙 安全吗？

想象一下以下的情景：你刚买了一台宾士 S550—这是台尖端科技跟艺术的结晶，配备有遥控点火系统。在你到 Starbucks 买拿铁的时候，一个穿着 T 恤牛仔裤带着笔记本电脑的人友善地向你问到："这是 S550 吗？你觉得开起来如何？" 你兴奋地跟他分享你的使用心得，然后那个男人向你道谢而消失了，过几分钟，你看向窗外，发现你的宾士已经不翼而飞。

汽车上的无线或免接触式设备并不是最新型的。远端遥控设备——就是那个挂在你钥匙串上的黑盒子——已经使用了好几年。使用者只要离车子数尺之遥，就可以使用遥控来解开防盗器，然后打开车门；甚至也可以在紧急状况下启动汽车的警报器。

这类遥控开锁设备在 80 年代开始被使用，一般来说它有一个电路板，一个锁码的射频识别（RFID）芯片，还有电池跟小型天线。电池跟小型天线用来让这个黑盒子可以将信号发射出去。

遥控上的射频芯片有一组与特定的汽车运作的密码。这些密码是长度 40 位的变动串列：每次使用后，这组密码就会稍稍改变，整个组合的数量大概有一千亿组。当你按下开锁按钮时，遥控会发送 40 位长的密码与开锁的命令。如果接收器收到正确的密码，汽车就会按照命令动作，如果是错误的密码，便不会有任何反应。

真实世界下的案例：

捷克的 Radko Soucek 是一个 32 岁的汽车窃贼。根据调查，他使用一个收信器与一台笔记本电脑，在布拉格市内与郊区偷了数台名贵的汽车。Soucek 并不是个新手，他从 11 岁时就开始偷车。但直到最近他发现，使用高科技来偷车是多么容易的事情。

让他身陷囹圄的，也是他的笔记本电脑，因为里面存有过去所有他尝试解码的证据。在他的硬盘里还有一个成功解码字串的数据库，有了这个数据库，他可以在极短时间内把从未谋面的汽车的锁解开。

Soucek 并不是个特例。最近，知名足球明星贝克汉被小偷偷走两台特制防盗的 BMW X5 SUV。那是发生在西班牙首都马德里的事情。警方认为小偷使用的是软件解码，而不是用工具把车撬开。

“破解免钥匙汽车”这个技术并不完全是一个机密——基本上必须要对基本加密技术要有所了解。约翰霍普金斯与 RSA 的该篇研究论文里，只要拦截汽车跟遥控间的两组回应，就可以破解密码。

然而民调也表示，大多数人不担心未来免钥匙启动设备的安全性，同时 RFID 企业也十分坚定地要推出这种技术。然而除非无线设备的技术彻底革新，目前市面上的汽车免钥匙启动设备，都有被笔记本电脑破解的可能性。

（资料来源：CNET 科技资讯网）

导读 6-2 RFID 风险——物联网的安全黑洞？

或许电脑黑客们已经发现了下一个战场。可以设想一位黑客进入一家商店，购买了一个贴有“电子标签”（RFID）的罐头并将其带回了家；接着他撕下标签并贴上另一个包含了恶意代码的标签；他回到商店并让收银台重新扫描一下这件商品；这样恶意代码就进入了商店的电脑系统，更改产品的价格和销售数据，并创建一个登录口允许外部访问者进入商店的数据库。

2011 年 9 月，北京公交一卡通被黑客破解，从而敲响了整个 RFID 行业的警钟。黑客通过破解公交一卡通，给自己的一卡通非法充值，获取非法利益 2200 元，在相关单位报警后受到了法律的严惩。尽管此事件已经过去，但 RFID 技术的安全风险却由此被曝露出来，并受到了整个社会的密切关注。人们不禁要问，RFID 卡到底安全不安全？如果不安全，普通用户应该怎么防范这种风险？

【分析与讨论】

（1）为什么 Radko Soucek 能使用一个收信器与一台笔记本电脑就可以偷数台名贵的汽车？

（2）破解免钥匙汽车的安全隐患根本原因在哪里？

6.1 RFID 的安全和隐私问题

2008 年的破解风波将 RFID 的安全问题提到风口浪尖。用于几十亿非接触交通卡的 MifareClassic 高频 RFID 芯片可以被攻破，这使得全球无数个公交系统处于风险中，该事件之后，业界迅速做出响应，如 NXP 立即发布了安全性提高后的新 Mifare 芯片。

对 RFID 安全漏洞可能带来的危害，惠普实验室负责 RFID 技术的首席技术官 Salil Pradhan 做了一个形象的比喻："使用条形码好比行驶在城市街道上，就算撞上了人，危害也很有限。但使用 RFID 好比行驶在高速公路上，你离不开这个系统，万一系统被攻击，后果不堪设想。"因此，专家们都认为，在这项技术大规模应用之前有必要提前解决预计出现的安全和隐私问题。

6.1.1 RFID 系统的安全和隐私威胁涉及的对象

由于 RFID 系统涉及标签、读写器、互联网、数据库系统等多个对象，所以其安全性问题也显得较为复杂，包括标签安全、网络安全、数据安全和保护隐私等方面。目前，RFID 系统的安全问题已成为制约 RFID 技术推广应用的主要因素之一。RFID 技术目前在安全方面也同样存在隐患，主要有以下几个隐患。

1. 标签

小小标签其实存在着极大隐患，原因如下。

（1）标签很小，因此在技术上来说很难给它们提供保护；因为 RFID 标签非常小，所以上面不能存储太多的数据；RFID 标签容易被黑客、扒手或者满腹牢骚的员工所操控，黑客开发的小程序可以读取、篡改甚至删除标签上的信息；只需把一个廉价的插入式标签读写器连接到运行 Windows 或者 Linux 的手持设备、笔记本电脑或者台式电脑上，就可能破坏 RFID 标签上的信息、更改贴有 RFID 标签的商品的价格、调换数据等。

（2）RFID 标签是移动的，因此可以接触到它的人很多，而且大部分是未授权的用户；标签之所以存在安全漏洞，是因为它缺乏支持点对点加密和 PKI 密钥交换的功能（用 ISO14443/DESFire 等现有标准可以实现点对点加密），甚至"抢劫货车的不法分子可以用 RFID 读写器确定哪些货物值得他们下手。"

（3）标签上的信息并不总是敏感信息，花费太多的时间和费用成本去保证货物上的 RFID 标签信息的安全性，对于货主来说是毫无意义的。例如，你是否会为了超市中的一罐汽水而采取 RFID 保密措施？

（4）标签的用途非常广，因此在其安全性问题上很难做到标准化和量化。许多企业将 RFID 用于各种资产管理项目、支付项目、零售场地管理项目和供应链管理项目，支持 EPCglobal 标准的"无源标签"大多数只允许写入一次，但支持其他标准（如 ISO）的 RFID 标签却能够多次写入。市面上还将会出现大量支持多次写入功能、符合 EPCglobal UHF 第二代协议的 RFID 标签。

2. 网络

在零售店或货物运送过程中，不法分子有许多机会可以发现、篡改 RFID 标签上的数据。在公司的配送中心、仓库和商店中的网络的安全性同样很脆弱。不安全的无线网络为窃听数据提供了机会。"围绕读写器的一切系统都是非常标准的因特网基础设施。"RFID 读写器生产商 ThingMagic 的营销副总裁 Kevin Ashton 说，"所以你会遇到与在因特网上同样的安全问题。这包括竞争对手或者入侵者把非法读写器安装在网络上，然后把扫描来的数据发给别人。另一个问题是，有人劫持读写器来读取数据。”

3．数据

RFID 的主要好处之一就是增加了供应链的透明度，但这给数据安全带来了新的隐患。企业不仅要确保自己的数据安全，还要确保交易伙伴的相关数据的安全，但目前还没有决定使用哪些标准来保护 EPC 网络上的数据。例如，“验证”仍是 EPCglobal 在考虑的标准开发中的一部分。

随着更多公司加大供应链计划力度，开始彼此共享数据，拥有这些标准就很重要。弗雷斯特调研公司的分析师 Christine Overby 说：“设想一下，沃尔玛使用 ECP Network 把有关尿布的供应链信息发回给宝洁公司和金佰利公司，由于宝洁和金佰利是这类产品的竞争对手，所以宝洁要确保金佰利看不到它与沃尔玛的供应链关系，反之亦然，因此这些信息通过公共网络一股脑儿传送出去，会很成问题。”

6.1.2　RFID 系统的安全威胁

由于目前 RFID 的主要应用领域对私密性要求不高，所以很多用户对 RFID 的安全问题尚处于比较漠视的阶段。再加上 RFID 本身存在的隐含问题，使其内部的系统非常脆弱，有效攻击 RFID 完全有可能。由于集成的 RFID 系统实际上是一个计算机网络应用系统，所以其安全问题类似并相关于网络和计算机安全。而安全的主要目的是保证存储数据和在各子系统/模块之间传输的数据的安全。但是 RFID 系统的安全有两个特殊的特点：首先，RFID 标签和后端系统之间的通信是非接触和无线的，使它们很易受到窃听；其次，标签本身的计算能力和可编程性直接受到成本要求的限制。更准确地说，标签越便宜，其计算能力越弱，更难以实现对安全威胁的防护。

1．RFID 组件的安全脆弱性

在 RFID 系统中，受到非授权攻击的数据可能保存在标签、读写器或后端计算机中，由于 RFID 是采用无线通信的，当数据在各组件之间传输时，RFID 各组件极有可能被非授权用户攻击。

2．标签中数据的脆弱性

通常每个标签是具有一个存储器的微芯片，其中的数据受到的威胁类似于计算机中保存的数据受到的威胁。非授权地通过读写器或者其他手段读取标签中的数据将使其丧失安全性；在可读写标签的情况下，甚至可能非授权地改写或者删除标签中的数据。

3．标签和读写器之间的通信脆弱性

当标签传输数据给读写器或读写器质询标签时，数据通过无线电波进行传输。在这种交换中，数据安全是脆弱的。利用这种脆弱性的攻击手段包括非授权的读写器截取数据、第三方阻塞或者欺骗数据通信、非法标签发送数据。

4．读写器中的数据的脆弱性

当数据从标签采集到读写器中之后，在发送到后端系统之前，读写器一般要进行一些初步处理。在这种处理中，数据会遇到和其他任何计算机安全脆弱性相似的问题。而且有两点特别需要注意：一是一些移动式读写器需要特别关注；二是读写器多是专有的设备，很难有公共接口进行安全加固。

5．后端系统的脆弱性

当数据进入后端系统之后，则属于传统的网络安全、应用安全的范畴。在这一领域具有比较强的安全基础，可用很多手段来保证这一范畴的安全。

值得注意的是，基于应用层的安全正在不断发展和完善中，而基于 RFID 的中间件应用将大量采用基于 XML 的技术。

RFID 技术正在不断发展，通信安全的工业标准也正在不断地扩展及加强，如开发及采用高效率的加密功能（Cryptographic Functions）、对称加密（Symmetric Encryption）、信息验证码（Message Authentication Codes）和随机数字产生器等，这些技术都能大大增强 RFID 的安全性。

6.1.3 RFID 系统的隐私威胁

隐私权是指个人有其信息不受侵犯的权利。随着 RFID 技术广泛应用于各个领域，个人隐私的保护问题也越来越受到人们的关注，人们担心在使用 RFID 的过程中自己的个人隐私会被不法分子或商家利用。在 RFID 应用领域中可能存在两类隐私侵犯：位置隐私和信息隐私，其中信息隐私还包括了信息泄露。

位置隐私主要是指商家或任意一个读写器持有者都有可能通过采集射频信号跟踪顾客，并且有可能从顾客位置移动的信息当中推断出顾客的行为。RFID 标签识别装备相对低廉，特别是当 RFID 进入老百姓的日常生活以后，拥有读写器的人都可以扫描并跟踪他人，而且由于它具备被动标签信号不能切断，尺寸很小极易隐藏，使用寿命长，可自动识别和采集数据等特点，从而使恶意跟踪更容易。也就是说，人们可以在不同的时间和不同的地点识别标签，获取标签的位置信息。这样，攻击者可以通过标签的位置信息获取标签携带者的行踪，如他的工作地点，以及到达和离开工作地点的时间。

信息隐私是指任意一个读写器持有者都有可能通过扫描顾客身上的 RFID 标签获得顾客持有的物品信息，使商家可以从中推断出顾客的购买偏好。此外，RFID 系统的数据库中存储的顾客个人信息可能被其他人获取。如果通过持续观察、跟踪和评估个别顾客的消费行为，并建立消费者的信息库，会使人们的个人消费自主权和选择生活方式的自由权遭受到侵犯。

RFID 系统的隐私威胁示意图如图 6-1 所示。

图 6-1 RFID 系统的隐私威胁示意图

信息泄露是指暴露标签发送的信息，该信息包括标签用户或者识别对象的相关信息。当 RFID 标签应用于医院处方药物管理时，很可能暴露药物使用者的病理，隐私侵犯者可以通过扫描服用的药物推断出某人的健康状况。当个人信息（如电子档案、生物特征）添加到 RFID

标签里时，标签信息的泄露问题便会极大地危害个人隐私，如美国原计划于 2005 年 8 月在入境护照上装备电子标签的计划便因为考虑到信息泄露的安全问题而被推迟。

1．RFID 对个人隐私的影响

RFID 技术可以唯一标识生活中使用的物品，这使得 RFID 标签处于隐私状态。这是因为每次扫描到某人的物品信息时，你只能得知使用过这个物品的时间和地点，但无法判断出是谁已经使用过这个物品。但是 RFID 也可能处于非隐私状态。试想一下，当裤子、上衣、鞋、钱包、手机上都被贴上标签时，通过一段时间的观察就可以建立起这些私人物品的档案。于是只要在某地扫描到这些物品的信息子集，就可以判断出物品的主人在这个地方。这种猜测不是毫无根据的，事实上一些商家或不法分子很有可能利用这些信息。现在，你可以选择不成为商店的会员，商店也无法建立你的购物档案。但是当我们的私人物品和商店的商品被贴上标签后，商家便可以不经过你的允许而很容易地建立你的购物档案，这样你便已经丧失了控制自己私人信息的权利。

2．对未来 RFID 系统提出的要求

1）隐私权

不论采用直接或间接的方式，不论通过服装、消费物品或其他物件，任何商家或个人未经许可就不能获取顾客的个人信息，如顾客身上的物品信息及顾客的位置信息。也就是说，RFID 技术不能用于监测人们的行踪和活动。消费者有权要求将所拥有商品的电子标签置于失效状态。

2）知情权

消费者有权了解商品的电子标签和读写器。美国的几个消费者权益组织，如消费者反超市隐私侵权组织（CASPIAN）、全美自由联盟、电子新领域基金会、电子隐私信息中心等都呼吁为 RFID 知情权立法。在商店购物消费中，消费者有权知道哪些商品附有电子标签，读写器的位置、数据读取方式和技术参数，企业还必须披露物品信息被整理和使用的方式，而已授权使用顾客个人信息的商家则必须及时报告个人信息的使用状况。

3）平等信息原则

在读写器获取标签信息的同时，标签物品持有者有权要求提供读写器的属性信息。零售商应该明确告知社会公众有关应用 RFID 技术的方式和流程，如何维护 RFID 信息系统，以及数据库的安全性和保护隐私权的技术措施。零售商应该保证所采集信息和传输信息的安全性，进入消费者信息系统的安全性，并且在没有得到消费者同意的前提下不能将信息转让或出售给其他组织。

6.2　RFID 的安全技术基础

6.2.1　密码学基础

1．密码学的基本概念

如图 6-2 所示为一个加密模型。欲加密的信息 m 称为明文，明文经某种加密算法 E 的作用后转换成密文 c，加密算法中的参数称为加密密钥 K。密文 c 经解密算法 D 的变换后恢复为明文，解密算法也有一个解密密钥 K'，它和加密密钥可以相同也可以不同。

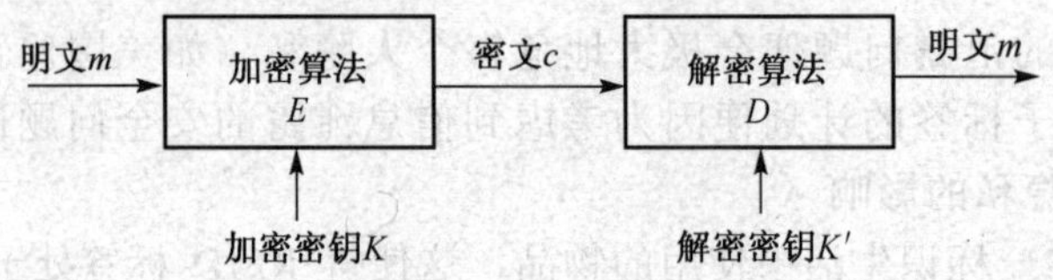

图 6-2　加密模型

由图 6-1 所示模型可以得到加密和解密变换的关系式为

$$c=E_K(m) \tag{6-1}$$

$$m=D_{K'}(c)=D_{K'}(E_K(m)) \tag{6-2}$$

密码学包含密码编码学和密码分析学。密码编码学研究密码体制的设计，而破译密码的技术则称为密码分析学。密码学的一条基本原则是必须假定破译者知道通用的加密方法，也就是说，加密算法 E 是公开的，因此真正的秘密之处为密钥。

密码的使用应注意以下问题：①密钥的长度很重要，密钥越长，密钥空间就越大，遍历密钥空间所花的时间就越长，破译的可能性就越小，但密钥越长加密算法的复杂度、所需存储容量和运算时间也都会增加，由此需要更多的资源；②密钥应易于更换；③密钥通常由一个密钥源提供，当需要向异地传送密钥时，一定要通过另一个安全信道传送密钥。

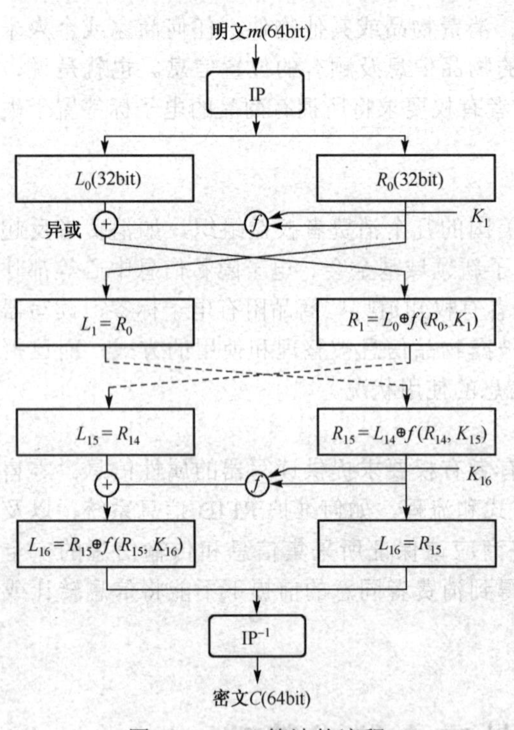

图 6-3　DES 算法的流程

密码分析所面对的主要情况是：①仅有密文而无明文的破译，称为“只有密文”问题；②拥有了一批相匹配的明文和密文，称为“已知明文”问题；③能够加密自己所选的一些明文，称为“选择明文”问题。对于一个密码体制，如果破译者即便能够加密任意数量的明文，也无法破译密文，则这一密码体制称为无条件安全的，或称为理论上是不可破的。在无任何限制的条件下，目前几乎所有实用的密码体制均是可破的。如果一个密码体制中的密码不能被可以使用的计算机资源破译，则这一密码体制称为在计算机上是安全的。

在近代密码学的发展史上，美国的数据加密标准（DES）和公开密钥体制的出现，是两个具有重要意义的事件。

2．对称密码体制

1）概述

对称密码体制是一种常规密钥密码体制，也称单钥密码体制或私钥密码体制。在对称密码体制中，加密密钥和解密密钥相同。

从得到的密文序列的结构来划分，对称密码体制可分为序列密码和分组密码两种不同的密码体制。序列密码是将明文 m 看成连续的比特流（或字符流）$m_1m_2\cdots$，并且用密钥序列 $K=K_1K_2\cdots$ 中的第 i 个元素 K_i 对明文中的 m_i 进行加密，因此也称为流密码。分组密码是将明文划分为固定的 n 比特的数据组，然后以组为单位，在密钥的控制下进行一系列的线性或非线性的变化而得到密文。分组密码的一个重要优点是不需要同步。对称密码体制算法的优点是计算开销小、速度快，是目前用于信息加密的主要算法。

2）分组密码

分组密码中具有代表性的是数据加密标准（Data Encryption Standards，DES）和高级加密标准（Advanced Encryption Standards，AES）。

（1）DES，DES 由 IBM 公司于 1975 年研究成功并发表，1977 年被美国定为联邦信息标准。DES 的分组长度为 64 位，密钥长度为 56 位，可将 64 位明文经加密算法变换为 64 位密文。DES 算法的流程如图6-2所示。

64 位的明文 m 经初始置换 IP 后的 64 位输出分别记为左半边的 32 位 L_0 和右半边的 32 位 R_0，然后经过 16 次迭代。如果用 m_i 表示第 i 次的迭代结果，同时令 L_i 和 R_i 分别代表 m_i 的左半边和右半边，则从图 6-2 可知：

$$L_i = R_{i-1} \tag{6-3}$$

$$R_i = L_{i-1} \oplus f(R_{i-1}, K_i) \tag{6-4}$$

式中，i 等于 1，2，3，…，16；K_i 为 48 位的子密钥，它由原来的 64 位密钥（但其中第 8 位，16 位, 24 位, 32 位, 40 位, 48 位, 56 位, 64 位是奇偶检验位，因此密钥实质上只有 56 位）经若干次变换后得到。

每次迭代都要进行函数 f 的变换、模 2 加运算和左右半边交换。在最后一次迭代之后，左右半边没有交换。这是为了使算法既能加密又能解密。最后一次的变换是 IP 的逆变换 IP^{-1}，其输出为密文 c。

f 函数的变换过程如图 6-4 所示。E 是扩展换位，它的作用是将 32 位输入转换为 48 位输出。E 输出经过与 48 位密钥 K_i 异或后分成 8 组，每组 6 位，分别通过 8 个 S 盒（S_1～S_8）后又缩为 32 位。S 盒的输入为 6 位，输出为 4 位。P 是单纯换位，其输入、输出都是 32 位。

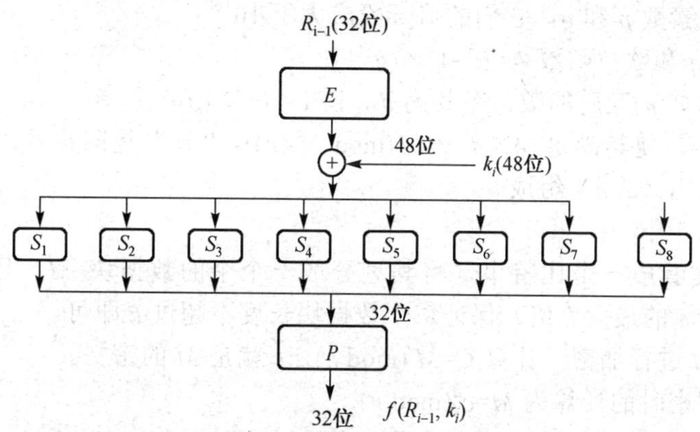

图 6-4 f 函数的变换过程

（2）AES。AES 是新的加密标准，它是分组加密算法，分组长度为 128 位，密钥长度有 128 位、192 位、256 位三种，分别称为 AES—128、AES—192、AES—256。

DES 是 20 世纪 70 年代中期公布的加密标准，随着时间的推移，DES 会更加不安全。AES 和 DES 的不同之处有以下几点：DES 的密钥长度为 64 位（有效位为 56 位），加密数据分组为 64 位，循环轮数为 16 轮，而 AES 的加密数据分组为 128 位，密钥长度为 128 位、192 位、256 位三种，对应循环轮数为 10 轮、12 轮、14 轮；DES 中没有给出 S 盒是如何设计的，而 AES 的 S 盒是公开的。因此，AES 在电子商务等众多方面将会获得更广泛的应用。

3）序列密码

序列密码也称为流密码，由于其计算复杂度低，硬件实现容易，所以在 RFID 系统中获得了广泛应用。

3．非对称密码体制

非对称密码体制也称公钥密码体制、双钥密码体制。它的产生主要有两个方面的原因：一是由于对称密码体制的密钥分配困难的问题；二是对数字签名的需求。1976 年，Diffie 和 Hellman 提出了一种全新的加密思想，即公开密钥算法，它从根本上改变了人们研究密码系统的方式。公钥密码体制在智能卡中获得了较好应用，而在 RFID 中的应用仍是一个待研究开发的课题。

1）公开密钥与私人密钥

在 Diffie 和 Hellman 提出的方法中，加密密钥和解密密钥是不同的，并且从加密密钥不能得到解密密钥。加密算法 E 和解密算法 D 必须满足以下三个条件：

（1）$(E(m))=m$，m 为明文；

（2）E 导出 D 非常困难；

（3）用“选择明文”攻击不能破译，即破译者即使能加密任意数量的选择明文，也无法破译密文。

在这种算法中，每个用户都使用两个密钥，其中加密密钥是公开的，用于其他人向他发送加密报文（用公开的加密密钥和加密算法）；解密密钥用于自己对收到的密文进行解密，这是保密的。通常称公开密钥算法中的加密密钥为公开密钥，解密密钥为私人密钥，以区别传统密码学中的秘密密钥。

2）RSA 算法

目前，公开密钥密码体制中最著名的算法为 RSA 算法。RSA 算法是基于数论的原理，即对一个大数的素数分解很困难。下面对其算法的使用进行简要介绍。

（1）获取密钥。获取密钥的步骤如下：

① 选择两个大素数 p 和 q，它们的值一般应大于 10^{100}；

② 计算 $n=p\times q$ 和欧拉函数 $\phi=(p-1)\times(q-1)$；

③ 选择一个和 $\phi(n)$ 互质的数，令其为 d，且 $1\leqslant d\leqslant\phi(n)$；

④ 选择一个 e，使其满足 $e\times d\equiv 1(\mathrm{mod}\ \phi(n))$，“≡”是同余号，则公开密钥由（$e, n$）组成，私人密钥由（$d, n$）组成。

（2）加密方法。

① 首先将明文看成一个比特串，将其划分成一个个的数据块 M，且满足 $0\leqslant M<n$。为此，可求出满足 $2^k<n$ 的最大 k 值，保证每个数据块长度不超过 k 即可。

② 对数据块 M 进行加密，计算 $C=M^e(\mathrm{mod}\ n)$，c 就是 M 的密文。

③ 对 c 进行解密时的计算为 $M=c^d(\mathrm{mod}\ n)$。

（3）算法示例。简单地取 $p=3, q=11$，则密钥生成算法如下：

① $n=p\times q=3\times 11$，$\phi(n)=(p-1)\times(q-1)=2\times 10=20$；

② 由于 7 和 20 没有公因子，所以可取 $d=7$；

③ 解方程 $7e=1(\mathrm{mod}\ 20)$，得到 $e=3$；

④ 公开密钥为（3，33），私人密钥为（7，33）。

假设要加密的密文 $M=4$，则由 $C=M^e(\mathrm{mod}\ n)=4^3(\mathrm{mod}\ 33)$ 可得 $C=31$，接收方解密时由 $M=C^d(\mathrm{mod}\ n)=31^7(\mathrm{mod}33)$ 可得 $M=4$，即可恢复出原文。

（4）RSA 算法的特点。RSA 算法的计算方便，如选 p 和 q 为大于 100 位的十进制数，则 n 为大于 200 位的十进制或大于 664 位的二进制数（83 字节），这样可一次对 83 个字符加密。RSA 算法的安全性取决于密钥长度，对于当前的计算机水平，一般选择 1024 位长的密钥即可认为是无法攻破的。RSA 算法由于所选的两个素数很大，所以运算速度慢。通常，RSA

算法用于计算机网络中的认证、数字签名和对一次性的秘密密钥的加密。

在智能卡上实现 RSA 算法，仅凭 8 位 CPU 是远远不够的，因此有些智能卡芯片还添加了加密协处理器，专门用于处理大整数的基本运算。

3）椭圆曲线密码体制（ECC）

（1）椭圆曲线（Elliptic Curves，EC）。椭圆曲线是指光滑的魏尔斯特拉斯（Weierstrass）方程所确定的平面曲线。Weierstrass 方程为

$$Y_2+a_1xy+a_3y=x^3+a_2x^2+a_4x+a_6 \tag{6-5}$$

方程中的参数定义在某个域上，可以是有理数域、实数域、复数域或者伽罗瓦域（Galois Field，GF）。

椭圆曲线密码体制来源于对椭圆曲线的研究。在密码应用中，人们关心的是有限域上的椭圆曲线，而有限域主要考虑的是素域 GF(p)和二进制域 GF(2^m)，其中 p 表示素数，m 为大于 1 的整数。有时将椭圆曲线记为 E/K 以强调椭圆曲线 E 定义在域 K 上，并称 K 为 E 的基础域。

（2）椭圆曲线的简化式。

① 域 K 是 GF(2^m)。阶为 2^m 的域称为二进制域或特征为 2 的有限域，构成 GF(2^m)的一种方法是采用多项式基表示法。此时，椭圆曲线的简化形式有两种。

第一种称为非超奇异椭圆曲线，其椭圆曲线方程为

$$Y^2+xy=x^3+ax^2+b \tag{6-6}$$

式中，$a, b\in K$。

第二种称为超奇异椭圆曲线，其椭圆曲线方程为

$$Y^2+cy=x^3+ax^2+b \tag{6-7}$$

② 域 K 是一个特征不等于 2 或 3 的素域。设 p 是一个素数，以 p 为模，则模 p 的全体余数的集合｛0，1，2，…，p–1｝关于模 p 的加法和乘法构成一个 p 阶有限域，则域 K 可用 GF(p)表示。当域 K 是一个特征不等于 2 或 3 的素域时，椭圆曲线具有简化形式：

$$Y^2=x^3+ax+b \tag{6-8}$$

式中，$a, b\in K$。

曲线的判别式是$\Delta=4a^3+27b^2\neq 0$，$\Delta\neq 0$ 以确保椭圆曲线是光滑的，即曲线上的所有点都没有两个或两个以上的不同切线。

设 $x, y\in K$，若（x, y）满足式（6-8），则称（x, y）为椭圆曲线 E 上的一个点。如图 6-5 所示为椭圆曲线上的点加倍运算的几何表示。

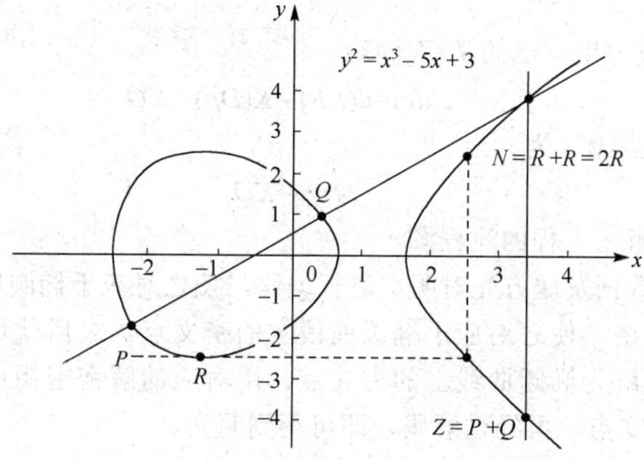

图 6-5 椭圆曲线上的点加倍运算的几何表示

从几何角度定义的两点加法运算的过程如下：作 PQ 连线交曲线于另一点，过该点作平行于纵坐标轴的直线交曲线于点 Z，则 Z 即为 PQ 两点之和，记为 $Z=P+Q$。

点加倍点运算的过程为：在 R 点作切线，交曲线于另一点，过该点作平行于纵坐标轴的直线交曲线于 N 点，则记 $N=R+R=2R$。

椭圆曲线的阶$\#E(K)$定义如下：满足椭圆曲线方程的所有点及一个称为无穷远点的集合$E(K)$是一个有限集，该集合中元素的个数称为该椭圆曲线的阶，记为$\#E(K)$。若点 P 为椭圆曲线 E/K 上的点，满足条件 $nP=\infty$的最小整数 n 称为点 P 的阶。

③ 椭圆曲线上的离散对数问题

椭圆曲线上的离散对数问题（ECDLP）定义如下：给定椭圆曲线 E 以及其上两点 P、$Q\in E$，寻找一个整数 d，使得 $Q=dP$，如果这样的数存在，这就是椭圆曲线离散对数。也就是说，选择该椭圆曲线上的一个点 P 作为基点，给定一个整数 d，则计算 $dP=Q$ 是容易的，但要想从 Q 点及 P 点推导整数 d 则是非常困难的。椭圆曲线应用到密码学上最早是由 Victor Miller 和 Neal Koblitz 各自在 1985 年提出的。

④ 安全椭圆曲线。椭圆曲线上的公钥密码体制的安全性建立在椭圆曲线离散对数的基础上，但并不是所有椭圆曲线都可以应用到公钥密码体制中。为保护安全性，必须选取安全椭圆曲线。安全椭圆曲线是指阶为大素数或含大素数因子的椭圆曲线。

⑤ 椭圆曲线参数组。椭圆曲线参数组可以定义为

$$T=(F, a, b, P, n, h) \tag{6-9}$$

式中，F 表示一个有限域 K 及它的阶；两个系数 a，$b\in K$，定义了椭圆曲线的方程式；P 为椭圆曲线的基点，其坐标为（x, y）；n 为素数且为点 P 的阶；余因子 $h=\#E(K)/n$，$\#E(K)$为椭圆曲线的阶。

⑥ 椭圆曲线密钥的生成。令 E 是 GF(p)上的椭圆曲线，P 是 E 上的点，设 P 的阶是 n，则素数 p、椭圆曲线方程 E、点 P 和阶 n 构成公开参数组。私钥是在（1, n–1）内随机选择的正整数 d，相应的公钥是 $Q=dP$。由公开参数组和公钥 Q 求私钥 d 的问题就是椭圆曲线离散对数问题（ECDLP）。

⑦ 椭圆曲线的基本 EI Gamal 加/解密方案。EI Gamal 于 1984 年提出了离散对数公钥加/解密方案，下面介绍基于椭圆曲线的基本 EI Gamal 公钥加/解密方案。

a．加密算法。首先把明文 m 表示为椭圆曲线上的一个点 M，然后再加上 KQ 进行加密。其中，K 是随机选择的正整数，Q 是接收方的公钥。发送方将密文 $c_1=KP$ 和 $c_2=M+KQ$ 发给接收方。

b．解密算法。接收方用自己的私钥计算：

$$dc_1=d(KP)=K(Dp)=KQ \tag{6-10}$$

进而可恢复出明文点 M，为

$$M=c_2-KQ \tag{6-11}$$

如图6-6所示为加/解密过程的流程图。

由图6-6 可看出，数据发送方先对明文进行编码，使之对应于椭圆曲线上的明文点，再利用加密密钥对其进行加密，使之对应于椭圆曲线上的密文点，之后就可以传输了；数据接收方收到数据后，将其理解为椭圆曲线上的密文点，用对应的解密密钥进行解密，得到的数据对应于椭圆曲线上的明文点，再经过解码，即可得到明文。

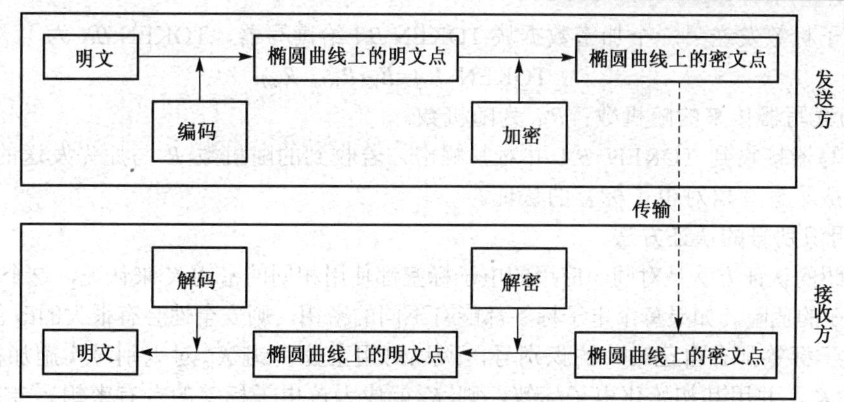

图 6-6 加/解密过程的流程图

⑧ 椭圆曲线密码体制的特点。椭圆曲线密码体制（ECC）和 RSA 算法是第六届国际密码学会议推荐的两种算法。RSA 算法的特点之一是数学原理简单，在工程应用中比较易于实现，但它的单位安全强度相对较低，用目前最有效的攻击方法去破译 RSA 算法，其破译或求解难度是亚指数级。ECC 算法的数学理论深奥复杂，在应用中比较困难，但它的安全强度比较高，其破译或求解难度基本上是指数级的。这意味着对于达到期望的安全强度，ECC 可以使用比 RSA 更短的密钥长度。例如，普遍认为 160 位的椭圆曲线密码可提供相当于 1024 位 RSA 密码的安全程度。因密钥短而获得的优点包括加/解密速度快、节省带宽和存储空间，而这正是智能卡和 RFID 所必须考虑的重要问题。目前，ECC 在智能卡中已获得相应的应用，可不采用协处理器而在微控制器中实现，而 RFID 中的应用尚需时日。

⑨ ECC 的标准。在 ECC 标准化方面，美国国家标准化组织（ANSI）、美国国家标准技术研究所（NIST）、IEEE、ISO、密码标准化组织（SECG）等都做了大量的工作，它们开发的 ECC 标准文档有 ANSI X9.63，IEEE P1363，ISO/IEC 15946、SECG SEC 和 NIST 的 FIPS186-2 标准等。

6.2.2 射频识别中的认证技术

射频识别中的认证技术要解决读写器与电子标签之间的互相认证问题，即电子标签应确认读写器的身份，防止存储数据未被认可地读出或重写；而读写器也应确认电子标签的身份，以防止假冒和读入伪造数据。

1. 三次认证过程

读写器与电子标签之间的互相认证采用国际标准 ISO 9798—2 的“三次认证过程”，这是基于共享秘密密钥的用户认证协议的方法。认证的过程如图6-7所示。

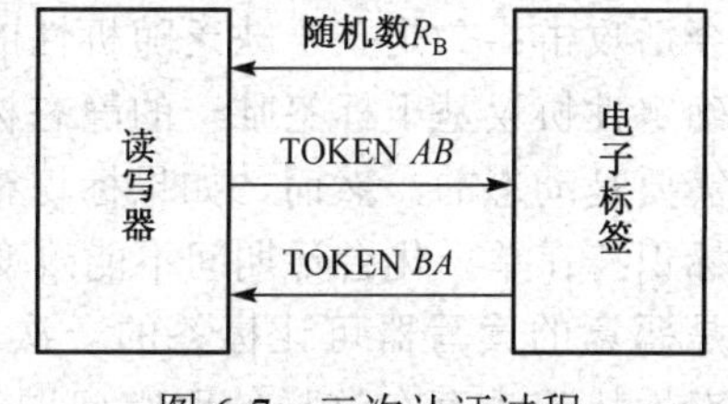

图 6-7 三次认证过程

认证步骤如下。

（1）读写器发送查询口令的命令给电子标签，电子标签响应传送所产生的一个随机数 R_B 给读写器。

（2）读写器产生一个随机数 R_A，使用共享的密钥 K 和共同的加密算法 E_K，算出加密数据块 TOKEN AB，并将 TOKEN AB 传送给电子标签。

$$\text{TOKEN } AB=E_K(R_A,\ R_B) \tag{6-12}$$

（3）电子标签接收到 TOKEN AB 后，进行解密，将取得的随机数 R 与原来发送的随机数 R_B 进行比较，若一致则读写器获得了电子标签的确认。

（4）电子标签发送另一个加密数据块 TOKEN BA 给读写器，TOKEN BA 为

$$\text{TOKEN } BA=E_{K}(R_{B1}, R_{A}) \tag{6-13}$$

式中，R_A 为读写器传来的随机数；R_{B1} 为随机数。

（5）读写器接收到 TOKEN BA 并对其解密，若收到的随机数 R 与原先发送的随机数 R_A 相同，则完成了读写器对电子标签的认证。

2．利用识别号的认证方法

上面介绍的认证方法是对同一应用的电子标签都使用相同的密钥 K 来认证，这个方法在安全方面具有潜在的危险。如果每个电子标签都能有不同的密钥，则安全性会有很大的改善。

由于电子标签都有自己唯一的识别号，所以可用主控密钥 K_m 对识别号实施加密算法而获得导出密钥 K_t，并用其初始化电子标签，则 K_t 就成为该电子标签的专有密钥。专有密钥与主控密钥、识别号相关，不同电子标签的专有密钥不同。

在认证时，读写器首先获取电子标签的识别号，在读写器中利用主控密钥 K_m、识别号和指定算法获得该电子标签的专有密钥（即导出密钥）K_t。以后的认证过程与前面介绍的三次认证过程一致，但所用的密钥为 K_t。

6.3 RFID 的安全及隐私分析

1．RFID 系统通信层次模型

应用层	用户信息 认证协议	应用层
通信层	通信方法 防碰撞算法	通信层
物理层	频率、编码、 调制	物理层

图 6-8　RFID 系统通信层次模型

RFID 系统通信层次模型可划分为 3 层：应用层、通信层和物理层，如图 6-8 所示。RFID 安全威胁及恶意跟踪可分别在这 3 个层次内进行。

（1）应用层：处理用户定义的信息，如标识符。为了保护标识符，可在传输前变换该数据，或仅在满足一定条件时传送该信息，标签识别、认证等协议在该层定义。通过标签标识符进行跟踪是目前的主要手段，因此，保护标签标识的解决方案要求每次识别时改变由标签发送到读写器的信息，此信息或者是标签标识符，或者是它的加密值。

（2）通信层：定义读写器和标签之间的通信方式。防碰撞协议和特定标签标识符的选择机制在该层定义。该层的跟踪问题来源于两个方面：一是基于未完成的单一化（Singulation）会话攻击；二是基于缺乏随机性的攻击。防碰撞协议分为两类：确定性协议和概率性协议。确定性协议基于标签唯一的静态标识符，对手可以轻易地追踪标签。为了避免跟踪，标识符需要是动态的，然而，如果标识符在单一化过程中被修改，便会破坏标签的单一化，因此，标识符在单一化会话期间不能改变。为了阻止被跟踪，每次会话时应使用不同的标识符，但是恶意的读写器可让标签的一次会话处于开放状态，使标签标识符不改变而进行跟踪。概率性协议也存在这样的跟踪问题，另外，概率性协议，如 Aloha 协议，不仅要求每次改变标签标识符，而且要求是完美的随机化，以防止恶意读写器的跟踪。

（3）物理层：定义物理空中接口，包括频率、传输调制、数据编码、定时等。在读写器和标签之间交换的物理信号可以使对手在不理解所交换的信息的情况下也能区别标签或标签集。无线传输参数遵循已知标准，使用同一标准标签发送的是非常类似的信号，则使用不同标准标签发送的信号很容易被区分。可以想象，人们可能携带嵌有标签的许多物品在大街上

行走，如果使用几个标准，每个人可能带有特定标准组合的标签，这类标准组合便使得对人的跟踪成为可能。该方法特别有利于跟踪某些类型的人，如军人或安全保安人员。类似地，不同无线指纹的标签组合，也会使跟踪成为可能。

2．RFID 系统的安全威胁分析

RFID 应用广泛，可能引发各种各样的安全问题。在一些应用中，非法用户可利用合法读写器或者自构一个读写器对标签实施非法接入，从而造成标签信息的泄露。在一些金融和证件等重要应用中，攻击者可篡改标签内容或复制合法标签，以获取个人利益或进行非法活动。在药物和食品等应用中，犯罪分子可伪造标签，进行伪劣商品的生产和销售。在实际生活中，应针对特定的 RFID 应用和安全问题，分别采取相应的安全措施。

由于 RFID 最初的应用设计是开放式的，没有过多地考虑可能出现的安全问题，所以 RFID 系统的各个环节都存在很多安全隐患。RFID 在零售业中有很多革命性的应用，如自动结算和智能货架等，但在这一应用领域中存在着拒绝服务和伪造标签的安全风险，犯罪分子可能用伪造的 RFID 标签替换货架上的商品，从而欺骗货架并偷窃物品；他们也有可能用低价物品的标签替换高价物品的标签，从而在结算时获取非法利益，另外，为了逃避超市的自动结算，盗窃者可能利用某些技术手段来隐藏标签，或是发出干扰信号影响系统的正常工作。

3．RFID 系统的隐私威胁分析

根据 RFID 系统架构和所面临的安全威胁，从下到上可将 RFID 系统划分为 3 个安全域：由标签和读写器组成的无线数据采集区域构成的安全域、由企业内部系统构成的安全域、由企业之间和企业与公共用户之间的数据交换和查询网络构成的安全区域。

（1）由标签和读写器组成的无线数据采集区域构成的安全域。这个安全域中可能存在的安全威胁包括标签的伪造、对标签的非法接入和篡改、通过空中无线接口的窃听、获取标签的有关信息及对标签进行跟踪和监控。

（2）由企业内部系统构成的安全域。这个安全域中存在的安全威胁与现有企业网一样，因此在加强管理的同时，要防止内部人员的非法或越权访问与使用，还要防止非法读写器接入企业内部网络。

（3）由企业之间和企业与公共用户之间的数据交换和查询网络构成的安全区域。ONS 通过一种认证和授权机制，以及根据有关的隐私法规，可保证采集的数据不被用于其他非正常目的的商业应用和泄露，并保证合法用户对有关信息的查询和监控。

个人隐私威胁主要可能出现在第一个安全域，即标签、空口无线传输和读写器之间，有可能导致个人信息被泄露和人被跟踪等。另外，个人隐私威胁还可能出现在第三个安全域，如果 ONS 的管理不善，也可能导致个人隐私的非法访问或滥用。

4．RFID 供应链系统的安全与隐私威胁分析

一个较完整的供应链及其面临的安全与隐私威胁如图 6-9 所示。图中有供应链内区域、商品流通区域和供应链外 3 个区域，具体包括商品生产、运输、分发中心、零售商店、商店货架、付款柜台、外部世界和用户家庭等环节。图中的前 4 个威胁为安全威胁，后 7 个威胁为隐私威胁。

安全威胁包括以下几方面。

（1）工业间谍威胁：从商品生产出来到售出之前的各环节，竞争对手可容易地收集供应链数据，其中某些涉及产业的最机密信息。例如，一个代理商可从几个地方购买竞争对手的产品，然后监控这些产品的位置补充情况；在某些场合，可在商店内或卸货时读取标签，因为携带标签的物品被唯一编号，所以竞争者可以非常隐蔽地收集大量的数据。

（2）竞争市场威胁：从商品到达零售商店直到用户在家使用等环节，携带着标签的物品使竞争者可容易地获取用户的喜好，并在竞争市场中使用这些数据。

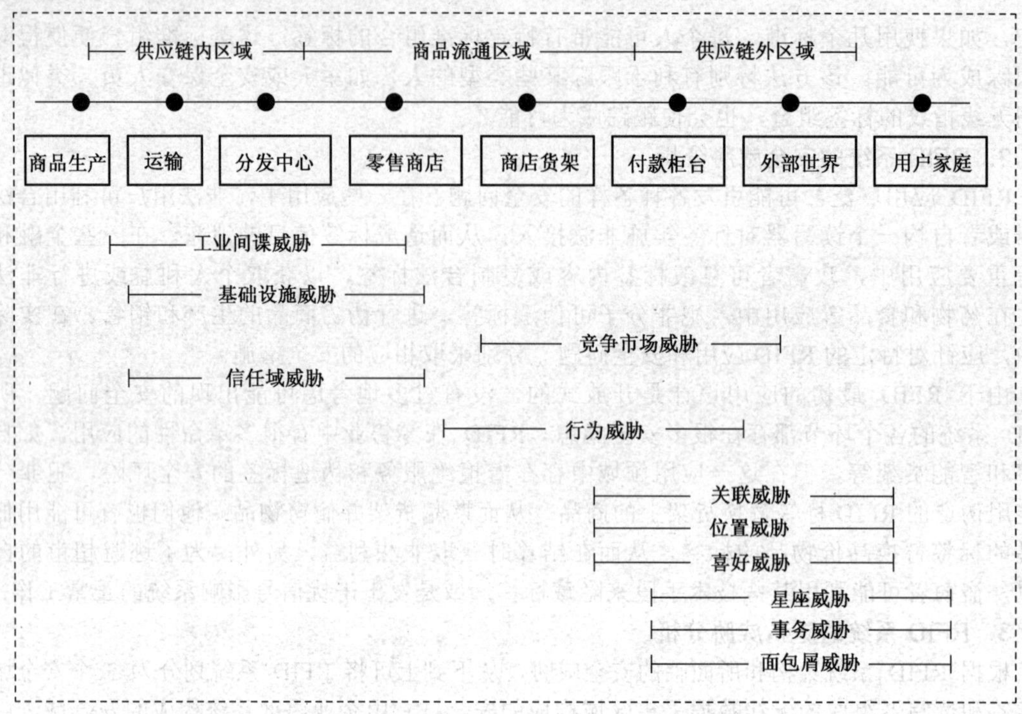

图 6-9 供应链及其面临的安全与隐私威胁

（3）基础设施威胁：基础设施威胁包括从商品生产、运输到零售商店付款柜台售出等环节，这不是 RFID 本身特定的威胁，但当 RFID 成为一个企业基础设施的关键部分时，通过阻塞无线信号，可使企业遭到新的拒绝服务攻击。

（4）信任域威胁：信任域威胁包括从商品生产、运输到零售商店付款柜台售出等环节，这也不是 RFID 特定的威胁，因需要在各环节之间共享大量的电子数据，则某个不适当的共享机制将提供新的攻击机会。

个人隐私威胁包括以下几方面。

（1）行为威胁：由于标签标识的唯一性，所以可以很容易地将其与一个人的身份相联系。这样就可以通过监控一组标签的行踪而获取一个人的行为。

（2）关联威胁：在用户购买一个携带 EPC 标签的物品时，可将用户的身份与该物品的电子序列号相关联，这类关联可能是秘密的，甚至是无意的。

（3）位置威胁：在特定的位置放置秘密的读写器，可产生两类隐私威胁。其中一类是如果监控代理知道那些与个人关联的标签，那么携带唯一标签的个人便可被监控，他们的位置便将被暴露；另一类是一个携带标签的物品的位置（无论谁或什么东西携带它）易于未经授权地被暴露。

（4）喜好威胁：利用 EPC 网络，物品上的标签可唯一地识别生产者、产品类型、物品的身份，这使得竞争（或好奇）者可以非常低的成本获得宝贵的用户喜好信息。如果对手能够容易地确定物品的金钱价值，这实际上也是一种价值威胁。

（5）星座（Constellation）威胁：无论个人身份是否与一个标签关联，多个标签可在一个人的周围形成一个唯一的星座，对手可使用该特殊的星座实施跟踪，而不必知道用户的身份，即前面描述的利用多个标准进行的跟踪。

（6）事务威胁：当携带标签的对象从一个星座移到另一个星座时，在与这些星座关联的个人之间可容易地推导出发生的事务。

（7）面包屑（Breadcrumb）威胁：属于关联结果的一种威胁。因为攻击者收集携带标签的物品，所以可在公司信息系统中建立一个与他们的身份关联的物品数据库。当他们丢弃这些“电子面包屑”时，在他们和物品之间的关联不会中断。而使用这些丢弃的“电子面包屑”可实施犯罪或某些恶意行为。

6.4　RFID 系统的攻击方式

由于 RFID 系统中包含了 Internet，所以普遍存在的网络安全问题也同样威胁着 RFID 系统的安全，同时，无线网络安全也是 RFID 系统中的一个重要问题，如犯罪分子可以利用一些技术手段入侵服务器获取数据，或截获网络中传输的重要信息，从而达到犯罪目的。

在模型中，攻击者可以从应用程序及后台数据库、有线通信信道、阅读器、前向信道、反向信道以及标签这六个方面对系统进行攻击，即系统的各个部分都有遭遇攻击的可能性。其中，对于应用程序及后台数据库，攻击者可能通过对目标系统进行非法访问以获取敏感信息。对于有线通信信道，攻击者可能窃听、篡改数据和干扰目标系统的正常通信。对于阅读器，攻击者可能通过窃听、频率分析等手段获取敏感信息或干扰目标系统的正常通信。对于前向信道，攻击者的主要攻击手段是窃听。而对于反向信道，攻击者可能采用拒绝服务攻击、跟踪、哄骗、重放及窃听等多种攻击手段。最后，对于标签，攻击者可能通过版图重构、探测攻击、故障攻击及电流分析攻击等手段非法访问系统或篡改重要数据。RFID 攻击模型如图 6-10 所示。

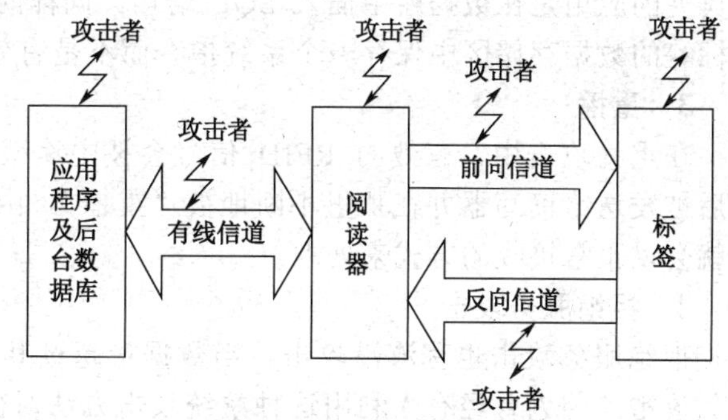

图 6-10　RFID 攻击模型

对 RFID 系统的安全攻击主要包括主动攻击和被动攻击两个类型。主动攻击是指通过物理手段对 RFID 标签实体进行重构的复杂攻击，以及通过软件寻求安全协议、加密算法，删除或篡改 RFID 标签内容，或通过干扰、阻塞信道使合法处理器产生故障的攻击。被动攻击是指通过窃听技术获得 RFID 标签和读写器之间的通信数据的攻击。主动攻击和被动攻击都会给 RFID 系统带来巨大的安全风险。需要注意的是被动攻击虽然不影响 RFID 系统的正常工作，但它所获取的重要信息会威胁整个信息系统的安全。

尽管目前 RFID 技术发展势头强劲，但和其他自动识别技术一样，RFID 在实际应用中还存在着许多涉及隐私与安全的关键问题尚待解决。现举例如下。

（1）非法跟踪。犯罪分子可以远程识别受害者身上的标签，掌握受害者的位置信息，从而给犯罪活动提供更加便利的目标及相关条件。

（2）窃取个人信息和物品信息。非法情报人员可以从标签中读出唯一的电子编码，从而获得使用者的相关个人信息。例如，抢劫货车的不法分子可以用读写器确定哪些货车“更值得他们下手”。

（3）扰乱 RFID 系统的运行。缺乏安全措施的电子标签十分脆弱，通过一些简单的技术手段，任何人都可以随意改变甚至破坏 RFID 标签上的有用信息，从而扰乱 RFID 系统的正常运行。

（4）伪造 RFID。随着时代的不断发展，RFID 制造技术可能会被犯罪分子掌握，伪造的

RFID 会严重影响 RFID 在零售业和自动付费等领域的应用。

不解决 RFID 的隐私与安全问题，RFID 技术就很难得到更加广泛的应用与推广，也将影响 RFID 系统的可靠性。因此，隐私与安全已经成为制约 RFID 技术进一步发展的重要因素。

从 RFID 空气接口攻击的角度来看，标签和读写器可以看做一个实体。尽管它们的工作方式相反，但实质上是系统的同一射频单元部分的两个不同的侧面。

从标签和读写器的空中接口进行攻击的技术方法目前主要有欺骗（Spoofing）、插入（Insert）、重播（Replay）、拒绝服务（Denial of Service，DOS）攻击、篡改标签数据、中间件攻击、后台攻击、混合攻击。

1．欺骗

欺骗攻击是指系统攻击者向系统提供和有效信息极其相似的虚假信息以供系统接收。具有代表性的欺骗攻击有域名欺骗、IP 欺骗、MAC 欺骗。在 RFID 系统中，当需要得到有效的数据时，常使用的一种欺骗方法是在空中广播一个错误的电子产品编码（EPC）。

2．插入

插入攻击是指在通常输入数据的地方插入系统命令，这种安全攻击方法攻击成功的原因是已经假定数据都是通过特殊路径输入，没有无效数据的发生。

插入攻击常见于网站上，如一段恶意代码被插入网站的应用程序中，这种安全攻击的一个典型的应用是在数据库中插入 SQL 语句。同样的攻击方式也能够应用到 RFID 系统中，如在标签的数据存储区中保存一个系统指令而不是有效数据（如电子产品编码）。

3．重播

在重播攻击中，有效的 RFID 信号会被中途截取并且把其中的数据保存下来，这些数据随后被发送给读写器并在那里不断地被“重播”。由于数据是真实有效的，所以系统对这些数据就会以正常接收的方式来处理。

4．拒绝服务攻击

拒绝服务攻击也称淹没攻击。当数据量超过其处理能力而导致信号淹没时便会发生拒绝服务攻击。因为曾经有人利用这种系统攻击方法对微软和 Yahoo 的系统成功地进行过攻击而使其深受影响，从而使得其名声大噪。这种攻击方法在 RFID 领域的变种就是众所周知的射频阻塞（RFJamming），当射频信号被噪声信号淹没后就会发生射频阻塞。还有另外一种情况，其结果也是非常相似的，就是使系统丧失正确处理输入数据的能力。这两种 RFID 系统攻击方法都能够使 RFID 系统失效。

5．篡改标签数据

对于一些想偷盗多种商品的人来说，更为有效的方法就是修改贴在商品上的标签的数据。依据标签的性质，价格、库存号及其他任何数据都可以被修改。通过更改价格，小偷可以获得巨大的折扣，但是系统仍然显示为正常的购买行为。对标签数据的修改还可以使顾客购买诸如 X 类或 R 类受限制购买的影视制品而不会受到限制。

当标签数据被修改的商品通过自助收银通道时，没有人会发现数据已经被修改了。只有库存清单才能够显示某一商品的库存和通过结算系统的销售记录不相符。

2004 年，卢卡斯·格林沃德（Lukas Grunwald）演示了他编写的一个名叫“RF 垃圾”（RF Dump）的程序。该程序是用 Suns Java 语言编写的，能够在装有 Debian Linux 或 WindowsXP 的 PC 上运行。该程序通过连接在电脑串口上的 ACG 牌的 RFID 读写器扫描 RFID 标签。当读写器识别到一张卡时，该程序将卡上的数据添入电子表格中，使用者可以输入或修改电子表格中的数据，然后重新将其写入 RFID 标签中。该程序会通过添加零或者适当截断数据确保写入数据的长度符合标签要求。

另外，出现了一个可以应用在诸如 Hewlett-PackardiPAQ Pocket 上的一个名叫 PDA RF 垃圾（RF Dump-PDA）的程序。该程序由陂尔（Perl）写的，能够运行在装有 Linux 系统的移动 PC 上。应用一个带有 RF Dump-PDA 程序的 PDA，一个小偷可以毫不费力地更改商店商品标签上的数据。

6．中间件攻击

中间件攻击可发生在读写器到后台数据处理系统的任何一个环节。下面设想一个埃克森美孚公司的快易通系统中间件攻击的理论场景。顾客的快易通 RFID 标签由安装在空中的读写器激活，该读写器与油泵或者收款机相连，读写器和标签握手并将加密的序列号读出来，而读写器和油泵与加油站的数据网络相连，该数据网络又和位于加油站的甚小口径天线终端的卫星信号发射机相连，甚小口径天线终端的发射机将该序列号发送给卫星，卫星又将该序列号中继给卫星地面站，卫星地面站将该序列号发送给埃克森美孚公司的数据中心，数据中心验证该序列号并确认与账号相连的该信用卡的授权，授权信息通过相反的路径发送给泵。收款机或油泵收到该授权信息后才允许顾客加油。

在上述环节的任何一处，系统都有可能遭受到外部的攻击。但是这种攻击需要非常复杂的发射系统。

然而，上述场景中最薄弱的环节可能还是本地网络，即系统攻击者可以相对容易地在本地网络中窃取有效数据，并用来进行重播攻击，或者将该数据重新输入本地网络，从而导致拒绝服务攻击而破坏整个系统的运行。

另一种可能性是技术比较娴熟的人员在得到该系统服务的一份工作后而对中间件采取的攻击。这些人为了有机会接触到该目标系统，可以接受较低的薪金待遇。一旦他们得到了接触目标的机会，就会进行一些所谓的“社会工程”攻击。顺着数据线路，另一个中间件攻击地方是卫星地面站和储存快易通序列号的数据中心节点。数据中心和信用卡连接的节点也是中间数据易受攻击的地方。

7．后台攻击

无论是从数据传输的角度还是从物理距离的角度来讲，后台数据库都是距离 RFID 标签最远的节点，这似乎能够远离那些对 RFID 系统的攻击。但是必须明白的是它仍然是 RFID 系统攻击的目标之一。

如果数据库包含顾客信用卡序列号的信息，那就变得非常有价值。一个数据库可能保存诸如销售报告或贸易机密等有价值的信息，这些信息对于竞争对手来讲是无价之宝。数据库受到攻击的公司可能会面临失去顾客信任以至最终失去市场的危险，除非他们的数据库系统具有较强的容错能力或者能够快速恢复。很多报纸和杂志的商业版曾经报道过许多商店因为与内部 IT 系统相关的失误而导致客户对它们的信任度降低最终遭受巨大损失的事例。

篡改数据库也可能会造成实际的损失而不仅仅是失去顾客的购买能力。可以想象，更改医院的病历系统可能会造成病人的死亡；更改病人数据库中病人的资料也将是致命的，如该病人需要输血，而其血型中的一个字母被修改了，这样就会使该病人步入死亡的边缘。医院必须经过多次核对信息的准确性来应付这种问题的发生，但是这种多次核对并不能完全阻止因数据被篡改而导致的事故的发生。它只能降低风险。

8．混合攻击

攻击者可以采用对 RFID 系统的各种攻击手段来对付某一个单独的子系统。随着那些攻击 RFID 系统的攻击者的技术水平的提高，他们还可能会采取混合攻击的方法来对 RFID 系统进行攻击。例如，一个攻击者可能用带有病毒的标签攻击零售商的射频接口，该病毒就有可能由此进入中间件体系，最终使后台系统把信用卡账号通过匿名服务器发向一个秘密网络，从而造成顾客和企业的损失。

6.5　RFID 的安全层次分析及安全解决方案

6.5.1　RFID 的安全与隐私技术

RFID 技术中的数据安全和个人隐私问题日益突出，成为阻碍其进一步发展的“瓶颈”。解决该问题需要有切实可行的综合技术解决方案和完善的法规、政策解决方案。可采取的技术解决方案包括杀死标签、法拉第网罩、主动干扰、阻止标签、哈希（Hash）锁、随机 Hash 锁、Hash 链、重加密等。目前，找到一个既能保护用户隐私和数据安全，又能维持低成本的解决方案非常重要。不仅如此，还需要有完善的 RFID 安全与隐私保护法规、政策的配合。

RFID 的安全和隐私保护与成本之间是相互制约的。优秀的 RFID 安全技术解决方案应该是平衡安全、隐私保护与成本的最佳方案。根据自动识别（Auto-ID）中心的试验数据，在设计 5 美分标签时，集成电路芯片的成本不应该超过 2 美分，这使得集成电路门电路数量限制在了 7.5～15KB。一个 96bit 的 EPC 芯片约需要 5～10KB 的门电路，因此用于安全和隐私保护的门电路数量不能超过 2.5～5KB，这使得现有密码技术难以应用。

现有的 RFID 的安全和隐私技术可以分为两大类：一类是通过物理方法阻止标签与读写器之间的通信；另一类是通过逻辑方法增加标签安全机制。随着 RFID 安全与隐私问题的日益凸现，国内外的研究人员都在积极寻求各种可能的解决方案。下面着重介绍一些 RFID 安全和隐私保护的核心技术与对策。

1．物理方法

1）杀死（Kill）标签

Auto-ID 中心提出的 RFID 标准设计模式中包含有“Kill”命令，其原理是使标签丧失功能，从而阻止对标签及其携带物的跟踪。执行“Kill”命令后，标签的所有功能都将被永久关闭并且无法被再次激活，如在超市买单时的处理。但是“Kill”命令也使标签失去了它本身应有的优点，如商品在卖出后，标签上的信息将不再可用，不便于日后的售后服务以及用户对产品信息的进一步了解，另外，若 Kill 识别序列号（PIN）一旦泄露，可能导致恶意者对超市商品的偷盗。虽然消费者可以在购买产品后执行这个“Kill”命令使标签失效，从而消除了消费者在隐私方面的顾虑，但是这种方法限制了 RFID 标签的进一步应用，如产品的售后服务、废品的回收等。

2）法拉第网罩（Faraday Cage）

法拉第网罩也称电磁屏蔽（Faraday Cage）。根据电磁场理论，由传导材料构成的容器（如法拉第网罩）可以屏蔽无线电波，使得外部的无线电信号不能进入其内，反之亦然，把 RFID 标签置于由金属网或金属薄片制成的容器中，无线电信号将被屏蔽，从而使读写器无法读取标签信息，标签也无法向读写器发送信息。因此，利用法拉第网罩可以阻止隐私侵犯者扫描标签获取信息。例如，当货币嵌入 RFID 标签后，可利用法拉第网罩原理阻止隐私侵犯者扫描，避免他人知道你包里有多少钱。顾客也可以将自己的私人物品放在有这种屏蔽功能的手提袋中，从而可防止非法读写器的侵犯，但是在很多应用领域中，这种安全措施是不可行的，如衣服上的 RFID 标签无法用金属网屏蔽。

3）主动干扰

主动干扰也称有源干扰（Active Jamming）。主动干扰无线电信号是另一种保护 RFID 标签被非法读写器读写的物理手段。能主动发出无线电干扰信号的设备可以使附近 RFID 系统的读写器无法正常工作，从而达到保护隐私的目的，但是这种方法在大多数情况下是违法的，它会给不要求隐私保护的合法系统带来严重的破坏，也有可能影响其他无线通信。

4）阻塞器标签（Blocker Tag）

RSA 安全公司提出的阻塞器标签是一种特殊的电子标签。当一个读写器询问某一个标签时，即使所询问的物品并不存在，阻塞器标签也将返回物品存在的信息，这样就可防止 RFID 读写器读取顾客的隐私信息。另外，通过设置标签的区域，阻塞器标签可以有选择性地阻塞那些被设定为隐私状态的标签，从而不影响那些被设定为公共状态的标签的正常工作。例如，商品在未被购买之前，其标签设定为公共状态，商家的读写器可以读取标签信息；而商品一经出售，标签就被设定为隐私状态，阻塞器标签会保证顾客的物品信息不能被任何读写器再读取。这项技术的缺点在于顾客必须持有阻塞器标签才能保证隐私不被侵犯，这给顾客带来了额外的负担。为了解决这个问题，该公司又提出了另一种相近的解决方法，即软阻塞器，它用于顾客购买商品后，更新隐私信息并通知读写器不要读取该信息。

5）可分离的 RFID 标签

利用 RFID 标签物理结构上的特点，IBM 推出了可分离的 RFID 标签。它的基本设计理念是使无源标签上的天线和芯片可以方便地拆分。这种可分离的设计可以使消费者改变电子标签的天线长度从而极大地缩短标签的读取距离。如果使用手持的阅读设备，几乎要紧贴标签才可以读取得到信息，因此没有顾客本人的许可，阅读设备便不可能通过远程隐蔽获取信息。缩短天线后的标签本身还是可以运行的，这样就方便了货物的售后服务和产品退货时的识别。设计者称这个设计可以为客户消除隐私顾虑，同时也保证了制造厂家与商家的利益，但是可分离标签的制作成本还比较高，标签制造的可行性也有待进一步的讨论。

2．逻辑方法

下面简要地介绍五种逻辑方法。

1）哈希（Hash）锁方案（Hash Lock）

Hash 锁是一种更完善的抵制标签未授权访问的安全与隐私技术。整个方案只需要采用 Hash 散列函数（Hash Function）给 RFID 标签加锁。当标签处于“封锁”状态时，它将拒绝显示电子编码信息，只返回使用散列函数产生的散列值，只有发送正确的密钥或电子编码信息，标签才会在利用散列函数确认后解锁。这种方法的技术成本包括标签中散列函数的实现和后端数据库里的密钥管理。由于这种方法较为直接和经济，所以它受到了研究人员的普遍关注，并且其各种改进算法纷纷出现。例如，通过引入随机数生成器，meta-ID 的非法跟踪问题得到了初步解决。

采用 Hash 锁方法控制标签（如图6-10所示）的读取访问，其工作机制如下：

锁定标签：对于唯一标志号为 ID 的标签，首先读写器随机产生该标签的 Key，计算 metaID=Hash（Key），将 metaID 发送给标签；然后由标签将 metaID 存储下来，进入锁定状态；最后读写器将（metaID，Key，ID）存储到后台数据库中，并以 metaID 为索引。

解锁标签：读写器询问标签时，标签回答 metaID；然后读写器查询后台数据库，找到对应的（metaID，Key，ID）记录，再将该 Key 值发送给标签；标签收到 Key 值后，计算 Hash（Key）值，并与自身存储的 metaID 值比较，若 Hash（Key）= metaID，则标签将其 ID 发送给读写器，这时标签进入已解锁状态，并为附近的读写器开放所有的功能。

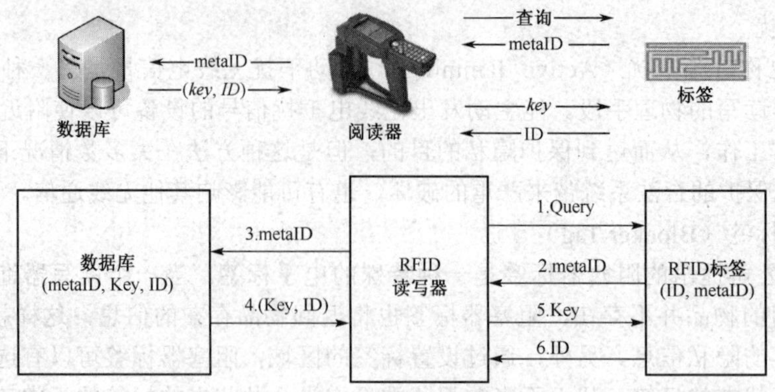

图 6-10 采用 Hash 锁方法控制标签

该方法的优点：由于解密单向 Hash 函数是较困难的，所以该方法可以阻止未授权的读写器读取标签信息数据，这在一定程度上为标签提供了隐私保护；该方法只需在标签上实现一个 Hash 函数的计算，以及增加存储 metaID 值，因此在低成本的标签上容易实现。

该方法的缺点：由于每次询问时标签回答的数据是特定的，所以它不能防止位置跟踪攻击；读写器和标签间传输的数据未经加密，窃听者可以轻易地获得标签 Key 和 ID 值。

2）随机 Hash 锁（Random Hash Lock）

尽管 Hash 函数可以在低成本的情况下完成，但要集成随机数发生器到计算能力有限的低成本被动标签上却是很困难的。另外，随机 Hash 锁仅解决了标签位置隐私问题，而一旦标签的秘密信息被截获，隐私侵犯者便可以获得访问控制权，并通过信息回溯得到标签历史记录，推断标签持有者的隐私。再者，后台服务器数据库的解码操作是通过穷举搜索进行的，需要对所有的标签进行穷举搜索和 Hash 函数计算，因此存在拒绝服务攻击。

为了解决 Hash 锁中位置跟踪的问题，对 Hash 锁方法加以改进，即采用随机 Hash 锁方法。

作为 Hash 锁的扩展，随机 Hash 锁解决了标签位置隐私问题。采用随机 Hash 锁方案，读写器每次访问标签的输出信息都不同。

随机 Hash 锁的原理是：标签包含 Hash 函数和随机数发生器，后台服务器数据库存储所有标签 ID；读写器请求访问标签，标签接收到访问请求后，由 Hash 函数计算标签 ID 与随机数 r（由随机数发生器生成）的 Hash 值；标签再发送数据给请求的读写器，同时读写器将其发送给后台服务器数据库，后台服务器数据库穷举搜索所有标签 ID 和 r 的 Hash 值，判断是否为对应标签 ID；标签接收到读写器发送的 ID 后解锁。

这里首先引入一个字符串连接符号“||”，如标签 ID 和随机数 R 的连接即可表示为“ID||R”，然后将数据库中存储的各个标签的 ID 值设为 ID_1, ID_2, ID_k, …, ID_n。

锁定标签：通过向未锁定的标签发送简单的锁定指令，即可锁定该标签。

解锁标签：读写器向标签 ID 发出询问，标签产生一个随机数 R，计算 Hash（ID||R），并将（R，Hash（ID||R））数据对传送给读写器；读写器收到数据对后，从后台数据库中取到所有的标签 ID 值，分别计算各个 Hash（ID||R）值，并与收到的 Hash（ID||R）比较，若 Hash（ID_k||R）=Hash（ID||R），则向标签发送 ID_k；若标签接收到的 ID_k=ID，此时标签即被解锁，如图 6-11 所示。

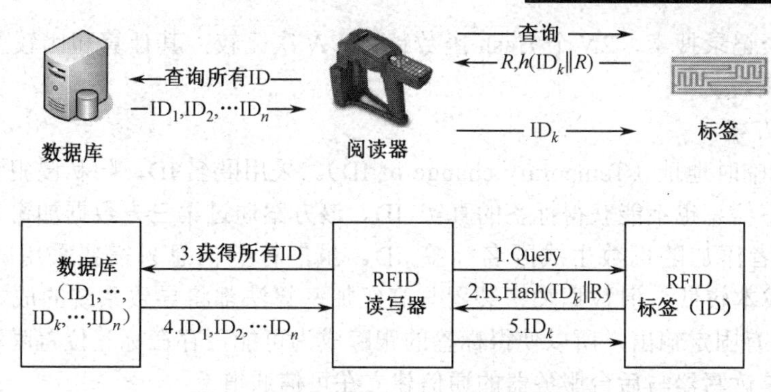

图 6-11 解锁经“随机 Hash 锁”锁定的标签

在该方法中，标签每次的回答都是随机的，因此可以防止依据特定输出而进行位置跟踪攻击。但是该方法也有一定的缺陷：读写器需要搜索所有标签 ID，并为每一个标签计算 Hash（ID_k||R），因此标签数目很多时，系统延时会很长，效率并不高；随机 Hash 锁不具备前向安全性，若敌人获得了标签 ID 值，则可根据 R 值计算出 Hash（ID||R）值，因此可追踪到标签历史位置信息。

3）Hash 链（Hash Chain）

Hash 链是 Hash 方法的一个发展，为了解决可跟踪问题，标签使用了一个 Hash 函数在每次读写器访问后自动更新标识符，以保证前向安全性。

Hash 链原理是标签最初在存储器设置一个随机的初始化标识符 s_1，同时这个标识符也储存在后台数据库。标签包含两个 Hash 函数 G 和 H。当读写器请求访问标签时，标签返回当前标签标识符 r_k=G(s_k)给读写器，同时当标签从读写器电磁场获得能量时自动更新标识符 s_{k+1}=H(s_k)。

与之前的 Hash 方案相比，Hash 链的主要优点是提供了前向安全性，然而它并不能阻止重放攻击，并且该方案每次识别时需要进行穷举搜索，比较后台数据库每个标签，一旦标签规模扩大，后端服务器的计算负担将急剧增大，因此 Hash 链方案存在着所有标签自更新标识符方案的通用缺点，即难以大规模扩展；同时，因为需要穷举搜索，所以它存在拒绝服务攻击。

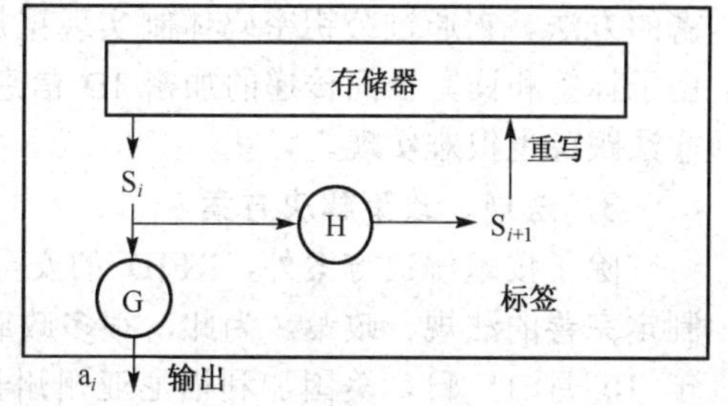

图 6-12 Hash 链方法

NTT 实验室提出了一个 Hash 链方法（如图6-12 所示），可保证前向安全性，其工作机制如下。

锁定标签：对于标签 ID，读写器随机选取一个数 S_1 发送给标签，并将（ID，S_1）存储到后台数据库中，标签存储接收到 S_1 后便进入锁定状态。

解锁标签：在第 i 次事务交换中，读写器向标签发出询问消息，标签回答 a_i = G(S_j)，并更新 S_{i+1} = H(s_i)，其中 G 和 H 为单向 Hash 函数，如图 6-11 所示。读写器接收到 a_i 后，搜索数据库中所有的（ID，S_1）数据对，并为每个标签计算 a_i = G(H(s_j))，比较 a_i^* 是否等于 a_i，若相等，则返回相应 ID。

该方法的优点：具有不可分辨性，因为 G 是单向 Hash 函数，外人获得 a_i 值不能推算出 S_i 值，当外人观察标签输出时，G 输出的是随机数，所以不能将 a_i 和 a_{i+1} 联系起来；具有前向安全性，因为 H 是单向 Hash 函数，即使窃取了 S_{i+1} 值，也无法推算出 S_i 值，所以无法获得标签历史活动信息。

该方法的缺点：需要为每一个标签计算 a_i^* = G(H^i(s_1))，假设数据库中存储的标签个数为

N，则需进行 N 个记录搜索，$2N$ 个 Hash 函数计算，N 次比较，其计算和比较量较大，不适合标签数目较多的情况。

4）匿名 ID 方案

匿名 ID 也称临时地址（Temporary change of ID）。采用匿名 ID，隐私侵犯者即使在消息传递过程中截获标签信息也不能获得标签的真实 ID。该方案通过第三方数据加密装置采用公钥加密、私钥加密或者添加随机数生成匿名标签 ID。虽然标签信息只需要采用随机读取存储器（RAM）存储，成本较低，但数据加密装置与高级加密算法都将导致系统的成本增加。因标签 ID 加密以后仍具有固定输出，所以使得标签的跟踪成为可能，存在标签位置隐私问题。并且该方案的实施前提是读写器与后台服务器的通信建立在可信通道上。

这个解决方案可以让顾客暂时更改标签 ID。当标签处于公共状态时，存储在芯片 ROM 里的 ID 可以被读写器读取。当顾客想要隐藏 ID 信息时，可以在芯片的 RAM 中输入一个临时 ID。当 RAM 中有临时 ID 时，标签会利用这个临时 ID 回复读写器的询问。只有把 RAM 重置，标签才显示它的真实 ID。这个方法会给顾客使用 RFID 标签带来额外的负担，同时临时 ID 的更改也存在潜在的安全问题。

5）重加密方案通用重加密（Universal re-encryption）

该方案采用的是公钥加密。标签可以在用户请求下通过第三方数据加密装置定期对标签数据进行重写，因采用公钥加密，大量的计算负载超出了标签的能力，所以通常这个过程由读写器来处理。该方案存在的最大缺陷是标签的数据必须经常重写，否则即使加密标签 ID 固定的输出也将导致标签定位隐私泄露。与匿名 ID 方案相似，标签数据加密装置与公钥加密将导致系统成本的增加，使得大规模的应用受到限制，并且经常地重复加密操作也会给实际操作带来困难。

为了防止 RFID 标签与读写器之间的通信被非法监听，P.Golle 等人设计出一种通用重加密的方法。它通过公钥密码体制实现重加密（即对已加密的信息进行周期性再加密）。这样，由于标签和读写器间传递的加密 ID 信息变化很快，从而使得标签电子编码信息很难被盗取，非法跟踪也很难实现。

3. 法规、政策解决方案

除了技术解决方案外，RFID 的安全与隐私保护还需要非技术层面的安全策略，以及充分制定完善的法规、政策。为此，很多政府都在积极地制定与 RFID 安全相关的法律法规。2009 年 10 月 15 日，美国加利福尼亚州州长阿诺德·施瓦辛格签署了一项新法案。该法案规定："未经所有者允许就读取其在 RFID 标签上存储的个人信息是违法行为。"唯一可以例外的是，在获得授权的情况下，紧急医疗工作者和执法人员可以在得不到答复时扫描 RFID 标签，以辅助紧急医疗和调查犯罪。利用法律的威慑力来解决 RFID 数据的安全问题是一种最有力的策略，即使技术方面有些缺陷，但那些企图窃取 RFID 商业与个人信息的人是不敢越"法律"半点"雷池"的。

有关 RFID 的权利法案提出了 RFID 系统创建和部署的五大指导原则，即 RFID 标签产品的用户具有如下权利：

（1）有权知道产品是否包含 RFID 标签；

（2）有权在购买产品时移除、失效或摧毁嵌入的 RFID 标签；

（3）有权对 RFID 做最好的选择，如果消费者决定不选择 RFID 或启用 RFID 的 Kill 功能，消费者不应丧失其他权利；

（4）有权知道他们的 RFID 标签内存储着什么信息，如果信息不正确，则有方法进行纠正或修改；

（5）有权知道何时、何地、为什么 RFID 标签被阅读。

6.5.2　当前各种技术之间的比较

如表 6-1 所示为当前各种技术之间的特性比较。

表 6-1　当前各种技术之间的特性比较

解决方案	隐私与安全特性			成本（算法复杂度，存储空间，制造成本）	额外负担（给顾客带来的不便）	对 RFID 进一步应用的影响
	数据保护（Data Protection）	防止跟踪（Tracking Prevention）	前向保护（Forward Security）			
1	△	○	—	○	○	×
2	○	○	×	△	—	—
3	○	○	—	△	△	○
4	○	○	○	×	—	—
5	○	△	○	△	—	—
6	○	○	○	×	—	—
7	○	×	×	△	—	—
8	○	○	×	△	—	—
9	○	△	○	△	—	—
10	○	△	—	△	△	○
11	○	△	—	△	×	×
12	△	△	—	×	○	△

满意○　部分满意△　不满意×　不涉及—

注：1．Kill tag.

2．One-time pad based on XOR.

3．Blocker tag.

4．External re-encryption scheme.

5．Hash-based varying identifier.

6．Hash chain-based scheme.

7．Hash-lock scheme.

8．Extended hash-lock scheme.

9．Improved hash-based varying identifier.

10．Faraday cage.

11．Active-jamming.

12．Clipped tag.

6.5.3　在 RFID 安全与隐私的关键技术中存在的几个限制因素

RFID 在应用过程中对安全与隐私技术提出了许多要求，但是发展 RFID 安全与隐私技术时除了要考虑满足这些要求外，还要考虑到其他限制因素。不计任何成本的解决方案不可能被广泛地应用，只有在各个因素之间都达到平衡的解决方案才是最佳方案。表 6-2 介绍了在 RFID 安全与隐私的关键技术中存在的几个限制因素。

表 6-2　在 RFID 安全与隐私的关键技术中存在的几个限制因素

限制因素	描　述
芯片大小	芯片的大小限制了芯片的处理能力，从而限制了安全与隐私技术的算法复杂度（随着芯片制造技术的进步，芯片的处理能力会增强）
能量	被动式标签的运行能量来自读写器发出的电磁能，限制了标签所能利用的能量
通信距离	在物流领域，有时要求读写器与标签的通信距离在 1m 以上，但通信距离长意味着要在高频段工作，则标签的工作能量受到限制
技术成本	有的安全与隐私技术要求有额外的硬件设备，或者更加复杂的软件应用平台与数据库系统，这些技术成为实际应用过程中需要控制的因素
反应时间	读写器与标签进行一次有效通信反应的反应时间是有限制的，否则可能会造成顾客的厌烦或使系统运行效率低下
额外负担	有些技术可能会给顾客的使用带来额外的负担，如更改 ID 信息等操作
应用影响	有些技术可能过于激进，影响了 RFID 在供应链中进一步的应用
法律法规	RFID 安全与隐私技术要遵循国家的法律法规，有些技术可能影响其他无线电通信网络，从而违反了相关法规

6.6　实训项目

6.6.1　实训项目任务单

RFID 门禁管理系统实践项目任务单

任务名称	RFID 门禁管理系统实践
任务要求	掌握 RFID 门禁系统的安装，熟悉 RFID 门禁管理系统的操作
任务内容	通过 RFID 门禁管理系统的实训，掌握 RFID 门禁系统的软、硬件安装，熟悉 RFID 门禁管理系统的操作，从而更加深入地掌握 RFID 的基本知识
提交资料	1．提交实训任务分析报告表 2．PPT 演示文稿
相关网站资料	大学城空间：http://www.worlduc.com/SpaceShow/Index.aspx?uid=256484 无线安防技术网：http://www.cnafs.cn/menjinxitong/RFIDmjglxtsj_581581.html
思考问题	1．门禁系统主要应用 RFID 什么样的技术标准？ 2．人员门禁与货物门禁在技术标准上存在什么区别？

6.6.2　实训目的及要求

1．实训目的

通过 RFID 门禁管理系统的实训，让同学们认识 RFID 门禁管理系统相关设备及主要功能应用，能够进行 RFID 门禁管理系统软、硬件系统的安装及配置，并应用 RFID 门禁管理系统进行门禁系统管理。

2．实训要求

由于门禁管理系统要求软、硬相匹配，请自主选一款 RFID 门禁系统，要求完成以下功能。在用户管理子系统中进行设置部门、人员资料字段维护、人员资料、人员门禁权限表、批量新增人员、卡注册表、挂失卡、恢复挂失卡和退卡操作的设置。在系统管理子系统中进行操作员管理、更改密码、使用单位注册、背景设置、更换皮肤、备份数据库、恢复数据库、系统日志等设置。

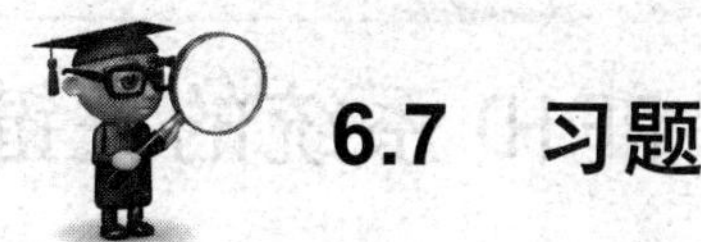

6.7 习题

一、填空题

1．RFID 系统的安全和隐私威胁涉及的对象主要有______、______和______。

2．RFID 系统通信层次模型可划分为______、______和______。

3．对未来 RFID 系统提出______、______、______要求。

4．RFID 安全与隐私技术的物理方法有______、______、______、______和______。

二、简答题

1．简述 RFID 系统的攻击方式。

2．简述 RFID 系统的三次认证过程。

3．简述基于分级的 RFID 隐私保护的实施过程。

4．简述 RFID 安全与隐私技术的主要解决方案。

5．简述 RFID 逻辑解决方案中的哈希（Hash）锁方案的实施机制。

第 7 章 RFID 系统的关键技术

导教——教学导航

职业能力要求

- 专业能力：掌握 RFID 防碰撞技术、定位技术、测试技术及贴标技术；掌握 RFID 防碰撞技术的分类及不同解决方法，了解日常生活中的主要定位技术；掌握 RFID 无线定位技术中的 TOA、TDOA、AOA 定位方法；掌握 RFID 测试技术的流程、规范及方法；掌握 RFID 贴标技术与 RFID 读写布置的关系；培养学生良好的职业素养。
- 社会能力：具备良好的独立观察思考研究能力，团队合作能力。
- 方法能力：具备良好的自学能力，新应用系统的快速掌握能力，知识迁移能力。

学习目标

- 理解 RFID 防碰撞的原因及解决办法；
- 熟悉 RFID 定位技术的原理及主要应用；
- 掌握 RFID 测试技术的流程、规范和方法；
- 掌握 RFID 贴标技术。

学习任务

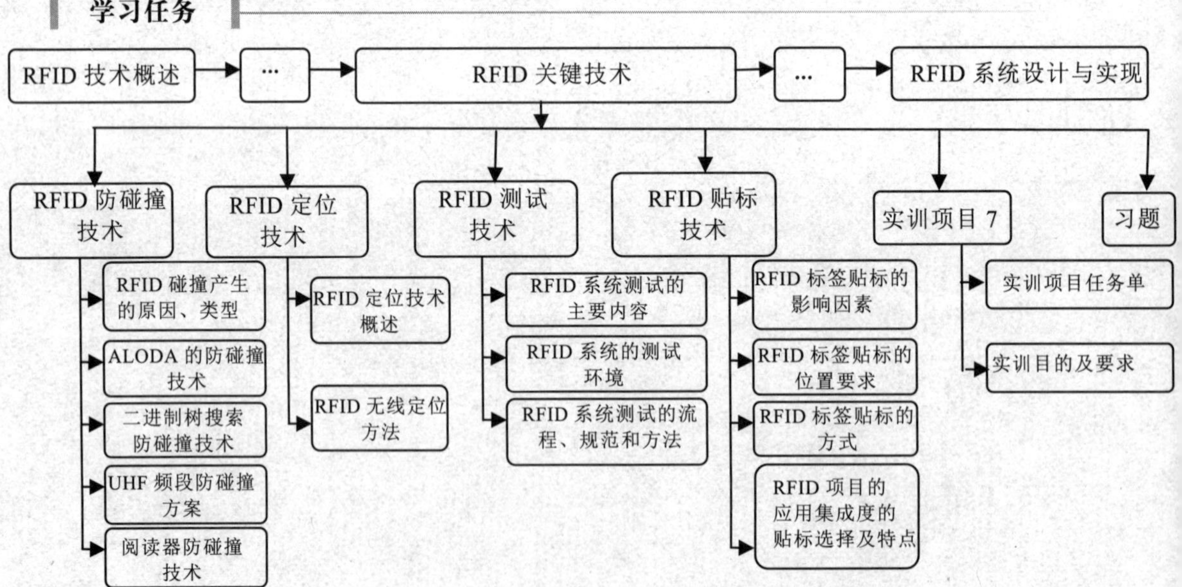

导读 7-1　采矿又添新助手，RFID 碰撞预警系统问世

在澳大利亚采矿业中，那些地下车辆、拖拉机或运输车辆都被称为“boggers”。可想而知，boggers 并非总行驶在亮堂的隧道内，而且因为没有后视镜和侧视镜（限制了视力范

围)，加上十字路口处又不能提供能见度，所以无法知道有什么车辆会冲撞出来。漆黑的矿井里到处都可能出现 boggers 横冲直撞的现象。

所有这些 boggers 都是重要的投资资本，如果发生碰撞，不仅资金上会有损失，闲置资产也会受损失，更不用说人身安全了。TELFER 金矿曾经有 3 辆巡视车辆被 boggers 压碎，每辆车损失了 8 万美元。

但问题是如何不让 boggers 与其他地下车辆相撞呢？

RFIDInc.公司与他们在澳大利亚长期的分销商和技术合作伙伴——太平洋自动化公司花费大量的时间开发了一个新的产品，由此解决了这个问题。这个新型碰撞预警系统可发挥在角落监管的功能。该解决方案为采矿业量身定做，频率为 433MHz，是一个远距离有源电子标签系统。

该解决方案具体而言是指将 RFID 标签和阅读器放到每一辆车里，由阅读器提醒操作员何时会在预定的范围内出现别的车辆。而阅读器安装在操作员可见的车辆驾驶室里并且还有一个 LED 显示屏和一个鸣笛喇叭。

有人可能会问，如果每个 bogger 都有自己的 RFID 标签，那阅读器会不会不断读到标签，接连发出错误的警报呢？为了避免这一问题，RFIDInc 增加了一个功能，即可以将阅读器设置为忽略某个特殊的标签。这个功能也是可以改变的，如有需要，可以指定新的要忽略的标签。

该碰撞预警系统的关键仍然是向采矿承包商或 bogger 操作员展示出车辆的安全运行和系统能克服透明管理等问题。该系统还有其他一些功能，如操作员可按下自我测试按钮，以确保该系统良好的使用状态。

在阅读器数米之外放置一个 Master Range Programming Tag（MRPT）并按下自动调节按钮，阅读器会一次跳出 1m 的距离去搜寻 MRPT RFID 标签。一旦发现 MRPT RFID 标签，阅读器将自动调整读距。标签的金属周围还有低电量指示器，在电池用完之前电池指示器会帮助管理者更换电池（电子标签里的电池能使用 5 年)。

这些 boggers 在配备了 RFID 公司的新型碰撞预警系统之后，便可以安全地运行，即在通过矿井隧道时不用担心在这样混乱的周围环境里碰撞到其他的移动设备。

（资料来源【比特网】转载请保留原文链接：http://sec.chinabyte.com/86/11409586.shtml）

【分析与讨论】

(1) 什么是碰撞，如何解决 RFID 碰撞？

(2) RFID 定位技术的原理是什么？

(3) 为什么要进行 RFID 系统测试，RFID 系统测试的主要测试内容是什么？

7.1　RFID 系统中的防碰撞技术

7.1.1　RFID 防碰撞技术简介

1．碰撞产生的原因

RFID 技术是利用射频信号和空间耦合（电感或电磁耦合）传输特性自动识别目标物体的技术。RFID 系统中阅读器负责发送广播并接收标签的标识信息，标签收到广播命令后将自身的标识信息发送给阅读器。然而由于阅读器与所有标签共用一个无线信道，所以在 RFID 系统的应用过程中，经常会有多个阅读器和多个标签的应用场合，这样就会造成标签之间或阅读器之间的相互干扰，这种干扰统称为碰撞（Collision）。

电子标签含有可被识别的唯一信息（序列号），RFID 系统的目的就是要读出这些信息。如果只有一个标签位于阅读器的可读范围内，则无须其他命令形式即可直接进行阅读，但如果有多个标签同时位于一个阅读器的可读范围内，则标签的应答信号就会相互干扰形成所谓的数据冲突，从而造成阅读器和标签之间的通信失败。为了防止这些碰撞的产生，在 RFID 系统中需要设置一定的相关命令，并通过适当的操作解决碰撞问题，这些操作过程被称为防碰撞命令或防碰撞算法（Anti-collision Algorithms）。

RFID 的碰撞问题与计算机网络的冲突问题类似，但是由于 RFID 系统中的一些限制，使得传统网络中的很多标准的防碰撞技术都不适于或很难在 RFID 系统中应用。这些限制因素主要有：标签不具有检测冲突的功能而且标签间不能相互通信，因此冲突判决需要由阅读器来实现；标签的存储容量和计算能力有限，这就要求防碰撞协议尽量简单和系统开销较小，以降低其成本；RFID 系统的通信带宽有限，因此需要防碰撞算法尽量减少阅读器和标签间传送信息的比特数目。因此，如何在不提高 RFID 系统成本的前提下，提出一种快速高效的防冲突算法，以提高 RFID 系统的防碰撞能力，同时满足识别多个标签的需求，从而将 RFID 技术大规模地应用于各行各业，是当前 RFID 技术亟待解决的技术难题。

2．碰撞产生的类型

随着 RFID 技术的发展，出现了多个阅读器密集分布在同一区域的 RFID 传感网络。在这个传感网络中，存在两类信息碰撞问题：一类称为多标签信息碰撞问题，即多个标签同时回复一个阅读器时产生的信息碰撞；另一类称为多阅读器信息碰撞问题，即相邻的阅读器在其信号交叠区域内产生相互干扰，导致阅读器的阅读范围减小，甚至无法读取任何标签。

1）标签的碰撞

阅读器发出识别命令后，各个标签都会在某一时间做出应答，但是在标签应答过程中会出现两个或多个标签在同一时刻应答或在一个标签没有应答完成时其他标签就做出应答的情况。这会使标签之间的信号互相干扰，降低阅读器接收信号的信噪比，从而造成标签无法被正常读取。如图 7-1 所示为标签碰撞示意图，图中的标签（Tag）1 能被阅读器正常识别，而标签（Tag）2、3、4、5、6 都将被错识读取或漏读取。

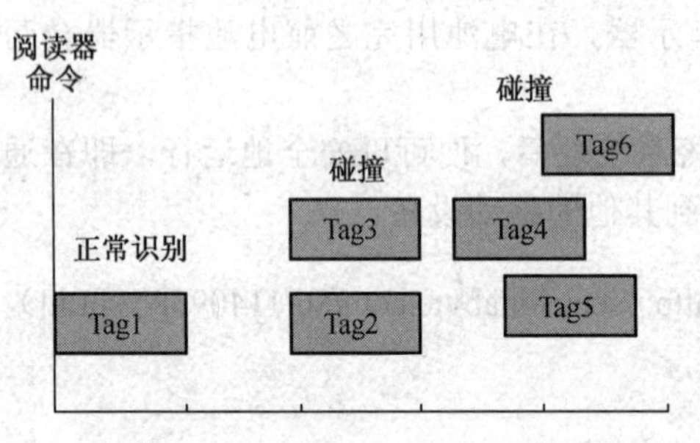

图 7-1　标签碰撞示意图

2）阅读器的碰撞

阅读器碰撞问题的分析：在密集阅读器的 RFID 传感网络中，阅读器的碰撞问题主要分为以下两种情况。

（1）多阅读器与标签之间的干扰。当多个阅读器同时阅读同一个标签时会引起多阅读器与标签之间的干扰。这里分为两种情况：一种情况是两个阅读器的阅读范围重叠，如图 7-2 所示，从阅读器 R_1 和 R_2 发射的信号可能在标签 T_1 处产生干扰，在这种情况下，标签 T_1 不能解密任何查询信号且阅读器 R_1 和 R_2 都不能阅读 T_1；另外一种情况是两个阅读器的阅读范围没有重叠，如图 7-3 所示，虽然阅读范围没有重叠，但处于干扰范围之内，在同一时间占用相同频率与标签 T_1 通信，阅读器发射的信号对阅读器 R_1 发射的信号在标签 T_1 处产生干扰，从而导致通信质量下降。

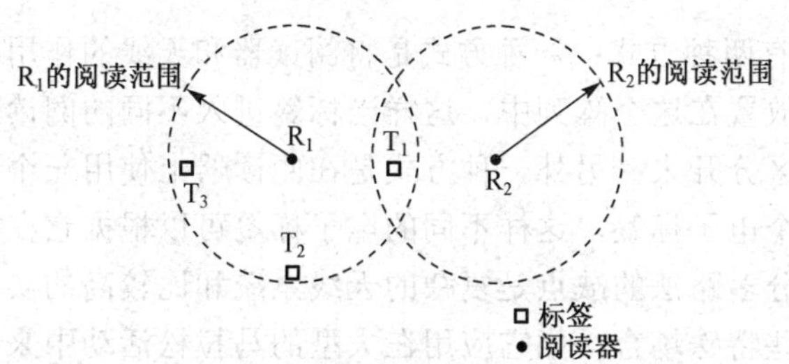

图 7-2 阅读器范围重叠的多阅读器对标签的干扰

图 7-3 阅读范围不重叠的多阅读器对标签的干扰

（2）阅读器与阅读器之间的干扰。当一个阅读器发射较强的信号与一个标签反射回的微弱信号相干扰时就引起了阅读器与阅读器之间的干扰，如图 7-4 所示。阅读器 R_1 位于阅读器干扰区。从射频标签 T_1 反射回的信号到达阅读器 R_1，很容易被阅读器 R_2 发射的信号干扰。这种干扰即使在两个阅读器的阅读范围没有重叠时也有可能产生。

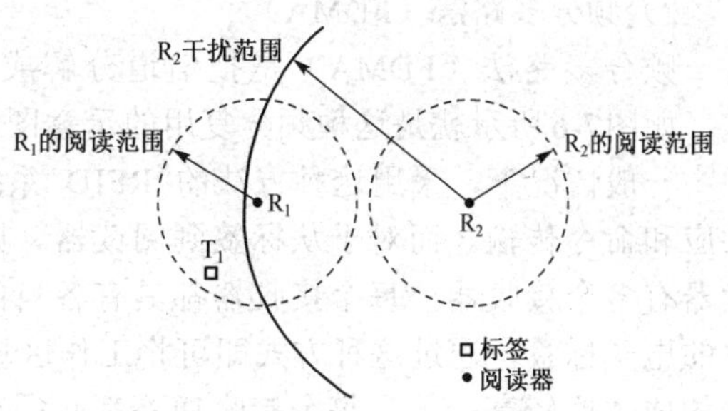

图 7-4 阅读器与阅读器之间的干扰

现有解决多阅读器信号碰撞问题的方法主要可以分为两类：协调计划算法和功率控制算法。协调计划算法的主要思想是通过建立一个全网的体系结构，统一收集阅读器间的信息碰撞消息，将系统可用的资源合理分配给各个阅读器进行使用，其代表性算法有 Colorwave 算法、HiQ21eaming 算法和 PULSE 算法等。这些算法的主要问题在于系统通常需要耗费相当多的资源来建立和实时维护这种全网的控制结构，并且需要根据系统微小的变化重新调整全网范围内的资源分配，协议开销大，收敛速度慢。功率控制算法则能克服上述问题。

3．防碰撞的主要方法

RFID 技术的一个主要优点就是多目标识别。当系统工作时，阅读器周围可能会有多个标签同时存在，当多个标签同时向阅读器传送数据时就会产生冲突问题。无线电通信系统中的多路存取方法一般有以下几种：空分多路法（SDMA）、时分多路法（TDMA）、频分多路法（FDMA）和码分多路法（CDMA）。而 RFID 系统多路存取技术的实现则对射频标签和阅读器提出了特殊的要求，因为它必须使人们感觉不到时间的浪费，且必须可靠地防止由于射频标签的数据相互碰撞而不能读出等问题的出现。

1）空分多路法（SDMA）

空分多路法（SDMA）是指在分离的空间范围内进行多个目标的识别技术，如图 7-5 所示就是一种使用定向天线的自适应的空分多路法的示意图。

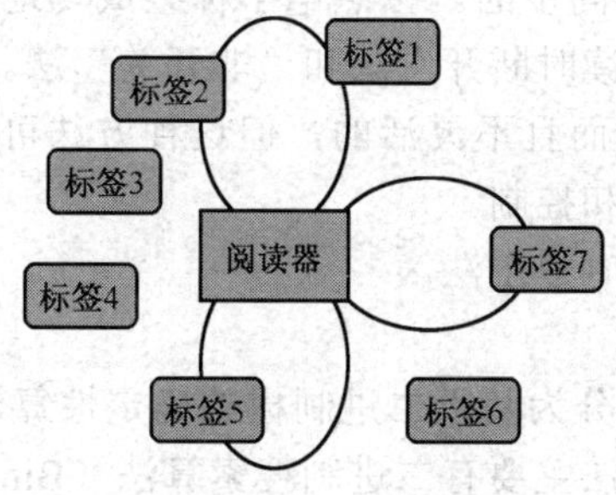

图 7-5 一种使用定向天线的自适应的空分多路法的示意图

空分多路法在 RFID 系统中的应用主要有两种方式：一种方式是将阅读器和天线的作用距离按空间进行划分，把多个阅读器和天线放置在这个阵列中，这样当标签进入不同的阅读器范围时，就可以从空间上将所有电子标签区分开来；另外一种方式是在阅读器上使用一个相控阵天线，并且让天线的方向性图对准某个电子标签，这样不同的电子标签可以根据它在阅读器工作区域的角度位置而区别开来。空分多路法的缺点是复杂的天线系统和比较高的实施费用，因此采用这种技术的系统一般为某些特殊场合，如它应用在大型的马拉松活动中来区分所有的参赛运动员。

2）频分多路法（FDMA）

频分多路法（FDMA）是把信道分解成若干个不同载波频率提供给多个用户使用的技术，如图7-6所示就是这种频分复用的示意图。

一般情况下，采用这种方法的 RFID 系统从阅读器到标签的频率均是固定的，用于能量供应和命令传输。而对于从标签到阅读器，则可以采用不同的副载波频率进行数据传输。阅读器有多个接收器，每个接收器都具有各自的工作频率，而每个接收器只响应和自己相同频率的电子标签，通过这种方式即可将工作区域内的电子标签区别开来。FDMA 的缺点是阅读器的成本比较高，因为每个接收通路都必须有自己单独的接收器以供使用，电子标签的差异更为麻烦。因此，这种防碰撞算法也应用在极少数特殊场合上。

3）时分多路法（TDMA）

时分多路法把整个可供使用的通路容量按照时间分配给多个用户的技术。在 RFID 系统中，TDMA 构成了防碰撞算法中最大的一族。这种方法又可分为电子标签控制法（电子标签驱动）和阅读器驱动法（询问驱动），如图 7-7 所示。

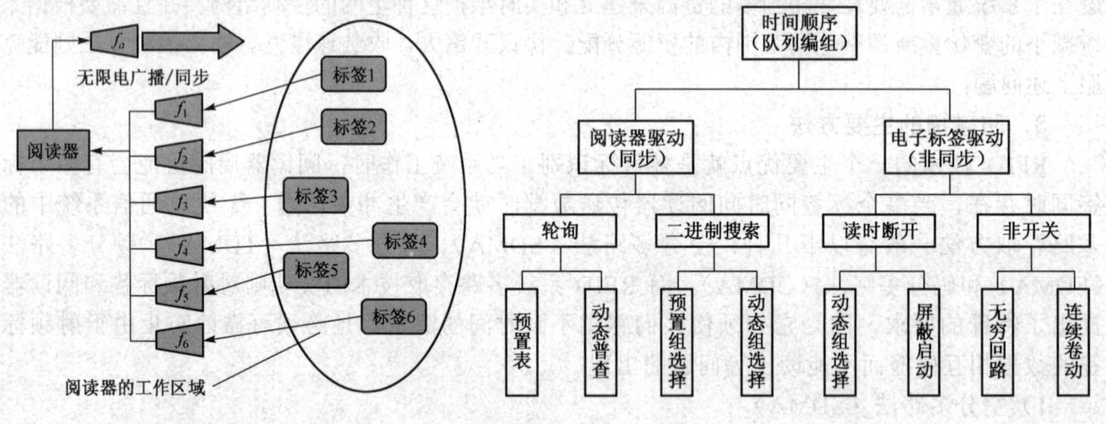

图 7-6　频分复用的示意图　　　　图 7-7　时分多路法的分类

电子标签控制法的工作是非同步的。按照电子标签成功地完成数据传输后是否通过阅读器的信号而断开，它又可分为“读时断开”法和“非开关”法。

电子标签控制法一般是很慢而且不灵活的，但这种方法可以同步进行观察，因为所有电子标签可同时由阅读器进行扫描和控制。

阅读器驱动法又可以称为定时双工法。

4）时分多路法的具体分析

目前存在的时分多路法主要分为基于二进制树的确定性算法和基于 ALODA 的不确定性算法。基于二进制树的确定性算法主要有二进制搜索算法（Binary Search）和动态二进制搜索（Dynamic Binary Search）算法，此外还有智能的寻呼树算法（Intelligent Query Tree）、自适应的被动标签防碰撞算法（Adaptive Memoryless Tag Anti-collision Protocol）及基于返回式二进制树形搜索的反碰撞算法等。基于 ALODA 的不确定性算法分为 ALODA 算法、时隙 ALODA 算法（Slotted ALODA）、动态时隙 ALODA 算法（Dynamic Slotted ALODA），此外还有帧时隙 ALODA 算法（Frame-slotted ALODA）、动态帧时隙 ALODA 算法（Dynamic Frame-slotted ALODA）等。下面将对几种重要算法进行描述。

4．防碰撞方法的设计要求

防碰撞技术主要解决 RFID 系统一次对多个标签的识别问题。假设同时进入阅读器天线区域的标签共有 n 个，则防碰撞设计要求如下：

（1）当 $1 \leqslant n \leqslant N$ 时，其中 N 为阅读器一次可识别标签数量的上限，则在碰撞发生（$n>1$）的情况下，能识别 n 个标签并依次与它们完成通信；

（2）平均响应时间 τ 足够短，τ 为某一时段内完成通信的所有标签在系统内的平均停留时间，τ 与算法有关，允许 $\tau \leqslant \tau 0$，$\tau 0$ 为不同应用中所允许的最大时延。

7.1.2 ALODA 的防碰撞技术

在 RFID 无源标签系统中，目前广泛使用的防冲突算法大都是 TDMA（Time Division Multiple Access），主要分为两大类：基于 ALODA 的算法和基于二进制树的算法。本节主要分析目前基于 ALODA 的各种算法的特点。

1．ALODA 算法

ALODA 算法最初用来解决网络通信中的数据包拥塞问题，它是一种非常简单的 TDMA 算法，被广泛应用在 RFID 系统中。其基本思想是采取标签先发言的方式，当标签进入阅读器的识别区域内就自动向阅读器发送其自身的 ID，在标签发送数据的过程中，若有其他标签也在发送数据，则发生信号重叠并导致完全冲突或部分冲突，阅读器检测接收到的信号有无冲突，一旦发生冲突，阅读器就发送命令让标签停止发送，随机等待一段时间后再重新发送以减少冲突。ALODA 算法的模型图如图7-8所示。

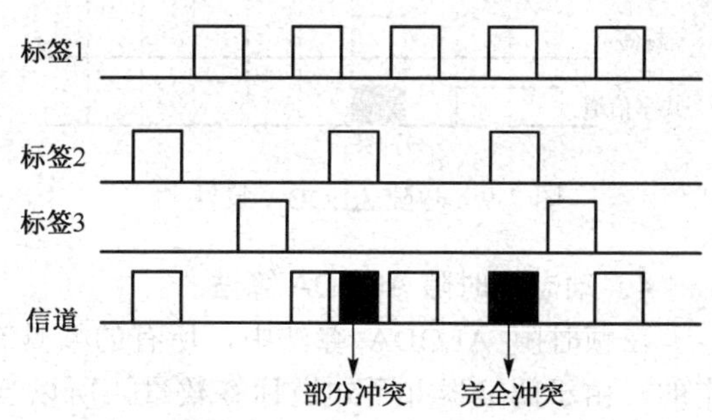

图 7-8 ALODA 算法的模型图

纯 ALODA 算法虽然算法简单，易于实现，但是存在一个严重的问题就是阅读器对于同一个标签，如果连续多次发生冲突，就将导致阅读器出现错误判断认为这个标签不在自己的作用范围；同时还存在另外一个问题，就是其冲突概率很大，假设其数据帧为 F，其冲突周期为 $2F$。针对以上问题，有人提出了多种方案来改善 ALODA 算法在 RFID 系统的可行性和识别率，如 Vogt.H 提出了一种改进的算法 Slotted ALODA 算法，该算法在 ALODA 算法的基础上把时间分成多个离散时隙，每个时隙长度 T 等于标签的数据帧长度，标签只能在每个时隙的分界处才能发送数据。这种算法避免了原来 ALODA 算法中的部分冲突，使冲突周期减少了一半，提高了信道的利用率。但是这种方法需要同步时钟，对标签要求较高，标签应有计算时隙的能力。

2．时隙 ALODA 算法

在 ALODA 算法中，标签是通过循环序列传输数据的。标签数据的传输时间仅仅为循环时间的一个小片段，在第一次传输数据完成后，标签将等待一个相对较长的时间，然后才再次传输数据，每个标签的等待时间很短。按照这种方式，所有的标签将数据全部传输给阅读器后，重复的过程才会结束。分析 ALODA 算法的运行机制，不难发现当一个标签发送数据给阅读器时，另外一个标签也开始发送数据给阅读器，这样标签数据碰撞便会不可避免地发生。

鉴于以上缺点，有关专家提出了时隙 ALODA 算法（如图 7-9 所示）。在该算法中，标签仅能在时隙的开始传输数据。用于传输数据的时隙数由阅读器控制，只有当阅读器分配完所有的时隙后，标签才能利用这些时隙传输数据。因此，与纯 ALODA 算法不同，时隙 ALODA 算法是随机询问驱动的 TDMA 防冲撞算法。

因为标签仅仅在确定的时隙中传输数据，所以该算法的冲撞发生的频率仅仅是纯 ALODA 算法的一半，但其系统的数据吞吐性能却会增加一倍。

3．帧时隙 ALODA 算法的基本原理

虽然时隙 ALODA 算法提高了系统的吞吐量，但是当大量标签进入系统时，该算法的效率并不高，因此帧时隙 ALODA 算法（如图 7-10 所示）被提出。帧时隙 ALODA 算法是指将多个时隙打包成为一帧，而标签必须选择一帧中的某个时隙向阅读器传输数据。这也是帧时隙 ALODA 算法与纯时隙 ALODA 算法的不同之处。

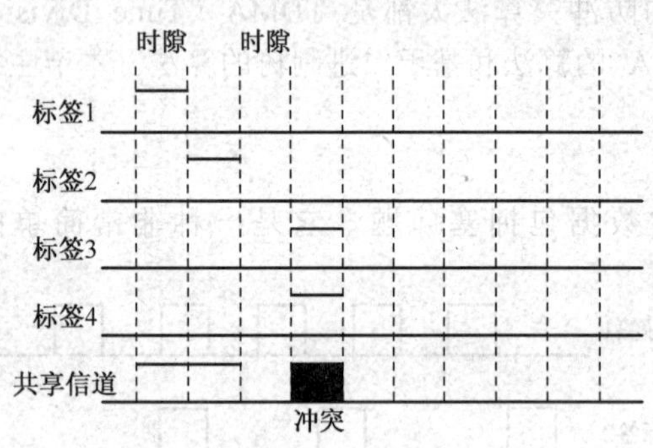

图 7-9　时隙 ALODA 算法

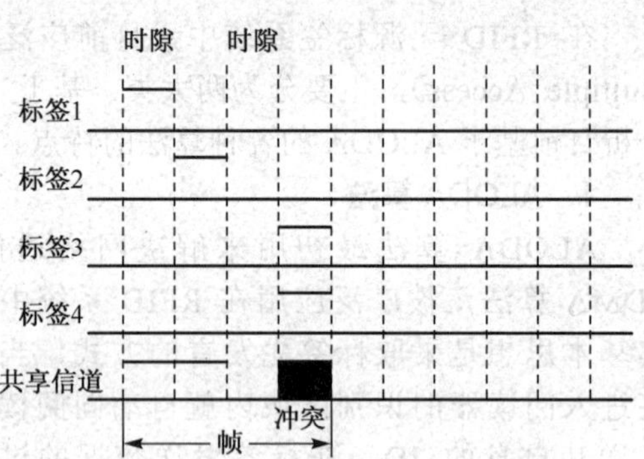

图 7-10　帧时隙 ALODA 算法

4．动态帧时隙 ALODA 算法

在帧时隙 ALODA 算法中，所有的帧具有相同的长度，即每一帧中的时隙数是相同且固定的。由于阅读器并不知道标签数量，所以当标签数量远大于一帧中的时隙数时，一帧中的所有时隙都会发生碰撞，阅读器不能读取标签信息；当标签数量远小于一帧中的时隙数时，识别过程中将有许多时隙被浪费掉。动态帧时隙 ALODA 算法通过根据识别标签的数量来改变帧长度，从而克服了动态帧时隙的不足。

7.1.3　二进制树搜索防碰撞技术

1．二进制树搜索算法

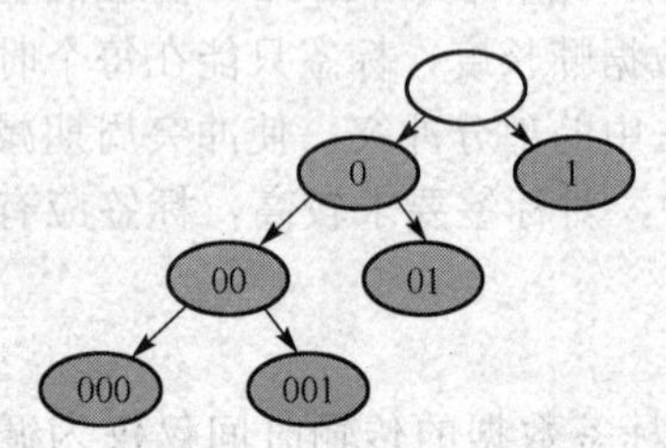

图 7-11　二进制树搜索算法模型

二进制树搜索算法（其模型如图 7-11 所示）的基本思想是将处于冲突的标签分成左右两个子集 0 和 1，先查询子集 0，若没有冲突，则正确识别标签，若仍有冲突则再分裂，把子集 0 分成 00 和 01 两个子集，以此类推，直到识别出子集 0 中的所有标签为止，然后再按此步骤查询子集 1。

二进制树搜索算法是以一个独特的序列号识别标签为基础的。其基本原理如下：阅读器每次查询发送的一个比特前缀 $p_0p_1\cdots p_i$，只有与这个查询前缀相符的标签才响应阅读器的命令。当只有一个标签响应，阅读器成功识别标签；当有多个标签响应的就发生冲突。在下一次循环中，阅读器给查询前缀增加一个比特 0 或 1，并在阅读器中设一个队列 Q 来补充

前缀，这个队列 Q 用 0 和 1 来初始化，阅读器从 Q 中查询前缀并在每次循环中发送此前缀，当前缀 $p_0p_1\cdots p_i$ 是一个冲突前缀时，阅读器就把查询前缀设为 $p_0p_1\cdots p_i$，并把前缀 $p_0p_1\cdots p_i$ 放入队列 Q 中，然后阅读器继续这个操作直到队列 Q 为空为止。通过不断增加和减少查询前缀，阅读器能识别其阅读区域内的所有标签。

2．二进制树搜索算法的实现步骤

（1）阅读器广播发送最大序列号（11111111），查询前缀 Q 让其作用范围内的标签响应，同时传输它们的序列号至阅读器。

（2）阅读器对比标签响应的序列号的相同位数上的数，如果出现不一致的现象（即有的序列号的该位为 0，而有的序列号的该位为 1），则可判断出有碰撞。

（3）确定有碰撞后，把有不一致位的数的最高位置 0 再输出查询前缀 Q，依次排除序列号大于 Q 的标签。

（4）识别出序列号最小的标签后，对其进行数据操作，然后使其进入“无声”状态，则对阅读器发送的查询命令不进行响应。

（5）重复步骤（1），选出序列号为倒数第二的标签。

（6）多次循环完后完成所有标签的识别。

假设有 4 个标签，其序列号分别为 10110010、10100011、10110011、11100011，则其二进制树搜索算法实现流程见表 7-1。

表 7-1　二进制树搜索算法实现流程

查询前缀 Q	第一次查询 11111111	第二次查询 10111111	第三次查询 10101111
标签响应	1×1×001×	101×001×	10100011
标签 A	10110010	10110010	
标签 B	10100011	10100011	10100011
标签 C	10110011	10110011	
标签 D	11100011		

注：×表示存在冲突。

针对标签发送数据所需的时间和所消耗的功率，有人提出了改进的二进制树搜索算法，其改进思路是把数据分成两部分，阅读器和标签双方各自传送其中的一部分数据，由此可把传输的数据量减小一半，达到缩短传送时间的目的。根据二进制树搜索算法的思路再进行改良，即当标签 ID 与查询前缀相符时，标签只发送其余的比特位，这样也可以减少每次传送的位数，进而缩短传送的时间，最终缩短防碰撞执行时间。表 7-2 说明了动态二进制数搜索算法的实现过程。

表 7-2　动态二进制树搜索算法的实现过程

查询前缀 Q	第一次查询 11111111	第二次查询 0111111	第三次查询 01111
标签响应	1×1×001×	×001×	00011
标签 A	10110010	10110010	
标签 B	10100011	10100011	10100011
标签 C	10110011	10110011	
标签 D	11100011		

注：×表示存在冲突。

3. 二进制搜索算法

二进制搜索算法类似于天平中采用的逐次比较方法。它通过多次比较，不断筛选出不同的序列号，时分复用地进行阅读器和标签之间的信号交换，并以一个独特的序列号识别标签为基础。为了从一组标签中选择一个，阅读器发出一个请求命令，有意识地将标签序列号传输时的数据碰撞引导到阅读器上，即通过阅读器判断是否有碰撞发生，如果有碰撞，则缩小范围进行进一步的搜索。

二进制搜索算法由一个阅读器和多个标签之间规定的一组命令和应答规则构成，目的在于从多卡中选出任一个来实现数据的通信。

该算法有 3 个关键要素：选用适当的基带编码（易于识别碰撞）；利用标签卡序列号唯一的特性；设计一组有效的指令规则，高效、迅速地实现选卡。

1）曼彻斯特编码（Mancherster）

在二进制搜索算法的实现中，起决定作用的是阅读器所使用的信号编码必须能够确定碰撞的准确比特位置。曼彻斯特编码可在多卡同时响应时，译出错误码字，可以按位识别出碰撞，这样可以根据碰撞的位置，按一定法则重新搜索标签。曼彻斯特编码与防冲撞该编码采用以下规则：逻辑“1”表示下降沿跳变；逻辑“0”表示上升沿跳变；若无状态跳变，作为错误被识别。

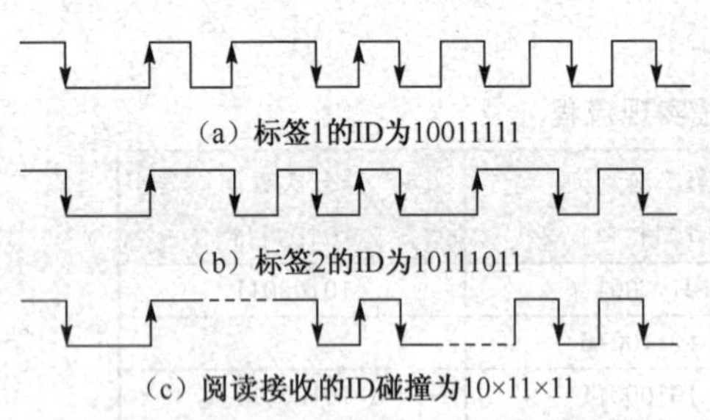

图 7-12　曼彻斯特按位识别碰撞位

当多个标签同时返回的数位有不同值时，上升和下降沿互相抵消，以至无状态跳变，则阅读器知道该位出现碰撞，产生了错误。

利用曼彻斯特编码来识别碰撞位：如图 7-12 所示，假如有两个标签，其 ID 为 10011111 和 10111011，则利用曼彻斯特可识别出 D5 和 D2 位的碰撞。

2）防碰撞指令规则

典型的防碰撞指令规则有以下几个。

（1）REQUEST——请求（序列号）。此命令发送一序列号作为参数给标签。其应答规则是：标签把自己的序列号与接收到的序列号进行比较，如果其自身的序列号小于或等于 REQUEST 指令的序列号，则此标签回送其序列号给阅读器，这样可以缩小预选的标签的范围；如果其自身的序列号大于 REQUEST 指令的序列号，则不响应。

（2）SELECT——选择（序列号）。此命令将某个（事先确定的）序列号作为参数发送给标签，具有相同序列号的标签将以此作为执行其他命令（如读出和写入数据）的切入开关，即选择这个标签，具有其他序列号的标签只对 REQUEST 命令进行应答。

（3）READ-DATA——读出数据，即选中的标签将存储的数据发送给阅读器。

（4）UNSELECT——去选择。取消一个事先选中的标签，则标签将进入“无声”状态，在这种状态下标签完全是非激活的，对收到的 REQUEST 命令不作应答。为了重新激活标签，必须先将标签移出阅读器的作用范围再进入作用范围，以实行复位。

3）二进制搜索算法的改进分析

（1）二进制搜索算法的传输时间。由二进制搜索算法的工作流程可知，防碰撞处理是在确认有碰撞的情况下，根据高低位不断降值的序列号一次次筛选出某一标签的过程，由此可知标签的数量越多，防碰撞执行时间就将越长。搜索的次数 N 可用下式来计算：

$$N = \text{Integ}(10\ M / \lg 2) + 1 \qquad (7\text{-}1)$$

式中，M 是终端作用范围内的标签片数；Integ 表示数值取整。

UID 的位数越多（如 ICODE 达 64 位），每次传送的时间越长，数据传送的时间也就会增大。例如，每次都传输完整的 UID，每次时间为 T，则用于传输 UID 的通信时间为

$$t = T \times N \tag{7-2}$$

也就是说，终端作用范围内的标签片数越多，UID 位数越多，传送时间越长，总的防碰撞执行时间肯定也就越长。

（2）动态二进制搜索算法。动态二进制搜索算法考虑的是在 UID 位数不变的情况下，尽量减少传输的数据量，使传送时间缩短，提高 RFID 系统的效率。其改进思路是把数据分成两部分，收发双方各自传送其中的一部分数据，由此可把传输的数据量减小到一半，达到缩短传送时间的目的。

通常序列号的规模在 8KB 以上，为选择一个单独的标签，每次不得不传输大量的数据，效率非常低。根据二进制搜索算法的思路进行改良，可以减少每次传送的位数，也可缩短传送的时间，从而缩短防碰撞执行时间。

（3）动态二进制搜索算法的工作步骤。

① 阅读器第一次发出一个完整的 UID 位数码 N，每个位上的码全为 1，让所有标签都发回响应。

② 阅读器判断有碰撞的最高位数 X，把该位置 0，然后传输 N～X 位的数据后即中断传输。标签接到这些数据后马上响应，回传的信号位是 X-1～1，即阅读器和标签以最高碰撞位为界分别传送前后信号。传递的总数据量可减小一半。

③ 阅读器检测第二次返回的最高碰撞位数 X' 是否小于前一次检测回传的次高碰撞位数。若不是，则直接把该位置 0；若是，则要把前一次检测的次高位也置 0，然后向标签发出信号。发出信号的位数为 N～X，标签收到信号后，如果这一级信号出现小于或等于相应数据的情况则马上响应，回传的信号只是序列号中最高碰撞位后的数，即 X-1～1 位。若标签返回信号表示无碰撞，则对该序列号的标签进行读/写处理，然后使其进入“不响应状态”。

④ 重复步骤①，多次重复后可完成标签的交换数据工作。

动态二进制搜索算法与工作步骤相对应的示例如下。在本例中使用的标签有 3 张，其序列号分别是：卡 1，11010111；卡 2，11010101；卡 3，11111101。

① 例如，N=8，传送数据为 11111111b。最高位为第 8 位，最低位为 1 位。根据响应可判断第 6 位、第 4 位、第 2 位有碰撞。

② X=6，即第 6 位有碰撞，则传送数据变为 11011111b。传送时，只传送前面 3 位数 110b，这时卡 1 和卡 2 响应，其序列号的前 3 位与标签相同，不回传，只回传各自的后 5 位数据，即卡 1 为 10111b，卡 2 为 10101b。由此可判断第 2 位有碰撞。

③ X'=2，根据要求第 4 位也要补零，则传送数据变为 11010101b，传送时只传送 1101010b。这时只有卡 2 响应，并返回 1b，表明无碰撞。阅读器选中卡 2 进行数据交换，读/写完毕后卡 2 进入“不响应状态”。

④ 重复步骤①，依序可读/写卡 1、卡 3。

在动态二进制搜索算法的工作过程中，要注意通过附加参数把有效位的编号发送给标签，从而保证每次响应的位置是正确的。

7.1.4 UHF 频段 RFID 系统的防碰撞方案

在 UHF 工作频段，主要是 ISO/IEC 18000—6 标准，包括 A、B、C（EPC Class1Gen2 标准纳入 18000—6C）三种类型，如表 7-3 所示。它们采用的防碰撞算法都不同，但均是基本算法

的改进应用。TYPE A 采用的是一种动态时隙 ALODA 算法防碰撞协议。标签内的硬件需有随机数发生器和比较器，其设计相对简单。TYPE A 防碰撞机制的不足之处是：若标签数目与初始时隙数相差较大时，防碰撞的过程会比较长。TYPE B 应用的防碰撞机制要比 TYPE A 的更有效一些，它利用随机产生的 0、1 信号来达到二进制树搜索的效果，但防碰撞的效率会随标签数量的增多而下降。TYPE C 应用的防碰撞算法是时隙随机防碰撞仲裁机制，是动态时隙 ALODA 算法的改进，在帧大小调整方面比以往的动态帧时隙 ALODA 算法有很大改进，但目前没有找到这样调整的理论依据。它具有较高的阅读速率，在美国已达到 1500 标签/秒，在欧洲可达到 600 标签/秒，它同时也适合在高密度多个阅读器环境下工作。

表 7-3　ISO/IEC 18000—6 标准三种类型的比较

技术特征 \ 类型		TYPE A（CD）	TYPE B（CD）	TYPE C
阅读器到标签	工作频段	860～960MHz		
	速率	33kbps	10kbps 或 40kbps	26.7～128kbps
	编码方式	PIE	曼彻斯特	PIE（脉冲宽度编码）
标签到阅读器	速率	40kbps	40kbps	FM0：40～640kbps 子载频调制：5～320kbps
	编码方式	FM0	FM0	FM0 或 Miler 调制子载频
	唯一识别符长度	64bit	64bit	可变，最小 16bit，最大 496bit
防碰撞算法	算法	ALODA	二进制树	时隙随机防碰撞
	类型	概率	概率	概率
	线型	250 个标签/256 个时隙，自适应分配，基本呈线形	多达 2^{256} 个标签呈线形进入	多达 2^{15} 个标签呈线形，大于此数的具有唯一电子产品编码（EPC）的标签为 $N\times\log N$
	标签查询能力	不小于 250 个	不小于 250 个	具有唯一标识的标签数量不受限制

7.1.5　阅读器的防碰撞技术

RFID 系统中的阅读器和标签通信具有空间受限的特性。在某些 RFID 系统的应用中，需要 RFID 阅读器能在一个大的范围内的任何地方都能阅读标签，因此必须在整个范围内配置很多阅读器。RFID 系统的不断增多增加了阅读器冲突的概率。随着 RFID 应用的不断增长，人们逐渐重视 RFID 阅读器冲突的问题，并进行了一些研究。Daniel 及 Engels 等最早提出了 RFID 阅读器冲突问题，他们指出阅读器冲突是一种类似于简单图着色的问题。随后 WMdmp 和 Engels 等提出了一种阅读器防冲突算法 Colorwave。Colorwave 是一种基于时分多址（TDMA）原理的分布式防冲突算法，当网络中的阅读器数量比较小时该方法是有效的和可行的。欧洲电信标准协会（ETSI）发布的 EN 302 208 标准采用一种基于载波侦听多路访问（Carrier Sense Multi.Access，CSMA）原理的先侦听后发言的方法（Listen Before Talk，LBT）来减少阅读器冲突的情况。尽管该方法的实现简单，但是可能导致某些阅读器长时间无法获得信道。EPC Class1 Gen2 标准阐述了采用频分多址（FDMA）原理来避免阅读器冲突的算法。但是由于大部分的标签不具备频率分辨能力，所以在该标准中仍然存在阅读器冲突的情况。互联 RFID 阅读器冲突模型（Interconnected RFID Reader Collision Model，IRCM）是一种基于 P2P 结构的无须中央服务器参与的阅读器信息交互模型。阅读器之间通过协商和调整读取速度、读取时间等参数来减少冲突发生的概率。尽管不需要中央服务器，但是 IRCM 使得阅读器经常陷于互相交互与协商的过程，这显然会大大减少阅读器的标签扫描时间和工作效率。

针对上述情况，本节提出了通过中央服务器集中控制阅读器分时隙操作来实现避免阅读器冲突的方法，并建立了一种基于模拟退火策略的混沌神经网络进行阅读器时隙分配问题求解的模型。这是一种基于 TDMA 原理的集中控制式防冲突方法，可以根据阅读器冲突关系的变化在线进行阅读器的时隙分配求解与控制，而且在不影响阅读器工作效率的同时，可以消除密集阅读器环境下的阅读器冲突问题。

1．RFID 阅读器冲突及解决途径

1）密集阅读器环境中的阅读器冲突

密集阅读器环境就是指在 RFID 系统应用中，在预定区域内部署多个 RFID 阅读器，以满足对区域内的所有标签进行完全的、高可靠的读取要求。系统网络中包含多个阅读器和一个中央计算机，阅读器与中央计算机之间一般采用局域网（LAN）或无线局域网（WLAN）方式进行通信连接。网络中的每个阅读器通常具有不同范围的识读区域，各阅读器的识读区域可能有交集，即识读区域有相互重叠的部分。为了便于说明，用图 7-13 近似地描绘了密集阅读器环境下的阅读器冲突。每个圆圈代表一个阅读器的识读区域（实际应用中的识读区域可能为不规则形状），圆点代表相应的阅读器。如果两个阅读器的识读区域有相互重叠，如图 7-13 中的 R_1 和 R_2，则当 R_1、R_2 同时工作时，如果不采取防冲突措施，就会产生阅读器冲突，甚至使整个 RFID 系统无法正常工作。

2）分时传输解决阅读器冲突

标签是通过电磁耦合的方式从阅读器获得能量的，由于获得的能量非常有限，所以无源标签只具备简单的功能而不具备区分不同频率信号的能力。因此，RFID 阅读器的防冲突无法通过 FDMA 来实现，而只能靠 TDMA 方法解决。可以将阅读器的防冲突看成阅读器时隙分配问题。时隙分配可能的实现方法可分为分布式时隙控制与集中式时隙控制两种。分布式时隙控制方法以防冲突算法 Colorwave 和 IRCM 为代表，时隙分配过程以网络中的每个阅读器为中心，各阅读器之间相互反复通信协商来确定各自的工作时隙，发生冲突时往往通过增加新的时隙来解决，结果使得时隙分配过程较长且需要的总时隙数目多；集中式时隙控制方法几乎不占用阅读器的资源，通过中央计算机或服务器运行优化算法进行时隙分配问题的求解，这种方法求解速度快且不占用阅读器资源。

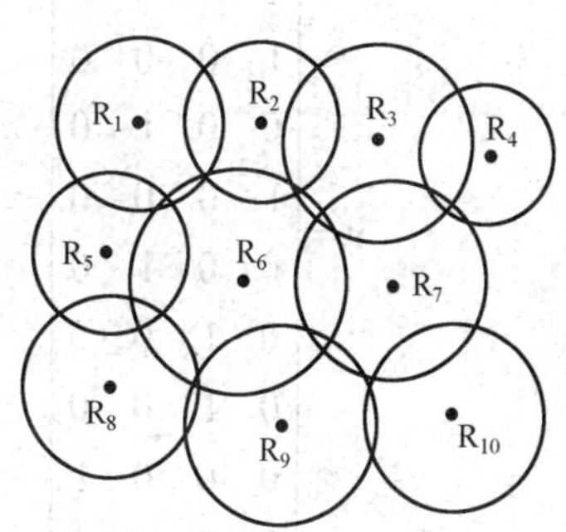

图 7-13 密集阅读器环境中的阅读器冲突示意图

因此，这里采用集中式时隙控制，即根据阅读器之间的冲突关系，由中央计算机执行时隙分配的优化算法。在得到时隙分配结果后，中央计算机指定各个阅读器在分配到的时隙内进行读写操作，从而消除阅读器冲突情况。

2．平面图着色与阅读器防冲突

RFID 阅读器冲突问题类似于一个简单的平面图 $G=(R, E)$。顶点集合 R 是 RFID 阅读器集合，即 $R=\{r_1, r_2, \cdots, r_n\}$。边集合 E 描述了 RFID 系统中阅读器之间的冲突关系。也就是说，如果阅读器 R_i 和阅读器 R_j 的识读区域之间存在交集，就将顶点 r_i 和 r_j 用一个无向线段连接起来。据此建立图 7-13 中的阅读器冲突问题的平面图 $G=(R, E)$如图 7-14 所示。

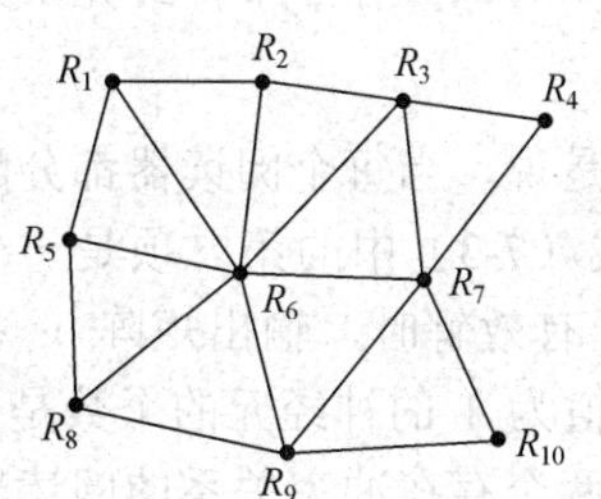

图 7-14 阅读器冲突问题的平面图

有关文献已经证明了任意一个平面图均可用 4 种颜色来进行着色。因此，一个阅读器网络的防冲突问题即类似于一个平面图的四色着色问题。因此，阅读器防冲突问题可以看成阅读器网络的四时隙分配问题。这里采用基于退火策略的混沌神经网络模型来进行阅读器四时隙分配问题的求解。

3．阅读器防冲突问题的混沌神经网络模型

采用神经网络方法求解阅读器网络防冲突问题前，需要确定网络中阅读器之间可能存在的冲突关系，即获得平面图 $G=(R, E)$的边集 E。

1）Hopfieid 神经网络模型

下面采用二维 Hopfield 神经网络（HNN）模型对阅读器防冲突问题进行建模。

首先，为了获得阅读器防冲突神经网络的能量函数，需要建立一个二维 Hopfield 神经网络，构造一个 $n\times4$ 阶的矩阵 $\boldsymbol{v}$。其中，n 为网络中阅读器的数目，矩阵 $\boldsymbol{v}$ 的每一行包括 4 个神经元，代表一种时隙，4 个时隙 T_1，T_2，T_3，T_4 分别表示为‘1000’，‘0100’，‘0010’，‘0001’，那么 n 个阅读器的四时隙分配结果就可以由 $n\times4$ 个神经元表示出来。

设 $n\times n$ 阶对称矩阵 $\boldsymbol{d}$ 为阅读器冲突关系矩阵，它描述网络中阅读器之间是否存在冲突，当阅读器 R_i 和阅读器 R_j 之间具有冲突关系时，$d_{ij}=1$，否则 $d_{ij}=0$。对于图 7-14 所示的阅读器网络，可以构造的阅读器冲突关系矩阵为

$$\boldsymbol{v}=\begin{bmatrix}0&1&0&0\\0&0&0&1\\1&0&0&0\\0&0&1&0\\1&0&0&0\\0&0&1&0\\0&1&0&0\\0&1&0&0\\0&0&0&1\\1&0&0&0\end{bmatrix}\qquad \boldsymbol{d}=\begin{bmatrix}0&1&0&0&1&1&0&0&0&0\\1&0&1&0&0&1&0&0&0&0\\0&1&0&1&0&1&0&0&0&0\\0&0&1&0&0&0&1&0&0&0\\1&0&0&0&0&1&0&1&0&0\\1&1&1&0&1&0&1&1&1&0\\0&0&0&1&0&1&0&0&1&1\\0&0&0&0&1&1&0&0&1&0\\0&0&0&0&0&1&1&1&0&1\\0&0&0&0&0&0&1&0&1&0\end{bmatrix}$$

$n\times4$ 阶矩阵　　　　$n\times n$ 阶对称矩阵

为了消除网络中的阅读器冲突问题，必须使网络中存在冲突关系的阅读器工作在不同的时隙。根据这样的约束要求，建立如下阅读器防冲突神经网络的能量函数：

$$E=\frac{A}{2}\sum_{x=1}^{n}\sum_{i=1}^{4}\sum_{\substack{j=1\\j\neq i}}^{4}\boldsymbol{v}_{xi}\boldsymbol{v}_{yj}+\frac{B}{2}\left(\sum_{x=1}^{n}\sum_{i=1}^{4}\boldsymbol{v}_{xi}-n\right)^2+C\sum_{x=1}^{n}\sum_{\substack{y=1\\y\neq x}}^{n}\sum_{i=1}^{4}d_{xy}\boldsymbol{v}_{xi}\boldsymbol{v}_{yi} \tag{7-3}$$

式中，A、B、C 是常数；$n\times n$ 阶对称矩阵 $\boldsymbol{d}$ 为阅读器冲突关系矩阵；矩阵 $\boldsymbol{v}$ 是神经网络的输出矩阵。

在式（7-3）中，第一项 $\frac{A}{2}\sum_{x=1}^{n}\sum_{i=1}^{4}\sum_{\substack{j=1\\j\neq i}}^{4}\boldsymbol{v}_{xi}\boldsymbol{v}_{yj}$ 是行约束，在矩阵 $\boldsymbol{v}$ 的每一行 4 个神经元中，只有一个神经元的值为“1”，其余 3 个神经元的值全部为 0。也就是说，当每个阅读器都分配了 T_1、T_2、T_3、T_4、四个时隙中的任意一个时，该项的值为 0。式（7-3）中的第二项是一个全局约束，它有助于神经网络收敛于有效解，即当神经网络收敛于有效解时，输出矩阵 $\boldsymbol{v}$ 中每行只有一个神经元的值为 1，对 $n\times4$ 神经元矩阵 $\boldsymbol{v}$ 来说，所有值为 1 的神经元的个数是 n，这时该项的值为 0。式中最后一项为边界惩罚函数，只有当任意两个存在冲突关系的阅读器被分配了不同的工作时隙时，该项的值为 0。因此，当神经网络的能量函数 E 的值等于 0 时，

当前的输出矩阵 $\boldsymbol{v}$ 的值就是阅读器防冲突神经网络的可行解。

根据二维 Hopfield 神经网络能量函数的一般表达式：

$$E=\frac{1}{2}\sum_{x}\sum_{i}\sum_{y}\sum_{j}\boldsymbol{w}_{xi,yj}\boldsymbol{v}_{xi}\boldsymbol{v}_{yj}-\sum_{x}\sum_{i}\boldsymbol{v}_{xi}I_{xi} \tag{7-4}$$

式中，$\boldsymbol{w}_{xi,yj}$ 表示神经元 $\boldsymbol{v}_{xi}$ 和 $\boldsymbol{v}_{yj}$ 之间的连接权重；I_{xi} 表示神经元 $\boldsymbol{v}_{xi}$ 的外部输入偏差。比较式（7-3）和式（7-4），可以得到

$$w_{xi,yj}=-A\delta_{xy}(1-\delta_{ij})-B-Cd_{xy}\delta_{ij} \tag{7-5}$$

$$\delta_{ij}=\begin{cases}1, & i=j\\0, & i\neq j\end{cases} \tag{7-6}$$

$$I_{xi}=nB \tag{7-7}$$

因此，阅读器防冲突神经网络的微分方程为

$$\frac{\mathrm{d}u_{xi}}{\mathrm{d}t}=-\frac{u_{xi}}{\tau}-A\sum_{j\neq i}\boldsymbol{v}_{xj}-B\sum_{x}\sum_{j}(\boldsymbol{v}_{xj}-n)-C\sum_{y\neq x}d_{xy}\boldsymbol{v}_{yi} \tag{7-8}$$

$$u_{xi}=f(u_{xi}) \tag{7-9}$$

式中，f 为神经元的输入/输出函数；u 为神经元的内部输入；t 为时间常数。解这个微分方程组就可以得到阅读器防冲突神经网络的有效解。根据输出矩阵的每行各个元素的值就可以确定分配给每个阅读器的时隙。

2）基于退火策略的混沌神经网络模型

Hopfield 神经网络模型可以收敛到一个稳定的平衡解上，但会经常陷入局部最优。因此，在前面所建立的 Hopfield 神经网络模型基础上引入混沌机制和模拟退火策略，为阅读器防冲突建立基于退火策略的混沌神经网络模型，如下所示。

$$f(x)=\frac{1}{1+\mathrm{e}^{-\frac{x}{\mathrm{e}}}} \tag{7-10}$$

$$\boldsymbol{v}_{xi}(t)=f(u_{xi}(t)) \tag{7-11}$$

$$\boldsymbol{v}_{xi}(t+1)=ku_{xi}(t)+a\left(\sum_{y}\sum_{j}w_{xi,yj}\boldsymbol{v}_{yj}(t)+I_{xi}\right)-z(t)(\boldsymbol{v}_{xi}-I_0) \tag{7-12}$$

$$z(t+1)=z(t)(1-\beta) \tag{7-13}$$

式中，$\boldsymbol{v}_{xi}$，u_{xi} 和 I_{xi} 分别为神经元的输出、输入和外部输入偏差；$w_{xi,yj}$ 为神经元连接权重系统；I_0 是一个正的常数；a 为比例系数；k 是神经元的退火速度系数；$z(t)$为自反馈权重系数，β 是 $z(t)$的衰减系数。

式（7-12）中的 $z(t)(\boldsymbol{v}_{xi}-I_0)$项起自抑制反馈作用，从而为系统带来混沌状态。而混沌具有随机搜索的特质，因此可以避免算法陷入局部最优。同时为了有效地控制混沌行为，引入模拟温度 $z(t)$。$z(t)$在算法搜索过程中按照式（7-13）逐渐衰减，这样使得神经网络经过一个倒分岔过程而逐渐趋于稳定的平衡点。当模拟温度衰减至趋近于‘0’时，混沌状态消失，此后算法获得一个较好的初值，并按照 Hopfield 神经网络算法继续进行搜索并逐渐收敛于有效解。

4．仿真实验

1）仿真流程

采用 MATLAB 对基于退火策略的混沌神经网络阅读器时隙分配算法进行仿真。仿真流程如下：

步骤 1：设置 A，B，C，I_0，ε，k，α，$z(0)$，β，$u_{xi}(0)$等参数的值，如表 7-4 所示。实

验中，$u_{xi}(0)$取[0，1]区间的随机数。

步骤 2：根据式（7-10）和式（7-11）计算 $v_{xi}(t)$。

步骤 3：根据式（7-3）计算能量函数 E。

步骤 4：根据式（7-12）计算 $u_{xi}(t+1)$。

步骤 5：判断能量函数是否满足稳定条件。如果满足进行步骤 6，否则进行步骤 2。能量函数的稳定判据为：E 的值在连续 10 次迭代中的变化量小于 0.01；如果 $E \leqslant 10^{-6}$，则停止迭代；如果算法在 1000 次迭代中无法收敛到有效解，则停止仿真。

步骤 6：输出仿真结果，即输出 v 和 E。

表 7-4　参数表

参数	A	B	C	β	ε
取值	1	1	1	0.02	0.004
参数	k	α	I_0	z（0）	
取值	0.99	0.015	0.6	0.1	

2）仿真实验结果

对于图 7-13 和图 7-14 所示的阅读器冲突网络，用基于退火策略的混沌神经网络算法经过 162 次迭代后，便得到了阅读器防冲突的时隙分配有效解。输出矩阵的值为

$$\boldsymbol{v}^{\text{out}}=\begin{bmatrix}0&1&0&0\\0&0&1&0\\0&1&0&0\\1&0&0&0\\0&0&1&0\\1&0&0&0\\0&0&0&1\\0&0&0&1\\0&1&0&0\\0&0&1&0\end{bmatrix} \tag{7-14}$$

如图 7-15 所示为参数$\beta = 0.02$ 时神经元的演变过程。从图 7-15 中可以看出，v_{11} 逐渐地完成由混沌过程到稳定输出的转变过程。当混沌状态消失后，基于退火策略的混沌神经网络的动态响应就退化为普通的 Hopfield 神经网络。

根据 $\boldsymbol{v}^{\text{out}}$ 矩阵的每行元素，得到各阅读器的时隙分配结果如表 7-5 所示。

表 7-5　阅读器的时隙分配结果

读写器	R_1	R_2	R_3	R_4	R_5
时隙	T_2	T_3	T_2	T_1	T_3
读写器	R_6	R_7	R_8	R_9	R_{10}
时隙	T_1	T_4	T_4	T_2	T_3

若以 4 种形状分别代表时隙 T_1、T_2、T_3、T_4，对图 7-14 所示的阅读器网络按照表 7-5 的结果进行着色填充的结果如图 7-16 所示。

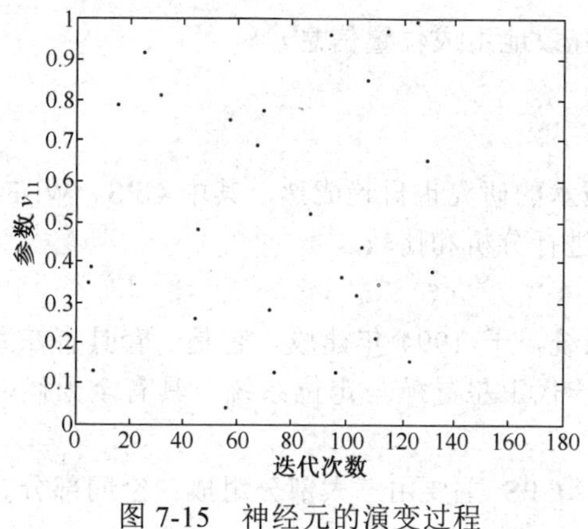

图 7-15　神经元的演变过程

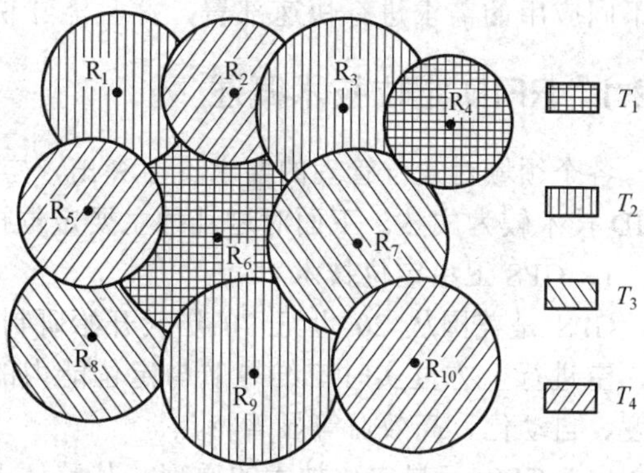

图 7-16　阅读器时隙着色分配示意图

从图 7-16 可以看出，任意两个识读区域存在交集的阅读器（即存在冲突约束的阅读器）的识读区域分别采用了不同的填充方式，由此表明了求解结果的正确性。$\boldsymbol{v}^{\text{out}}$ 尽管与式 Hopfieid 神经网络模型的矩阵值不同，但仍然是阅读器防冲突时隙分配问题的可行解。

为了验证算法的可靠性和效率，对不同的阅读器网络规模（阅读器数目）n=10、15、20、25、30 进行了 50 次实验，所有 50 次实验均得到了阅读器防冲突问题的有效解。对于不同网络规模，算法求解的平均迭代次数分别为 171 次、236 次、282 次、314 次及 375 次。实验结果表明了算法的可靠性及高效性。

3）算法性能分析

首先，基于退火策略的混沌神经网络阅读器防冲突算法是基于 TDMA 原理的，因此运用该算法来解决阅读器冲突问题从原理上讲是可行的。

其次，该算法属于集中式控制算法，算法的执行过程在中央计算机上实现，几乎不占用阅读器的扫描时间（只在确定阅读器之间的冲突关系时占用极少的时间）。而分布式算法在执行的全过程中，所有的阅读器要相互通信来协调时隙分配，在时隙分配完成前无法扫描标签。因此，从应用的角度来说，本节提出的方法更具有合理性和实用性。

最后，在密集阅读器环境中，Colorwave 和 IRCM 算法大概需要 10 个时隙数量才能得到 96%以上的传输成功率，而本节提出的新算法仅需 4 个时隙即可完成几乎 100%的传输成功率（除去算法执行时间外都可以成功传输），显然这里提出的新算法使得每个阅读器具有更大的标签吞吐能力。

综上所述，本节提出了一种阅读器冲突问题的集中控制方法，该方法根据平面图着色理论，将密集阅读器网络的阅读器防冲突问题等效为阅读器网络的四时隙分配问题，建立了解决阅读器冲突问题的神经网络模型，并引入了模拟退火策略及混沌思想对阅读器防冲突神经网络模型进行求解，仿真实验结果表明该算法是可靠的、高效的。与现有的 Colorwave 和 IRCM 等分布式算法相比较，本节提出的方法可以保证 RFID 网络中的阅读器具有更大的对标签的吞吐能力和实时响应能力。

7.2　RFID 系统中的定位技术

定位管理被认为是 RFID 技术的一个重要发展方向，RFID 技术在实现定位管理系统的灵活性、可维护性和可扩展性方面具有巨大的潜力。基于 RFID 的定位管理系统必须能够根据不同应用的需求进行快速部署，并且能够快速有效地生成位置信息。

7.2.1 RFID 定位技术概述

各个领域对定位管理的要求日益突出，定位技术的研究也日趋成熟，其中 GPS、Wi-Fi 和 RFID 技术较为成熟。下面对这几种主要定位技术进行分析和比较。

1．GPS 卫星定位技术

GPS 是美国从 20 世纪 70 年代开始研制的系统，于 1994 年建成。它是一套具有在海、陆、空进行全方位实时三维导航与定位能力的新一代卫星导航与定位系统，具有全天候、高精度、自动化、高效益等显著特点。

（1）GPS 卫星定位技术的原理。从整体上说，GPS 主要由三大部分组成：空间部分、控制部分、用户部分。

空间部分由卫星星座构成。GPS 系统由 24 颗位于高空的卫星群提供信息。各个卫星以 55°等角均匀地分布在 6 个轨道面上，并以 11 小时 58 分的时间周期环绕地球运转。在每一颗卫星上都载有位置及时间信号。客户端的 GPS 设备在地球上任何地方都可以接收到至少 5 颗卫星的信号。

控制部分由地面卫星控制中心进行管理。这是为了追踪及控制上述卫星的运转，所设置的地面管制站的主要工作为修正与维护使每个卫星保持正常运转的各项参数数据，以确保每个卫星都能提供正确的信息供使用者接收机接收。

用户部分则负责追踪所有的 GPS 卫星，并实时地计算出接收机所在位置的坐标、移动速度及时间，GARMIN GPS 即属于此部分。

（2）GPS 卫星定位技术的精度与应用分析。目前 GPS 系统提供的定位精度优于 10m。虽然 GPS 定位系统发展得比较成熟，在民用领域中的应用也越来越广泛，但由于 GPS 定位原理的限制，则 GPS 接收器至少要先从 3 个卫星上获取信号，然后根据信号画出三角坐标。在空旷的场地上，接收器能够畅通无阻地收到卫星发出的信号，这时 GPS 的接收效果就会很好，但如果有高山、建筑或者隧道挡在接收器和卫星之间，GPS 的接收效果就会很差。

2．Wi-Fi 定位技术

GPS 在应用上有着很大的局限性，为了弥补 GPS 定位技术的不足之处，Wi-Fi 定位技术便成为一种新的解决方案。

（1）Wi-Fi 定位技术的原理。Wi-Fi 网络会像 GPS 卫星一样发出信号。Wi-Fi 设备先搜索信号，然后通过以前就识别出来的连接或者一系列可用连接来接驳到 Wi-Fi 网络上。这个搜索过程和 GPS 接收器搜索卫星信号并无区别，只不过装有 Wi-Fi 设备的计算机搜索的是地面上的 Wi-Fi 无线网络的信号。

Wi-Fi 定位系统的硬件层由无线接入点 Card 和可以具有无线上网功能的设备、信号发送者或者基站组成；无线网卡则使用了 802.11b Wi-Fi 通信协议。

（2）Wi-Fi 定位技术的精度。在室外，由于接入点不普及，以及接入点位置不明确，其定位精度不理想；在室内，由于采用各种定位方式不同，以及对环境因素的适应性不同，一般定位精度可以达到 3m 到 15m 不等。

（3）Wi-Fi 定位技术的应用分析。虽然 Wi-Fi 定位技术比 GPS 定位技术有一定的优势，这些优势在场馆建筑内的定位实现中更为明显，但 Wi-Fi 定位技术也有其局限性。由于 AP 所发送的无线信号的工作频率为 2.4GHz，很容易受到环境因素的影响，则无线信号会被环境中的一些元素所削减，这些信号包括场馆中的金属设施设备、场馆中的人员流动情况、场馆内的空气湿度，以及场馆中的门窗关闭情况，而这些因素在一个复杂的大型活动现场是很难被控制的，所以这些因素对 Wi-Fi 定位精度有着不可估计的影响。

3．RFID 定位技术

（1）无源标签的定位原理。在使用无源标签进行定位时，常常使用辅助标签来提高定位的精度。辅助标签的部署和使用如图7-17 所示。

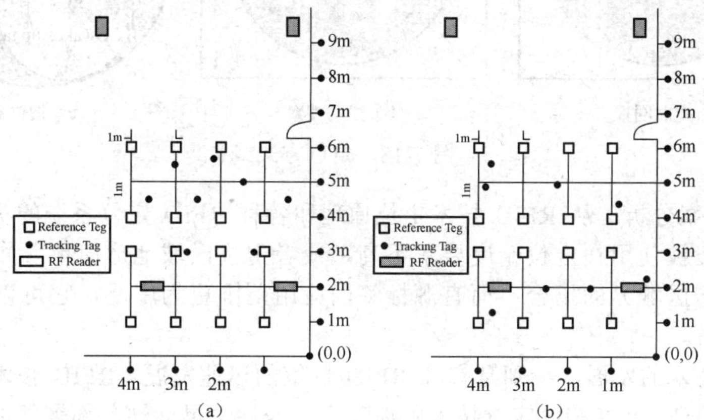

图 7-17　无源标签定位系统的部署

应根据场所的具体情况，按需要均匀地部署辅助标签和阅读器。一般可以通过以下两种方法来表示辅助标签离阅读器的距离远近。

第一种方法是使用可以通过调节能量层来调节读写距离的阅读器，每一个辅助标签在哪一层能量层上被阅读器读取到，则这一能量层的数据就表示出这个辅助标签离阅读器距离的远近。能量层数据越小，辅助标签离阅读器越近；能量层数据越大，辅助标签离阅读器越远。

第二种方法是根据阅读器发送信号至读取到标签信息之间的延迟来表示辅助标签离阅读器距离的远近。延迟时间越短，辅助标签离阅读器的距离越近；延迟时间越长，辅助标签离阅读器的距离越远。

使用上述两种方法中的一种，即可统一标示出各辅助标签离各阅读器的距离。当一个待定位的标签进入定位范围内，它也将获得类似的标识来表示它离各阅读器的距离。可以使用差分法计算出离该标签最近的几个辅助标签的信息，然后根据 k 近邻算法计算出标签的位置坐标。

（2）有源标签的定位原理。有源标签与阅读器的工作方式有以下三种。

第一种方式是标签定时回报方式：可以在电子标签设定定时回报，将识别号码定时传回阅读器，如图 7-18（a）所示。

第二种方式是阅读器主动搜索方式：利用阅读器主动去搜寻覆盖范围内的电子标签，如图 7-18（b）所示。

第三种方式是指位器方式：在一个阅读器的读取范围内，可以部署多个指位器，各指位器有自己不同的覆盖范围。当半有源标签进入了某一个指位器的范围内，此标签即被该指位器激活，并将自身的标签信息和指位器的信息同时发送给阅读器。每一个指位器的范围为 2～30m，可调，因此可以根据实际情况要求的定位精度部署与调节指位器，以满足实际需求。

在图 7-18（c）中，一个阅读器的读取范围内部署了 4 个指位器，形成了 4 个圆形的覆盖区域。当一个携带有半有源标签的人员进入 LC_2 所覆盖的范围内，此标签被激活，并将标签信息和 LC_2 的信息发送给 Reader，由此就可以知道该人员的当前位置处于 LC_2 的覆盖范围中了。

（a）定时回报

（b）主动搜索

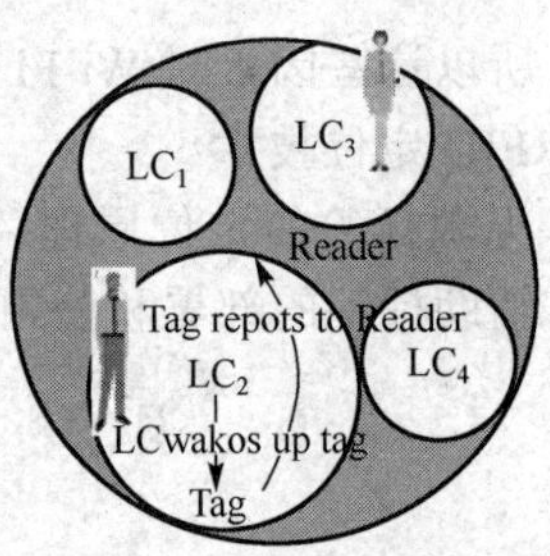

（c）指位器

图 7-18　定位方式

RFID 定位方案分析：从 RFID 技术定位原理和各种 RFID 定位系统的实际应用中可以发现，无源标签一般被使用在定位精度要求不高，或者定位区域地形简单（如通道，楼道等地形狭长、出口唯一区域）的场合；而有源标签的应用范围更为广泛，它可以满足各种精度要求和各种地形要求。

随着 RFID 技术的发展，特别是有源 RFID 标签的迅速发展，RFID 技术在定位领域中逐渐显示出其优越性来，而 RFID 定位技术则体现出多变性、灵活性、部署便捷等优势。现有的各种方案都是为了满足某一特定领域所设计实现的，不具有很强的移植性，因此对通用的 RFID 定位管理系统的研究已成为 RFID 技术应用研究的一部分。

7.2.2　RFID 无线定位方法

工作在 UHF 频段的 RFID 系统可以借鉴比较成熟的无线定位方法。与传统的无线定位方法一样，按照定位方式的不同，RFID 无线定位方法可分为三大类：时间信息定位（TOA 和 TDOA）、信号强度信息定位（RSSI）和到达角度定位（AOA）。

1．利用到达时间信息的定位方法

在这种定位方法中，阅读器利用测量标签发射的无线电波的到达时间来进行定位。按照定位原理的不同，它可以分为到达时间定位（TOA）和到达时间差定位（TDOA）。

1）到达定位（TOA）

由于已知电磁波在自由空间的传播速度 c（3×10^8m/s），若阅读器测得电磁波从标签到阅读器的传播时间为Δt_1、Δt_2、Δt_3，则标签到各阅读器的距离即为 $R_i=c\Delta t_i(i=1、2、3)$。而且系统已知阅读器的位置坐标（x_i，y_i），则根据几何原理，标签一定位于以阅读器 i 所在位置为圆心，R_i 为半径的圆周上，如图 7-23 所示，即标签位置（x_0，y_0）与阅读器位置（x_i，y_i）之间满足如下关系：

$$(x_i-x_0)^2+(y_i-y_0)^2=R_i^2 \tag{7-14}$$

联立方程式就可以求出标签的位置坐标（x_0，y_0）。

2）到达时间差定位（TDOA）

阅读器 Reader1、Reader2 与标签之间的距离差可以通过测量得出，即通过测出从两个阅读器同时发出的信号到达目标标签的时间差 t_{21} 来确定。$R_{21}=ct_{21}$。其中，c 为电磁波在空中的传播速度。根据几何原理，在已知阅读器和标签之间的距离差时，标签必定位于以两阅读器 Reader1 和 Reader2 为焦点、与两个焦点的距离差恒为 R_{21} 的双曲线对上。当同时知道阅读器 Reader1、Reader3 与标签的距离差 $R_{31}=ct_{31}$ 时，可以得到另一组以两阅读器 Reader1 和 Reader3 为焦点、与该两个焦点距离差为 R_{31} 的双曲线对，如图 7-20 所示，两组双曲线的交点代表对标签位置的估计。

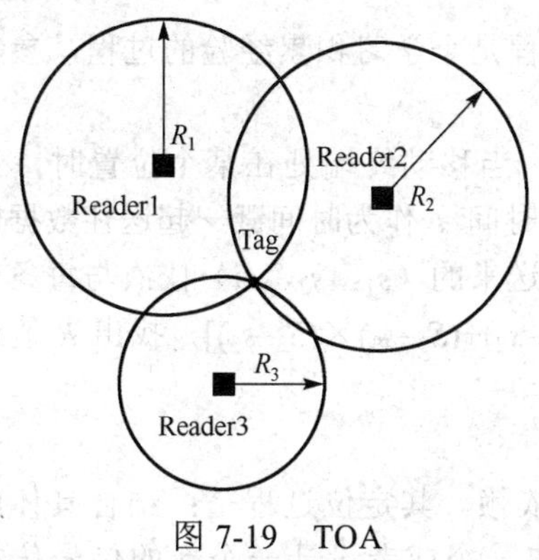

图 7-19　TOA

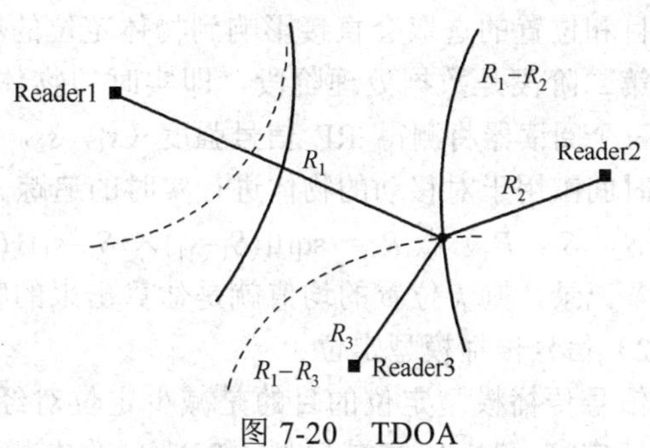

图 7-20　TDOA

在 TDOA 中，标签坐标（x_0，y_0）和阅读器坐标（x_i，y_i）（$i=1$、2、3）有如下关系：

$$\begin{cases}\sqrt{(x_0-x_2)^2+(y_0-y_2)^2}-\sqrt{(x_0-x_1)^2+(y_0-y_1)^2}=R_{21}\\ \sqrt{(x_0-x_3)^2+(y_0-y_2)^2}-\sqrt{(x_0-x_1)^2+(y_0-y_1)^2}=R_{31}\end{cases} \tag{7-15}$$

求解该方程组即得到标签的位置坐标。

2．利用到达场强信息的定位方法

根据电磁波传播理论，考虑标签到阅读器的上行链路，如果标签在自由空间中以额定功率辐射电磁波，则根据 Friis 传输理论，空间任一点的接收功率或场强（功率正比于场强的平方）仅与距离有关。自由空间传播模型为

$$P_{r_i}=\frac{P_t\cdot G_t\cdot G_{r_i}\cdot\lambda^2}{4\pi\cdot D_i^2} \tag{7-16}$$

式中，P_t 表示标签的发射功率；P_{r_i} 表示第 i 个阅读器接收到的功率；λ表示电磁波的波长；G_t、G_{r_i} 分别表示标签及第 i 个阅读器天线的增益；D_i 是标签到第 i 个阅读器的距离。在实际系统中，由于 P_t、λ、G_t、G_{r_i} 都是已知的，可以测量得到，因此可以根据式（7-16）计算出标签到阅读器距离 D_i。

在图 7-21 中，三个阅读器 Reader1、Reader2、Reader3 的位置坐标均已知，通过测量标签到达阅读器的电波功率可以由式（7-16）计算出三个阅读器到标签的距离 D_1、D_2、D_3。这样标签的位置就在分别以三个阅读器为圆心，以 D_1、D_2、D_3 为半径的圆的交点处。

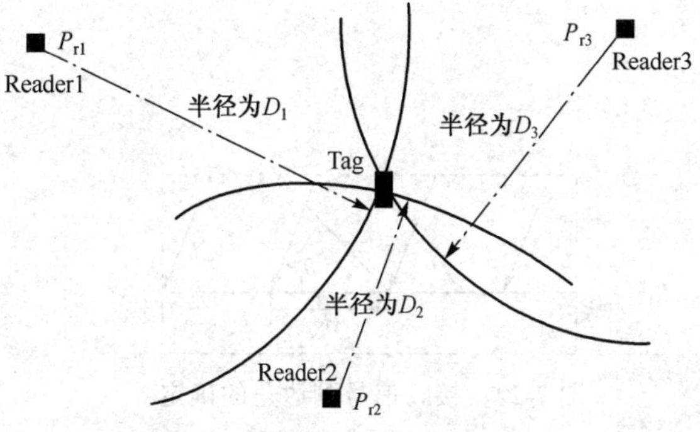

图 7-21　基于场强的定位方法

根据到达场强信息定位的方法有两种：经验定位和信号传播模型定位。

1）经验定位

采用经验定位时，物体定位的全过程分为两个阶段。

第一个阶段是离线状态阶段，即数据收集阶段。在系统覆盖的范围内取一些关键的位置作为参考点 P_n（n 是参考点的总数），然后把移动终端摆在这些位置确定的参考点上，系统中的三个阅读器分别接受移动终端发来的信号强度 s_1、s_2、s_3，三个阅读器接收的信号强度和移动终端当前所在的参考点的位置信息一并发往后台数据库。数据库为参考点建立这样的数据

记录（s_1，s_2，s_3，P_n），n 从 1 取到 N。可以看出这个过程是个学习积累经验的过程，参考点的数目和位置的选取会直接影响到物体定位的精度。

第二阶段是数据处理阶段，即实时的物体定位过程。当移动终端处在某个位置时，系统中的三个阅读器将测得 RF 信号强度（s_1，s_2，s_3）和当前时间 t 作为时间戳一起送往数据库，这个时间戳用于对移动的物体进行实时的追踪。数据库将送来的（s_1，s_2，s_3）依次与每条记录（S_1，S_2，S_3，P_n）做 R = sqrt[$(S_1-s_1)\times(S_1-s_1)+(S_2-s_2)\times(S_2-s_2)+(S_3-s_3)\times(S_3-s_3)$]，找出 R 值最小的 k 条记录，则 k 位置的均值就是估算出来的物体位置。

2）信号传播模型定位

信号传播模型定位的目的是减少定位对经验数据的依赖。其定位过程是：结合具体的应用环境在 Rayleigh 衰减模型、Rician 分布模型等中选取一个或者设计一个新的信号传播模型，利用合适的信号传播模型为参考位置计算出理论上的信号强度。实时的定位过程与经验定位相似，不同之处是 R 值是由接收信号强度和按传播模型计算得到的强度来计算的。虽然其信号传播的定位精度不如经验定位，但是不需要经验定位在离线阶段做的大量测量工作。

3．利用到达角信息的定位方法

到达角（Angle of Arrival，AOA）定位方法是指每一个阅读器都安装天线阵列，阅读器通过阵列天线测出从标签到 2 个以上阅读器的传输路径的到达方向（电波的入射角）来获得位置信息。

如图 7-22 所示，通常标签处于天线阵元的远区场，因此可近似地将标签的来电磁波波前看做平面波，则间隔位置为 d 的相邻阵元所接收到的来自同一标签的到达角为 θ 的相位差 φ 为

$$\varphi = 2\pi \cdot d \cdot \cos\theta / \lambda \qquad (7\text{-}17)$$

式中，λ 表示空中传播的无线信号的波长。根据式（7-17）测量不同阵元接收信号的相差 φ，可得到来波信号的到达角 θ。根据两个阅读器接收到同一个标签信号的到达角信息，可以利用几何知识计算出标签的位置。如图 7-23 所示，阅读器 Reader1、Reader2 测得的无线电波的到达角为 α_1、α_2，标签位于分别经过阅读器 Reader1、Reader2 且以 $\tan(\alpha_1)$、$\tan(\alpha_2)$ 为斜率的直线交点处。

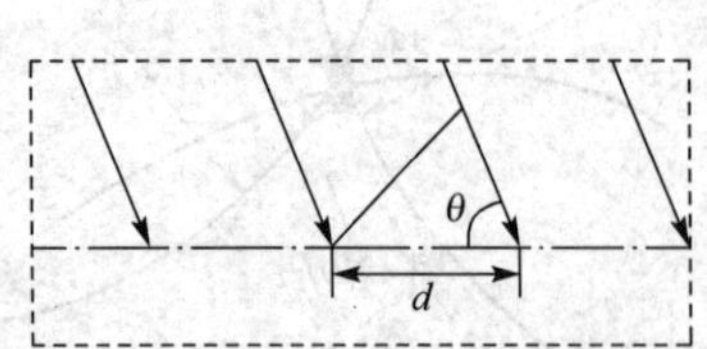

图 7-22　接收信号到达角的确定

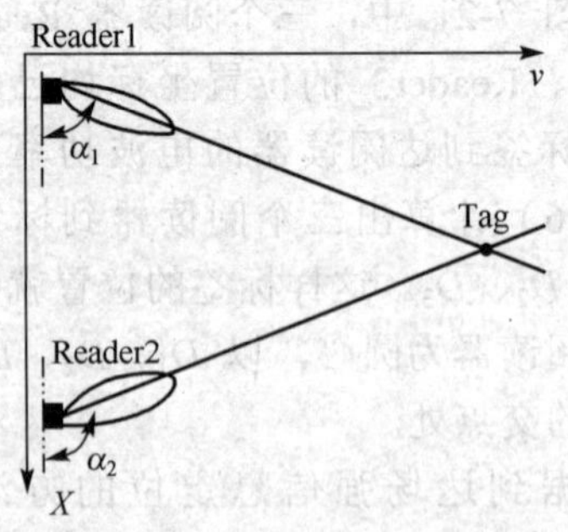

图 7-23　AOA 定位方法

本节阐述了 RFID 定位常用的定位方法 TOA、TDOA 和 AOA 的工作原理，其定位精度、受环境影响情况和使用条件的比较如下。

（1）TOA 定位方法的定位精度高，但标签和阅读器在时间上要保持精确同步；此外，在室内，由于阻挡物较多，所以阅读器有可能收不到标签发出的信号；室内用户之间的距离较短，而且存在较严重的反射、衍射和绕射等非直线传播情况，加上同一用户信号的各条多径分量时间上相当接近，因此，精确定位更困难。

（2）TDOA 定位方法的定位精度高，但要求所有参与定位的阅读器之间必须完全时间同

步；此外，在室内，由于阻挡物较多，所以阅读器有可能收不到标签发出的信号；室内存在着较为严重的多径和噪声，以及参考时钟的精确性，都将会使距离估计的效果变差。

（3）基于场强定位方法的定位精度不高，但系统容易搭建，在定位要求不高的情况下无须修改标签和阅读器的硬件配置；在室内，由于阻挡物的存在，所以接收信号的强度受到较大影响；经验法所需时间成本高，前期需要一个较长的经验积累的阶段，后期需要搜索数据库，若改变室内布局则需重新积累；信号传播模型法虽然不需要做大量测量工作，但需要制作室内信号传播模型，若改变室内布局则需重新建模型。

（4）AOA 定位方法为了高精确地测量无线信号的到达角度，其阅读器必须安装昂贵的接收天线阵列，因此所需成本较高；在室内非视距（NLOS）情况下，由于周围的物体或墙体的阻挡，会使 AOA 定位出现很大的定位误差，所以 AOA 技术不适用于低成本的室内定位系统。

7.3 RFID 系统的测试技术

7.3.1 RFID 系统的测试技术概述

1. RFID 系统测试的重要性

世界各发达国家和国际跨国公司对 RFID 技术非常重视，都在加速推动 RFID 技术的研发和应用进程，而 RFID 系统测试则是 RFID 技术研发和应用实施过程中的重要技术保障。

由于 RFID 系统应用的现场环境大多比较复杂，如需经历反复击打、高温或低温、油污影响等传统条码无法胜任的场合，所以必须考虑 RFID 设备的故障率问题。在现实运行过程中，诸如多个物品堆积时相互干扰而造成读取率下降、阅读器部署不当引起的重复信息读取、电子标签所附物品的介质对电磁信号的干扰、安全架构考虑不周造成非法读取等问题，都会影响系统整体的应用效果，甚至打击最终用户对 RFID 技术本身的信心。通常在设备上线调试之初，一般把设备（包括电子标签、阅读器、网络和软件）不能正常处理信号的概率保守地设为 5%左右。因此，在投资和实施 RFID 解决方案之前，按照测试方法和流程进行一定的测试及仿真试验是必要的。

2. RFID 系统测试的研究现状

鉴于 RFID 测试的重要性，国际上一些 RFID 的推动者（如 HP、IBM、Sun 及 Microsoft 等公司）已开始在世界各地建立相应的测试实验室，开展相关的研究和实验。IBM 在欧洲成立了测试和互操作性实验室，用于指导并提供 RFID 技术，这个实验中心将测试 RFID 芯片、数据识别器和相关的应用软件以验证它们之间的相互配合情况；Sun 则在整合了硬件、软件和服务后推出了多层的 Sun EPC 网络架构，并在全球各地部署了多个 RFID 测试中心；韩国提出了“测试床建设计划”（Test-bed Building Plan），建立了 RFID/USN 综合测试中心。

我国对 RFID 测试工作也很重视，已经开始着手建立自己的 RFID 测试中心，有中科院自动化所的 RFID 研究中心、上海复旦的 Auto-ID 中国实验室、国家 RFID 检测中心及相关行业公司的演示中心等。

3. RFID 系统测试的主要内容

RFID 系统测试可以分成以下几类：功能测试、性能测试、安全性测试、一致性测试。由于典型的 RFID 系统包括 RFID 标签、RFID 阅读器和 RFID 后台系统三部分，所以 RFID 系统测试的内容也主要包括这三方面。

1）RFID 系统的功能测试

（1）RFID 标签的功能测试：包括标签解调方式和返回时间的测试、标签反应时间的测试、标签反向散射的测试、标签返回准确率的测试、标签返回速率的测试等。

（2）RFID 阅读器的功能测试：包括阅读器调制方式的测试、阅读器解调方式和返回时间的测试、阅读器指令的测试等。

（3）RFID 后台系统的功能测试：包括 RFID 中间件系统的测试和 RFID 应用系统的测试。

2）RFID 系统的性能测试

（1）RFID 标签的性能测试：包括工作距离的测试、标签天线方向性的测试、标签最小工作场强的测试、标签返回信号强度的测试、抗噪声的测试、频带宽度的测试、各种环境下标签读取率的测试、标签读取速度的测试等。

（2）RFID 阅读器的性能测试：包括识别速率的测试、灵敏度的测试、发射频谱的测试等。

（3）RFID 系统通信链路的性能测试：包括不同参数（改变标签的移动速度、附着材质、数量、环境、方向、操作数据大小及多标签的空间组合方案等）的系统通信距离、系统通信速率的测试。

（4）RFID 标签及阅读器空中接口的性能测试：针对标签和阅读器相互通信的测试，以确定 RFID 标签与阅读器的通信参数，如工作频率、工作场强、数据速率和编码、调制参数、帧结构、通信时序等。

（5）RFID 后台系统的性能测试：包括 RFID 中间件系统的性能测试和 RFID 应用系统的性能测试。

3）RFID 系统的安全性测试

（1）RFID 标签的安全性测试：主要对标签上的存储器、采用的加密机制、标签上不同信息区进行测试。

（2）阅读器的安全性测试：主要对阅读器上的存储器、采用的加密机制、使用的系统软件进行测试。

（3）RFID 标签和阅读器通信链路的安全性测试：包括标签的访问控制、安全审计的测试；标签内容操作（如读、写、复制、删除、修改等）的安全性测试；标签和阅读器之间的空中接口通信协议的安全性测试。

（4）RFID 后台系统的安全性测试：包括 RFID 中间件与阅读器之间通信过程的安全性测试、RFID 中间件系统自身的安全性测试、RFID 应用系统的安全性测试。

4）RFID 系统的一致性测试

RFID 系统的一致性测试主要是指测试待测目标是否符合某项国内或国际标准（如 ISO/IEC 18047 系列标准）定义的空中接口协议，包括标签空中接口的一致性测试、阅读器空中接口的一致性测试。

4．RFID 系统的测试环境

RFID 系统的测试环境应包含以下几个主要方面。

（1）测试场地：由于 RFID 产品性能参数不同，其读取范围也从几厘米到几十米、上百米不等，所以需要有多样的测试场地。

（2）测试设备：针对 RFID 标签及阅读器的数据采集设备，如场强仪、测速仪等；专业的数据分析设备，如实时频谱分析仪、矢量网络分析仪、射频阻抗/频谱/网络分析仪、精密 LCR 表、矢量信号发生器、EMI/EMC 预兼容测试系统等。

（3）测试工具：RFID 标签测试系统、阅读器测试系统、射频设计与仿真软件系统、辅助分析工具等。

（4）辅助测试设施：如贴有标签的货箱、托盘、叉车、集装箱等。

除此之外，在部分测试过程中还可能需要用到特殊设备。例如，要测试系统在无干扰环境下的表现就需要对外界信号进行屏蔽，这就需要屏蔽室、电波暗室或 RFID 终端系统模拟实验室等。

7.3.2　RFID 系统测试的流程、规范和方法

研究 RFID 测试技术，最重要的是研究 RFID 系统测试的流程、规范和方法。根据国内外最新研究进展，本节总结了 RFID 测试流程及方法的总体结构图，如图7-24所示。

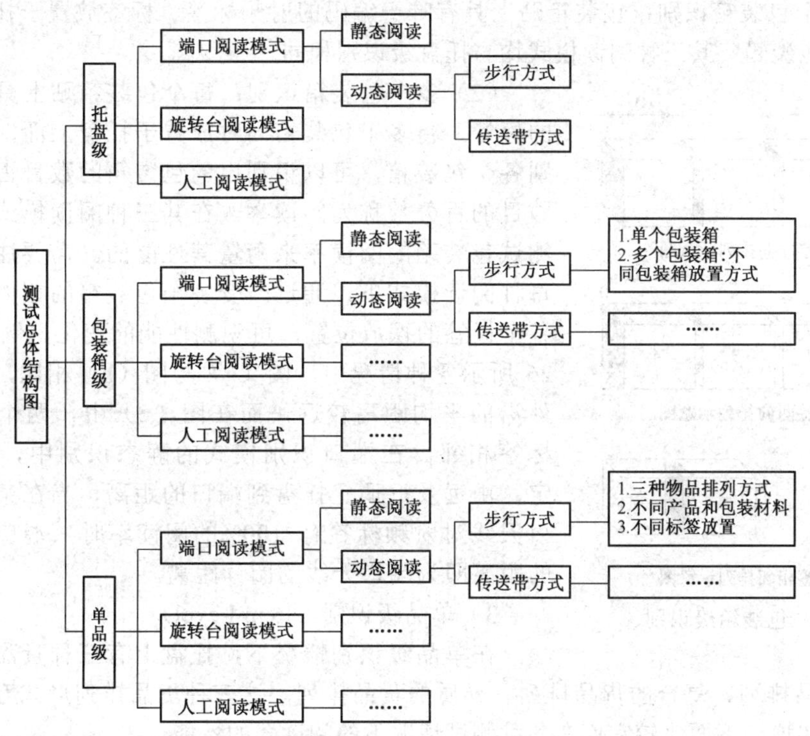

图 7-24　RFID 测试流程及方法的总体结构图

1. RFID 系统测试的流程

根据总体结构图，可得到设计流程及方法，具体介绍如下。

首先针对托盘级识别（Pallet Level）、包装箱级识别（Case Level）、单品级识别（Item Level）分别进行逐级测试。在逐级测试中，再展开进行不同阅读模式下的测试。在实际情况中，端口阅读模式是物流管理中最为有效和普遍的一种阅读模式，因此在测试中对端口阅读模式进行了较为细致的划分。端口阅读模式首先可分为动态阅读和静态阅读，而动态阅读中又可以分为步行速度下和速度可调的传送带两种不同情况。三种阅读模式的示意图如图 7-25 所示。

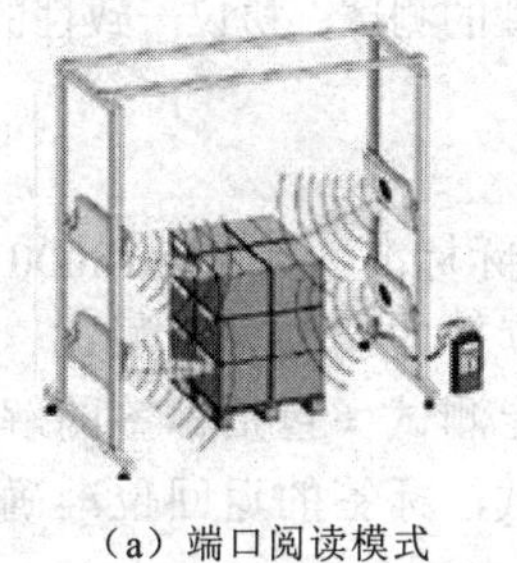

（a）端口阅读模式

（b）旋转台阅读模式

（c）人工阅读模式

图 7-25　三种阅读模式的示意图

1）托盘级识别（Pallet Level）

托盘级识别指在每个托盘上贴上具有唯一编码的射频标签，用阅读器识别各个托盘。需要说明的是：在端口阅读模式中，静态阅读方式是指端口天线固定，由远及近调整托盘到端口的距离，当在某一位置上端口天线可以识别出射频标签时，端口天线到托盘的距离即为端口天线的阅读距离（Read Range）；而动态阅读方式则是指端口天线固定，以人工步行速度或者传送带上的可调速度通过端口时，端口天线对托盘的识别性能（如果可读，阅读距离也发生变化）。

2）包装箱级识别（Case Level）

（1）单个包装箱识别：包装箱贴上具有唯一编码的射频标签，标签放置于托盘上面，用阅读器识别包装箱。其三种阅读模式均与托盘级识别相同。

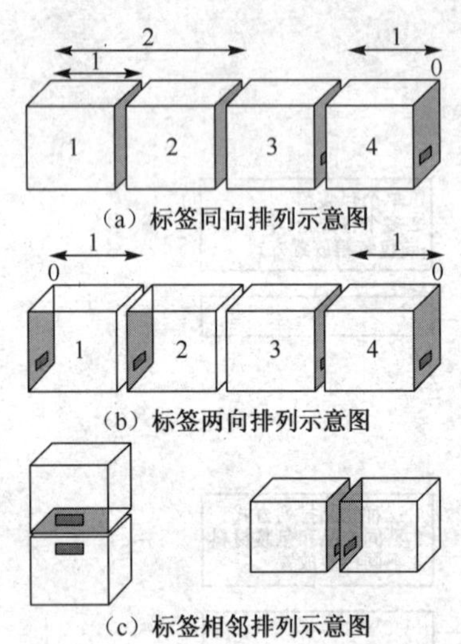

（a）标签同向排列示意图

（b）标签两向排列示意图

（c）标签相邻排列示意图

图 7-26　包装箱级识别

（2）多个包装箱识别：每个包装箱贴上具有唯一编码的标签，将多个包装箱同时放置于托盘上面，用阅读器识别各个包装箱。可以识别出的包装箱的数目占所有包装箱数目的百分数称为阅读率。在其三种阅读模式中，是通过测试包装箱的阅读率来衡量其性能的。需要注意的是：在每种阅读模式下，通过改变各个包装箱的摆放位置，调整各个标签的摆放位置，可观测性能的变化。例如，在图 7-26 所示各种情况中，图（a）与图（b）相比，标签离托盘外沿的平均距离较远，而在图（c）中，两个包装箱上的标签相邻。在端口识别模式的静态识别中，端口天线固定，由远及近调整托盘到端口的距离，当在某一位置上端口天线对射频标签有 100%的阅读率时，端口天线到托盘的距离即为端口天线的阅读距离。

3）单品级识别（Item Level）

在单品级识别情况下，托盘上有三种货品排列形式，即均匀的货品排列、复合的货品排列、异质的货品排列。这三种货品排列形式互补而又呈现复杂度上的递增。下面比较它们在各种测试情况下的阅读器的性能。

（1）均匀的货品排列。如果货品的排列是均匀的，包装箱中的各个单品上贴上具有唯一编码的标签，用阅读器识别单品。可以识别出单品的数目占所有单品数目的百分数称为阅读率。在三种阅读模式中分别测试单品的阅读率，即可衡量其性能。需要注意的是：在每种阅读模式下，通过使用不同材料和包装的单品，可观测阅读器性能的变化；通过改变标签的放置，可观测阅读器性能的变化。

（2）复合的货品排列：同均匀的货品排列。

（3）异质的货品排列：同均匀的货品排列。

2．RFID 系统测试的规范

在测试中需要对标签的测试、阅读器的测试、空中接口一致性的测试、协议一致性的测试、中间件的测试等进行规范。

1）标准符合性测试

标准符合性测试是指测试待测目标是否符合某项国内或国际标准（如 ISO18000 标准）定义的空中接口协议。其具体内容包括阅读器的功能测试（阅读器的调制方式测试、阅读器的解调方式和返回时间测试、阅读器的指令测试）和标签的功能测试（包括标签的解调方式和返回时间的测试，标签反应时间的测试，标签的反向散射测试，标签的返回位准确率测试，标签的返回速率测试等）。

2）可互操作性测试

可互操作性测试是指测试待测设备与其他设备的协同工作能力。例如，测试待测品牌的阅读器对其他电子标签的读写能力，待测品牌的电子标签在其他阅读器的有效工作距离范围内的读写特性，待测品牌的阅读器读取其他阅读器写入标签的数据等。该测试又可分为单阅读器对单标签，单阅读器对多标签，多阅读器对单标签，多阅读器对多标签等不同环境的测试。

3）性能测试

性能测试的具体内容有 RFID 标签的测试、RFID 阅读器的测试和 RFID 系统的测试。RFID 标签的测试包括工作距离的测试、标签天线方向性的测试、标签最小工作场强的测试、标签返回信号强度的测试、抗噪声的测试、频带宽度的测试、各种环境下标签读取率的测试、标签读取速度的测试等；RFID 阅读器的测试包括灵敏度的测试、发射频谱的测试等；RFID 系统的测试包括电子标签和阅读器的测试，测试时应配置不同参数（改变标签的移动速度、附着材质、数量、环境、方向、操作数据及多标签的空间组合方案等），测试系统通信距离及通信速率等。

3．RFID 系统测试的方法

测试过程并不是自由的，对于不同产品的测试报告，其可比性是建立在相同的测试条件和测试程序基础上的。因此，应该有一套完整的测试规范来控制整个测试过程。

针对 RFID 系统的测试应首先从应用出发，根据影响读取率的因素逐一进行测试，如速度、介质、环境、标签方向、干扰等。只有通过这样的测试，才能了解产品在实际应用过程中的表现，从中得出有用的结论，指导产品的使用。

举例来说，针对 RFID 标签读取率的静态测试流程如下。

1）布置测试环境

选择一个合适的测试场地，首先应保证尽量减少外界干扰，如附近不能有会向外发射电磁信号的设备，还应避免在测试场地布置与测试无关的金属制品，因为它们对天线所发出的信号影响较大，可能改变天线所发出电磁波的分布，进而影响测试结果的准确性。

其次，布置测试用标签、货箱及阅读器。不同的测试需要用到不同材料的货箱，根据目前物流行业的应用，金属、塑料、木质和纸质货箱的应用最广泛。由于这几种货箱对读取率的影响不同，所在在同一次测试中，应保证货箱材料的统一，最好使用相同的货箱。特别是在对不同厂家生产的标签和阅读器进行测试时，这一点更加重要，因为从工艺角度出发，即使是相同规格的不同货箱从外形尺寸到材料分布也不可能做到完全相同，而有些参数对于读取率的影响是不能忽视的，因此本着客观公正的原则，在这种情况下，应保证测试所用货箱、放置位置及外界环境的一致性。

2）记录环境数据

记录测试时间、测试时的温度、湿度及外界场强。

3）测试不同位置的读取率

改变标签与天线的相对位置，分别记录各个位置的读取率，并做记录。在每次测试过程中，最多只能改变一项测试参数。

例如，研究标签与天线距离对读取率的影响时，应把距离向量作为唯一的变量，将测试结果填入读取率与距离的关系表格中。目前采用的是每个位置读取 500 次，用读取成功的次数和读取总次数的比值表示读取率。这样就可以降低由于特殊情况造成的读取率变化对最终结果的影响。在距离变化上，一般以 10cm 为单位递增，但这并不是固定的，在读取率比较稳定的情况下，可以适当增加距离变化的幅度，而在读取率变化剧烈的情况下，为了更加准确地得到读取率随距离变化的规律，就应该减小这一数值。测试范围应从读取率为 100%开始直至读取率降为 0，其采样点应尽可能多，这样才能如实反映读取率与距离的关系。

此外，还应研究标签方向对读取率的影响。改变标签的方向，与前面所说的过程类似，记录在不同放置方向的情况下标签读取率与距离的关系。由于实际应用中货箱的形状及摆放都是笔直的，所以在测试过程中也可以忽略标签倾斜的情况，而只研究标签与天线平行或垂直的情况。

这一测试过程只是最简单的流程，在实际测试中可根据情况增加测试项目，如在标签与天线之间放置木板、纸板、金属板，从而得到有障碍情况下的读取率数据；也可以将标签与天线的位置固定，改变周围的环境来研究环境对读取率的影响。

4）分析测试数据

可以将测试所得到的数据输入计算机，使用相关软件对其进行分析或转化为图表，使结果更加直观地反映出来。多次测试的结果还可以汇总起来，这样就可得到被测产品的全面特性。对这些数据和图表进行归纳和总结，可以知道在影响读取率的众多因素中，哪些是最主要的，哪些的影响相对小一些，这对于进一步改善产品性能，指导产品的应用都是十分重要的。

实施 RFID 系统测试有两种方法：手动测试和自动化测试。手动测试的挑战在于如何模拟系统中同时存在的多种行为，如何协调各组件的工作顺序，以及如何保持测试方法的客观性及可重复性等。而自动化测试通过行为分析和虚拟脚本，不仅可以解决上述问题，还可以最小化测试过程中可能产生的认为错误的风险，因此它可以作为 RFID 系统测试的首选。RFID 系统性能的指标评价体系见表 7-6。

测试数据，可以通过采用软件（如 MATLAB）绘制图表进行分析，以找出杂乱的数据中的规律性。例如，在单品级标签性能测试中，对于贴在不同单品上的标签性能，可以先分别对标签在各种单品中进行测试，最后用软件绘图进行对比。

表 7-6　RFID 系统性能的指标评价体系

序　号	指标评价体系
1	Identification range（确认范围）
2	Identification rate（确认率）
3	Read rate（读取率）
4	Write range（写入范围）
5	Write rate（写入率）
6	Tag population（标签数量）
7	Tags per second（指每秒可读出标签的数目）

4．RFID 设备部署方案与系统架构的仿真

随着 RFID 系统的深入应用，对于 RFID 设备部署方案和系统架构的测试验证已成为重要需求。RFID 系统一般由两级网络组成，即由标签、阅读器组成的无线通信网络，连接后端应用的信息通信网络。前端设备网络的部署重点是设计无线网络组网和协调技术，而 RFID 系统复杂的硬件体系架构和数据的海量性都对系统测试提出了新的挑战。为此，可采用虚拟测试与关键实物测试相结合的方法，是指通过对 RFID 设备部署方案和系统架构的分析，确定部署方案和系统架构的主要性能指标和约束，如无线覆盖约束、信号干扰约束、RFID 性能指标等，对 RFID 设备和网络实体进行抽象，建立其面向对象的组件模型，进而构建 RFID 设备部署和系统架构仿真测试平台。

测试 RFID 的设备部署如图 7-27 所示。

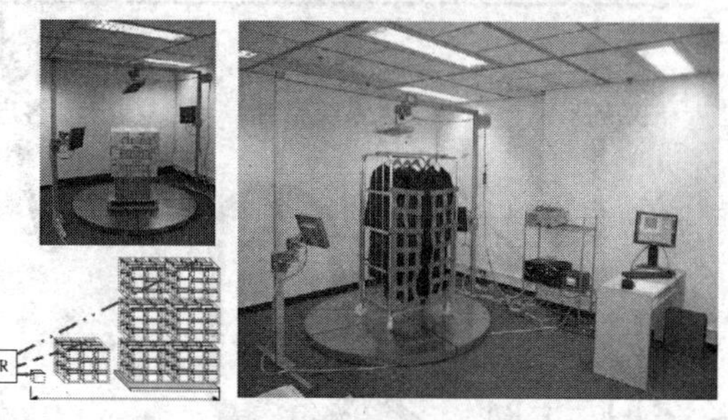

图 7-27 测试 RFID 的设备部署

仿真测试平台提供图形化的组件及虚拟阅读器、标签、TCP/IP 连接等各种组件，生成 RFID 部署方案和网络系统架构。在虚拟测试的基础上，对关键性能结点再进行场景实物测试，以保证测试结果的可信度。

仿真测试平台内容包括：RFID 阅读器、天线、标签及网络节点的仿真模型，图形化设备部署组态界面的开发、虚拟 RFID 环境的开发、RFID 协议仿真的开发、RFID 与传感网络、无线网络的仿真开发。

仿真的基本步骤如下。

第一步，采用 RFID 标签建模工具对电子标签单独建模，分析标签的各种属性（回波损耗、方向性等），选择部分最优设计待用。

第二步，对 RFID 阅读器和天线建模，分析阅读器和天线的各种属性（读取范围、最快响应时间等），选择部分最优设计待用。

第三步，建立 RFID 应用环境的仿真，通过测试和经验数据给出该环境下多种材质的电磁反射与吸收情况，给出应用所能使用的部分最佳布局。

第四步，使用第三步所选择的布局在应用环境中部署第一、二步所选择出的 RFID 阅读器、天线和定义标签的参数（运动方向、速度、数量等）。

第五步，建立网络模型和通信协议，使得设备与设备之间、设备与业务逻辑模块之间、业务逻辑模块与上层应用系统之间交互，完成对整个应用的仿真。

第六步，对仿真进行分析，评价该应用模型的性能、效果、可能产生的瓶颈。

客观性、可控性、可重构、灵活性是建设可模拟现场物理应用的测试环境的关键需求；配置先进的测试仪器、辅助设备可在一定程度上保证测试结果的客观性；通过为实验室配置温、湿度控制器可实现对温度、湿度的控制；通过配置速度可调的传送带，可实现物体移动速度对读取率的影响；通过配置各种信号发生器、无线设备，可产生可控电磁干扰信号和检查无线网络和 RFID 设备协同工作的有效性。测试实验室由多个测试单元组成，测试单元可灵活组合，动态地实现多种测试场景。

仿真测试平台的基本单元包括以下几个。

（1）门禁测试单元：由 RFID 阅读器、可调整天线位置的门架等组成，可模拟物流的进库、出库、人员进出控制等场景。

（2）传送带综合测试单元：由可调速传送带、传送带附属天线架、天线架屏蔽罩、配套控制软件系统等组成，可模拟生产领域的流水线、邮政的邮包分拣等所有涉及传送带的应用场景。

（3）机械手测试单元：主要由机械手组成，可模拟各种标签在一定空间范围内的移动。

（4）高速测试单元：主要由高速滑车组成，用于测试高速运动标签的读取性能，可模拟高速公路上的不停车收费等应用。

（5）复杂网络测试单元：主要由服务器、路由器、无线 AP 等网络设备组成，通过这些设备的不同组合和设置，可模拟多种网络环境，以验证实际网络是否可以承受 RFID 的海量数据。

（6）智能货架测试单元：主要由货架、RFID 设备、智能终端等组成，可测试仓库中货物的定位技术、零售业商品的自动补货、智能导购系统。

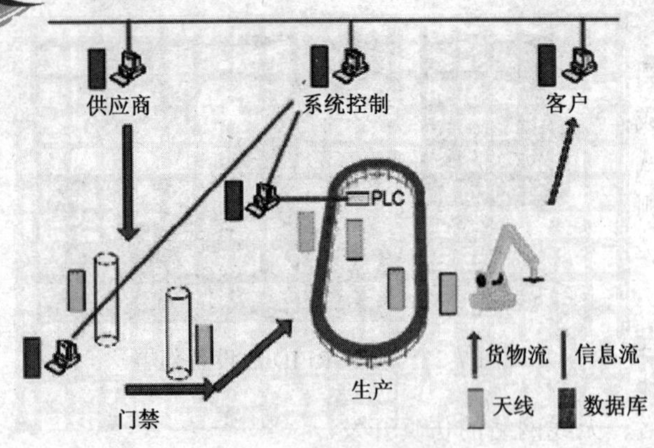

图 7-28　一个完整的测试场景

（7）集装箱货柜测试单元：主要由温湿度可调的集装箱、传感器、GPRS、智能终端等组成，用于测试供应链可视化系统，模拟监测陆运，在海运过程中运用RFID 技术对集装箱内货物的监控。

例如，在基本的供应链场景下，运用门禁测试单元、传送带综合测试单元、复杂网络测试单元和机械手测试单元组合成的一个完整的测试场景如图 7-28 所示。

测试系统还包括一系列测试平台软件，其主要功能为测试场景的组态、测试仪器的连接和组态、自动获取和图形化展示数据，自动生成测试报告，从而进一步减少人为因素对测试过程和结果的干扰，提高测试的自动化程度。

7.4　RFID 贴标技术

RFID 贴标就是将 RFID 标签与标识对象紧密相联，使“签物不分离”。贴标可以采用手工贴标、贴标机贴标和标签机贴标等形式。为一件产品的包装上加上 RFID 标签面临着诸多潜在的挑战。条码可以直接印刷有产品的包装上，而 RFID 标签却不能，因为 RFID 嵌体体积较大及其他一些特征，在将其与一件产品集成前必须考虑到。这不是一件简单的工作！包装设计涉及形式、配合、功能与美学。这些元素组成了几乎所有产品包装的基础，必须面面俱到，以达到吸引消费者注意、提供合适的包装特点和方便性、具有完整性、满足环保要求等目的。因而，增加一个 RFID 标签并不是一件小事，这需要认真仔细地规划。

7.4.1　RFID 标签贴标的影响因素

1．影响读取率的射频特性

下面介绍影响读取率的射频特性。

（1）半透明：一些材料在被射频能量穿过时，仅有很少或根本就没有任何阻碍作用。而用有机纤维和人造纤维做的衣服、纸质产品、木头、绝缘的塑料和纸板对射频都是半透明的，但是带箔片衬里的纸包装可能会阻挡射频能量。

（2）吸收：液体、含液体的物质（如食物），特别是含盐的液体和食物，都会吸收超高频（UHF）射频能量。含化合物的碳，如固体状或粉状的石墨，也会吸收 UHF 射频能量。吸收会削弱或者衰减从阅读器天线发出或者从电子标签天线反射回的电磁场，它会随着物质和信号频率而变化。通过计算对各物质在某个频率的吸收率，可以得出介电损耗。将电子标签贴在瓶盖正下方的空气间隙上可以减少吸收部分电磁波能量。

（3）屏蔽：金属和非常薄的金属箔片尤其会让无线电波偏离目标，阻止无线电波穿过。屏蔽材料可以被当成感应线圈。电子标签天线里的感生电流让电子平行运动，产生一个反向电磁场，这样就会削弱信号，一般来讲，较高频率的射频信号比低频更容易被屏蔽。

（4）失谐：电子标签的天线受周围环境的影响很大。例如，电子标签贴在水箱上（箱子顶、箱子底等）时对标签的影响超过其他任何因素；罐子的吸收和屏蔽作用将降低到达电子标签的能量，并且减弱反射给阅读器的信号；电子标签彼此太靠近，会形成电容性耦合，使天线失谐；传送器、叉车和其他操作设备上的金属会阻碍和反射信号，造成失谐。电子标签拥有合适的天线形状，将其贴在包装箱子上的合适位置，并且使其托盘上的摆放方向合适，都能提高读取率。为此，可能还需要重新设计包装。

（5）反射：反射是由于材料的表面有与周围环境空气不同的介电常数而产生的。信号反射可能是 RFID 技术在 UHF 频段遭到的最严重的问题。举例来说，因为反射，阅读器信号可能无法穿过塑膜包装的托盘，导致电子标签接收不到足够的启动能量；金属会反射几乎所有无线电信号。而某些类型的塑料薄膜、镀膜玻璃和建筑材料也会反射电磁波，使电磁波无法穿过。

（6）干扰：干扰造成的所谓“死区”主要归因于环境因素。传送设备因为自身的电动机、控制器产生的震动或者电磁波释放会导致“死区”的出现。其 RFID 系统、无线计算机、无线电和电话都会产生干扰，但是通常阅读器/电子标签的空中接口可以过滤掉这些干扰。静电放电是由于材料累积静电并且没有正确接地导致的，它也会引起干扰。由于来自其他材料表面的多径反射，阅读器信号会自我干扰。干扰的例子包括信号穿过一个狭窄空隙后到过电子标签时发生的表面衍射，或者从金属物体反射并几乎同时到达电子标签的信号。

2．影响读取率的稳定因素

标签的选用与附着贴标、天线架设方式、阅读器功率与参数设定这三个因素决定了 RFID 的读取率是否稳定。

1）选择合适标签

标签的选择需根据阅读器操作距离、物品外形及材质、标签读取环境三个方面来综合考虑。

（1）阅读器操作距离：根据读取操作距离需求来决定采用何种频带系统的标签。

① 短距离手动读取。如果应用情境都是以手持式读取器来操作的，读取范围需求在 20cm 之内，而且每次只读取一个标签，则选择近场（Nearfield）磁感应方式的 LF 或 HF 标签，适当改变手持式设备感应角度，以达到最佳磁场切割作用，此时得到稳定读取率一般没有大问题。

② 短距离移动读取。如果应用情境是在输送带上读取物品标签，只要天线架设的有效读取区与物品移动方向构成磁场切割作用，慢速移动物品仍然可以采用 HF 标签。但是快速移动的物品建议还是采用远场（Farfield）电波共振式 UHF 标签，这样才可能有较好的读取率。

③ 长距离读取。有在超过 1.5m 以上距离的读取需求时，标签就要求有足够的敏感度（Sensitivity）。不管是固定或手持方式读取，1.5m 距离基本上已超过 LF 或 HF 标签的极限。在目前的被动式（Passive）标签中，UHF 标签是长距离读取的唯一选择，否则就要选择主动型（Active）标签才能确保长距离的稳定读取率。

（2）物品外形及材质：根据物品外形与材质选择合适标签规格。

① 敏感度。物品外形及材质会影响电磁场的穿透力（Penetration），也会影响标签的敏感度。通常标签的敏感度与其本身天线设计有关，敏感度越好的标签外形尺寸就越大。但是如果搭配天线架设角度，找到最好的极化面（Polarization），即使是小尺寸标签也能得到稳定的读取率。

② 感应角度。当环境有其他 RFID 阅读器同时运作时，标签感应角度就显得很重要。标签应根据物品移动方向选择最佳感应角度来附着物体，目的是与天线发射产生最佳的极化面，以确保较佳的读取方向，避免读取到其他不相干的标签。

（3）标签读取环境。

① 金属与含水分的环境。物品本身或环境若带有水气或金属成分也会影响标签的敏感度性能。水气会吸收部分电磁波能量，影响标签感度，金属制品则会全面反射电磁波从而影响标签的电磁耦合，两者都会造成读取率恶化。对于水气环境，只要空气湿度控制得宜应该不难解决；对于液体产品，只要标签与容器间保持固定间隙，仍然可以得到稳定的读取率。最难处理的就是金属反射环境，因为反射的电磁波强度会盖住标签背向散射（Backscatter）的信号，让读取器无法辨识标签的响应内容。因此在选择 RFID 读取环境时应该尽量避开金属反射环境。

② 金属专用标签或客制化金属标签。若标的物本身就是金属制品，欲达到满意的读取率恐怕只有使用金属专用标签或客制化金属标签。金属专用标签有一个特别设计的隔离层，可以避免金属材料对标签的特性影响，其读取距离为 2～3m，但是若背景环境的反射电波太强，则仍然无法保证 100%读取率。如果标签需求量够大或标的物属于高单价物品，笔者建议使用客制化金属标签。客制化金属标签的设计原理是将金属物体视为与标签芯片共振的部分天线，这样得到的读取距离与读取率都将大幅提升。笔者的使用经验为在 4～6m 距离时，读取率可达到 99.5%的水平。

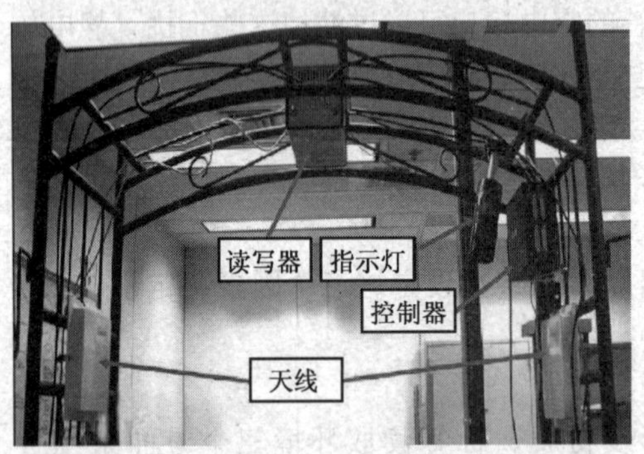

图 7-29　RFID 天线架设示意图

2）天线架设

天线架设要点是要达到最佳电磁场形态，同时避开电波反射干扰。RFID 天线架设示意图如图 7-29 所示。

（1）读取区。目前固定型阅读器通常至少搭配有四组输出天线，适度控制读取器的输出功率与调整四组天线的发射方向，就可以消除读取死角，建构有效标签读取区。值得注意的是，在标签读取区最好避免金属直接反射平面，这种金属平面造成高强度反射电波，往往会将微弱的标签响应信号盖住，影响阅读器的信号辨识能力。

（2）极化面天线。目前阅读器使用的天线主要有线性波与旋转波两种极化面天线，线性波天线的穿透力比旋转波天线的穿透力强，而旋转波天线的方向性比线性波天线的方向性宽广。该选择何种极化面天线应根据标签在物品上的贴附方向来决定。标签贴附方向杂乱的选用旋转波天线的读取效果较佳，标签贴附方向一致的选用线性波天线会有较远的读取距离。

3）阅读器功率与参数的设定

（1）功率的设定。阅读器发射功率可以通过程序操作来控制，功率太强容易产生折射干扰，功率不足则无法达到启动标签电磁场的最低能量要求。笔者建议以由弱渐渐加强的方式改变阅读器的功率输出，找出最低启动标签电源的阅读器输出功率（Minimum turn on power）平均值。再运用阅读器内建的 RSSI（Received Signal Strength Indication）接收信号强度指针来分析标签灵敏度的平均值。比较标签的 RSSI 及最低标签启动电源的阅读器输出功率，找出适用于标签最佳读取率的功率设定条件。换言之，可利用 RSSI 与标签启动功率两个参数来判断目前架设的天线所发射的电波环境是否具备合理性。

（2）碰撞参数的设定。一个阅读器针对同一群标签通信时，在同一时刻接收到大量的标签传递的数据而产生了信号碰撞。结果就会造成读取率不佳。碰撞的解决与 Q 值的设定有关，Q 值太大会影响读取器进行盘点所需时间，因此必须根据标签总数来决定，找出 Q 值与标签总数之间的优化关系，也即当标签数量为多少，找出最佳建议 Q 值。

（3）利用 RSSI 值过滤。Reader 在读取某一区域内的标签数据时，同时也会接收到其他区域的标签数据。Reader 程序可以根据标签响应的 RSSI 值差异性进行过滤，减少误判现象。

（4）避开盲点。由于环境折射波与天线直接波会产生相位加成与抵消作用，其中相位抵消的点会在有效读取区内产生读不到标签的盲点，所以可以利用不同角度天线架设组合，并由 Reader 程控改变天线切换开关，达到读取区中盲点的位置，减少因盲点造成的读取率不稳的现象。

3. 智能标签的贴放方法

1）贴标机的工作原理

首先，箱子在传送带上以一个不变的速度向贴标机进给。然后，机械上的固定装置将箱子之间分开一个固定的距离，并推动箱子沿传送带的方向前进。贴标机的机械系统包括一个驱动轮、一个贴标轮、标签带和一个卷轴。驱动轮间歇性地拖动标签带运动，标签带从卷轴中被拉出，同时经过贴标轮贴标。贴标轮会将标签带压在箱子上。在卷轴上采用了开环的位移控制，用来保持标签带的张力。因为标签在标签带上是彼此紧密相连的，所以标签带必须不断启停。

标签是在贴标轮与箱子移动速度相同的情况下被贴在箱子上的。当传送带到达某个特定的位置时，驱动轮会加速到与传送带匹配的速度，待贴上标签后，它再减速直到停止。

由于标签带有可能会产生滑动，所以它上面有登记标志，用来保证每一张标签都被正确地放置。登记标志通过一个传感器来读取，在标签带的减速阶段，驱动轮会重新调整位置以修正标签带上的任何位置错误。

2）套标机的工作原理

当推瓶电眼发现有瓶子过来并认为有连续生产的必要时，进瓶螺杆开始运作推瓶（进瓶螺杆的作用就是将不等距而来的瓶子重新等距、等初速度分瓶），然后瓶子进入套标系统的核心单元，当套标电眼感应到有瓶子过来时，马上将信息传输给控制中心 PLC，并通过 PLC 依次并连续下达 4 个指令（送标、定位、切标、射标）。当射标结束，一个瓶子的套标过程便完成，之后便进入标签整理、收缩单元。

智能标签的贴放方法主要取决于何时需要贴放标签，在货箱的什么位置贴放标签及设备的频率。在考虑任何贴标方法之前，应对货箱做分析测试来寻找最佳贴放位置，以保证能成功读取标签。如果分析测试非常成功，就可以确认在货箱的什么位置贴放标签，以及最佳的标签天线和阅读器天线配置。可以采用一种或多种贴标方法来满足生产要求和客户要求。

标签贴在什么位置？包装需不需要预处理？这些看似简单而又直接影响系统识读率的主要因素，要需通过模拟实验和现场测试进行贴标分析，因此正确的贴标取决于很多因素（如图 7-30 所示），其中很多看起来最佳的方法后来往往被证明是错误或者成本昂贵的。下面将对这些方法分类并进行简单的分析。

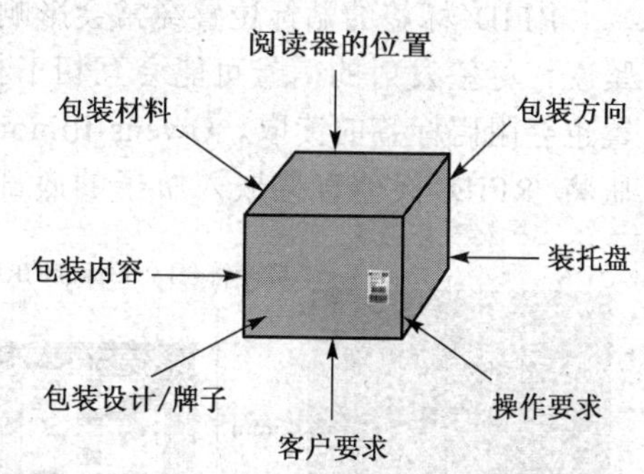

图 7-30 RFID 标签贴标的影响因素

（1）将标签嵌入包装：嵌有 RFID 芯片的一次性纸箱有几个吸引人的特性，其中最显著的是无须在包装和封装过程中对标签进行处理，为标签编码这一步骤在包装前、后均可进行，而且读取标签的成本和阅读器的成本都可由供应商承担。不过这种方法的缺点也很多。首先，业界预测包装公司要用三四年来解决物理上的障碍并提供完整的解决方案。错误修正、重新制作和退款都会增加成本，如果你有多种产品，不仅要求采用不同标签，而且标签粘贴位置也不同，那么你不得不采购、存储、和管理多种包装，使之和产品内容配套。其次，不仅纸箱生产商会因为对制造流程进行大改动而投入大量资金，纸箱包装产品的运输链和供应链也都需要重新设计。目前，纸箱往往堆放在室外，其环境不可控制。堆叠积压、叉车的粗糙处理和恶劣的环境都不利于嵌有电子元件的产品。最后，带有电子标签的纸箱包装可能还会遇到环保问题和回收再利用的问题，这取决于不同国家和地区之间的各种环保法规。

（2）先贴标、后编码：如果货箱上预先印刷了条码，那么可以在编码之前先将背面带粘胶的 RFID 标签贴到货箱上。其工作流程具体为：用上游贴放器把标签固定到货箱上，当货箱通过包装线时，由一台固定在包装线上方的阅读器为它编码。这种方法可以使处理过程流程化，而且能够降低成本，特别是在现有的贴放设备能处理贴标任务的情况下。但这种方法的一个不足之处是无法在现有的贴标之前检查出“哑”标签和坏标签，这极有可能导致很多货箱要重新贴标。这个方式的另一个缺点是不可避免地会为碰巧在附近的标签也进行编码。目前市场上大多数贴放器的设计中没有处理成卷 On-pitch 标签的功能。当某些标卷轴绕得过紧时，容易导致标签卡在贴放器中，甚至会造成严重损害。此外，如果标签背面的粘胶不牢固，那么标签可能会在未经发现的情况下从货箱上脱落。标签行业花费了数年时间为不同的应用寻找完美的粘胶解决方案，但许多只供应标签的供应商才刚刚接触这方面的知识。因此，这种方式因为潜在的“哑”标签和坏标签、标签受损或掉落及的误编码问题而增加了流程的不稳定因素。

（3）先编码、后贴标：这个方法解决了先贴标、后编码方法的一些缺点，其具体流程是：首先采用嵌在贴放器里的编码器对标签进行编码，然后再贴标。遗憾的是，截至本书发布之时，这种方法还没有得到相关的证实。On-pitch 标签卷的灵活性和功能比智能标签要差。此外，标签自身也因为可选择的胶有限而难以贴放到货箱上。最后，这种方法往往不能满足 RFID 标识原则，该原则规定要使用 EPCglobal Inc.图标对带 RFID 的货箱进行清晰标记，以便消费者识别。货箱上预打印的消费者提升可能会因标记标准不断变化而不得不改变。

（4）先编码、印刷，然后贴标签：智能标签便是依照这种方法贴标的，该方法的具体流程为贴放器先为标签编码，并印刷标签，然后把标签贴到货箱上。它通过校验、检测错误、恢复功能可保证标签的正常工作。这种方法可以在包装流程中合适的环节进行。采用同样的保证措施可以检验印刷是否完成。

7.4.2 RFID 标签贴标的位置要求

RFID 标签的贴标位置经常会影响到标签的读取率。在单品贴标的情况下，由于货品排放紧凑，标签发射的信号可能会互相干扰，所以读取率更容易受到影响。标签不统一的贴置位置也会阻碍标签的读取。Owens-Illinois 公司的包装部门展示了一种新型的塑料药瓶，这种药瓶将 RFID 嵌体直接嵌入瓶子的底部。据称这种贴标方式可以解决上述单品贴标的问题。这种药瓶底部中间有一小凹洞，用于放置 RFID 嵌体，上面盖一小片塑料圆片，可保护标签免受损坏。Owens-Illinois 称这种标签的放置方式可以保证稳定的读取率。

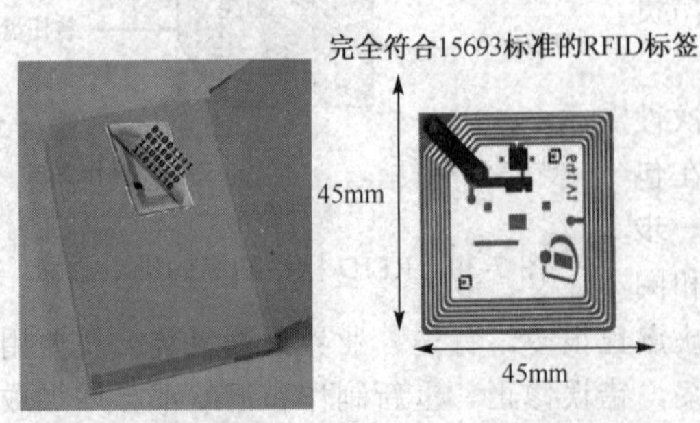

图 7-31　一个专门为图书馆图书管理设计的标签

1. 图书标签的贴标位置

图书管理系统的标签完全符合 ISO15693 标准，图 7-31 显示的是一个专门为图书馆进行图书管理设计的标签。将一个 45mm×45mm 的薄标签封装在牢固的、防撕裂的塑料里，即使被摔落、随意处理和浸湿，书也不会损坏。使用远距离阅读器时，45mm×45mm 的薄标签的读写距离在 0.9m 左右。标签通常贴在书的封底。除了上述标签外，其他尺寸和品牌的 RFID 标签也可以使用，只要符合 ISO15693、ISO14443 标准或 I-Code 1 编码标准就可以。

2. 包装箱的标签位置

单一包装箱的标签位置如图7-32 所示。大包装箱内产品的标签位置如图7-33 所示。

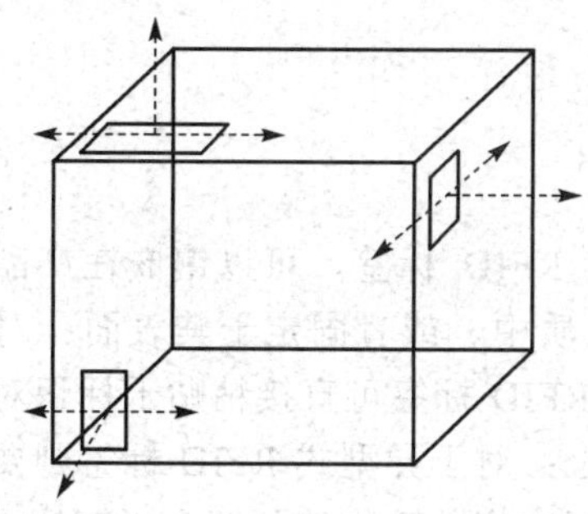

图 7-32 单一包装箱的标签位置

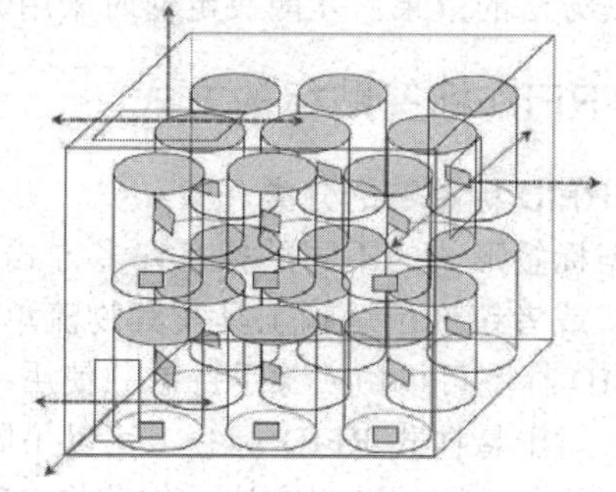

图 7-33 大包装箱内产品的标签位置

托盘、包装箱、产品标签的复杂性如图 7-34 所示，由包装箱组成托盘如图 7-35 所示。

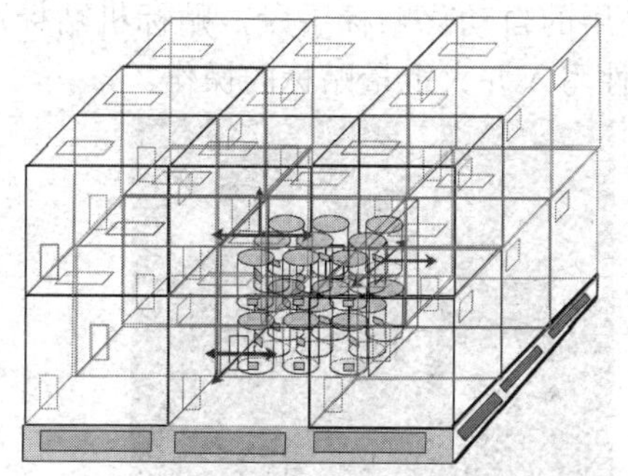

图 7-34 托盘、包装箱、产品标签的复杂性

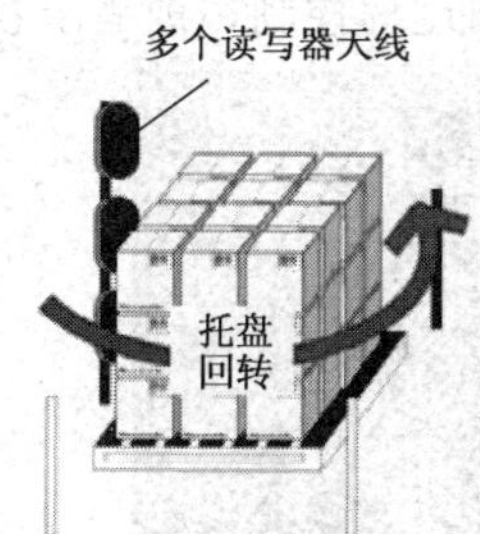

图 7-35 由包装箱组成托盘

最佳位置：嵌有 RFID 电子标签的智能标签与天线平行，如图7-36 所示。

非最佳位置：嵌有 RFID 电子标签的智能标签并不与天线平行，如图7-37 所示。

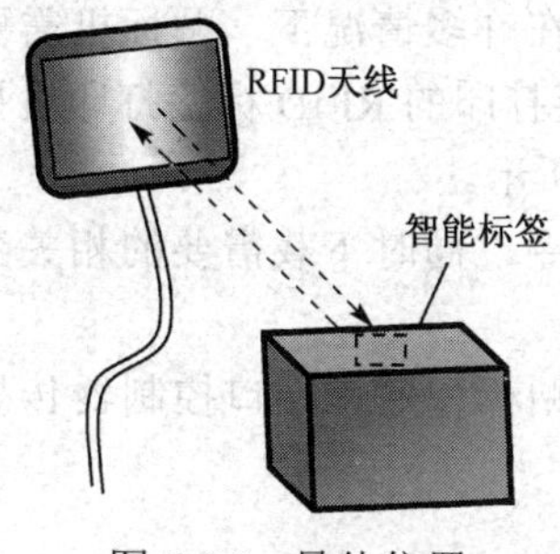

图 7-36 最佳位置

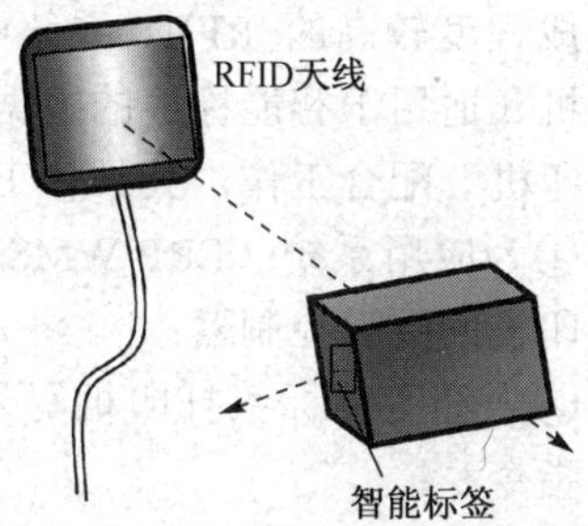

图 7-37 非最佳位置

从贴标出货转换所需要时间取决于以下几个因素。

（1）产品种类：高价值物品由于经常容易遭受损失，所以值得进行 RFID 投资，是自动化方法的最佳实施对象。不利于 RFID 推广应用的原因有要采用包装和处理工艺才能满足客户合格要求，从贴标出货方法转换到更自动化方法导致包装需要更长的时间。

（2）技术成熟度和可靠性：自动化方法要求较大的初期投资，且需要较长时间才能获取回报。自动化通常需要在流程中建立可靠性。

（3）竞争情况：当决定采用自动化方法时，你的竞争对手的 RFID 实施会影响你的决定。因此，对最佳方法进行内部和行业性的了解非常重要。你最好在不得不反击竞争对手之前开发自己的自动化商业方案。问题的关键是当你采用自动化贴标时，每个公司和每个应用的情况都不一样，只有用不同的货箱数量和应用曲线点评估贴标出货和“印刷粘贴（Print & Apply）”方法的效果后才能决定何时采用。

7.4.3 RFID 标签贴标的方式

1．RFID 标签贴的分类

根据标签形式的不同贴标有许多方式：对于内置式 RFID 标签，可以镶嵌在产品或商品标签中，或者镶嵌于运输工具及其物流单元化器具的材质中、或者固定于其表面；对于信用卡状 RFID 标签可以由人工手持单独使用；对于粘贴式 RFID 标签可直接粘贴于标识对象及其包装上；对于悬挂式 RFID 标签，可以吊附在标签对象上；对于异型式 RFID 标签则要根据不同的形状采用不同的贴附方法，如动物 RFID 标签用耳标钳打入动物的耳廓上；车辆 RFID 标签直接粘贴于汽车挡风玻璃表面，等等。

根据自动化程度分类，有人工贴标和贴标机贴标两种方式。人工贴标简单灵活，适用于多品种小批量的贴标；贴标机贴标是发达国家普遍采用的自动化贴标手段，贴标机贴标适用于自动化程度较高的生产流程和过程控制，或者一次性写入并大批量贴标的操作。

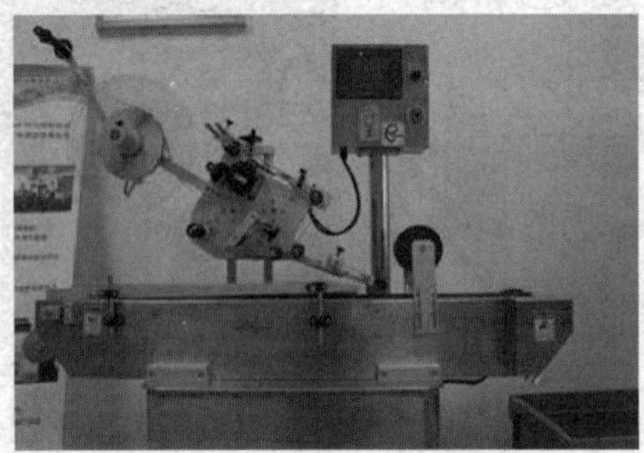

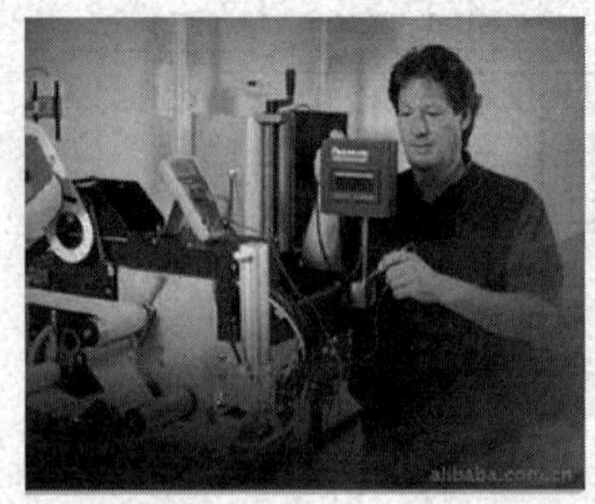

图 7-38　RFID 贴标机

2．RFID 贴标机的工作流程

在集成程度较高的 RFID 系统中，可以使用贴标机。在许多情况下，贴标机需要与智能标签打印机（适用于智能标签的数据写入与条码可视化标签打印的 RFID 标签打印机被称为智能标签打印机）配合工作，其具体工作流程控制如图 7-39 所示。

（1）①为应用系统（ERP/WMS/MES 等）发出贴标指令，同时下载需要的相关数据给智能标签打印机的端口控制器；

（2）②为经智能标签打印机写入、打印好的标签进入贴标程序，端口控制器传导应用系统的贴标指令；

（3）③为贴标机执行贴标命令；

（4）④为贴标机中的读写器进行标签正确性检验；

（5）⑤为如果贴标不正确则需要下线人工重贴；

（6）⑥为如果贴标正确，则完成贴标工作流程，将该标签贴标操作记录返回系统，转入下一个操作循环。

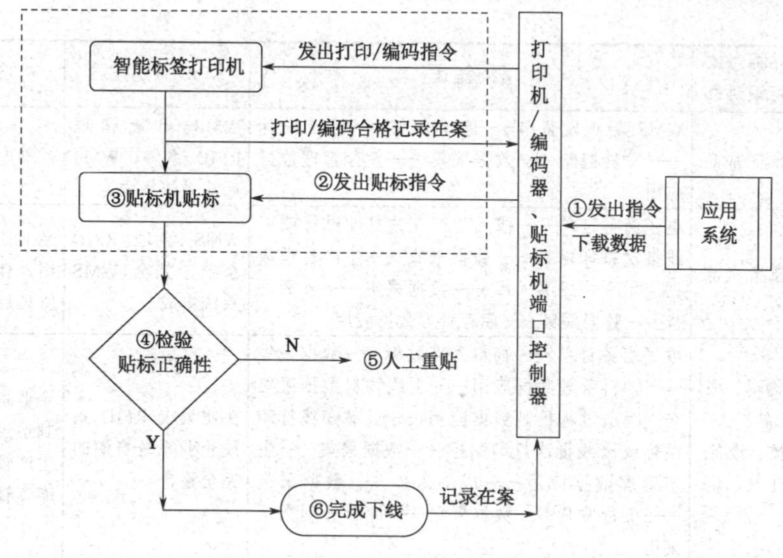

图 7-39　RFID 贴标机的工作流程机制

3．RFID 标签机

贴标机可与智能标签打印机集成在一起，称为标签机。标签机可以一次性完成数据写入、标签打印和标签粘贴三个工序的工作，适用于应用集成度较高的 RFID 系统，如图 7-40 所示。

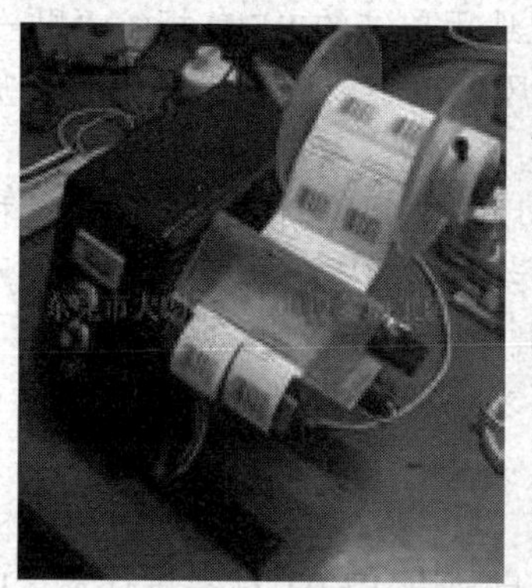

图 7-40　RFID 标签机

7.4.4　RFID 项目的应用集成度的贴标选择及特点

本节将讨论“山姆会员店中 EPC/RFID 贴标指南”建议其供应商所采用的五种不同 RFID 应用集成度（见表 7-7），为用户确定应用目标提供参考。

表 7-7　RFID 项目的应用集成度

应用集成度	贴标对象 标识对象	贴标描述	RFID 系统描述	应用目标
贴—运	商品/成品	人工导入打印数据——打印标签——手工贴标——运输	单机系统，无系统集成	市场合规性要求（SCM 接口）
贴—检—运	商品/成品	人工导入打印数据——打印标签——手工标签——发货检验运输	离线 RFID 系统。最小程度的系统集成	市场合规性要求（SCM 接口）检错与截漏

续表

应用集成度	贴标对象 标识对象	贴标描述	RFID 系统描述	应用目标
WMS 贴标	商品/成品	WMS 导入发货单——打印标签——手工贴标——发货检验——数据采集——库存管理数据应用	WMS 出货管理 RFID 系统，WMS 后端系统集成	后端库存管理应用
自动贴标	商品/成品	电子商务订单——成品生产在线打印贴标或离线批次打印贴标——数据采集——生产管理数据应用——成品入库——数据采集——拣货发货——数据采集——库存管理数据应用	WMS 管理 RFID 系统，完全 WMS 系统集成	全面库存管理应用，伴有部分生产管理后端应用
集成贴标	物料、成品、人员、设备/工具、资产	电子商务订单——物料入库贴标——数据采集——物料管理数据应用——上线物料数据采集——制造过程控制数据应用——成品在线打印贴标或离线批次打印贴标——数据采集——生产管理数据应用——成品入库——数据采集——拣货发货——数据采集——库存管理数据采用	头尾集成 RFID 系统企业系统资源的完全整合	企业资源计划应用 制造过程控制应用 生产管理应用 库存管理应用

注：山姆会员店中 EPC/RFID 贴标指南。

1．应用集成度 1——单纯“贴—运”

标签贴——是实现沃尔玛山姆会员店合规性最低要求。本质上你是由供应商或者第三方物流在发货的时候，将 RFID 标签贴在运往山姆会员店的商品上，其产生的成本将计入业务成本。

（1）使用情况。如果用户只有很少的供货批量，用户的企业资源无法支撑其他方法的实施，合作伙伴的 RFID 合规性要求不是长期的计划，可以选用单纯的 RFID 标签“贴—运”。

（2）优点。极少或没有设备投资要求，浪费投资的风险很小或为零；标签有现货供应：对生产线没有干扰；系统可以很快建成。

（3）缺点。由于单纯的 RFID 标签“贴—运”要求用户必须重新处理产品，这种满足客户要求的方法以降低操作速度和额外投入人工为代价。当涉及的零售单元、理货单元及其操作设施数量增加的时候，不仅费用昂贵，且管理难度和出错率也会增加。

（4）应用目标。在单纯为满足合作伙伴的合规性要求而简单的投入，建立了一个 RFID 应用的 SCM 接口，但用户自身没有直接受益。

2．应用集成度 2——“贴—检—运”

“贴—检—运”跟“贴—运”很类似，但是增加了用户利用 RFID 标签进行发货单和采购单的核对一环，可以减少因错误发货而产生的费用，以及漏发货带来的发货单扣减的费用。

（1）使用情况。基本使用于“贴—运”中所列举的情况，但较“贴—运”具有优势。

通过在发货前确认订单，可以减少因错误发货以及漏发货带来支出。对易于使用 RFID 标签的商品，该方法尤为有效。托盘上的标签可以很轻松地读出并进行数据采集，而发货正确性检验并不要求改变业务流程或者额外的工作量投入。

（2）优点。除了具有与“贴—运”一样的优点外，用户还能通过“贴—检—运”的检查核对发货，有效克服人工操作造成的错发与漏发，避免由此而带来的损失，从“检”中获得一定的内部效益。

（3）缺点。具有与“贴—运”同样的缺点，但这种投入用户还是能够从中获取一些内部效益。

（4）应用目标。在满足合作伙伴的合规性要求的投入中，建立了一个 RFID 应用的 SCM 接口，用户也通过“检错与截漏”获得一定的收益。

3．应用集成度 3——WMS 贴标

WMS 贴标的特点是，RFID 系统通过 WMS 系统与用户应用系统集成。WMS 贴标较前两个模式更进了一步，“贴标”所产生的数据采集可以有效传输到用户的后台应用系统，进行一些必要的数据处理和应用。

用户的后台系统与沃尔玛山姆会员的系统在订单—供货界面具有电子数据交换的功能。当一个来自沃尔玛山姆会员的配送中心或门店订单到达用户后台系统时，WMS 系统的终端会自动为此订单打印包装箱或托盘的 RFID 智能标签，经人工拣选备货，打印好的智能标签将被人工粘贴在货物的包装箱或托盘上。在沃尔玛山姆会员店一方，拥有 RFID 系统的配送中心可以方便地采集到 RFID 的标签信息，没有 RFID 基础设施的配送中心仍然可以通过扫描智能标签上的条码进行数据采集，实现订单、发货、收货等供应链管理数据的应用，较好地体现了 RFID 与条码相结合的使用性。

（1）适用情况。该类 RFID 应用对少量或中等数量的配送较为理想，山姆会员店的供应商们不认为可以从标签数据中实现很大的效益。尤其是这些供应商通常经营的是“低流转”(Slower-moving)商品，这些商品很少出现被盗或缺货的情况。

（2）优点。降低了与重复处理商品相关的人力成本，并且给用户留出了提高贴标速度的空间，如果需要，用户可以采用贴标机加速贴标操作。

（3）缺点。需要较大的投资将 RFID 贴标操作集成打到 WMS 及其后台应用系统中，但与可以补偿这些投资的效益却并不匹配。

（4）应用目标。WMS 贴标在满足合作伙伴的合规性要求的投入中，建立了一个 RFID 应用的 SCM 接口，同时降低了与重复处理商品的相关人力成本，RFID 信息可以有效地传输到用户的后台应用系统，进行一些必要的数据处理和应用。

4．应用集成度 4——自动贴标

此类 RFID 应用在后端集成了订单管理和自动 RFID 贴标操作，自动贴标可以采用在线实时贴标或离线批次贴标两种模式。

（1）适用情况。适用于大量配送商品的用户。每日配送多个托盘或较大数量的 SKU 包装（配销包装），如果用户的人工贴标成本巨大，而且会对原有的发货操作造成很大的干扰，此时适合自动贴标。

（2）优点。降低了因重复处理商品带来的人工成本和对原有发货操作的干扰，并且给用户留出了提高贴标速度的空间，如果需要，用户可以采用贴标机加速贴标操作。

（3）缺点。需要 IT 的预先投入，如果选择在线贴标，还需要大量投资用于购买贴标机，同时需要内部的生产管理的延伸。

5．应用集成度 5——集成贴标

集成贴标是最积极的 RFID 应用，虽然有些用户的应用启动是由伙伴的拉动而被动性导入的，但在用户深入挖掘数据应用之后，就演变成了战略性的主动应用。集成贴标将 RFID 应用扩展到企业内部及其供应链管理的各个领域，包括生产管理、制造流程控制、仓储管理以及利用零售伙伴的销售数据改善补货和客户满意度。集成贴标是实现供应链扁平化的一系列有效的 IT 支撑。由于集成贴标需要将 RFID 系统与用户内部系统全面整合，即使在欧美发达国家，也只是少数用户采用。

（1）使用情况。如果用户从多个地点向贸易合作伙伴配送大量商品货物；如果用户相信快速消费品行业最终会在供应链管理中使用 RFID，并希望利用 RFID 数据为企业带来效益；如果用户真有 RFID 应用战略规划，而且企业内部具有全面应用 RFID 系统的需要与环境条件，那么应该采用集成贴标的方式实施 RFID 项目。

（2）优点。不仅能够减少重复处理产品的劳动成本和提高贴标效率，而且在有效地利用供应链管理数据、实施仓储管理、改善补货以及内部的生产管理、制造过程控制等方面都会产生较大的收益，并可以通过 RFID 全面应用的收益抵消投入成本。

（3）缺点。在 IT 整合和设备方面要求更多的预先投入，同时也需要对使用 RFID 数据应用进行相应的投入。

（4）预期目标。集成贴标可以将 RFID 的应用从库存管理的局部应用扩大到生产管理和制造过程控制等全面的内部应用，同时建立全面的 SCM 接口，当收益超过成本时，将变为用户实现终极的战略应用目标的有效途径。

7.5 实训项目

7.5.1 实训项目任务单

RFID 读写器性能测试实践项目任务单

任务名称	RFID 读写器性能测试实践
任务要求	掌握 RFID 读写器测试环境搭建方法、熟悉 RFID 读写器性能、熟悉 RFID 常用测试的方法，并记录它们的使用具体情况，撰写观察实践分析报告
任务内容	子任务 1：RFID 读写器测试环境搭建； 子任务 2：单标签读取距离测试； 子任务 3：多标签读取性能测试； 子任务 4：传送带运动标签读取测试； 子任务 5：标签性能测试
提交资料	1. 完成各子任务测试记录表； 2. 提交实训任务分析报告表
相关网站资料	1.大学城空间：http://www.worlduc.com/SpaceShow/Index.aspx?uid=256484
思考问题	1. RFID 标签的读写性能与什么相关？ 2. 如何应对在不同环境下的 RFID 读写器与标签的测试？ 3. RFID 读写器读写性能测读后的数据分析对你在今后的 RFID 系统实施中起到什么帮助

7.5.2 项目实践

子任务 1：RFID 读写器测试环境搭建

（1）RFID 读写器测试环境硬件需求（见下表）

项目实践硬件需求表

序号	硬件名称	建议厂商	型号规格	数量	主要用途
1	PC 1 台	自定	安装 Windows XP 以上操作系统	1 台/组	上位机，用于开发测试程序
2	RFID 读写器	远望谷、艾富迪等知名厂商	超高频 800～900MHz	1 台/组	读写器，用于与标签通信
3	分离式天线	远望谷、艾富迪等知名厂商	分体式、多通道	2 个/组	天线与读写器进行连接用于读写标签测试
4	串口连接线	自定	公母头	1 个/组	上位机与读写器进行连接通信

续表

序号	硬件名称	建议厂商	型号规格	数量	主要用途
5	网线	自定	交叉，直接均可	1 个/组	上位机与读写器进行连接通信
6	WiFi 设备	飞瑞敖	串口接口、波特率：1200~115200bps Web 两种管理方式	1 个/组	上位机与读写器进行连接通信
7	EPC 标签	自定	支持 ISO18000-6C	10 个/组	用于测试读写器性能。单标签读写测试和多标签读写测试

（2）RFID 读写器测试环境软件需求（见下表）。

项目实践软件需求表

序号	软件名称	建议厂商	型号规格	数量	主要用途
1	读写器硬件厂商提供的读写器演示程序	远望谷、艾富迪等知名厂商	最新版本	1 套	上位机，用于控制读写器
2	数据库系统	微软 SQL2000、微软 Access、MySQL 等	——	1 套	记录测试数据

（3）RFID 读写器测试工具需求（见下表）。

项目实践工具需求表

序号	工具名称	型号规格	数量	主要用途
1	天线支架	自定	1 套/组	用于固定天线
2	标签支架	自定	1 套/组	用于固定标签
3	泡沫材料	自定	1 套/组	介电常数接近空气，可以将标签贴于上面，避免手持标签
4	金属档板	自定	1 套/组	可以将标签贴于上面，测试标签贴在金属上面的性能
5	金属圆盒	自定	1 套/组	用于测试 RFID 贴标包装材料与读写性能关系
6	纸质圆盒	自定	1 套/组	用于测试 RFID 贴标包装材料与读写性能关系
7	其他材料	自定	1 套/组	用于测试 RFID 贴标包装材料与读写性能关系

（4）根据其他子任务搭建相应用的测试环境。

具体搭建测试环境如各子任务示意图。

子任务 2：单标签读取距离测试

读写测试环境搭建如图 7-41 所示。

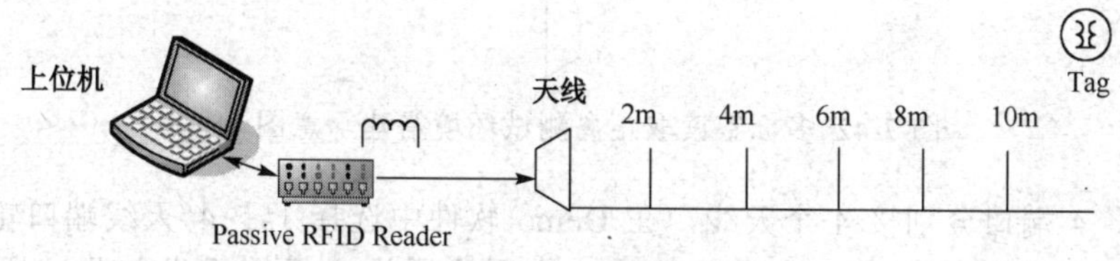

图 7-41　读写测试环境搭建示意图

测试条件：在进行标签读标签距离测试时，通过一射频电缆（10m）与读写器天线连接，将天线置于天线架上，另将没有封装的标签贴于相应测试的材料上（纸质、金属、其他材料），手持相应材料进行读标签距离测试（测试时人站在标签的侧旁，比人站在标签后面读取效果略好）。

将天线连接至读写器端口，上位机和读写器之间可以通过串口、网络连接或 WIFI 设备进行连接，打开读写器电源和启动上位机 Demo 软件，选择正确的通信端口，连接成功后选择正确的天线号，进行单标签距离测试，记录数据，数据表见表 7-8。

表 7-8 RFID EPCG2 标签测读距离数据（单卡） 单位（m）

序 号	测读标签频率/协议	标签测读距离（前）	标签测读距离（后）	标签测读距离（左）	标签测读距离（右）	标签测读距离（上）	标签测读距离（下）	原因分析
标签 1								
标签 2								
标签 3								
标签 4								
标签 5								
标签 6								
标签 7								
标签 8								
标签 9								
标签 10								

子任务 3：多标签读取距离测试

读写测试环境搭建如图 7-42 所示，连接好设备，进行读多标签性能测试。

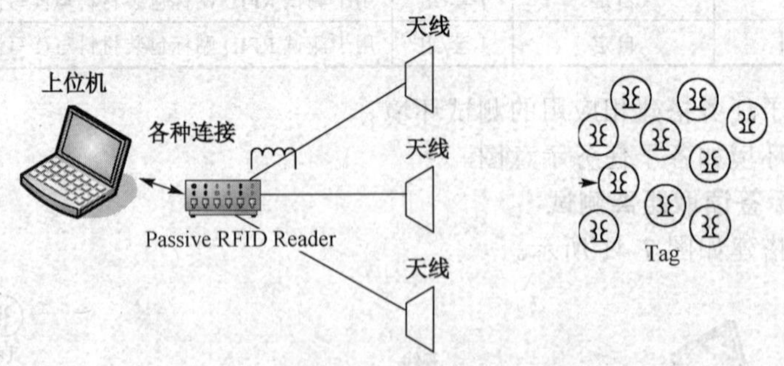

图 7-42 多标签读取距离测试环境搭建示意图

测试时，将 4 端口分别接 4 个天线，在 Demo 软件中选择 1#～4#天线端口轮循的读取方式，将预计读取标签数设置为一个合适的值，应用设置为大于等于当前测试所用标签的总数，记录稳定读取标签张数及标签分布，填写数据记录表。见表 7-9。

表 7-9 RFID EPCG2 测读数据量表 单位（个）

序号	测读位置（m）	测读次数（次）	测读标签稳定个数（个）
1			
2			
3			
· · ·			

子任务 4：传送带运动标签读取测试

读写测试环境搭建如图 7-43 所示。在进行读传送带标签测试中，传送带的两头各有一个可以内置天线的过门卡，只需要使用其中一个即可，在过门卡的上下左右四面均内置了一个天线，各连接一根 10 米长射频电缆，电缆另一端则连接到读写器的四个天线端口上，传送带从过门中间通过，表面贴有标签的货物（纸箱、纸壳、塑料盒子等）放在传送带上面，传送带以特定的速度移动，通过过门卡的时候，标签被读写器读出。

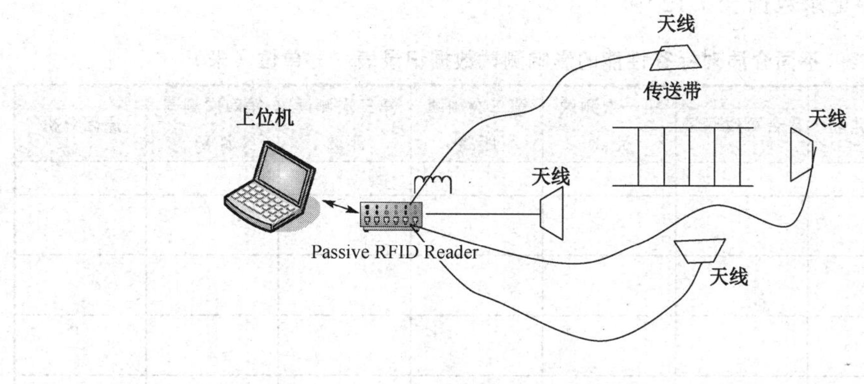

图 7-43 传送带运动标签读取测试环境搭建示意图

如果传送带速度够快，则读写器一次性可以读到多张标签，所以读写器的设置与读多标签时的设置类似。记录各速度下识别的标签个数，记录数据表见表 7-10。

表 7-10 RFID EPCG2 测读数据量表 单位（个）

序号	传送带速度（m/s）	测读次数（次）	识别标签稳定个数（个）
1			
2			
3			
· · ·			

子任务 5：标签性能测试

读写测试环境搭建同子任务 2，进行标签性能测试。

（1）标签读取性能一致性测试。

取 5 张 RFID 标签测试标签的一致性。

手持标签在距离 1m～10m 处，分别记下是否能读到数据，并将结果记录于数据表 7-11 中。

表 7-11　标签一致性性能测试记录数据表

标签 距离	标签 1	标签 2	标签 3	标签 4	标签 5
1 米					
2 米					
3 米					
4 米					
5 米					
6 米					
7 米					
8 米					
9 米					
10 米					

注：读取成功记为：√；读取失败记为：X

（2）标签不同介质对标签性能的影响测试。

把铁皮、纸箱、泡沫等物体作为标签包装测试介质，测试标签贴在不同介质上对读取性能的影响，并将结果记录数据表 7-12 中。

表 7-12　不同介质对标签性能的影响测试数据记录表　　单位（米）

序号 （环境或介质）	标签类型	是否可以测读	第一次测读 距离	第二次测读 距离	第三次测读 距离	第四次测读 距离	原因分析
空气介质							
纸质 （箱或合）							
塑料 （箱或合）							
金属 （箱或瓶）							
液体 （箱或瓶）...							
其他介质							

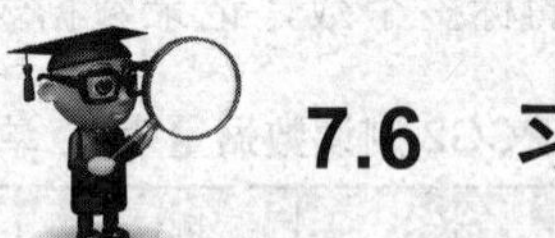

7.6 习题

一、简答题

1. 简述 RFID 的碰撞，解决碰撞的主要方法有哪些？
2. 简述 RFID 读写器（阅读器）防碰撞技术产生的原因及解决方法。
3. 常用的定位技术有哪些，RFID 定位技术有什么优势？
4. 简述 RFID 系统测试的流程、规范和方法。
5. 简述 RFID 标签贴标的影响因素及如何正确贴标。

二、分析题

1. 分析比较 UHF 频段 RFID 系统的防碰撞方案。
2. RFID 人工贴标与自动贴标的区别。

第8章 EPC编码与EPC系统的网络技术

导教——教学导航

职业能力要求

- 专业能力：熟悉EPC系统的构成及编码知识；掌握ONS的架构与功能，以及URI转成DNS查询格式的步骤；掌握实体标记软件语言PLM的概念及组成，以及PML服务器及应用；培养良好的职业素养。
- 社会能力：具备良好的独立研究能力和信息安全意识。
- 方法能力：具备良好的自学能力，新应用系统的快速掌握能力。

学习目标

- 熟悉EPC编码体系、EPC系统的构成框架结构、EPCglobal组织；
- 掌握ONS的架构与功能说明，以及URI转成DNS查询格式的步骤；
- 掌握PML服务器的基本原理、服务器编码、PML数据的存储和管理。

学习任务

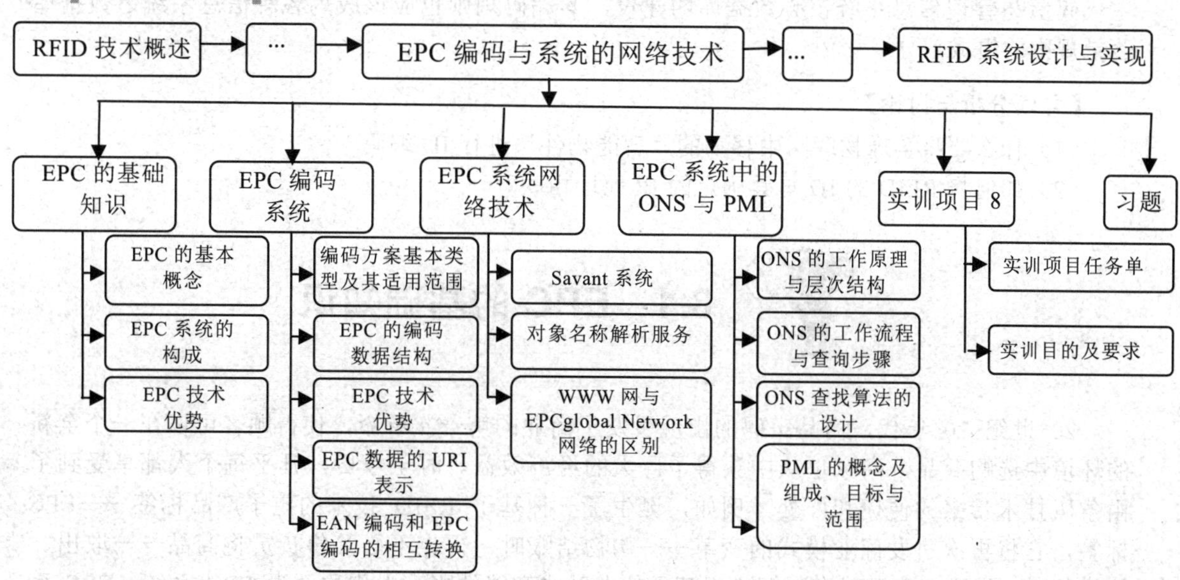

导读8-1　EPC编码助“智能物件”物联

人、物、空间怎么能进物联网？在茫茫的世界里，又怎么能够通过网络快速地找到它们？

信息标识编码可以说是赋予世间万物的一个身份证，RFID则把它们的ID与确定的IP地址相联。

我们总是在感叹计算机的无所不能，但是否想过，如果没有人的智慧，计算机不但一无所能，而且压根就不会诞生？计算机的数据处理几乎无限量，Internet的信息查询似乎应有尽有，但是如果没有人工的信息标识编码、人工的初始信息加工、人工的初始信息录入，计算机就什么都没有。

计算机是人脑智慧的集合、延伸、深化、提速的工具，是储存人之智慧的大海，Internet 的门户网站是分享公共智慧的平台。为了将人类的智慧最快捷、最大化地载入计算机，实现储存、查询与分享的目标，我们首先需要赋予世间万物一个身份证，把它们变成数字，例如，按国家标准 GB 11643“公民身份号码编制规则”给每个人一个 18 位的十进制数字代码，将一个“社会人”变成一个“数字人”；按国际“物品电子编码基于射频识别的贸易项目代码规则”给每一件商品赋予一个全球唯一的 ID 代码，将意见普通的商品变成了一件可以在全球查询的“智能物件”，无数的 ID 代码与其对应的相关信息形成了成千上万的分布式数据库系统，RFID 则把这些在全球物联网中移动的“智能物件”的 ID 与确定的数据库 IP 地址实时相联……于是，用于加工和处理初始信息的手段与工具——信息标识编码技术应运而生。

信息标识编码是将人、物、空间等物理世界的实体进行“数字化”的技术手段，这些作为管理对象的“人、物、空间”称为“标识对象”。本章所讨论的信息编制代码不是计算机系统界面的由计算机程序实施的编码与译码等数据处理，而是人—机—物界面的人工编码与信息转换，这里的信息标识与编码是人工完成的操作，与 RFID 用户息息相关。信息标识编码是 RFID 项目的第一个用户界面。

信息标识编码就是实现“标识对象”的 ID 化。按一定的规则赋予“标识对象”一定的标记，是一个物理存在的人、物或者空间获得一个虚拟符号（数字型、字符型或数字字符型），称为“编码”；这一虚拟符号就是“标识对象”的身份代码，也称为“ID 代码”；编码所遵循的“一定的规则”称为“编码规则”。在信息标识编码阶段，ID 代码是初始信息，可以作为主代码参与管理信息系统核心数据库的建设，其编码规则也应该成为各种信息系统之数据库著录规则的组成部分。

【导读分析与讨论】

（1）什么要将全球物联网中移动的“智能物件”进行 ID 编码？

（2）如何将 RFID 的 ID 与其确定的 IP 地址相联？

8.1 EPC 的基础知识

20 世纪 70 年代，商品条码的出现引发了商业的第一次革命，使得顾客可以在一个全新的环境中选购商品，商家也从中获得了巨大的经济效益。时至今日，几乎每个人都享受到了由条码技术带来的便捷和好处。例如，诞生了一种基于 RFID 技术的电子产品标签——EPC 标签，它将再次引发商业模式的变革——购物结账时，再也不必等售货员将商品一一取出、扫描条码、结账，而可以在瞬间实现商品的自助式智能结账，人们称之为 EPC 系统。EPC 系统是在计算机互联网的基础上，利用 RFID、无线数据通信等技术，构造的一个覆盖世界上万事万物的实物互联网（Internet of Things）。

有人说 EPC 系统是未来 E 时代的转折点，也有人说 EPC 系统是引发互联网二次革命的导火索，还有人说 EPC 系统是进入 E 时代的桥梁，更有人说这是世界上万事万物的实物互联网……暂且不讨论哪种说法更为准确，但是 EPC 系统是当前 E 时代的新发展、新趋势却是不争的事实。

8.1.1　EPC 的基本概念

1．什么是 EPC

EPC（Electronic Product Code）即电子产品编码，是一种编码系统。它建立在EAN·UCC（即全球统一标识系统）条形编码的基础之上，并对该条形编码系统做了一些扩充，用以实现对单品进行标识。

2．EPC 编码体系

EPC 编码的一个重要特点是：该编码是针对单品的，且它的基础是 EAN·UCC，并在EAN.UCC 基础上进行了扩充。根据 EAN·UCC 体系，EPC 编码体系也分为 5 种，如下所示。

（1）SGTIN：系列化全球贸易标识代码（Serialized Global Trade Identification Number）。

（2）SGLN：系列化全球位置码（Serialized Global Location Number）。

（3）SSCC：系列货运包装箱代码（Serial Shipping Container Code）。

（4）GRAI：全球可回收资产标识符（Global Returnable Asset Identifier）。

（5）GIAI：全球个人资产标识符（Global Individual Asset Identifier）。

8.1.2　EPC 系统的构成

EPC 系统是一个非常先进的、综合性的、复杂的系统。其最终目标是为每一单品建立全球的、开放的标识标准。它由全球产品电子代码（EPC）编码体系、射频识别系统及信息网络系统三部分组成，主要包括 7 个方面，EPC 系统的构成见表 8-1。

表 8-1　EPC 系统的构成

系统构成	名　称	注　释
全球产品电子代码（EPC）编码体系	EPC 编码标准	识别目标的特定代码
射频识别系统	EPC 标签	贴在物品之上或者内嵌在物品之中的标签
	阅读器	识读 EPC 标签的设备
	Savant（神经网络软件）	EPC 系统的软件支持系统
信息网络系统	对象名解析服务（Object Naming Service，ONS）	物品及对象解析
	实体标记软件语言（Physical Markup Language，PML）	是一种通用的、标准的对物理实体进行描述的语言
	EPC 信息服务（EPCIS）	提供产品信息接口，采用可扩展标记语言（XML）进行信息描述

EPC 体系主要由 RFID 技术、Internet 技术及 EPC 编码构成，包括各种硬件和服务性软件系统。EPC 系统制定相关标准的目标是：在贸易伙伴之间促进数据和实物的交换，鼓励改革。如图 8-1 所示。

（1）全球化的标准：使得该框架可以适用在任何地方。

（2）开放的系统：所有的接口均按开放的标准来实现。

（3）平台独立性：该框架可以在不同软、硬件平台上实现。

（4）可测量性和可延伸性：可以对用户的需求进行相应的配制；支持整个供应链；提供了一个数据类型和操作的核心，同时也提供了为了某种目的而扩展核心的方法；标准是可以扩展的。

（5）安全性：该框架被设计为可以全方位地提升企业的操作安全性。

（6）私密性：该框架被设计为可以为个人和企业确保数据的保密性。

（7）工业结构和标准：该框架被设计为符合工业结构和标准并对其进行补充。

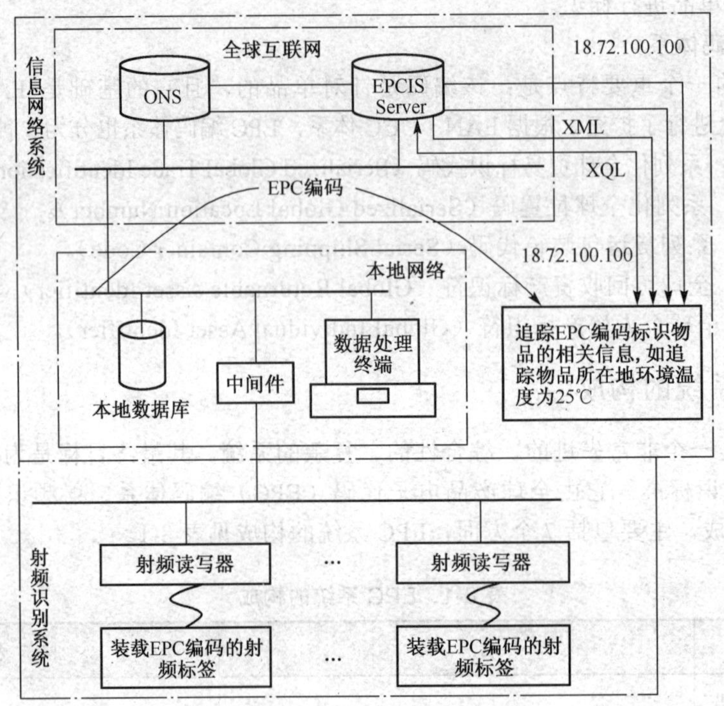

图 8-1　全球产品电子代码（EPC）编码体系

8.1.3 EPC 技术的优势

1. EPC 技术的好处

EPC 网络实现了供应链中贸易项信息的真实可见性，让组织运作更具效率。确切地说，通过高效的、顾客驱动的运作，供应链中的诸如贸易项的位置、数目等即时信息会保证组织对顾客需求做出更灵敏的反应。EPC 标签实现了自动的，无须在视线范围内的识别。这一令人激动的技术有可能成为商品唯一识别的新标准，但它的实现必须靠市场和消费者的需求来推动。我们将长期生活在条码和 EPC 标签共存的世界中。

2. EPC 网络的开发和商业化是一项全球性行动

EPC 网络的开发是一项全球性行动。在开发 EPC 网络的过程中，已得到了世界上 100 多家最主要公司的赞助，这些公司代表了各行各业的不同需求和利益。

EPCglobal 秉承了 EAN·UCC 传统。而且，EAN·UCC 代表着世界范围内的 100 多个成员组织，这些成员组织拥有遍布 102 个国家的 100 多万成员。

3. EPC 网络能够为快速消费品以外的行业提供解决方案

当今在大多数行业中，已经有很多在供应链中实施 EPC 网络的成功案例。例如，纵观所有的垂直行业，EPC 网络带来的前景是通过更加快速和准确的发货和收货流程来减少库存，降低分销成本，加快交货，并提高分拣和包装操作的效率。在政府部门中，EPC 网络能为不同机构提供资产管理平台。此外，还有很多潜在可以使用 EPC 网络的场合。基于上述原因，如果 EPC 技术可以横跨整个垂直产业，则 EPCglobal 鼓励不同组织利用这一有利条件来获利。

8.2　EPC 编码

EPC 编码是 EPC 系统的重要组成部分，它是指对实体及实体的相关信息进行代码化，通过统一并规范化的编码建立全球通用的信息交换语言。

EPC 编码是 EAN.UCC 在原有全球统一编码体系基础上提出的，是新一代全球统一标识编码体系，是对现行编码体系的一个补充。它与 EAN.UCC 编码兼容。在 EPC 系统中，EPC 编码与现行 GTIN 相结合，因此 EPC 并没有取代现行的条码标准，而是由现行的条码标准逐渐过渡到 EPC 标准或者是在未来的供应链中由 EPC 和 EAN.UCC 系统共存。

8.2.1　RFID 编码方案基本类型及其适用范围

开放式 RFID 编码方案以满足供应管链为主导，适用于在不同局域网间实现数据交换和信息共享开放式 RFID 系统。

非开放式 RFID 编码方案以满足局部管理需求为主导，适用于在单一局域网内各子系统间实现数据交换和信息共享的非开放式 RFID 系统。

RFID 系统分为开放式和非开放式两大类，开放式又分为全球开放式、行业开放式两种。开放式 RFID 系统以满足供应管理需求为主导，非开放式 RFID 以满足局部管理需求为主导。不同类型的 RFID 系统遵循不同的标准规范制定编码方案，其适应范围也不同，如表 8-2 所示。

表 8-2　RFID 系统的基本类型及其适用范围

RFID 系统		执行编码标准	适应范围
开放式	全球开放式	执行由国际标准化机构制定的全球统一标准，如国际全球物品编码协会 GSI 系列标准	如物联网、供应链管理全球开放
开放式	行业开放式	执行由各种国际行业协会组织制定的全球行业统一标准，如美国国家汽车货运协会的承运商 SCAC 标准，国际航空运输协会的 IATA 标准	行业系统，如美国及其贸易伙伴的输美集装箱海运中 SCAC 运单，以航空公司为主承运方的 IATA 运单
非开放式		可执行由国际标准化机构制定的全球统一标准和由各种国际行业协会组织制定的全球行业统一标准，也可执行由司仁开放式系统自行制定的内部统一标准	除全球开放式和行业开放式以外的各种非开放式系统

开放式与非开放式信息标识编码方案的定义及其适应项目如表 8-3 所示。

表 8-3　开放式与非开放式编码方案

类型	定义	数据交换	适应项目举例
开放式编码方案	适应于开放式 RFID 系统： 在全球范围的不同局域网系统统一定义标识对象、编码格式、数据结构和代码赋值，RFID 代码具有全球唯一性	RFID 数据可以在全球范围的不同局域网间实现数据交换和信息共享	零售单品管理
			供应商管理库存
			第三方物流
			分销配送
			售后服务
			集装箱运输

续表

类型	定义	数据交换	适应项目举例
非开放式编码方案	适用于非开放式 RFID 系统：仅在单一局域网内部统一定义标识对象、编码格式、数据结构和代码赋值，RFID 代码具有该局域网唯一性	RFID 数据只能在同一局域网内的子系统间实现数据交换和信息共享	企业资源计划(ERP)
			仓储管理(WMS)
			生产管理
			过程控制
			身份管理
			票证管理
			图书管理
			海关管理
			车辆管理
			收费管理
			门禁管理

8.2.2 EPC 编码原则

1．唯一性

EPC 提供对实体对象的全球唯一标识，一个 EPC 编码只标识一个实体对象。为了确保实体对象的唯一标识的实现，EPCglobal 采取了以下措施。

1）足够的编码容量

EPC 编码冗余度如表 8-4 所示。从世界人口总数（大约 60 亿）到大米总粒数（粗略估计为 1 亿亿粒），EPC 有足够大的地址空间来标识所有这些对象。

表 8-4　EPC 编码冗余度

比　特　数	唯一编码数	对　　象
23	6.0×10^6/年	汽车
29	5.6×10^8，使用中	计算机
33	6.0×10^9	人口
34	2.0×10^{10}/年	剃刀刀片
54	1.3×10^{16}/年	大米粒数

2）组织保证

必须保证 EPC 编码分配的唯一性并寻求解决编码冲突的方法。EPCglobal 通过全球各国编码组织来负责分配各国的 EPC 编码，并建立了相应的管理制度。

3）使用周期

对于一般实体对象，使用周期和实体对象的生命周期一致；对于特殊的产品，EPC 编码的使用周期是永久的。

2．简单性

EPC 的编码既简单，同时又能提供实体对象的唯一标识。以往的编码方案很少能被全球各国各行业广泛采用，原因之一是编码复杂，导致不适用。

3．可扩展性

EPC 编码留有备用空间，具有可扩展性。也就是说，EPC 的地址空间是可发展的，具有足够的冗余，确保了 EPC 系统的升级和可持续发展。

4．保密性与安全性

EPC 编码与安全和加密技术相结合，具有高度的保密性和安全性。保密性和安全性是配置高效网络的首要问题之一，安全的传输、存储和实现是 EPC 能否被广泛采用的基础。

8.2.3　EPC 编码关注的问题

1．生产厂商和产品

目前世界上的公司估计超过 2500 万家，考虑今后的发展，10 年内这个数目有望达到 3900 万，因此，EPC 编码中的厂商代码必须具有一定的容量。

2．内嵌信息

在 EPC 编码中不应嵌入有关产品的其他信息，如货品重量、尺寸、有效期、目的地等。

3．分类

分类是指对具有相同特征和属性的实体进行的管理和命名，这种管理和命名的依据不涉及实体的固有特征和属性，通常是管理者的行为。例如，一罐颜料在制造商那里可能被当成库存资产，在运输商那里则可能是“可堆叠的容器”，而回收商则可能认为它是有毒废品。在各个领域，分类是具有相同特点物品的集合，而不是物品的固有属性。

4．批量产品编码

应给批次内的每一样产品分配唯一的 EPC 编码，也可将该批次视为一个单一的实体对象，分配一个批次的 EPC 编码。

5．载体

EPC 是 EPC 编码存储的物理媒介，对所有的载体来讲，其成本与数量成反比。EPC 要想广泛采用，必尽最大可能地降低成本。

8.2.4　EPC 编码格式

国际物品编码协会 GS1 的 EAN • UCC 规范为全球商品类别管理提供了配套的商品条码编码格式，GS1 的 EPC 规范为全球单品管理提供了配套的 RFID 编码格式。

本节收纳了当前全球应用于开放式、非开放式以及军事领域的 RFID 编码格式，这些格式均符合编码标准的相关要求，其适用领域和标识对象如表 8-5 所示。

表 8-5　常用的 EPC 编码格式及其适用领域

编码方案	适用领域	参考标准	编码格式		标识对象
			符　号	长　度	
开放式	供应链管理(SCM)	物品电子编码　基于射频识别的物流单元编码规则	SGTIN	SGTIN-96	全球消费贸易单元(CPG)全球配销贸易单元(SKU)全球单一物流 / 零售单元
				SGTIN-198	
		物品电子编码　基于射频识别的物流单元编码规则	SSCC	SSCC-96	全球物流单元(SPU)
		物品电子编码　基于射频识别的物流单元编码规则	GLN	SGLN-96	全球参与方全球位置
				SGLN-195	
		物品电子编码　基于射频识别的参与方位置编码规则	GRAI	GRAI-96	全球可回收资产
				GRAI-170	
			GIAI	GIAI-96	全球流动的单个资产
				GIAI-202	

续表

编码方案	适用领域	参考标准	编码格式		标识对象
			符 号	长 度	
非开放式	非 SCM	EPC 规范射频识别标签数据规范 1.4 版(英文版)	自定义	自定义	非供应链管理项目的各种 RFID 标识对象
开放与非开放	所有领域	EPC 规范射频识别标签数据规范 1.4 版(英文版)	GID	GID-96	泛指所有对象
专用方案	美国军方	美国国防部供应商 RFID 指南	DoD	DOD-64	供应美国国防部的军用物资
				DOD-96	

（1）供应链管理的信息标识编码。

适用于供应链管理领域 RFID 系统的是开放式编码方案。我国根据 EPC 规范的基本编码格式制定的国家标准（报批稿）规定了其贸易单元标识 SGTIN、物流单元标识 SSCC、位置码标识 SGLN、可回收资产标识 GRAI、单个资产标识 GIAI 等编码格式。

EPC 规范与 EAN·UCC 规范同属于 GS1 国际物品编码协会的国际标准体系。EPC 编码体系则是在 21 世纪初与物联网概念同时诞生，为 RFID 配套的电子标签编码体系。EPC 编码体系参照了 EAN·UCC 体系的编码格式，并包括了 EAN·UCC 数据的基本内容，所以 EPC 的数据来自 EAN·UCC 数据的转换顺理成章。

（2）通用的 RFID 信息标识编码。

EPC 规范定义了一种独有的不依据任何原有编码格式转换器的“通用标识”GID 编码类型“通用标识”，原则上适用于所有的标识对象，但是由于 EPC 提供了已经普遍应用于供应链管理领域的全面的、成熟的编码格式，“通用标识”应该是主要满足非供应链管理项目的非开放式 RFID 项目的应用需求。

（3）美国国防部专用的 RFID 信息标识编码。

美国国防部可以说是全球 RFID 应用的鼻祖，其 DoD 标识是 EPC 体系标识类型的组成部分，美国国防部要求其供应链均适用 DoD 标识。

2005 年 10 月公布“美国国防部供应商无源 RFID 指南”，明确了计划在 2005 年年底前开始接收 RFID 电子标签物品的要求，并在 2006 年 1 月份实施。美国国防部要求其供应商在货箱、汽油包装箱、润滑油箱、油箱、化学药品箱等包装上使用 EPC-64 或 EPC-96 的无源 RFID 标签，这就是 DoD-64 或 DoD-96。自 2007 年 1 月开始，所应用于美国国防部商品于货物的货箱及托盘都要求贴上 RFID 标签才可放行。美国国防部还修改了供应链电子数据交换的 EDI 传输格式，供应商将 DoD-64 或 DoD-96 作为 EDI 的唯一编码，通过 EDI 系统发送一个提前发货通知，美国国防部在接收货物时使用 DoD-64 或 DoD-96 标签与发货通知信息关联，实现了 EDI 系统与 RFID 系统的互联。美国国防部在伊拉克战争中的军用物资，已经有约 97% 的托盘使用了主动式标签，实现了军用物资的可视化物流管理。

本节在此进行一般性的介绍，供用户参考。我们将重点讨论适应于供应链管理的编码格式及其相关的转换方法。

8.2.5 EPC 编码数据结构

EPC 编码数据结构标准规定了 EPC 数据结构的特征、格式、现有 EAN·UCC 系统中的 GTIN、SSCC、GLN、GRAI、GIAI、GSRN 及 NPC 与 EPC 编码的转换方式。

EPC 编码数据结构标准适用于全球和国内物流供应链各个环节的产品（物品、贸易项目、资产、位置等）与服务等的信息处理和信息交换。

1．EPC 编码数据结构表示

EPC 编码数据结构的通用结构由一个分层次、可变长度的标头及一系列数字字段组成（如图 8-2 所示），代码的总长、结构和功能完全由标头的值决定。

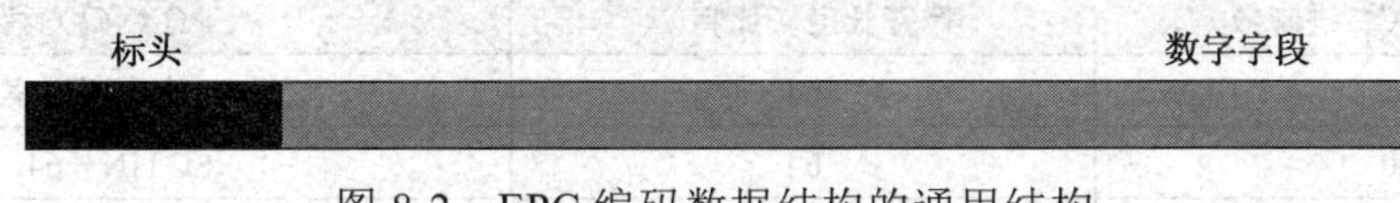

图 8-2　EPC 编码数据结构的通用结构

标头定义了总长、识别类型（功能）和 EPC 编码结构，包括它的滤值（如果有）。标头具有可变长度，使用分层的方法，其中每一层 0 值指示标头是从下一层抽出的。对规范（V1.1）中制定的编码来说，标头是 2 位或者 8 位的。假定 0 值保留来指示一个标头在下面较长层中，则 2 位的标头有 3 个可能的值（01，10 和 11，不是 00），8 位标头可能有 63 个可能的值（标头前两位必须是 00，而 0000 0000 保留，以允许使用长度大于 8 位的标头）。

EPC 结构中的"标头"仅与标签自身有关，而与标识对象无关，属于"系统字段"；图中的"数字字段"与标识对象有关得字段，属于"标识对象字段"。据此，笔者从用户的角度出发，将 EPC 规范给出的通用数据结构归纳为如表 8-6 所示的三层结构，以便用户理解与应用。

表 8-6　EPC 标签的三层数据结构

第一层	系统字段	标识对象字段(数字字段)				
第二层	系统指示	功能指示		ID 指示		
第三层	标头	滤值	分区	管理者代码	分类 / 参考项代码	序列号
应用举例 SGTIN	标头	滤值	分区	厂商识别代码	贸易项代码	序列号

EPC 标签的通用数据结构释义如表 8-7 所示。

表 8-7　EPC 通用数据结构释义与选择

	系统字段	标识对象字段				
	系统指示	功能指示		ID 指示		
	标　　头	滤　　值	分　　区	管理者（厂商识别代码）	参　考　项	序　列　号
释义	定义 EPC 标签总长度、编码格式和数据结构类型的代码	定义 EPC 标签标识对象的类型的代码	定义的厂商识别代码与参考项对应长度的代码	定义标识对象所有人的全球唯一用户识别代码，我国由中国物品编码中心分配	定义标识对象个体流水号的代码，由用户分配	定义标识对象个体流水号的代码，由用户分配
选择	必选项	必选项	必选项	必选项	必选 / 可选项	必选 / 可选项

（1）系统指示——标头

表 8-7 中得"系统指示"是指示标签自身属性的字段，与标签所标识的对象无关。系统指示为"必选"项，EPC 标签的系统指示就是"标头"这个字段。

"标头"是定义 EPC 标签的总长度和编码格式的字段，属于系统代码。用户不能自行定义

EPC 编码标头赋值，而应按照 EPC 规范的规定取值，如表 8-8 所示。

表 8-8 EPC/RFID 的标头取值和释义

标头字段值（二进制数）	标签长度（比特）	EPC 编码方案
01	64	[64 位保留方案]
10	64	SGTIN—64
1100 0000 … 1100 1101	64	[64 位保留方案]
1100 1110	64	DOD－64
1100 1111 … 1111 1111	64	[64 位保留方案]
0000 0001 0000 001x 0000 01xx	*na* *na* *na*	[1 个保留方案] [2 个保留方案] [4 个保留方案]
0000 1000	64	SSCC-64
0000 1001	64	GLN-64
0000 1010	64	GRAI-64
0000 1011	64	GIAI-64
0000 1100 … 0000 1111	64	[4 个 64 位保留方案]
0001 0000 … 0010 1110	na	[31 个保留方案]
0010 1111	96	D0D—96
0011 0000	96	SGTIN—96
0011 0001	96	SSCC—96
0011 0010	96	GLN—96
0011 0011	96	GRAI—96
0011 0100	96	GIAI—96
0011 0101	96	GID—96
0011 0110 … 0011 1111	96	[10 个 96 位保留方案]
0000 0000...		[为未来标头字段长度，大于 8 位保留]

当用户在选定编码格式后，便可以在表 8-8 中得知其对应的标头的二进制值。

（2）功能指示——滤值与分区

“功能指示”是指示标识对象数据属性字段，供识读器的中间件在数据采集时快速判断标识对象的属性，从而很快的过滤出有用的数据，便于数据处理和数据传输，功能指示型字段并不是数据传输的对象。

EPC 编码的功能指示包括滤值、分区两个字段，均为必选字段。

1）滤值

EPC 编码的滤值由 3 位二进制组成，具有定义标识对象类型的功能，也就是说确定的滤值对应着确定的标识对象。例如在 SGTIN-96 中，滤值为“001”的标识对象为零售单元；滤值为“010”的标识对象为贸易单元；滤值为“001”的标识对象为单一物流/零售单元，等等。

2）分区

EPC 编码的分区由 3 位二进制组成，具有定义 ID 指示中“厂商识别代码”与“参考项代码”对应长度的功能。

（3）ID 指示——标识对象的身份代码

ID 指示是指示标识对象的身份代码的字段，EPC 编码的 ID 指示包含厂商识别代码、参考项代码及序列号代码三部分。

1）厂商识别代码

是全球唯一的用户识别代码，长度与具体数据由国际物品编码协会 GS1 设在全球 107 个国家和地区成员机构确定，分配给用户，我国用户厂商识别代码由中国物品编码中心分配。

2）参考项代码

参考项是定义标识对象分类的代码，分类可以从不同角度出发，因此不同得标识对象有着不同的分类，不同的标识对象的分类也有不同的称谓。为了避免编码空间的不必要的冗余，参考项代码一般取无含义的流水号。

3）序列号

序列号定义了标识对象个体流水号的代码。在适用中应根据不同的标识对象的不同情况选择使用。

标头值的分配规则已经出台，使得标签长度很容易通过检查标头的最左（或称为“序码”）几个比特被识别出来。此外，标头值的设计目标在于对每一个标签长度尽可能有较少的序码，理想为 1 位，最好不要超过 2 位或者 3 位。设计标签长度目标提醒我们如果可能，应避免采用那些允许非常少标头字段值的序码。设计这个序码到标签长度的目的是让 RFID 阅读器可以很容易地确定标签长度。

2．EPC 开放式编码方案

开放式编码方案适用于在两个或两个以上的局域网系统中运行的 RFID 项目的信息标识。

开放式编码方案的特点是在全球范围统一定义标识对象、编码格式、数据结构和代码赋值，以确保用户 RFID 标签代码在全球的唯一性，使 RFID 数据可以在全球范围的不同局域网间进行数据交换与信息共享。

开放式编码方案主要参照 EPC 规范“射频识别标签数据规范 1.4 版”（英文版）、“物品电子编码”、“基于射频识别的贸易项目代码编码规则”（报批稿）、“物品电子编码”、“基于射频识别的物流单元编码规则”（报批稿）、“物品电子编码”、“基于射频识别的资产代码编码规则”（报批稿）、“物品电子编码”、“基于射频识别的参与方位置编码规则”（报批稿）制定。

（1）标识对象

开放式编码方案的标识对象如表 8-9 所示。

表 8-9 开放式编码方案的标识对象

标识对象		释 义	举 例
产品/商品	零售单元	直接用于最小结算单元	如一箱啤酒、一箱多筒装的牛奶
	贸易单元	仅用于贸易结算和分销配送的定量组合包装，也称为配送单元或配销单元	如 30 瓶装的一箱洗头水、50 双装的一箱袜子、60 盒装的一箱注射用水等
	物流/零售单元	同时为货运、配送、零售包装的大型产成品单元	如电视机、冰箱等
物流单元		在供应链过程中为运输、仓储、配送等建立的包装单元	如包装箱、车笼、托盘、集装箱
物流单元		与供应链相关位置与空间	如车间、工位、库位、门位等
全球资产	回收资产	一定价值，可重复使用的包装、容器或运输设备等	高压气瓶、啤酒桶、板条箱、托盘、集装箱等
	单个资产	固定资产	设备、仪器、工具及其他物品

表 8-9 基本上覆盖了现有各种开放式 RFID 应用项目的标识对象，适用于在两个或以上的局域网系统中运行的供应链管理系统，如单品管理、供应商管理库存、第三方物流、分销配送、售后服务、集装箱运输等开放式 RFID 应用项目。

（2）编码格式。

参照开放式系统的方案对象，开放式编码方案推荐使用如表 8-10 所示的 EPC/RFID 编码格式。

表 8-10 开放式编码方案的 EPC/RFID 编码格式

标识对象		编码格式			标准依据
		符 号	格 式	长度(容量)/比特	
产品/商品	零售单元	SGRAl	SGRAl-96	96	物品电子编码。基于射频识别的贸易项目代码编码规则
			SGRAl-198	198	
	贸易单元	SGRAl	SGRAl-96	96	
			SGRAl-198	198	
	物流/零售单元	SGRAl	SGRAl-96	96	
			SGRAl-198	198	
物流单元		SSCC	SGRAl-96	96	物流电子标签。基于射频识别的物流单元编码规则
全球位置		GLN	SGRAl-198	96	物品电子编码。基于射频识别的参与方位置编码规则
			SSCC-96	96	
全球资产	回收资产	GRAl	GRAl-96	96	物品电子编码。基于射频识别的资产代码编码规则
			GRAI-170	170	
	单个资产	GIAI	GRAl-96	96	
			GIAI-202	202	

3. EPC 编码数据结构

当前已分配的标头是这样一个标签：如果标头前两位非 00 或前 5 位为 00001，则可以推断该标签是 64 位；否则，标头指示此标签为 96 位。未分配的标头以便以后扩展使用。

某些序码目前与某个特定的标签长度不绑定在一起，这样为规范之外的其他标签的长度的选择留下了余地，尤其是对那些能够包含更长编码方案的较长的标签而言，如唯一 ID（UID），它被美国国防部的供应商所推崇。

1）通用标识符 GID—96

EPC 编码标准定义了一种通用的标识类型。该通用标识符（GID—96）定义为 96 位的 EPC 编码，它不依赖任何已知的、现有的规范或标识方案。此通用标识符由 3 个字段组成：通用管理者代码、对象分类代码和序列号。它还包含第四个字段标头，以保证 EPC 命名空间的唯一性，如表 8-11 所示。

表 8-11　通用标识符（GID—96）

	标　头	通用管理者代码	对象分类代码	序　列　号
GID—96	8	28	24	36
	0011 0101 （二进制值）	268435455 （最大十进制值）	16777215 （最大十进制值）	68719476735 （最大十进制值）

通用管理者代码标识一个组织实体（本质上为一个公司、管理者或其他管理者），负责维持后继字段的编号——对象分类代码和序列号。EPCglobal 分配普通管理者代码给实体，以确保每一个通用管理者代码是唯一的。

对象分类代码被 EPC 管理实体用来识别一个物品的种类或“类型”。当然，这些对象分类代码在每一个通用管理者代码之下必须是唯一的。对象分类的例子包含消费性包装品（CPG）的库存单元（SKU）或高速公路系统的不同结构，如交通标志、灯具、桥梁，这些都可以看成一个实体。序列号编码或者序列号在每一个对象分类之内是唯一的。换句话说，管理实体负责为每一个对象分类分配唯一的、不重复的序列号。

2）商品条码系统标识类型

商品条码系统代码有一个共同的结构，由 EAN.UCC 代码、厂商代码及产品系列号，并加上一个额外的“校验位”组成，校验位由其他位通过算法计算得来。

EPC 编码中的厂商识别代码部分和剩下的位之间有清楚的划分，每一个单独编码成二进制。因此，从一个传统的 EAN.UCC 系统代码的十进制数表现形式进行转换并对 EPC 编码时，需要了解厂商识别代码长度方面的知识。

EPC 编码不包括校验位，因此，从 EPC 编码到传统的十进制数表示的代码的转换需要根据其他的位重新计算校验位。

（1）序列化全球贸易标识代码（SGTIN）。SGTIN 是一种新的标识类型，它基于在 EAN.UCC 通用规范中的 EAN.UCC 全球贸易项目代码（GTIN）。一个单独的 GTIN 不符合 EPC 纯标识中的定义，因为它不能唯一标识一个具体的物理对象，GTIN 只能标识一个特定的对象类，如一特定产品类或 SKU。

所有 SGTIN 表示法支持 14 位 GTIN 格式，这就意味着在前面增加一位指示位，在 UCC-12 厂商识别代码以 0 开头和 EAN/UCC-13 零指示位，都能够编码并能从一个 EPC 编码中进行精确说明。EPC 现在不支持 EAN/UCC-8，但是支持 14 位 GTIN 格式。

为了给单个对象创建一个唯一的标志符，GTIN 增加了一个序列号，管理实体负责分配唯一的序列号给单个对象分类。GTIN 和唯一序列号的结合，称为一个序列化 GTIN，即 SGTIN。

SGTIN 由以下信息元素组成。

① 厂商识别代码：由 EAN 或 UCC 分配给管理实体。厂商识别代码在一个 EAN.UCC GTIN 十进制编码内与厂商识别代码位相同。

② 项目代码：由管理实体分配给一个特定对象分类。EPC 编码中的项目代码是从 GTIN 中获取的，是通过连接 GTIN 的指示位和项目代码位作为整数的。

③ 序列号：由管理实体分配给一个单个对象。序列号不是 GTIN 的一部分，但是却正式成为 SGTIN 的组成部分。

如图 8-3 所示为从十进制的 SGTIN 部分抽取、重整、扩展字段进行编码。

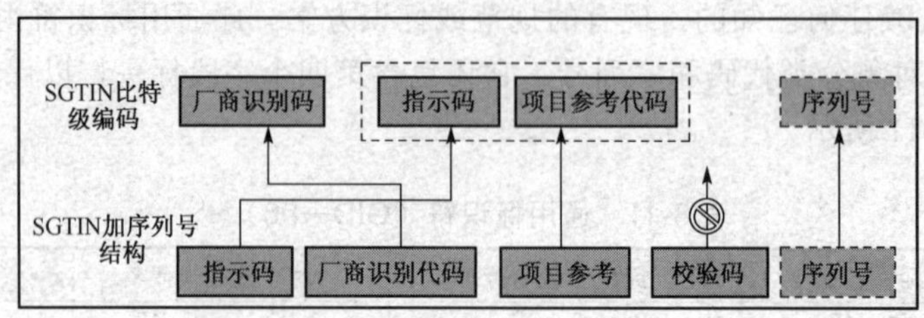

图 8-3　从十进制 SGTIN 部分抽取、重整、扩展字段进行编码

SGTIN 的 EPC 编码方案允许将 EAN.UCC 系统标准 GTIN 和序列号直接嵌入 EPC 标签。在所有情况下，校验位不进行编码。

SGTIN-96：除了标头之外，SGTIN-96 还包括 5 个字段，即滤值、分区、厂商识别代码、贸易项代码和序列号，如表 8-12 所示。

表 8-12　SGTIN-96 的数据结构

	标　头	滤　值	分　区	厂商识别代码	贸易项代码	序　列　号
SGTIN-96	8	3	3	20～40	24～4	38
	0011 0000（二进制值）	（值参照表 8-7）	（值参照表 8-8）	999 999～999 999 999 999（最大十进制值范围）*	9 999 999～9（最大十进制值范围）*	274 877 906 943（最大十进制值）

注：*厂商识别代码和贸易项代码字段范围根据分区字段内容的不同而变化。标头为 8 位，二进制值为 00110000。

表 8-13　SGTIN 的滤值

类　型	二 进 制 值
所有其他	000
零售消费者贸易项目	001
标准贸易项目组合	010
单一货运/消费者贸易项目	011
保留	100
保留	101
保留	110
保留	111

滤值不是 GTIN 或者 EPC 标识符的一部分，而是用来快速过滤和基本物流类型预选的。64 位和 96 位 SGTIN 的滤值相同，如表 8-13 所示。

分区指示随后的厂商识别代码和贸易项代码的分开位置。这个结构与 EAN.UCC GTIN 中的结构相匹配。在 EAN.UCC GTIN 中，贸易项代码加厂商识别代码（加唯一的指示位）共 13 位。厂商识别代码在 6 位到 12 位之间变化，贸易项代码（包括单一指示位）在 7 位到 1 位之间变化。分区的可用值及厂商识别代码和贸易项参考代码字段的相关大小在表 8-14 中定义。

厂商识别代码包含 EAN.UCC 厂商识别代码的一个逐位编码。贸易项代码包含 GTIN 贸易项代码的一个逐位编码。对于指示位与贸易项代码字段，应注意以下形式：贸易项代码中以零开头是非常重要的，一般把指示位放在域中最左位置，例如，00235 与 235 是不同的。如果指示位为 1，结合 00235，则结果为 100235。结果组合看成一个整数，编码成二进制作为贸易项代码字段。

表 8-14 SGTIN－96 的分区

分区值	厂商识别代码		贸易项参考代码和指示位数字	
	二进制	十进制	二进制	十进制
0（000）	40	12	4	1
1（001）	37	11	7	2
2（010）	34	10	10	3
3（011）	30	9	14	4
4（100）	27	8	17	5
5（101）	24	7	20	6
6（110）	20	6	24	7

序列号包含一个连续的数字。这个连续的数字的容量小于 EAN.UCC 系统规范序列号的最大值，而且在这个连续的序列号中只包含数字。

（2）系列货运包装箱代码（SSCC）。EAN.UCC 通用规范中给出了 SSCC 的定义。与 GTIN 不同的是，SSCC 已经设计为分配给一个个体对象，因此它不需要任何附加字段而作为一个 EPC 纯标识使用。

注意：当存储在数据库时，SSCC 过去的许多应用程序要在 SSCC 标识字段中包括应用标识符（00）。这不是一个标准的要求，但被人们广为实行。应用标识符是条码应用中的一种标头，能够从表现 SSCC 的 EPC 标头直接推断出来。换句话说，一个 SSCC EPC 能够根据需要选择是否把包括（00）作为 SSCC 标识符的这一部分也转换过来。

SSCC 由以下信息元素组成。

① 厂商识别代码：由 EAN 或 UCC 分配给一个管理实体。厂商识别代码与一个 EAN.UCC SSCC 十进制编码中的厂商识别代码位相同。

② 系列代码：由管理实体分配给明确的货运单元。EPC 编码中的系列代码是从 SSCC 中获取的，是通过连接 SSCC 的扩展位和系列代码位作为整体的。

如图 8-4 所示为从十进制的 SSCC 部分抽取字段并重新进行编码。

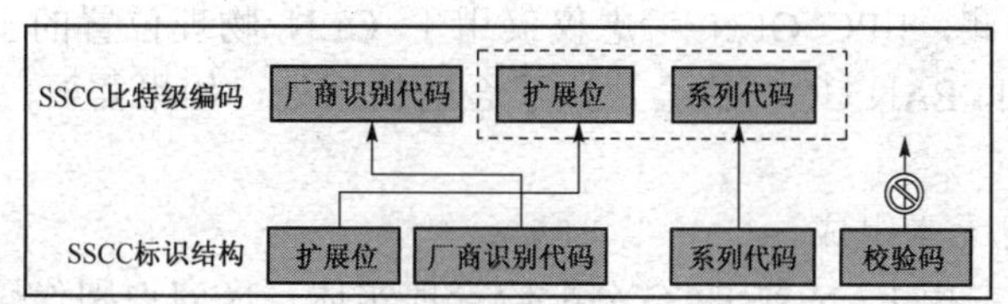

图 8-4 从十进制的 SSCC 部分抽取字段并重新进行编码

SSCC 的 EPC 编码方案允许 EAN.UCC 系统标准 SSCC 代码直接嵌入 EPC 标签中。在所有情况下，校验位不进行编码。

SSCC-96：除了一个标头之外，SSCC-96 还包括 4 个字段，即滤值、分区、厂商识别代码和序列参考代码，如表 8-15 所示。

表 8-15 SSCC-96 的数据结构

	标头	滤值	分区	厂商识别代码	序列参考代码	未分配
SSCC—96	8	3	3	20～40	38～18	24
	0011 0001（二进制值）	（值参照表 8-10）	（值参照表 8-11）	999 999～999 999 999 999（最大十进制值范围）*	99 999 999 999～99 999（最大十进制值范围）*	（未使用）

注：*厂商识别代码和序列号字段的最大十进制值范围根据分区字段内容的不同而变化。标头有 8 位，二进制值为 0011 0001。

滤值不是 SSCC 或 EPC 标识符的一部分，而是用来加快过滤和基本物流类型预选的，如箱子和托盘，如表 8-16 所示。

分区指示随后的厂商识别代码和序列代码的分开位置。这个结构与 EAN.UCC SSCC 中的结构匹配。在 EAN.UCC SSCC 中，序列代码加厂商识别代码（包括单一扩展位）共 17 位，厂商识别代码在 6 位到 12 位之间变化，序列代码在 11 位到 5 位之间变化。表 8-17 给出了分区值及相关的厂商识别代码长度、序列代码和扩展位。

表 8-16　SSCC 的滤值（非规范）

类　型	二 进 制 值
所有其他	000
未定义	001
物流/货运单元	010
保留	011
保留	100
保留	101
保留	110
保留	111

表 8-17　SSCC－96 的分区

分 区 值	厂商识别代码		序列代码和扩展位	
	二进制	十进制	二进制	十进制
0	40	12	18	5
1	37	11	21	6
2	34	10	24	7
3	30	9	28	8
4	27	8	31	9
5	24	7	35	10
6	20	6	38	11

厂商识别代码包含厂商识别代码的逐位编码。

序列代码对每一个实体而言是一个唯一的数字，它由序列代码和扩展位组成。对于扩展位与序列代码字段，应注意以下形式：序列代码中以零开头是很重要的，一般把扩展位放在这个字段最左边的可用位置上。例如，000042235 与 42235 是不同的，扩展位为 1，与 000042235 结合为 1000042235。结合后看成一个单一整数，编码成二进制得到序列代码字段。为了避免难以管理的、大的、无规范的序列代码，它们不能超过 EAN.UCC 规范中说明的大小。

（3）序列化全球位置码（SGLN）。EAN.UCC 通用规范中定义 GLN 标识一个不连续的、唯一的物理位置（如一个码头门口或一个仓库箱位），或标识一个集合物理位置（如一个完整的仓库）。此外，一个 GLN 能够代表一个逻辑实体，如一个执行某个业务功能（如下订单）的“机构”。正因为如此，EPC GLN 考虑仅仅用于 GLN 物理位置的子类型，序列号字段保留，不应当使用，除非 EAN.UCC 协会决定了合适的用处，如果需要，EPC 编码系统将用来扩展 GLN。

SGLN 由以下信息元素组成。

① 厂商识别代码：由 EAN 或 UCC 分配给管理实体。厂商识别代码同与 EAN.UCC GLN 十进制编码中的厂商识别代码位相同。

② 位置参考代码：由管理实体唯一分配给一个实体或具体的物理位置。

③ 序列号：由管理实体分配给一个个体的唯一地址。

在 EAN.UCC 通用规范给出规范之前，序列号不应该使用。

如图 8-14 所示为由十进制的 SGLN 的部分抽取字段并重新进行编码。

在 EPC 编码方案中，对于 GLN 的编码，允许在 EPC 标签上直接把 EAN.UCC 系统标准 GLN 嵌入其中。序列号字段不再使用。在很多情况下，还没有对校验位进行编码。

SGLN-96：SGLN-96 由标头、滤值、分区、厂商识别代码、位置参考代码和序列号 6 部分组成，如表 8-18 所示。其标头是 8 位，其二进制值是 0011 0010。

如图 8-5 所示为从十进制的 SGLN 部分抽取字段并重新进行编码。

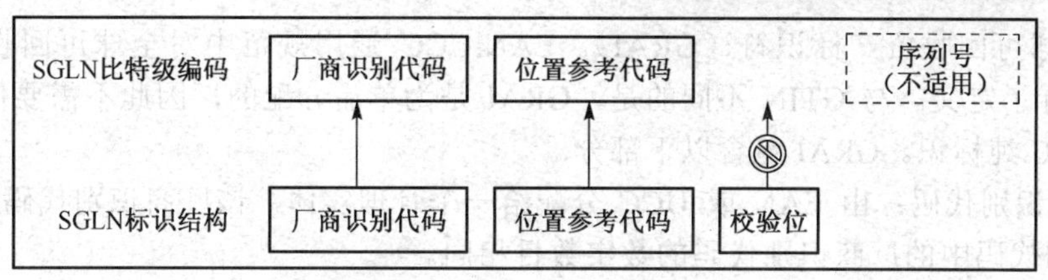

图 8-5　从十进制的 SGLN 部分抽取字段并重新进行编码

表 8-18　SGLN—96 的数据结构

	标　头	滤　值	分　区	厂商识别代码	位置参考代码	序　列　号
SGLN—96	8	3	3	20～40	21～1	41
	00110010（二进制值）	（值参照表 8-13）	（值参照表 8-14）	999 999～999 999 999 999（最大十进制值范围）*	9 999 999～0（最大十进制值范围）*	2 199 023 255 551（最大十进制值）（未使用）

注：*厂商识别代码和位置参考代码字段的最大十进制值范围根据分区字段内容的不同而变化，厂商识别代码包括 EAN.UCC 厂商识别代码的逐位编码；位置参考代码是对 GLN 位置参考代码的编码；滤值不是 GLN 或 EPC 识别符的一部分，是用于快速过滤和预选基本资产类型的，如表 8-19 所示。

表 8-19　SGLN 的滤值

类　型	二 进 制 值
所有其他	000
保留	001
保留	010
保留	011
保留	100
保留	101
保留	110
保留	111

分区是表明其后面的厂商识别代码和位置参考代码的划分位置的。这种结构与 EAN.UCC GLN 中的结构相匹配。在 EAN.UCC GLN 中，位置参考代码加厂商识别代码共 12 位，厂商识别代码在 6 位和 12 位之间变化，位置参考代码在 6 位和 0 位之间变化。分区的可用值及厂商识别代码和位置参考代码字段的大小在表 8-20 中做了规定。序列号包含一系列数字。注意：序列号字段是预留的，不能使用，除非 EAN.UCC 用它扩展 GLN。

表 8-20　SGLN-96 的分区

分　区　值	厂商识别代码		位置参考代码	
	二进制	十进制	二进制	十进制
0	40	12	1	0
1	37	11	4	1
2	34	10	7	2
3	30	9	11	3
4	27	8	14	4
5	24	7	17	5
6	20	6	21	6

（4）全球可回收资产标识符（GRAI）。EAN.UCC 通用规范中对全球可回收资产标识符（GRAI）进行了定义。与 GTIN 不同的是，GRAI 是为单品分配的，因此不需要任何附加字段便可用做 EPC 纯标识。GRAI 包含以下部分。

① 厂商识别代码：由 EAN 或 UCC 分配给一个管理实体，该厂商识别代码与 EAN.UCC GRAI 十进制代码中的厂商识别代码的数字数目相同。

② 资产类型：是由管理实体分配给资产的某个特定的类型。

③ 序列号：由管理实体分配给单个对象。EPC 表示法只能用于描述 EAN.UCC 通用规范中所规定的序列号子集。特别地，只有那些具有一个或多个数字、非零开头的序列号可以使用。

如图 8-6 所示为从十进制 GRAI 的每部分抽取字段并重置。

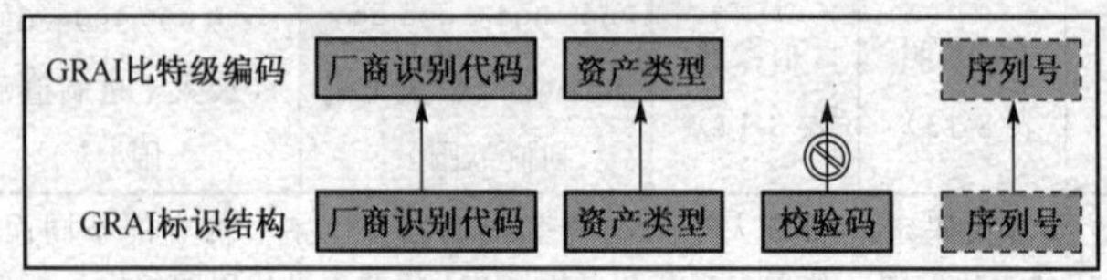

图 8-6　从十进制 GRAI 的每部分抽取字段并重置

EPC 对 GRAI 的编码方案允许 EPC 标签上的 EAN.UCC 系统标准 GRAI 直接嵌入之中。在很多情况下，没有对校验位编码。

GRAI-96：GRAI-96 由标头、滤值、分区、厂商识别代码、资产类型和序列号 6 部分组成，如表 8-21 所示。

表 8-21　EPC GRAI-96 的数据结构

	标　　头	滤　　值	分　　区	厂商识别代码	资产类型	系列号
GRAI—96	8	3	2	20～40	24～4	38
	0011 0011（二进制值）	（值参照表 8-16）	（值参照表 8-17）	999 999～999 999 999 999（最大十进制值范围）*	9 999 999～0（最大十进制值范围）*	274 877 906 943（最大十进制值）

注：*厂商识别代码和资产类型字段的最大十进制值范围根据分区字段内容的不同而变化，标头是 8 位数，二进制值是 0011 0011。

滤值不是 GRAI 或 EPC 标识符的一部分，而是用于快速过滤和预选基本资产类型的，目前尚未最终确定，如表 8-22 所示。

表 8-22　GRAI 的滤值（非规范）

类　　型	二 进 制 值
所有其他	000
保留	001
保留	010
保留	011
保留	100
保留	101
保留	110
保留	111

分区是用来表示后面的厂商识别代码和资产类型代码的划分位置的。其结构是为了与

EAN.UCC GRAI 结构相匹配。在 EAN.UCC GRAI 中，资产类型代码加厂商识别代码共 12 位。厂商识别代码在 6 位到 12 位之间变化，资产类型在 6 位到 0 位之间变化，分区的可用值和相应的厂商识别代码和资产类型字段大小定义如表 8-23 所示。

表 8-23 GRAI-96 的分区

分 区 值	厂商识别代码		资 产 类 型	
	二进制	十进制	二进制	十进制
0	40	12	4	0
1	37	11	7	1
2	34	10	10	2
3	30	9	14	3
4	27	8	17	4
5	24	7	20	5
6	20	6	24	6

厂商识别代码由 EAN.UCC 厂商识别代码直接逐位编码而成；资产类型是对 GRAI 资产类型代码的编码；序列号由一系列数字组成。EPC 表示法只能描述用于 EAN.UCC 通用规范中的序列号的子集，序列号的容量小于 EAN.UCC 系统规范中序列号的最大值。序列号由非零开头的数字组成。

（5）全球单个资产标识符（GIAI）。EAN.UCC 通用规范定义了 GIAI。与 GTIN 不同的是，GIAI 原来就设计为用于单品，因此不需要任何附加字段而作为 EPC 的纯标识使用。GIAI 由以下信息元素组成。

① 厂商识别代码：由 EAN.UCC 分配给公司实体。该厂商识别代码与 EAN.UCC GIAI 十进制代码中的厂商识别代码数字数目相同。

② 单个资产参考代码：是由管理实体唯一地分配给某个具体资产的。EPC 表示法只能用于描述 EAN.UCC 通用规范中规定的单个资产参考代码。需要特别指出的是，只能那些具有一个或多个数字、非零开头的单个资产项目代码可以使用。

如图 8-7 所示为从十进制 GIAI 的每部分抽取字段并重置。

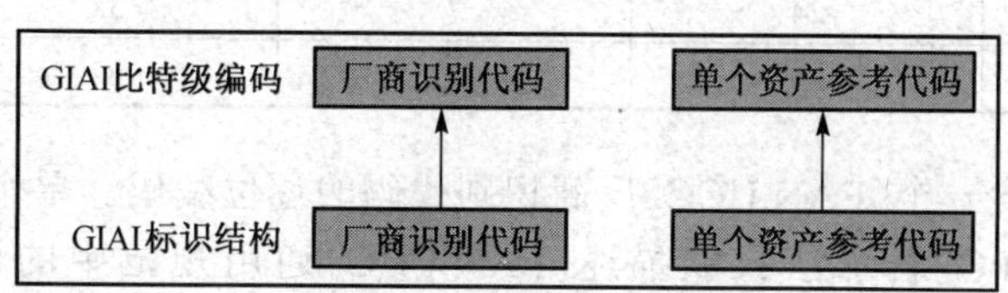

图 8-7 从十进制 GIAI 的每部分抽取字段并重置

EPC 关于 GIAI 的编码方案允许 EPC 标签上的 EAN.UCC 系统标准 GIAI 代码直接嵌入。

GIAI-96：GIAI-96 由标头、滤值、分区、厂商识别代码、单个资产项目代码 5 部分组成，如表 8-24 所示。

滤值不是 GIAI 或 EPC 识别符的一部分，而是用于快速过滤和预选基本资产类型的，目前尚未确定，如表 8-25 所示。

分区是用来标识后面的厂商识别代码和单个资产项目代码的划分位置的。这个结构与 EAN.UCC GIAI 结构相匹配。在 EAN.UCC GIAI 中，厂商识别代码在 6 到 12 位之间变化，分区的可用值和相应的厂商识别代码和单个资产项目代码字段的大小定义如表 8-26 所示。

表 8-24　GIAI-96 数据结构

	标　头	滤　值	分　区	厂商识别代码	单个资产项目代码
GIAI—96	8	3	3	20～40	62～42
	0011 0100（二进制值）	（值参照表 8-25）	（值参照表 8-20）	999 999～999 999 999 999（最大十进制值范围）*	4 611 686 018 427 387 903～4 398 046 511 103（最大十进制值范围）*

注：*厂商识别代码和单个资产项目代码字段的最大十进制值范围根据分区字段内容的不同而变化。标头是 8 位，二进制数是 0011 0100。

表 8-25　GIAI 的滤值

类　型	二 进 制 值
所有其他	000
保留	001
保留	010
保留	011
保留	100
保留	101
保留	110
保留	111

表 8-26　GIAI-96 的分区

分 区 值	厂商识别代码		单个资产项目代码	
	二进制	十进制	二进制	十进制
0	40	12	42	12
1	37	11	45	13
2	34	10	48	14
3	30	9	52	15
4	27	8	55	16
5	24	7	58	17
6	20	6	62	18

厂商识别代码包含一个 EAN.UCC 厂商识别代码的逐位编码。单个资产项目代码是每个实例的唯一代码。EPC 表示法只能描述 EAN.UCC 通用规范中的资产项目代码（asset references）的子集，个人资产项目代码由非零开头的数字组成，其容量小于 EAN.UCC 系统规范中资产项目代码的最大值。

（6）系列全国产品与服务统一标识代码（SNPC-96）。全国产品与服务统一标识代码（NPC）是我国提出的另一种产品与服务编码规则，主要是想用于一些特定行业对产品种类的标识，并制定了 NPC 国家标准。

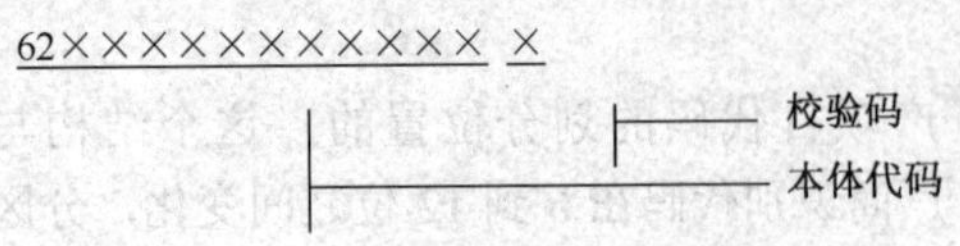

图 8-8　NPC 编码的结构示意图

NPC 编码由 13 位数字本体代码和 1 位数字校验码组成，如图 8-8 所示。其中，本体代码采用系列顺序码，由中国物品编码中心统一分配、维护和管理。校验码用于检验本体代码的正确性，通过一定公式计算而得。

SNPC-96 的数据结构如表 8-27 所示。

表 8-27 SNPC-96 的数据结构

	标 头	通用管理者代码+对象类别代码	序 列 号
SNPC-96	8	52	36
	00110101 （二进制值）	4 503 599 627 370 496（十进制值容量）	68 719 476 736 （十进制值容量）

SNPC-96 包括三个部分，即标头、通用管理者代码＋对象类别代码、系列号。标头采用 GID 通用标识代码的标头，0011 0101；通用管理者代码＋对象类别代码由中国物品编码中心分配，并对应转换为 EPC 的二进制结构；序列号由管理实体分配给一个单个对象。序列号不是 NPC 的一部分，但却正式成为 SNPC–96 的组成部分。在 SNPC－96 位结构中删除了 NPC 中的检验位。

8.2.6 EPC 数据的 URI 表示

本节定义了 EPC（产品电子代码）作为一种 URI（统一资源标识符）的编码规范。URI 编码补充了供 RFID 标签和其他低级架构部件使用和定义的 EPC 标签编码。利用 URI，应用软件可以独立于任何特定的标签级表示来操纵产品电子代码，并将应用逻辑和从标签中获得具体产品电子代码的方式分离。

本节定义四类 URI：第一类是适用于纯标识的 URI，有时称为“范式”，这些 URI 只包括标识特定物理对象的独特信息，独立于标签编码；第二类是代表具体标签编码的 URI，这些 URI 用于与编码方案相关的软件应用，如在命令软件写标签时；第三类是代表模式或 EPC 集合的 URI，当指导软件如何过滤标签数据时可使用这些 URI；最后一类是适用于原始标签信息的 URI，通常只用于错误报告用途。

1．纯标识的 URI 格式

纯标识的 URI 格式只包括用以区别对象的 EPC 字段。这些 URI 采用 URN 格式，为每个纯标识类型分配一个不同的 URN 名称空间。对于 EPC 通用标识符，纯标识 URI 表示为

urn:epc:id:gid:GeneralManagerNumber.ObjectClass.SerialNumber

在这种表示情况下，通用管理者代码（GeneralManagerNumber）、对象分类代码（ObjectClass）和序列代码（SerialNumber）三个字段对应描述过的 EPC 通用标识符的三个部件。在 URI 表示中，每个字段表述为一个十进制整数，不带前导零（当字段值为 0 时除外，可用一个数位 0 来表示）。

还有一些纯标识 URI 格式是为与 EAN.UCC 系统代码内某些类型对应的标识符类型而定义的。具体而言，它包括序列化全球贸易产品码（SGTIN）、系列货运包装箱代码（SSCC）、系列化全球位置码（SGLN）、全球可回收资标识符（GRAI）和全球单个资产标识符（GIAI）。对应于这些标识符的 URI 表示为

urn:epc:id:sgtin:CompanyPrefix.ItemReference.SerialNumber

urn:epc:id:sscc:CompanyPrefix.SerialReference

urn:epc:id:sgln:CompanyPrefix.LocationReference.SerialNumber

urn:epc:id:grai:CompanyPrefix.AssetType.SerialNumber

urn:epc:id:giai:CompanyPrefix.IndividualAssetReference

在以上表示中，CompanyPrefix（公司前缀）对应于 UCC 或 EAN 指派给制造厂商的 EAN.UCC 公司前缀（UCC 公司前缀通过在开头添加前导零转换成 EAN.UCC 公司前缀）。该

字段内的数位数有效，根据需要插入前导零。

ItemReference（项目参考）、SerialReference（序列参考）和 LocationReference（位置参考）字段分别对应于 GTIN、SSCC 和 GLN 的类似字段。如同 CompanyPrefix 字段，这些字段中的数位数有效，根据需要插入前导零。根据标识类型而定，这些字段中的数位数目当与 CompanyPrefix 字段中的数位数目相加时，始终合计相同的数位数目：SGTIN 合计 13 个数位、SSCC 合计 17 个数位、SGLN 合计 12 个数位、GRAI 合计 12 个字符（SGTIN 的 ItemReference 字段包括附加到项目参考开头的 GTIN 指示位（PI）；SerialReference 字段包括附加到系列参考开头的 SSCC 扩展数位（ED）；URI 表示中并不包括校验数位）。与其他字段不同，SGLN 的 SerialNumber 字段是纯整数，无前导零。SGTIN 和 GRAI 的 SerialNumber 字段和 GIAI 的 IndividualAssetReference 字段可能包括数位、字母和一些字符。然而，为了在 96 位的标签上对 SGTIN、GRAI 或 GIAI 进行编码，这些字段只能由没有前导零的数位组成。这些标识符类型的编码程序定义了这些限制。

该格式的 SGTIN、SSCC 等分别采用 SGTIN-URI、SSCC-URI 等。以下是示例：

urn:epc:id:sgtin:0652642.800031.400

urn:epc:id:sscc:0652642.123456789

urn:epc:id:sgln:0652642.12345.400

urn:epc:id:grai:0652642.12345.1234

urn:epc:id:giai:0652642.123456

参看第一个例子，相应的 GTIN—14 代码是 80652642000311。该代码划分如下：第一个数位（8）是 PI 数位，在 URI 中作为 ItemReference 字段的第一个数字；随后的七个数位（0652642）是 CompanyPrefix，随后的五个数位（00031）是 ItemReference 的剩余部分；最后一个数位（1）是校验数位，未包含在 URI 中。

参看第二个例子，相应的 SSCC 是 006526421234567896，最后一个数位（6）是校验数位，未包含在 URI 中。

参看第三个例子，相应的 GLN 是 0652642123458，最后一个数位（8）是校验数位，未包含在 URI 中。

参看第四个例子，相应的 GRAI 是 06526421234581234，这里的数位（8）是校检数位，未包含在 URI 中。

参看第五个例子，相应的 GIAI 是 0652642123456（GIAI 编码没有校检数位）。

注意全部五个 URI 格式在该代码的公司前缀和剩余部分之间有明确的划分指示。这是必要的，使得 URI 表示可以转换成标签编码（通过合并数位和计算校验数位）。通常 URI 表示可转换成相应的 EAN.UCC 数字形式，但从 EAN.UCC 数字形式转换成相应的 URI 表示要求单独知道公司前缀的长度。

2．适用于相关数据类型的 URI 格式

在处理产品电子代码的应用中通常会出现多个数据类型，它们本身并非产品电子代码，但紧密相关。本规范也为这些相关数据类型提供 URI 格式。EPC URN 名称空间的通用格式是：

urn:epc:type:typeSpecificPart

类型字段 type 标识了一个特定数据类型，typeSpecificPart 编辑合乎该数据类型的信息。目前为 type 定义了三种可能，下面进行讨论。

1）适用于 EPC 标签的 URI

在某些情况下最好采用 URI 格式编码特定的 EPC 标签编码。例如，应用程序有可能希望向操作员报告读出了哪些类型的标签。再如，不仅需要告知负责标签编程的应用程序标签上有什么产品电子代码，而且还要告知该应用程序所采用的编码方案。希望处理标签上“其他数据”字段的应用程序除纯标识格式外，还需要某些表示。

EPC 标签的 URI 是通过设置“type”类型字段到“tag”标签字段完成编码的。完整的 URI 具有以下格式：

urn:autoid:tag:EncName:EncodingSpecificFields

这里的 EncName 是 EPC 编码方案的名称，EncodingSpecificFields 指示该编码方案所要求的数据字段，由点字符隔开。确切有哪些字段取决于所采用的具体编码方案。

通常为每一纯标识类型定义了一种或多种编码方案（和相应的 EncName 值）。例如，为 SGTIN 标识符定义了两种方案：sgtin—96 对应于 96 位编码、sgtin—64 对应于 64 位编码。注意这些编码方案名称一一对应于独特的标签头值，它们用于表示标签本身的编码方案。

通常 EncodingSpecificFields 包括相应纯标识类型的全部字段，还有可能包括对数字范围的附加限制，加上该编码方案支持的其他字段。例如，为序列化 GTIN 定义的全部编码包括附加的滤值，应用程序基于与对象纯标识相关（但并非编码在该对象的纯标识范围内）的对象特性使用该滤值执行标签过滤。

2）适用于因无效标签产生的原始位串的 URI 格式

某些位串不对应于合法编码。例如，如果最高有效位不能识别为有效的 EPC 标头，位级模式则是非法的 EPC。又如，如果标签编码一个字段的二进制值大于该字段在 URI 格式下十进制数位码包含的值，则位级模式也是非法的 EPC。然而软件可能希望向用户或其他软件报告这些无效位级模式，因此提供无效位级模式的 URI 表示。URI 的原始形式为

urn:autoid:raw:BitLength.Value

这里的 BitLength 是无效表示的位数，value 是转换成单一十六进制数字的完整位级表示而且跟在字母“x”之后。例如，以下位串

0000000000000000000100100011010011011110101011011011111011101111

该位串由于没有以 0000 0000 开始的有效头，所以无效。该位串对应于以下原始 URI：

urn:epc:raw:64.x00001234DEADBEEF

为了确保特定位串只有一种 URI 原始表示，数位码的十六进制值必须等于 BitLength 的值除以四并四舍五入后得出的整数。另外，大写字母 A、B、C、D、E 和 F 用来表示十六进制数位。

该 URI 格式预定为只有当报告与读无效标签相关的错误时才使用。该 URI 格式并非预定为适合其他用途任意位串通信的一般机制。

本规范的早期版本描述了与十六进制版本相对应的十进制值的原始 URI。这种版本虽然支持向后兼容，但不推荐使用。字符“x”的加入使软件可以区别十进制值和十六进制值格式。

3）适用于 EPC 模式的 URI 格式

某些软件应用程序需要根据不同的条件指定过滤 EPC 列表的规则。“EPC 数据结构”为此提供了模式 URI 格式。模式 URI 不表示单一的产品电子代码，而是指一个 EPC 集。其典型模式与以下类似：

urn:autoid:tag:sgtin-64:3.0652642.[1024-2047].*

该模式指 EPC SGTIN 标识符的 64 位标签：过滤器字段是 3，公司前缀是 0652642，项目参考范围是 1024 ≤itemReference ≤2047，序列号任意。

通常每一标签编码格式均有相应的模式格式，除各个字段中有可能使用范围或星号（*）

以外，其语法实质上相同。

对于 SGTIN、SSCC 、SGLN、GRAI 和 GIAI 模式，模式语法稍微限制了通配符和范围合并的方式。CompanyPrefix 字段只允许两种可能。一个可能是星号（*），该情况下随后的字段（ItemReference、SerialReference 或 LocationReference）也必须是星号；另外一个可能是特定的公司前缀，该情况下随后的字段可能是数字、范围或星号，不能为 CompanyPrefix 规定范围。

3. 不同阶段 EPC 编码的存储格式

不同阶段 EPC 编码的存储格式如图8-18 所示。

① 在电子标签中，EPC 数据是采用二进制数表示的（为了可识读性，在图 8-9 中使用十六进制数表示：52 C6 30 00 07800190000060000000010）；

② 通过阅读器，EPC 编码数据读入计算机系统，并通过去掉滤值（Filter Value）等处理，采用原始位串的 URI 格式（Raw Data）表示，EPC 数据仍是采用二进制数表示的（为了可识读性，在图 8-9 中使用十六进制数表示：307800190000060000000010）；

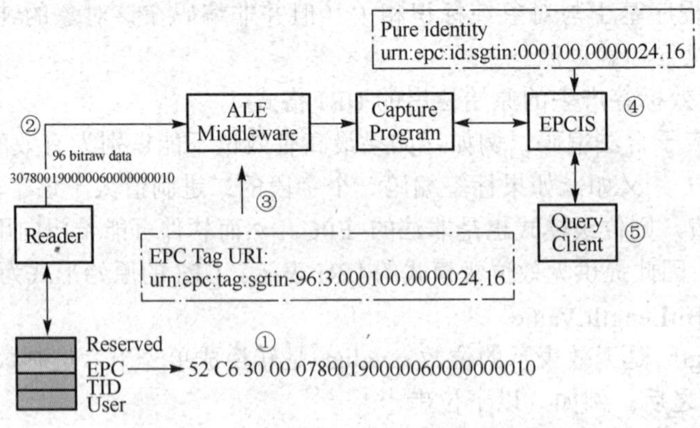

图 8-9 不同阶段 EPC 编码的存储格式

③ 在 Middleware 中间件系统中，EPC 编码数据采用适用于 EPC 模式的 URI 表示（EPC Tag URI），即 urn:epc:tag:sgtin-96:3.000100.0000024.16；

④ 通过 EPC 的捕获程序（Capture Program），EPC 编码数据采用纯 ID URI 表示（Pure Identity），即 urn:epc:id:sgtin:000100.0000024.16；

⑤ 客户（Client）可以通过查询程序（Query）来查询 EPC 编码数据。

8.2.7 EAN 编码和 EPC 编码的相互转换

根据前面几节的分析，可以看出条形码和 RFID 数据之间存在对应关系。针对现今条形码和 RFID 数据将长期共存的现状，可知经常需要在两者之间进行转换。常用的 EAN 编码（GTIN 和 SSCC）和其对应的 EPC 编码之间的转换关系如图8-10所示。

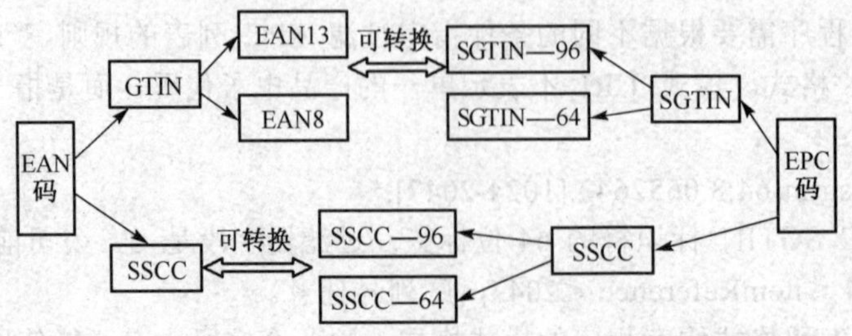

图 8-10 常见的 EAN 编码和其对应的 EPC 编码之间的转换关系

EAN 编码主要由扩展位、国家代码、厂商代码、产品代码、校验位等几部分组成；而 EPC 编码主要由标头、滤值、分区值、国家代码、厂商代码、产品代码、序列号等几部分组成。各代码之间只是组织形式的不同而已。因此，它们之间互相转换的过程简单来说就是将源码的各部分分离开，再按照目标码的规则变换、组合起来的过程。

1. EAN 编码到 EPC 编码的转换及举例

EAN 编码到 EPC 编码的转换主要有以下几个步骤：分类；分段、赋值；转换；组合。

下面以将 EAN 编码“6901010101098”转换成 96 位 EPC 编码为例，详述其转换过程。

步骤 1：分类。首先分清源码和目标码的类型。作为源码，EAN 编码的类型从代码长度上就可以看出，即 EAN13 的长度为 13 位，EAN8 的长度为 8 位，SSCC 的长度为 18 位。由图 8-17 可以看出它们可对应转换的目标 EPC 编码类型。然后根据实际需要确定目标码的长度。例如，EAN 编码“6901010101098”是一个 EAN13 码，相应的目标码是 SGTIN-96。

步骤 2：分段、赋值。按照不同 EAN 编码编码规则，可以将扩展位、国家代码、厂商代码、产品代码、校验位等分离出来。同时，由于 EAN 编码中没有 EPC 编码的厂商识别码，所以应对照要求将这些代码的值表示并计算出来。另外，序列号是管理者，也就是厂家赋给每个产品的代码，在 EAN 编码中没有体现，因此将其转换为 EPC 编码时还要将这个代码调查清楚并体现在转换过程中。SSCC 编码的第一位为扩展位，分段后将其连接到序列代码之后。

根据上述原则，下面来看 EAN13 编码“6901010101098”的转换过程。首先它是 GTIN，没有扩展位，因此其前三位“690”就是国家代码，厂商代码为“1010”，则目标 EPC 编码的厂商识别码就是“6901010”，产品代码为“10109”，校验位为“8”。要想转换化为 SGTIN—96，则标头就是“00110000”；滤值（也就是包装类型）需要根据实际情况选择，这里假设为包装箱（011）；在常用的 EAN13 编码中，厂商识别码为 7 位，则目标码的分区值为 5（101）；EAN13 编码中没有指示符数字（也就是扩展位），因此在产品代码前加“0”，构成 6 位作为 EPC 编码的产品代码；最后给序列号赋值，假设为“1234567”。

步骤 3：转换。转换的过程其实就是将各段代码由十进制数转化为二进制数的过程。这里不再赘述。注意，所得各段二进制数的位数不一定与 EPC 编码要求的位数相同，因此要在前面补零。例子“6901010101098”经过转化后，结果不足 24 位，因此应在前面补零，结果为“0110 1001 0100 1101 0001 0010”。产品代码“010109”在 EPC 编码中应为 20 位，加上补零后的转化结果为“0000 0010 0111 0111 1101”。同理，系列代码转化为“00 0000 0000 0000 0001 0010 1101 0110 1000 0111”。

步骤 4：组合。经过转换得到的二进制数就是符合 EPC 编码规则的编码了，最后将其按 EPC 编码的组合顺序连接起来即可。EAN 编码“6901010101096”加上外包装类型和序列号，转化为 EPC 编码的结果为：0011 0000 0111 0101 1010 0101 0011 0100 0100 1000 0000 1001 1101 1111 0100 0000 0000 0000 0001 0010 1101 0110 1000 0111。为阅读方便起见，将其转化为十六进制数，即 3075A5344809DF400012D687。至此全部转换完成。

2. EPC 编码到 EAN 编码的转换及举例

EPC 编码转换为 EAN 编码的标头和代码的过程称逆过程，步骤也大致相同，下面简要分析。

步骤 1：分类。首先由 EPC 编码的标头和代码长度可以看出其所属类型，如表 8-28 所示。然后由其所属类型可以确定目标码的类型，再根据实际需要可以确定目标码长度。

表 8-28　EPC 编码的编码方案

标 头 值	长 度	EPC 编码类型
0011 0000	96	SGTIN—96
10	64	SGTIN—64
0011 0001	96	SSCC—96
0000 1000	64	SSCC—64

步骤 2：分段、赋值。根据不同 EPC 编码的类型，按照其编码规则可以将标头、滤值、分区值、厂商识别码、序列代码逐一分开。

步骤 3：转换。上述代码是二进制数，将它们分别转化为十进制数即可。

步骤 4：组合。将上述所得的十进制代码组合起来，就得到了目标 EAN 编码的基本部分。

这里只说明两点：

（1）校验码校验码由 EAN 编码的基本部分计算得到，其计算步骤如表 8-29 所示；

（2）扩展位 SSCC 码中存在扩展位。因此需要将步骤 3 中得到的十进制序列号的首位取出作为扩展位，连接到目标 EAN（SSCC）码的首位。

表 8-29　计算步骤

	标 头	滤 值	划 分	公司前缀	项目参考	序列号
SGTIN—96	8 位	3 位	3 位	24 位	20 位	38 位
	0011 0000 （二进制值）	3 （十进制值）	5 （十进制值）	0614141 （十进制值）	100734 （十进制值）	2 （十进制值）

①（01）是 GTIN 的应用标识符，（21）是序列号的应用标识符。应用标识符用在一些条码上。标头在 EPC 上满足该功能（包括其他）。

② SGTIN—96 的标头是 00110000。

③ 此例选择滤值 3（单一货运/消费者贸易项目）。

④ 公司前缀为 7 个数位长（0614141），划分值为 5，这表示公司前缀有 24 位，项目参考有 20 位。

⑤ 指示符数位 1 作为项目参考的第一个数位被重置。

⑥ 校检数位 6 被省略。

8.3 EPC 系统的网络技术

EPC 网络是一个能够实现供应链中的商品的快速自动识别及信息共享的框架。EPC 网络使供应链中的商品信息真实可见，从而使组织机构可以更加高效地运转，它由五个基本要素组成：产品电子代码（EPC）、射频识别系统（EPC 标签和阅读器）、Savant 系统、发现服务（包括 ONS）、EPC 中间件、EPC 信息服务（EPCIS）。通过采用多种技术手段，EPC 网络为在供应链中识读 EPC 所标识的贸易项目，并且在贸易伙伴之间共享项目项目信息提供了一种机制。

1．Savant 系统

给每件产品都加上 RFID 标签之后，在产品的生产、运输和销售过程中，阅读器将不断收到一连串的产品电子编码。整个过程中最为重要、同时也是最困难的环节就是传送和管理这些数据。自动识别产品实验室开发了一种名叫 Savant 的软件技术，相当于新式网络的神经系统。

Savant 被定义成具有一系列特定属性的“程序模块”或“服务”，并被用户集成以满足他们的特定需求。这些模块设计的初衷是能够支持不同群体对模块的扩展，而不是做成能满足所有应用的简单的集成化电路。Savant 是连接标签阅读器和企业应用程序的纽带，代表应用程序提供一系列计算功能，在将数据送往企业应用程序之前，它要对标签数据进行过滤、汇总和计数，压缩数据容量。为了减少网络流量，Savant 也许只向上层转发它感兴趣的某些事件或事件摘要。图 8-11 描述了 Savant 的组件与其他应用程序的通信。

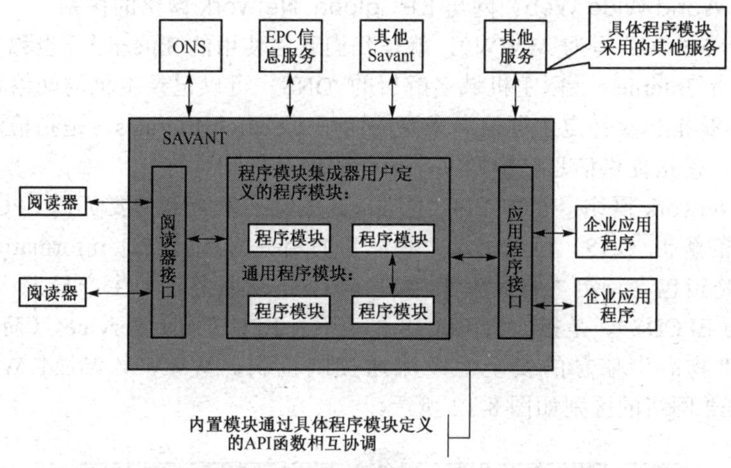

图 8-11　Savant 的组件与其他应用程序的通信

Savant 是程序模块的集成器，程序模块通过两个接口与外界交互——阅读器接口和应用程序接口。其中阅读器接口提供与标签阅读器，尤其是 RFID 阅读器的连接方法。应用程序接口使 Savant 与外部应用程序连接，这些应用程序通常是现有的企业采用的应用程序，也可能有新的具体 EPC 应用程序甚至其他 Savant。应用程序接口是程序模块与外部应用的通用接口。如果有必要，应用程序接口能够采用 Savant 服务器的本地协议与以前的扩展服务进行通信。应用程序接口也可采用与阅读器协议类似的分层方法来实现。其中高层定义命令和抽象的语法，底层实现与具体语法和协议的绑定。

除了 Savant 定义的两个外部接口（阅读器接口和应用程序接口）外，程序模块之间用它们自己定义的 API 函数交互，也许还会通过某些特定接口与外部服务进行交互。一种典型的情况就是 Savant-to-Savant 的通信。

程序模块可以由 Auto-ID 标准委员会或用户和第三方生产商来定义。Auto-ID 标准委员会定义的模块叫做标准程序模块。其中一些模块需要应用在 Savant 的所有应用实例中，这种模块叫做必备标准程序模块；其他一些模块可以根据用户定义包含或者排除于一些具体实例中，这些就叫做可选标准程序模块。事件管理系统（EMS）、实时内存数据结构（RIED）和任务管理系统（TMS）都是必需的标准程序模块。其中 EMS 用于读取阅读器或传感器中的数据，对数据进行平滑、协同和转发，并将处理后的数据写入 RIED 或数据库；RIED 是 Savant 特有的一种存储容器，是一个优化的数据库，是为了满足 Savant 在逻辑网络中的数据传输速度而设立的，它提供与数据库相同的数据接口，但其访问速度比数据库快得多；TMS 的功能类似于操作系统的任务管理器，它把由外部应用程序定制的任务转为 Savant 可执行的程序，并将其写入任务进度表，使 Savant 具有多任务执行功能。Savant 支持的任务包括三种类型：一次性任务、循环任务、永久任务。

2．对象名称解析服务

一个开放式的、全球性的追踪物品的 EPC 标签运行需要一些特殊的网络结构。因为标签中只存储了产品电子代码，所以计算机还需要一些将产品电子代码匹配到相应商品信息的方法。这个角色就由对象名称解析服务（ONS）担当，它是一个自动的网络服务系统，类似于域名解析服务 DNS（DNS 是将一台计算机定位到万维网上的某一具体地点的服务）。当前，ONS 用来定位某一 EPC 对应的 PML 服务器。PML 服务器是一种简单的 Web 服务器，用 PML 语言来描述与实体对象相关的信息。ONS 服务是联系前台 Savant 软件和后台 PML 服务器的网络枢纽，并且其设计与架构都以因特网域名解析服务 DNS 为基础。

3．WWW（World Wide Web）网与 EPCglobal Network 网络的区别

World Wide Web（简写为 WWW），就是我们通常使用的 Internet，也称万维网，其关键技术有：主要负责 Internet 上网主机域名解析的 DNS，可以记录主机的网络位置及邮件的途径；WEB Sites，是指包含特定主题信息来源的网站；Search Engines，是指检索网页的工具；Security Services，是指提供信息交换及共享信任的安全机制。

EPCglobal Network 网络，也称 EPC 网络，其关键技术有：主要负责 EPCglobal Network 上“物品”名称的解析 ONS，可以记录“物品”的相关信息；EPC Information Services（简写为 EPCIS），是指包含特定“物品”来源的 EPC 信息服务，如生产日期；EPC Discovery Services（简写为 EPCDS），是指检索 EPCIS 的工具；EPC Trust Services（简写为 EPCTS），它提供了 EPC“物品”信息的安全性及流通控制机制。WWW（World Wide Web）网与 EPCglobal Network 网络的区别如图 8-12 所示。

图 8-12　WWW（World Wide Web）网与 EPCglobal Network 网络的区别

8.4 EPC 系统中的对象名称解析服务

8.4.1　ONS 概述

1．ONS 的概念

对象名称解析服务（Object Name Service，ONS）。EPC 系统主要处理电子产品编码与对

应的 EPCIS 信息服务器地址的映射管理和查询，而 EPC 编码技术采用了遵循 EAN.UCC 的 SGTIN 格式，和域名分配方式很相似，因此完全可以借鉴互联网中已经很成熟的 DNS 技术思想，并利用 DNS 构架实现 ONS 服务。

域名系统（Domain Name System，DNS）负责有意义的网名字母与 IP 地址数字间的转换，其工作流程如图 8-13 所示。例如，当我们登录百度网进行信息搜索时，往往最容易记住的是 www.baidu.com，而不是百度的 IP 地址 211.94.144.100。在计算机浏览器软件中的 URL 中输入“www.baidu.com”并回车后，计算机会向 DNS 发送请求以得到 IP 地址信息，DNS 接到请求后，在自己的数据库中查找 www.baidu.com 所对应的 IP 地址并将其返回，然后计算机再去访问 IP 地址为 211.94.144.100 的服务器，并得到所要浏览的网页信息。

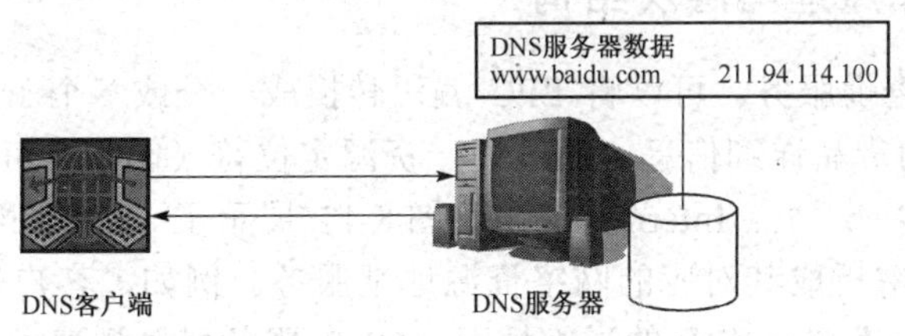

图 8-13　DNS 的工作流程

2．ONS 与 DNS 的比较

1）ONS 与 DNS 的联系

ONS 服务是建立在 DNS 基础之上的专门针对 EPC 编码与货品信息的解析服务，在整个 ONS 服务的工作过程中，DNS 解析是作为 ONS 不可分割的一部分存在的。在将 EPC 编码转换成 URI 格式，再由客户端将其转换成标准域名后，下面的工作就由 DNS 承担了，DNS 经过递归式或交谈式解析，将结果以 NAPTR 记录格式返回给客户端，这样 ONS 便完成了一次解析服务。

2）ONS 与 DNS 的区别

ONS 与 DNS 的主要区别为输入与输出内容的区别。ONS 在 DNS 基础上进行 EPC 解析，因此其输入端是 EPC 编码，而 DNS 用于解析，其输入端是域名；ONS 返回的结果为 NAPTR 格式，而 DNS 更多时候则返回查询的 IP 地址。DNS 与 ONS 的解析比较如图 8-14 所示。

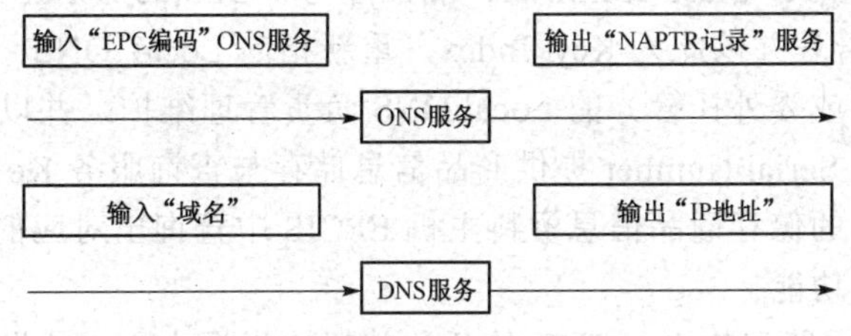

图 8-14　DNS 与 ONS 的解析比较

3．ONS 的类型

ONS 提供静态 ONS 与动态 ONS 两种服务：静态 ONS 指向货品的制造商，动态 ONS 指向一件货品在供应链中流动时所经过的不同的管理实体。

1）静态 ONS

静态 ONS 假定每个对象有一个数据库，提供指向相关制造商的指针，并且给定的 EPC 编码总是指向同一个 URL，如图8-15 所示。

2）动态 ONS

动态 ONS 指向多个数据库，即指向货品在供应链流动过程中所经过的所有管理者实体，如图 8-16 所示。

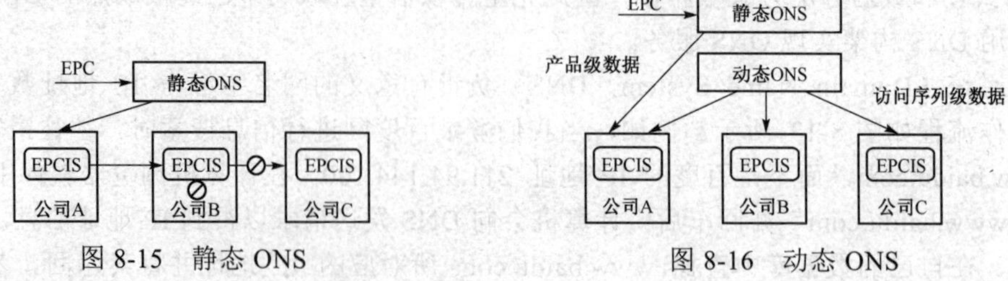

图 8-15 静态 ONS　　　　图 8-16 动态 ONS

8.4.2 ONS 的工作原理与层次结构

ONS 是一种全球查询服务，可以将 EPC 编码转换成一个或多个 Internet 地址，从而可以进一步找到编码对应的货品详细信息。通过统一资源定位符（URL）可以访问 EPCIS 服务和与该货品相关的其他 Web 站点/Internet 资源。图 8-17 展示了 ONS 在物联网系统中的作用。ONS 负责将标签 ID 解析成其对应的网络资源地址服务。例如，客户端有一个请求，需要获得标签 ID 为“123……”的一瓶药的详细情况，ONS 服务器接到请求后将 ID 转换成资源地址，则资源服务器将检查这瓶药的详细信息，如生产日期、配方、原材料、用途、供应商等，并将结果返回给客户端。

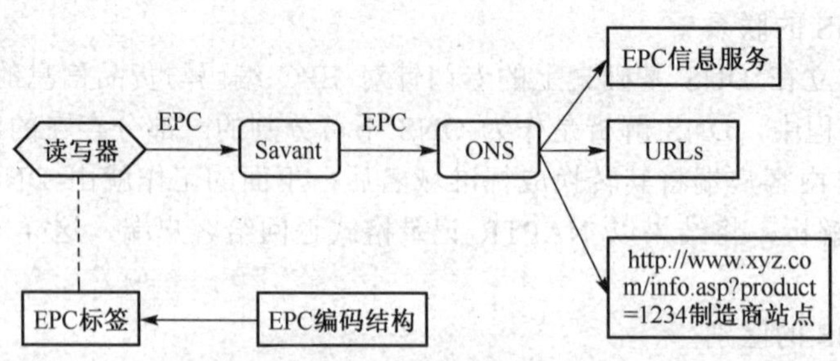

图 8-17 ONS 在物联网系统中的作用

在 EPCglobal“三层式”架构中，EPC 编码可分为三部分：厂商编号，EPC Manager Number；商品型号，Object Class Identifier；商品序号，Unique Serial Number。EPC Manager Number 由 Root ONS 管理并以此为 Key Index，重新指向 Local ONS；Object Class Identifier 为由厂商所自行架设（或委外托管）的 Local ONS 负责管理维护，并以此为 Key Index 指向所对应的 EPCIS；Unique Serial Number 提供商品信息储存与查询服务 Key Index，并从厂商所自行架设（或委外托管）的储存商品信息资料主机 EPCIS 中查询出对应的资料。

1. ONS 的角色与功能

在 EPC Network 网路架构中，ONS 的角色就好比指挥中心，协助以 EPC 为商品资料的 Key index 在供应链成员中传递与交换。ONS 标准文件中制定了 ONS 的运作程序及规则，由 ONS Client 与 ONS Publisher 来遵循。ONS Client 是一个应用程式，希望透过 ONS 能解析到 EPCIS，让主机服务器通过服务器解析得到 EPC 编码；ONS Server 为 DNS Server 的反解应用；ONS Publisher 元件主要提供 ONS Client 查询存储于 ONS 内的指标记录（Pointer Entry）服务。

2. ONS 的层次结构

ONS 系统是一个分布式的层次结构，主要由 ONS 服务器、ONS 本地缓存、本地 ONS 解析器及映射信息组成。ONS 服务器是 ONS 系统的核心，用于处理本地客户端的 ONS 查询请求，若查询成功，则返回此 EPC 编码对应的 EPCIS 映射信息（服务地址信息）。ONS 服务器的结构类似于 DNS 服务器，ONS 系统的层次图如图 8-18 所示，由图可知该系统分为三个层次，处于最顶层的是 ONS 根服务器，中间层的则是各地的本地 ONS 根服务器，最下层的则是 ONS 缓存。

ONS根服务器
本地ONS根服务器 … 本地ONS根服务器
ONS缓存 … ONS缓存

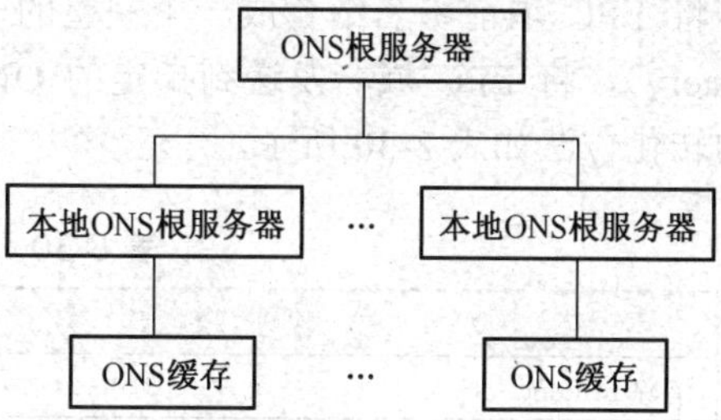

图 8-18 ONS 系统的层次图

ONS 根服务器负责各本地 ONS 服务器的级联，组成 ONS 网络体系，并提供应用程序的访问、控制与认证。它拥有 EPC 名字空间的最高层域名，因此基本上所有的 ONS 查询都要经过它。

本地 ONS 服务器包括两部分功能：

（1）实现与本地产品对应的 EPC 信息服务地址信息的存储；

（2）提供与外界交换信息的服务，回应本地的 ONS 查询，向 ONS 根服务器报告该信息并获取网络查询结果。

ONS 缓存是 ONS 查询的第一站，它保存着最近查询的最为频繁的 URI 记录，以减少对外的查询次数。应用程序在进行 EPC 编码查询时，应首先看 ONS 缓存中是否含有其相应的记录，若有则直接获取，这样可大大降低查询时间。

本地 ONS 服务器负责 ONS 查询前的编码格式化工作，它将需要查询的 EPC 转换为一个合法的 URI 地址映射信息，而这个映射信息就是 ONS 服务器返回给客户端的最终结果，客户端可以根据这个结果去访问相应的目标资源。可以看到，映射信息是 ONS 系统所提供服务的实际内容，它指定 EPC 编码与其相关的 URI 的映射关系，并且分布式存储在不同层次的各个 ONS 服务器中。这样，物联网便实现了基于物品 EPC 编码实现物品相关信息查询定位的功能。

8.4.3 ONS 的工作流程与查询步骤

1. ONS 的工作流程

ONS 的工作流程如图8-19 所示，主要分为如下几步。

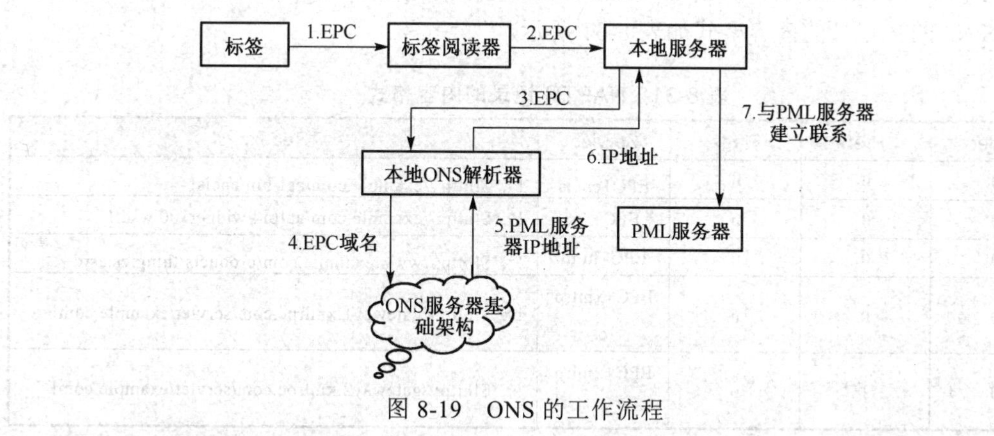

图 8-19 ONS 的工作流程

（1）从标签上识读一个比特字符串 EPC 编码，如 01 0000000001100000100100100100100000110010010001010101101100 10101。这是一个 64 位的 EPC 编码。

（2）标签阅读器将此比特字符串的 EPC 编码发送到本地服务器。

（3）本地服务器将二进制的 EPC 编码转化为整数并在头部添加“urn:epc:”，然后转化为 URI 格式“urn:epc:1.1554.37401.2272661”，转换完成后，发送该 URI 到本地 ONS 解析器。

（4）本地 ONS 解析器利用格式化转换字符串将 EPC 比特位编码转换成 EPC 域前缀名，

再将 EPC 域前缀名结合成一个完整的 EPC 域名。ONS 解析器再进行一次 ONS 查询（ONS Query），将 EPC 域名发送到指定的 ONS 服务器基础架构，以获取所需的信息。ONS 解析器的转化方法如表 8-30 所示。

表 8-30 ONS 解析器的转化方法

转 化 步 骤	转化后的结果
清除 urn:epc	1.1554.37401.2272661
清除 EPC 序列号	1.1554.37401
颠倒数列	37401.1554.1
添加“.onsroot.org”	37401.1554.1.onsroot.org

（5）ONS 基础架构给本地 ONS 解析器，返回 EPC 域名对应的一个或多个 PML 服务器 IP 地址。

（6）本地 ONS 解析器再将 IP 地址返回给本地服务器。

（7）本地服务器再根据 IP 地址联系正确的 PML 服务器，获取所需的 EPC 信息。

2．URI 转成 DNS 查询格式的步骤

现将 URI 转成 DNS 查询格式的步骤说明如下：

（1）EPC 转换成标签资料标准 URI 格式 urn:epc:id:sgtin:0614141.000024.400；

（2）移除“urn:epc:”前置码，剩下“id:sgtin:0614141.000024.400”；

（3）移除最右边的序号栏位（适用于 SGTIN、SSCC、SGLN、GRAI、GIAI 和 GID），剩下“id:sgtin:0614141.000024”；

（4）置换所有（:）符号成为（.）符号，剩下“id.sgtin.0614141.000024”；

（5）反转剩余栏位“000024.0614141.sgtin.id”；

（6）附加“.onsepc.com”于字串最后，结果为“000024.0614141.sgtin.id.onsepc.com”。

3．Local ONS 的 DNS 记录

DNS 解析器（Resolver）查询 Domain Name 使用的是 DNS Type Code 35 （NAPTR）记录。DNS NAPTR 记录的内容格式如表 8-31 所示。

表 8-31 NAPTR 记录的内容格式

Order	Pref	Flags	Service	Regexp
0	0	u	EPC+epcis	!^.*$!http://example.com/cgi-bin/epcis!
0	0	u	EPC+ws	!^.*$!http://example.com/autoid/widget100.wsdl!
0	0	u	EPC+html	!^.*$!http://www.example.com/products/thingies.asp!
0	0	u	EPC+xmlrpc	!^.*$!http://gateway1.xmlrpc.com/servlet/example.com!
0	1	u	EPC+xmlrpc	!^.*$!http://gateway2.xmlrpc.com/servlet/example.com!

各栏的说明如下。

（1）Order：必须为零。

（2）Pref：必须为非负值，需由数字小的先提供服务，上面范例中的 Pref 值的第四笔记录小于第五笔记录，因此第四笔记录优先提供服务。

（3）Flags：当值为“u”时，意指 Regexp 栏位内含 URI。

（4）Service：字串需为“EPC+”加上服务名称，服务名称为不同于 ONS 的服务。

（5）Replacement：EPCglobal 没有使用，因此用“.”取代空白；

（6）Regexp：将 Regexp 栏位的“!^.*$!”和最后的“!”符号移除，就可发现提供服务伺服器的 URL，如 EPC 资讯服务（EPC Information Service，EPC IS）或搜寻服务（Discovery Service）的 URL。

4．EPC 码查询 ONS 的步骤

（1）经由 RFID Reader 读取 96bits Tag 内 EPC 码，转为 URI 格式，如“urn:epc:id: sgtin: 0614141.000024.400”；urn:epc:id:sgtin:100:24:16 （EPCIS）。

（2）如将 EPC 编码“307800190000060000000010”转换为 URI 格式（示意图如图 8-20 所示），则步骤为：

① 看 Header 决定 DataType，30→00110000→表示为 SGTIN—96；

② 依 SGTIN 格式，根据 Partition value（分区值）决定 company prefix（厂商识别代码）和 item rference（项目参考代码）的长度，把 307800190000060000000010 分解成 Binary（二进制）数据。

③ 换成十进位，即

Company prefix：00 0000 0000 0001 1001 00=$2^2+2^5+2^6$=4+32+64=100；

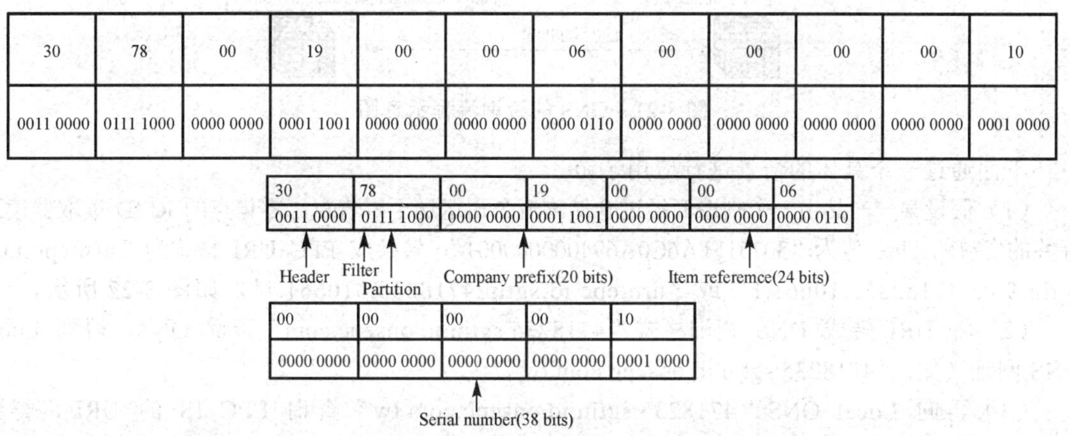

图 8-20 EPC 编码“307800190000060000000010”转换为 URI 格式的示意图

Item reference：00 0000 0000 0000 0000 0110 00=2^3+2^4=8+16=24；

Serial number：00 0000 0000 0000 0000 0000 0000 0000 0001 0000=16；

④ SGTIN—96 的 URI 有两种格式，在 Middlewale 和 EPCIS 中不同，分别是 urn:epc:tag:sgtin-96:3:100:24:16（ALE Middleware）及 urn:epc:id:sgtin:100:24:16 （EPCIS）。

（3）通过 ONS 找到 Local ONS 网址。

（4）再通过 Local ONS 找到 EPC 资讯服务（Information Service）URL。

（5）需先将 URI 转成 ONS 查询格式。

（6）使用 EPC 资讯服务（Information Service）标准界面查询产品资料，标准界面可参考「EPC Information Services（EPCIS）Version 1.0，Specification Ratified Standard，5 April 12，2007」。

ONS 的查询步骤如表 8-32 所示。ONS 的查询流程示意图如图 8-21 所示。

表 8-32　ONS 的查询步骤

查询步骤	查 询 对 象	资料维护者	可查询的资料
1	Root ONS	EPCglobal	Local ONS 的网址
2	Local ONS（拥有该 EPC Manager Number）	EPC Manager Number 的拥有者	EPC IS 的服务位址
3	EPCIS	EPC 编码者	该 EPC 码的相关资料

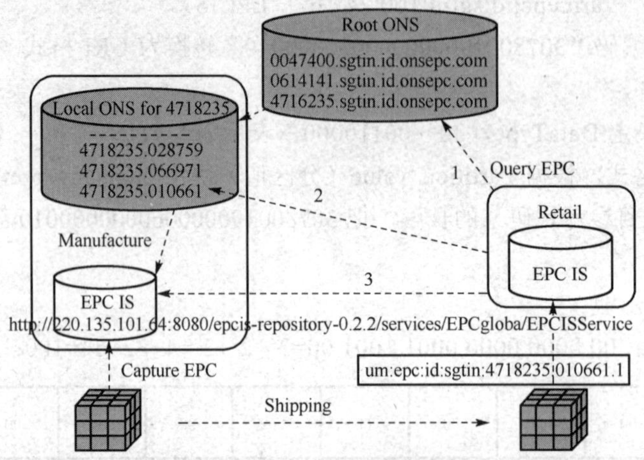

图 8-21　ONS 的查询流程示意图

下面通过一个具体的情景进行应用示范。

（1）假设某一产品由一个制造商经过仓储物流公司运送至零售点，零售点的 RFID 读取器读到标签的资料的 Hex 值为“30751FFA6C0A694000000001”，转换成 EPC URI 格式为“urn:epc:tag:sgtin-96:3.4718235.010661.1”或“urn:epc:id:sgtin:4718235.010661.1”，如图 8-22 所示。

（2）将 URI 转成 DNS 查询格式“4718235.sgtin.id.onsepc.com”查询 ONS，得到 Local ONS 网址（如：“4718235.sgtin.id.onsepc.com.tw”）。

（3）再向 Local ONS“4718235.sgtin.id.onsepc.com.tw”查询 EPC IS 的 URL，得到 http://220.135.101.64:8080/epcis-repository-0.2.2/services/EPCglobalEPCISService，其结果如图 8-23 所示。

图 8-22　读取标签后的 URI 格式转换

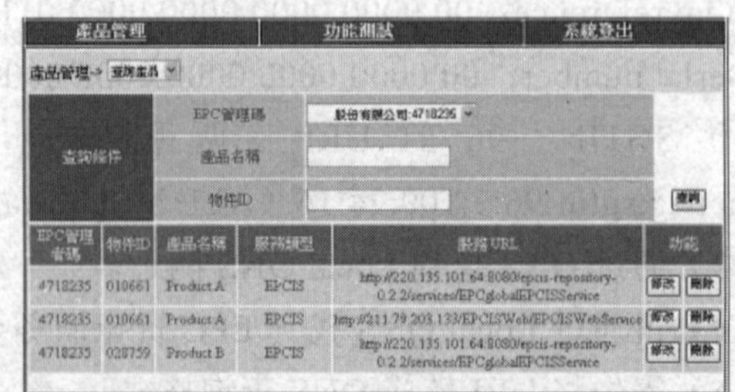

图 8-23　EPC IS 商品资料库内容

（4）依查询 Local ONS 所得到的 EPC IS 的 URL，其查询界面如图 8-24 所示，查询该产品的 EPC 码在制造工厂所发生的 Event 资料，由 EPC IS 查询结果可看到：Object Event 的 Event 发生时间与 Record（写入资料库）的时间有差异，此乃正常物流作业上可能产生的现象。例如 Reader 所读取的资料以批次方式整批整批写入资料库中，就会造成读取时间与写入时间不同，此方式也符合 EPC IS 规格标准。

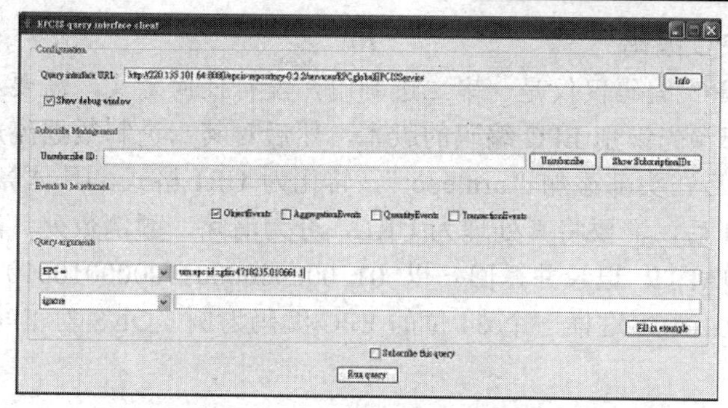

图 8-24　EPC IS 查询界面

上述范例主要介绍了 ONS 服务在 EPC Network 架构中的角色及运作模式。在 EPC Network 架构下，任何贴上写有 EPC 码 RFID 标签的产品，可以透过此网络架构所提供的资讯接口（即 ONS）取得商品物流中的商品信息，从而达到物流资讯透通与即时分享的目的。

商品利用 EPCglobal 所推广的 EPC 编码来进行国际贸易或与供应链成员之间所产生的物流相对接，也就是把 EPC 编码当做商品物流与信息流的“Key Index”，从而让商品信息可以进行“无缝”交换，甚至可汇总成商品的“产、销”履历表。经由国际标准一致的编码与解析机制来管理商品所产生出来的需求，如订单、库存、物流、客服、退货等，可以大大降低管理成本并提升营运绩效。

8.4.4　ONS 查找算法的设计

1．设计步骤

根据 ONS 工作流程可知 ONS 查找算法的总体框图如图 8-33 所示。

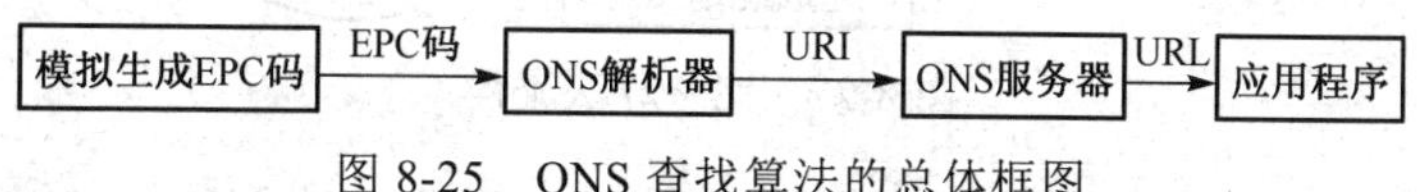

图 8-25　ONS 查找算法的总体框图

从图 8-25 可以看出，该算法分为三个步骤：

（1）模拟生成各种不同版本的 EPC 步骤；

（2）将 EPC 码作为 ONS 解析器的入口参数，由 ONS 解析器解析后，生成 URI 并送至 ONS 服务器；

（3）ONS 服务器用 ONS 解析器发送的 URI 查找并生成 URL。

计算机根据生成的 URL 去访问相应的 EPCIS 服务器（即 PML 服务器），EPCIS 反馈相关的 PML 信息，即可实现 EPC 物联网中的信息交换。

2．ONS 模拟生成 EPC 编码

模拟生成 EPC 编码是 ONS 查找算法的第一步，但实际情况是只有在 EPCgobal 组织及公司企业生产应用。第一代的 EPC 编码与 UPC 相兼容的编码标准具体情况见 8.1 节的内容。

EPC 编码生成流程图如图 8-26 所示，其中结构体 EPC[ ]的位数不仅取决于版本号，也与类型号有密切关系，这是因为由版本号决定其位数，却由类型号决定位数的分配问题，只有这样才能够确定 Header[ ]、EPCMngr[ ]、ObjCls[ ]、SerNo[ ]的具体大小。

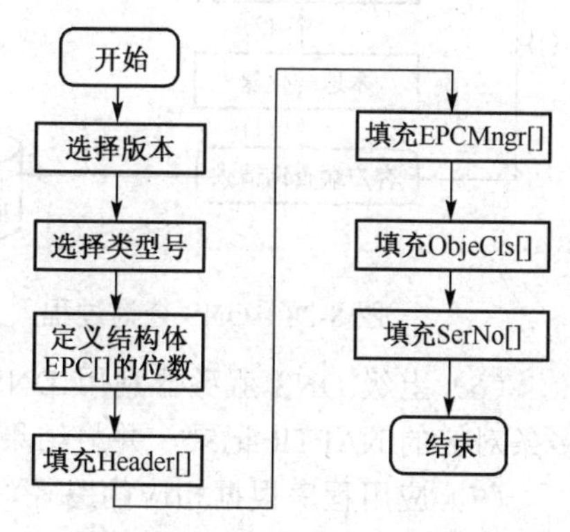

图 8-26　EPC 编码生成流程图

3．ONS 解析 EPC 编码

上一步得到的 EPC 编码仅仅是一串二进制码，没有任何意义，需要对其进行分割。首先根据 EPC 编码的头部预先识别 EPC 编码的版本，然后对其二进制数据流进行分割，并转换为十进制数的形式，最后在头部添加“urn:epc:”，转化为 URI 格式。具体算法流程如图 8-27 所示：ONS 端得到 URI 后，需要将其处理为 URL，分为清除、颠倒数列、添加几大步骤，最后查询 URL 对应的 NAPTR 记录并返回。以 01 00000000011000010010 0100100100011001 0010001010101101100101010 这样一个 64 位的 EPC 编码为例，ONS 对 EPC 编码的完整算法流程如图 8-27 所示。

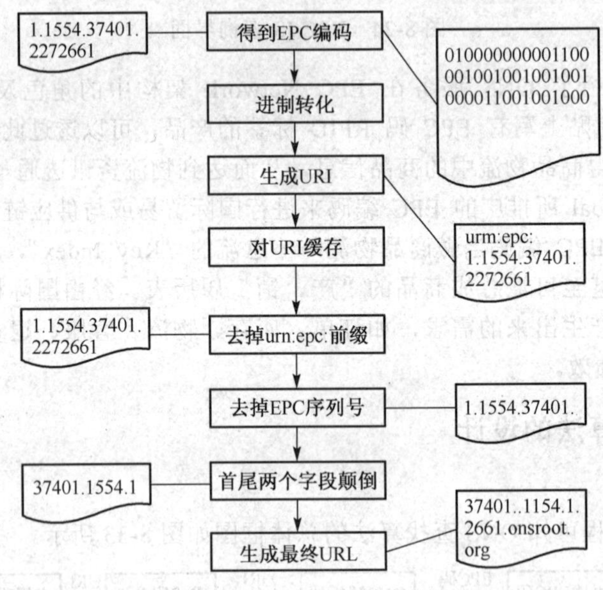

图 8-27　完整算法流程

4．ONS 生成 URL

一个典型的 ONS 查询过程如图 8-28 所示。ONS 的查询步骤如下：

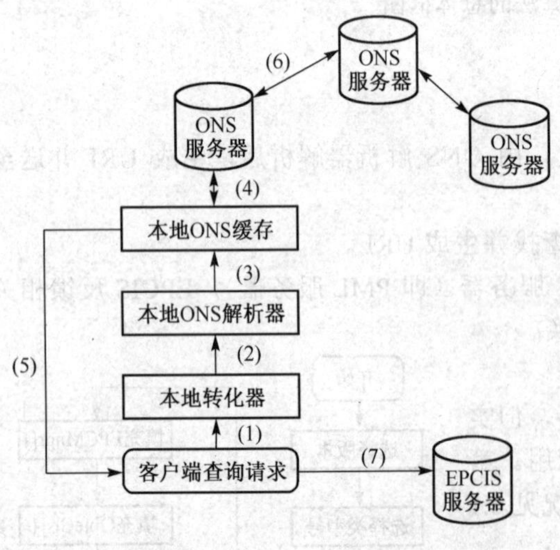

图 8-28　ONS 查询过程

（1）客户在客户端提出查询请求，此时，应用程序将一个 EPC 编码送到本地系统；

（2）本地系统通过本地转换器对 EPC 码进行格式转换，并发送到本地的 ONS 解析器；

（3）本地 ONS 解析器把 URI 转换成合法的 DNS 域名格式；

（4）本地 ONS 解析器基于 DNS 访问本地的 ONS 服务器（缓存 ONS 记录信息）；

（5）如果发现其相关的 ONS 记录，则直接返回 DNS NAPTR 记录，否则转发给上级 ONS 服务器；

（6）上级 ONS 服务器利用 DNS 服务器基于 DNS 域名返回给本地 ONS 解析器一条或者多条对应的 NAPTR 记录，并将结果返回给客户应用程序；

（7）应用程序根据相应的路径，访问相应的信息或者服务。

根据 ONS 的查询过程可知它主要提供两种功能：一是实现了产品信息或者对应用的 EPC

信息服务地址信息的存储；二是通过根 ONS 服务器组成 ONS 网络体系，提供了对产品信息的查询定位，以及企业间的信息交互和共享。

8.5　EPC 系统中的实体标记软件语言 PLM

PML 系统是一种用于描述物理对象、过程和环境的通用语言，其主要目的是提供通用的标准化词汇表，来描绘和分配 Auto-ID 激活的物体的相关信息。PML 的核心提供通用的标准词汇表来分配直接由 Auto-ID 基础结构获得的信息，如位置、组成及其他遥感勘测的信息。

EPC 产品电子代码能够识别单品，这需要一种可以对自然物流的描述标准。正如互联网中的 HTML 语言已成为 WWW 的描述语言标准一样，物联网中所有的产品信息也都是用在 XML（eXtensible Markup Language，可扩展标记语言）基础上发展起来的 PML（Physical Markup Language，物体标记语言）来描述的。PML 被设计成人及机器都可以使用的对自然物体的描述标准，是物联网网络信息存储、交换的标准格式。它将提供一种动态的环境，使与物体相关的静态的、暂时的、动态的和统计加工过的数据可以互相交换。因为它将会成为描述所有自然物体、过程和环境的统一标准，所以其应用将会非常广泛，并且会进入所有行业。随着 PML 的发展演变，就像互联网的基本语言 HTML 一样，PML 现在已经发展为比刚引入时复杂得多的一种语言了。

8.5.1　PML 的概念及组成

现有的可扩展标记语言 XML 是一种简单的数据存储语言，它仅仅展示数据且简单，任何应用程序都可对其进行读写，这使得它很快成为计算机网络中数据交换的唯一公共语言。XML 描述网络上的数据内容及结构的标准，并对数据赋予上、下文相关功能。它的这些特点非常适合于物联网中的信息传输。为此，在 XML 语言的基础上发展出了更好的适合于物联网的 PML 语言。PML 是 Savant、EPCIS、应用程序、ONS 之间相互表述和传递 EPC 相关信息的共同语言，它定义了在 EPC 物联网中所有信息的传输方式。

如图 8-29 所示为 PML 语言的组成结构图。PML 是一个标准词汇集，主要包含了两个不同的词汇，PML 核及 Savant 扩充。如果需要的话，PML 还能扩展更多的其他词汇。

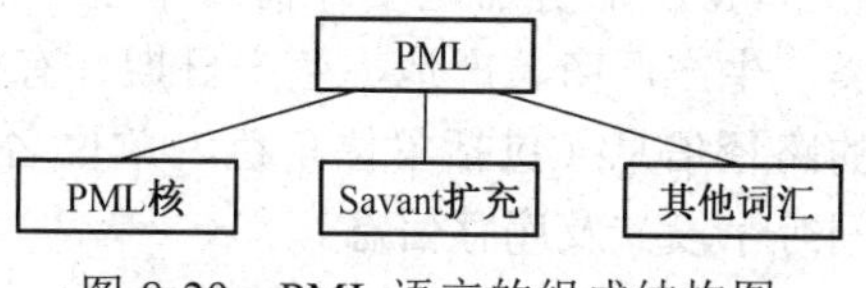

图 8-29　PML 语言的组成结构图

PML 核是以现有的 XML Schema 语言为基础的。在数据传送之前，PML 核使用“tags”（标签，不同于 RFID 标签）来格式化数据，PML 标签是编程语言中的标签概念，如 <pmlcore:Sensor>。同时，PML 核应该被所有的 EPC 网络节点（如 ONS、Savant 及 EPCIS）理解，使得数据传送更流畅、建立系统更容易。Savant`扩充则被用于 Savant 与企业应用程序间的商业通信。

1. PML 的目标与范围

实体标记语言（PML）通过一种通用的、标准的方法来描述我们所在的物理世界。这项任务如此艰巨，EPCglobal 必须仔细考虑 PML 的目标和它未来的应用。PML 作为描述物品的标准，具有一个广泛的层次结构。例如，一罐可口可乐可以被描述为碳酸饮料，它属于软饮料的一个子类，而软饮料又在食品大类下面。并不是所有的分类都如此简单，为了确保 PML 得到广泛的接受，我们大量依赖于标准化组织已经完成的一些工作，如国际重量度量局和美国国家标准和技术协会所制定的一些标准。

PML 的目标是为物理实体的远程监控和环境监控提供一种简单、通用的描述语言。它可广泛应用在存货跟踪、自动处理事务、供应链管理、机器控制和物对物通信等方面。

PML 被设计为实体对象的网络信息的书写标准。从某种意义上讲，所有对物品进行描述和分类的复杂性已经从对象标签中移开并且将这些信息转移到 PML 文件中。这种语言的信息和它相关的软件工具与应用程序对接在一起，这是这个“物联网”的最棘手的方面之一。PML 的研发是致力于自动识别基础组织之间进行通信所需要的标准化接口和协议的一部分。PML 不是试图取代现有的商务交易词汇或任何其他的 XML 应用库，而是通过定义一个新的关于 EPC 网络系统中相关数据的定义库来弥补系统原有的不足。

2. PML 语言在整个 EPC 体系中的作用

PML 语言在 EPC 系统中主要充当着不同部分的共同接口。图 8-30 举了一个例子来说明 Savant、一个第三方应用程序，如企业资源规划（ERP）或管理执行系统（MES）及 PML 服务器之间的关系。

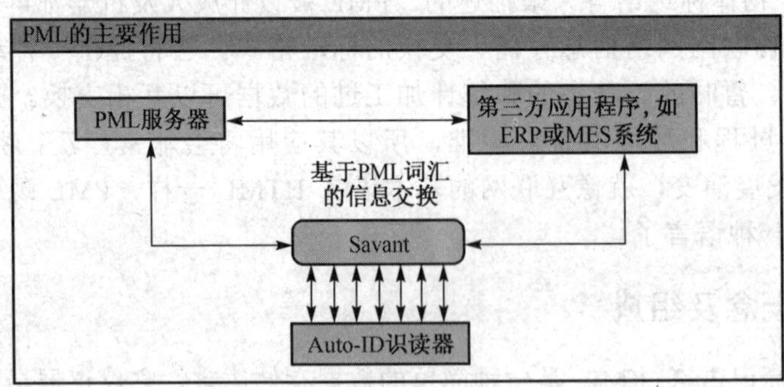

图 8-30　PML 语言充当着 EPC 系统中各部分的接口

8.5.2　PML 服务器

1. PML 服务器存储的主要信息

PML 服务器主要存储每个生产商产品的原始信息（包括产品 EPC、产品名称、产品种类、生产厂商、产地、生产日期、有效期、是否是复杂产品，主要成分等）、产品在供应链中的路径信息（包括单位角色、单位名称、仓库号、阅读器号、时间、城市、解读器用途及时间等字段）及库存信息。

2. PML 服务器的设计原因

物联网是叠加在互联网上的一层通信网络，其核心是电子产品码（Electronic Product Code，EPC）和基于 RFID 技术的电子标签。电子产品码是 Auto-ID 研究中心为每一件产品分配的一个唯一的、可识别的标识码，它用一串数字代表产品制造商和产品类别，同时附上产品的系列号以唯一标识每一个特定的产品。产品电子码存储在电子标签中。物联网的最终目标是为每一个单品建立全球的、开放的标识标准，它的发展不仅能够对货品进行实时跟踪，而且能够通过优化整个供应链给用户提供支持，从而推动自动识别技术的快速发展并能够大幅度提高全球消费者的生活质量。

为了降低电子标签的成本，促进物联网的发展，必须尽量减少电子标签的内存容量，PML 服务器的设计为其提供了一个有效的解决方案：在电子标签内只存储电子产品码，余下的产品数据存储在 PML 服务器中并可以通过某个产品的电子产品码来访问其对应的 PML 服务器。

3．PML 服务器的基本原理

PML 服务器的原理图如图 8-31 所示。PML 服务器为授权方的数据读写访问提供了一个标准的接口，以便于与电子产品码相关数据的访问和持久存储管理。它使用物理标识语言作为各个厂商产品数据表示的中间模型，并能够识别电子产品码。此服务器由各个厂商自行管理，存储各自产品的全部信息。在 PML 服务器的实现过程中，有两个非常重要的概念：电子产品码和物理标识语言。

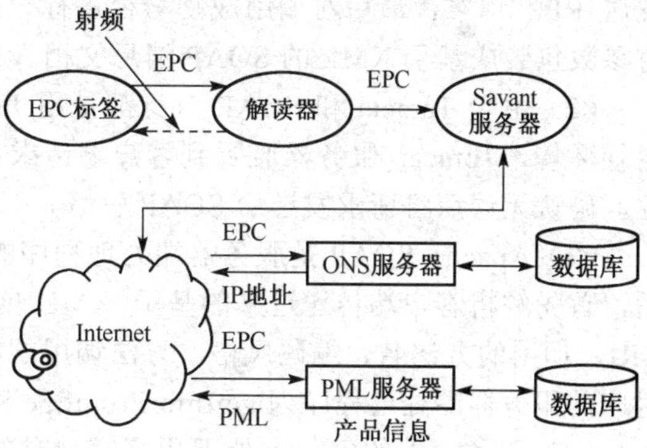

图 8-31　PML 服务器的原理图

4．PML 服务器的编码

1）EPC 是访问 PML 服务器中数据的一把钥匙

在物联网中，电子产品码是产品的身份标识。电子产品码的编码标准是与 EAN.UCC 编码兼容的新一代编码标准，与现行 GTIN 相结合。虽然可以从电子产品码知道制造商和产品类型，但电子产品码本身不包含产品的任何具体信息，如同银行账户和密码是查询个人交易记录的唯一钥匙一样，电子产品码也是访问 PML 服务器中数据的一把钥匙。电子产品码是存储在电子标签中的唯一信息，且已得到 UCC 和 EAN 两个国际标准的主要监督机构的支持，其目标是提供物理对象的唯一标识。

2）PML 是一种交流产品数据的交换式语言

物理标识语言是一种正在发展的 XML 模式，它正被 Auto-ID 中心开发成一种开放的标准，这样全世界任何地方的供应商都可以以一种能被大家所理解的统一高效的方式来传输产品的信息，从而避免了 N 个语言竞争的问题。

为了便于物理标识语言的有序发展，已经将物理标识语言分为两个主要部分，（PML 核与 PML 扩展）来进行研究。PML 核心提供通用的标准词汇表来分配直接由 Auto-ID 基础结构获得的信息，如位置、组成及其他遥感勘测的信息。PML 扩展用于将由非 Auto-ID 基础结构产生的或其他来源集合成的信息结合成一个整体。第一个实现的扩展是 PML 商业扩展。PML 商业扩展包括丰富的符号设计和程序标准，使组织内或组织间的交易得以实现。

5．PML 服务器的主要功能

（1）实时路径信息的存储：当产品经过供应链成员节点并被其阅读器捕获时，将此时的状态信息收集，并通过产品 EPC 立刻传到与产品对应的 PML 服务器上，以供定位跟踪或其他用途时查询。

（2）产品路径信息查询：实现产品从生产商、分销商、批发商、零售商到最终用户等供应链各成员节点的路径信息跟踪显示。通过电子标签实现对产品的实时跟踪、产品物流控制和管理，这样各成员可以根据产品路径来推测产品的来源渠道，并判别产品的真伪，同时，也可以据此灵活调节自己的库存，大大提高供应链的运行绩效。

（3）产品原始信息查询：主要用于查询产品 EPC 对应产品出厂时的原始信息，这项信息可以和路径信息结合作为产品防伪的一项重要措施。

6．PML 服务器的工作流程

（1）原始信息查询：先选择要查询产品的 EPC（选择方式有两种，一种为“手动选择”，即手工从本地数据库选择产品 EPC；一种为“自动选择”，即阅读器读取要查询产品的 EPC），然后执行查询操作，调用客户端 SOAP 请求程序，SOAP 请求程序首先进行一些常规的 SOAP 协议设置，如远程对象的 URI、调用的方法名、编码风格、方法调用的参数，然后发送 RPC 请求，最后对调用成功与否进行一些常规处理；请求发出后，SOAP 协议根据请求将参数包装成基于 XML 的 SOAP 消息文档。

（2）由于 Tomcat 和 SOAP 自身都是用 Java 语言开发的，所以在服务器端需要配置 Java 运行环境，Tomcat 服务器监听到客户端请求后，首先启动 Java 虚拟机，然后进行解析、验证，确认无误后将请求发送给 SOAP 引擎。

（3）Apache SOAP 是服务器端处理程序的注册中心。SOAP 接收到 Tomcat 服务器的请求后，首先解析客户端传送过来的基于 XML 的 SOAP 消息文档，然后根据文档内远程对象的 URI、调用的方法名、编码风格、方法调用的参数等定位到相应的处理程序，如原始信息查询对应的服务器端处理程序为 getInforFromEpc String EPC。

（4）服务器端的每一个处理程序都针对的是特定的客户端请求，它通过与数据源交互完成请求，如 getInforFromEpc String EPC 和 parseAndPrint String EPC 就是为了完成原始信息查询功能。getInforFromEpc String EPC 首先检查参数 EPC 是否为空，如果为空，则返回，否则调用 parseAndPrint String EPC，此方法根据 EPC 查找对应的 PML 文件，并解析此 PML 文件，然后提取相应的信息，并将所有的信息放在一个向量内，再传给 SOAP 引擎，SOAP 引擎再经过编码等一些处理后将其传到客户端显示。

（5）数据的存储。数据源主要用于数据的存储。根据 PML 服务器的功能，将它提供的信息分为两类，分别为对内信息和对外信息。对外信息主要指 PML 服务器提供服务所需信息，这类信息又分为两种，即产品出厂时的原始信息和产品经过供应链的路径信息。这些信息用 PML 词汇进行描述，存储在两类不同的 PML 文件中，并且通过 XML Schema 来规定每一类文件的元素和属性范围。对内信息除了包括上述两种信息外，还包括库存信息，这些信息存储在数据库中，以便内部查询和备份。

7. PML 服务器的主要优势

（1）由于采用了 SOAP 协议进行通信交互，所以解决了两个不同的系统必须执行相同平台或使用相同语言的问题，并使用开放式的标准语法以执行方便的呼叫。SOAP 采用 HTTP 作为底层通信协议。RPC 作为一致性的调用途径。XML 作为数据传送的格式允许服务提供者和服务客户经过防火墙在 Internet 上进行通信交互。

（2）由于产品数据放在了 PML 服务器上，并可以通过电子产品码来访问其对应的数据，所以可以将电子标签的容量减少到最小，从而降低其成本，为大量、低成本地开发出一种便宜的、可随意使用的标签奠定了一个基础。

（3）由于采用 PML 作为描述产品信息的语言，从而避免了在 N 个竞争语言中，每一种应用于某个特定的工业领域之间 $N \times N$ 的转换问题。

8. PML 服务器存在的问题

（1）一个通用的转换程序没实现。在这个系统中，所有的查询数据都存储在 PML 文件中，还没有充分利用关系数据库的优势。

（2）对象命名服务器（用来定位某一电子产品码对应的 PML 服务器，其设计与架构都以互联网域名解析 DNS 为基础）的功能只是用目录查询在局域网内实现的，因此没考虑其具体功能。

（3）数据安全方面考虑得很少。由于 PML 服务器中的信息不是对所有用户都开放的，所以对不同的数据使用不同的访问权限显得很有必要。

由于大量免费和开源的高质量数据库软件和工具的存在，所以会有很多的开发者提出许多新的 PML 服务器解决方案。这些新的 PML 服务器解决方案的提出将会促进物联网的不断发展。

8.5.3　PML 的设计

现实生活中的产品丰富多样，很难以用一个统一的语言来客观地描述每一个物体。然而，自然物体都有着共同的特性，如体积、重量、时间、空间上的共性等。例如，虽然苹果、橙子属于农作物，鲜橙多是橙子加工后的商品，但它们都属于食品饮料，它们的一些相关信息（如生产地、保质期）不会变化。因此，可以用描述物体信息载体的 PML 语言来对这些自然物体进行设计。

1）开发技术

PML 使用现有的标准（如 XML、TCP/IP）来规范语法和数据传输，并利用现有工具来设计编制 PML 应用程序。PML 需提供一种简单的规范，通过标签的方案，使方案无须进行转换，即能可靠传输和翻译。PML 对所有的数据元素提供单一的表示方法，如有多个对数据类型编码的方法，PML 仅选择其中一种，如日期编码。

2）数据存储和管理

PML 只是用在信息发送时对信息进行区分的方法，其实际内容可以任意格式存放在服务器（SQL 数据库或数据表）中，即不必一定以 PML 格式存储信息。企业应用程序可以现有的格式和程序来维护数据，如 Aaplet 可以从互联网上通过 ONS 来选取必需的数据。为便于传输，数据将按照 PML 规范重新进行格式化。这个过程与 DHTML 相似，也是按照用户的输入将一个 HTML 页面重新格式化。此外，一个 PML“文件”可能是多个不同来源的文件和传送过程的集合，这是因为物理环境所固有的分布式特点，使得 PML“文件”可以在实际中从不同位置整合多个 PML 片断。

3）设计策略

现将 PML 分为 PML Core（PML 核）与 PML Extension（PML 扩展）两个主要部分进行研究。如图 8-32 所示，PML 核用统一的标准词汇将从 Auto-ID 底层设备获取的信息分发出去，如位置信息、成分信息和其他感应信息。由于此层面的数据在自动识别前不可用，所以必须通过研发 PML 核来表示这些数据。PML 扩展用于对 Auto-ID 底层设备所不能产生的信息和其他来源的信息进行整合。第一种实施的 PML 扩展包括多样的编排和流程标准，使数据交换在组织内部和组织间发生。

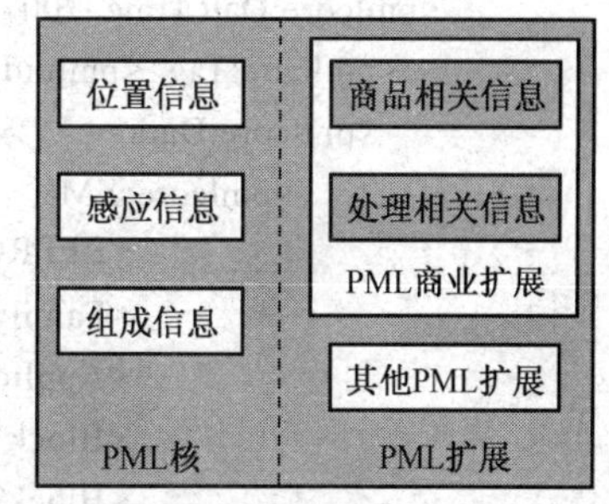

图 8-32　PML 核与 PML 扩展

PML 核专注于直接由 Auto-ID 底层设备所生成的数据，其主要描述包含特定实例和独立于行业的信息。特定实例是指条件与事实相关联，事实（如一个位置）只对一个单独的可自动识别对象有效，而不是对一个分类下的所有物体均有效。独立于行业的信息是指其数据建模方式，即它不依赖于指定对象所参与的行业或业务流程。

PML 商业扩展提供的大部分信息对于一个分类下的所有物体均可用，大多数信息内容高度依赖于实际行业，如高科技行业组成部分的技术数据远比其他行业通用。这个扩展在很大程度上是针对用户特定类别的并与它所需的应用相适应。目前 PML 扩展框架的焦点集中在整合现有电子商务标准上，其扩展部分可覆盖到不同领域。

至此，PML 设计便提供了一个描述自然物体、过程和环境的统一标准，可供工业和商业中的软件开发、数据存储和分析工具使用，同时还提供了一种动态的环境，使与物体相关的静态的、暂时的、动态的和统计加工过的数据可实现互相交换。如图 8-33 所示为 PML 作为相互通信的通用语言示意图。

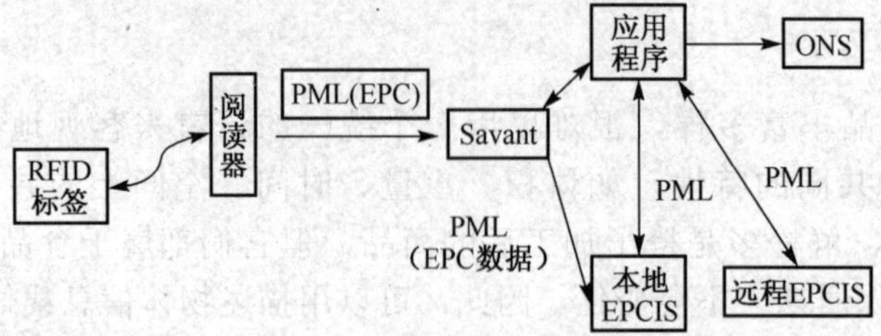

图 8-33 PML 作为相互通信的通用语言示意图

8.5.4 PML 的应用

EPC 系统的一个最大好处在于自动跟踪物体的流动情况，这对企业的生产及管理有着很大的帮助。通过 PML 信息在 EPC 系统中的流通情况，可以看出 PML 最主要的作用是作为 EPC 系统中各个不同部分的一个公共接口，即为 Savant、第三方应用程序（如 ERP、MES）、存储商品相关数据的 PML 服务器之间的共同通信语言。现举例如下。

一辆装有冰箱的卡车从仓库中开出，在其仓库门口处的阅读器读到了贴在冰箱上的 EPC 标签，此时阅读器将读取到的 EPC 编码传送给上一级 Savant 系统。Savant 系统收到 EPC 编码后，产生一个 PML 文件，并将其发送至 EPCIS 服务器或者企业的管理软件，通知这一批货物已经出仓了。

该实例的 PML 文档如下所示：

```
<pmlcore:Observation>
<pmlcore:DateTime>20070712150434</pmlcore:DateTime>
  <pmlcore:Tag><pmluid:ID>urn:epc:1.3.42.356</pmluid:ID>
   <pmlcore:Data>
        <pmlcore:XML>
                 <EEPROM xmlns=' http://tag.example.org/' >
                 <FamilyCode>12</Familycode>
                 <ApplicationIdentifier>123</ ApplicationIdentifier >
                 <Block1>FFA00456F</ Block1>
                 <Block2>58433791</ Block2>
                 </EEPROM>
</pmlcore:XML>
</pmlcore:Data>
</pmlcore:Tag>
<pmlcore:Observation>
```

该实例的 PML 文档简单、灵活、多样，并且是人眼也可阅读、易理解的。这里对该 PML 文档中的主要内容进行简要说明。

（1）在文档中，PML 元素在一个开始标签（注意，这里的标签不是 RFID 标签）和一个结束标签之间。例如，<pmlcore:observation>和</pmlcore:observation>等。

（2）<pmlcore:Tag> <pmluid:ID>urn:epc:1:2.24.400</pmluid:ID>指 RFID 标签中的 EPC 编码，其版本号为 1，域名管理.对象分类.序列号为 2.24.400，由相应 EPC 编码的二进制数据转换成的十进制数。URN 为统一资源名称（Uniform Resource Name）。

（3）文档中有层次关系，因此应注意相应信息标示所属的层次。文档中所有的标签都含有前缀“<”及后缀“>”。该实例的 PML 核简洁明了，所有的 PML 核标签都很容易理解。同时 PML 独立于传输协议及数据存储格式，且不需其所有者的认证或处理工具。

在 Savant 将 PML 文件传送给 EPCIS 或企业应用软件后，这时企业管理人员可能要查询某些信息，如 2007 年 7 月 12 日这一天 1 号仓库冰箱进出的情况，如表 8-33 所示，表中的 EPC_ID_n 表示贴在冰箱上的 EPC 标签的 ID。

表 8-33　冰箱流动表

		地　点				
		…	1 号工厂	2 号工厂	1 号仓库	…
时间	…	…	…	…	…	…
	20070711	…	EPC_ID_1		EPC_ID_2	…
	20070712	…		$EPC\_ID_{1、2}$	EPC_ID_1	…
	20070713	…			EPC_ID_2	…
	…	…	…	…	…	…

这里为便于理解，将其 PML 信息形象地绘制成一幅三维空间图像，坐标轴名称分别为时间（戳）、物体 EPC 编码、地理位置。由于阅读器一般都事先固定好，所以地理位置便可用阅读器的 ID 来表示，Rd_ID_2 代表 1 号仓库。

下面就要对 PML 文件信息进行查询。可采用下列查询语句：

SELECT COUNT（EPCno） from EPC_DB where Timestamp=”200707012” and ReaderNo =”Rd_ID2”

这里只是简单地采用了 SQL 中的 COUNT 函数。但是实际情况远远要比这个复杂得多，可能需要跨地区、时间，综合多个 EPCIS 才能得到所需的信息。

可以预见，PML 的应用随着 EPC 的发展将会非常广泛，并将进入所有行业领域。

高度网络化的 EPC 系统意在构造一个全球统一标识的物品信息系统，它将在超市、仓储、货运、交通、溯源跟踪、防伪防盗等众多领域和行业中获得广泛的应用和推广。物联网中的信息载体采用的是 PML 语言。PML 不是一个单一的标准语言，它应随着时代的变化而发展。

8.6　实训项目

8.6.1　实训项目任务单

EPC 编码及解析实践项目任务单

任务名称	EPC 编码及解析实践
任务要求	利用 SGTIN-96 解码将一个已知的 EPC 编码解析输出厂商码和项目码
任务内容	已知某一个商品的 EAN-13 商品条码为 6925303721039，请编程实现在 SGTIN-96 编码原则生成该商品的 EPC 码，并解析输出该商品的厂商码和项目码。
任务实现环境	1．Myeclipse 8.6; 2．Java 开发环境
提交资料	1．画出程序实现流程图； 2．程序实现编码； 3．程序实现结果
相关网站资料	大学城空间：http://www.worlduc.com/SpaceShow/Index.aspx?uid=256484
思考问题	1．EPC 编码与 EAN-13 码转换过程应注意什么？ 2．如果在开放系统中进行 EPC 编码及解析该如何实现？

8.6.2 实训项目实施步骤

```
package com.fro.utils;
/**
 * EPC----SGTIN 解析方法
 *
 * @author Administrator
 *
 */

public class EPCUtils {

    /**
     * 类型 SGTIN-96 标头 00110000 位数 96
     *
     * @param epcNumber   读取到的 epc 码     16 进制
     * @return {标头(2)      滤值(2)      分区(2)     厂商识别代码(10 进制)   贸易项代码(10 进制)   系列号(2) }10 进制值
     */
    public String[] anaySGTIN96(String epcNumber) {
        String[] epcStr = new String[6];
        if(epcNumber.length()==24){
            epcNumber=hexString2binaryString(epcNumber);//首先将 16 进制转换成 2 进制
        }else{
            epcStr=new String[1];
            epcStr[0]="长度不符合条件……";
            System.out.println("长度不符合条件……"+epcNumber.length());
            return epcStr;
        }
        epcStr[0] = epcNumber.substring(0, 8);
        epcStr[1] = epcNumber.substring(8, 11);// 滤值
        epcStr[2] = epcNumber.substring(11, 14);
        if (epcStr[2].equals("000")) {
            // 厂商识别代码 40   项目参考代码和指示位数字 4
            epcStr = epcZone(40, 4, epcNumber,epcStr);
        } else if (epcStr[2].equals("001")) {
            // 厂商识别代码 37   项目参考代码和指示位数字 7
            epcStr = epcZone(37, 7, epcNumber,epcStr);
        } else if (epcStr[2].equals("010")) {
            // 厂商识别代码 34   项目参考代码和指示位数字 10
            epcStr = epcZone(34, 10, epcNumber,epcStr);
        } else if (epcStr[2].equals("011")) {
            // 厂商识别代码 30 项目参考代码和指示位数字 14
```

```
            epcStr = epcZone(30, 14, epcNumber,epcStr);
        } else if (epcStr[2].equals("100")) {
            // 厂商识别代码 27 项目参考代码和指示位数字 17
            epcStr = epcZone(27, 17, epcNumber,epcStr);
        } else if (epcStr[2].equals("101")) {
            // 厂商识别代码 24 项目参考代码和指示位数字 20
            epcStr = epcZone(24, 20, epcNumber,epcStr);
        } else if (epcStr[2].equals("110")) {
            // 厂商识别代码 20 项目参考代码和指示位数字 24
            epcStr = epcZone(20, 24, epcNumber,epcStr);
        }else{
            epcStr=new String[1];
            epcStr[0]="此 epc 码无法解析……";
            System.out.println("此 epc 码无法解析……");
            return epcStr;
        }
        return epcStr;
    }

    /**
     * 根据不同的分区来解析厂商识别代码和项目参考代码  以及序列号
     * @param firmCode   厂商识别代码
     * @param consultCode   项目参考代码
     * @param epcNumber      epc 码   2 进制
     * @param epcStr
     * @return
     */
    private String[] epcZone(int firmCode, int consultCode, String epcNumber,String[] epcStr) {
        epcStr[3]=epcNumber.substring(14, 14+firmCode);
        epcStr[4]=epcNumber.substring(14+firmCode, 14+firmCode+consultCode);
        epcStr[5]=epcNumber.substring(14+firmCode+consultCode, epcNumber.length());
        epcStr[3]=Long.valueOf(epcStr[3],2).toString(); //2 进制转换成 10 进制
        epcStr[4]=Long.valueOf(epcStr[4],2).toString();
        return epcStr;
    }

    /**
     * 16 进制转换成 2 进制
     * @param hexString
     * @return
     */
     public static String hexString2binaryString(String hexString)
        {
```

```
            if (hexString == null || hexString.length() % 2 != 0)
                return null;
            String bString = "", tmp;
            for (int i = 0; i < hexString.length(); i++)
            {
                tmp = "0000"
                        + Integer.toBinaryString(Integer.parseInt(hexString
                                .substring(i, i + 1), 16));
                bString += tmp.substring(tmp.length() - 4);
            }
            return bString;
        }

    public static void main(String[] args) {
        EPCUtils epc=new EPCUtils();
        //0011 0000 000 000 000000000000000000000000000000000000000001 0001
0000000000000000000000000000000000001
        //String dd="0011 0000 0000 0000 0000 0000 0000 0000 0000 0000 0000 0000 0000
0100 0100 0000 0000 0000 0000 0000 0000 0000 0000 0001";
        String number="3095a6afdc4669c000000001";
        String[] str=epc.anaySGTIN96(number);
        if(str.length==1){
            System.out.println(str[0]);
        }else{
            for (String string : str) {
                System.out.println(string);
            }
        }
    }
}
```

8.7 习题

一、填空题

1．EPC 数据结构由______和______组成。

2．ONS 类型有______和______两种类型。

3．EPC 是指______，EPCglobal 是指______。

4．PML 是指______，ONS 是指______。

5．URI 是指______，URN 是指______。

6．物联网的三个技术架构层面是______、______、______。

7．EPC 编码原则有______、______、______等。

二、简答题

1．简述 EPC 系统的构成。
2．简述 EPC 数据使用 URI 表示的几种形式。
3．简述物联网的主要关键技术。
4．简述影响物联网发展的主要技术问题。
5．简述 EAN 编码和 EPC 编码的相互转换过程。
6．简述 EPC 数据的主要编码类型。
7．简述 ONS 与 DNS 的区别。
8．简述 ONS 的工作流程与查询步骤。

第 9 章 基于 RFID 的数字化仓储管理系统的设计与实现

导教——教学导航

职业能力要求

- 专业能力：掌握基于 RFID 的数字化仓库管理系统的体系结构、组成、主要功能、作业流程、设计与实现。
- 社会能力：具备良好的团队协作和沟通交流能力。
- 方法能力：培养学生对 RFID 技术与仓储管理交叉学科的应用与分析能力。

学习目标

- 掌握现代仓储管理系统需要解决的核心问题，能分析现代仓储管理系统具备的功能；
- 掌握基于 RFID 的数字化仓库管理系统的设计原理，能分析其系统的结构与数据流程；
- 掌握基于 SOA-BPM 集成平台的 RFID 仓储数据交换原理，能分析其平台的技术框架。

学习任务

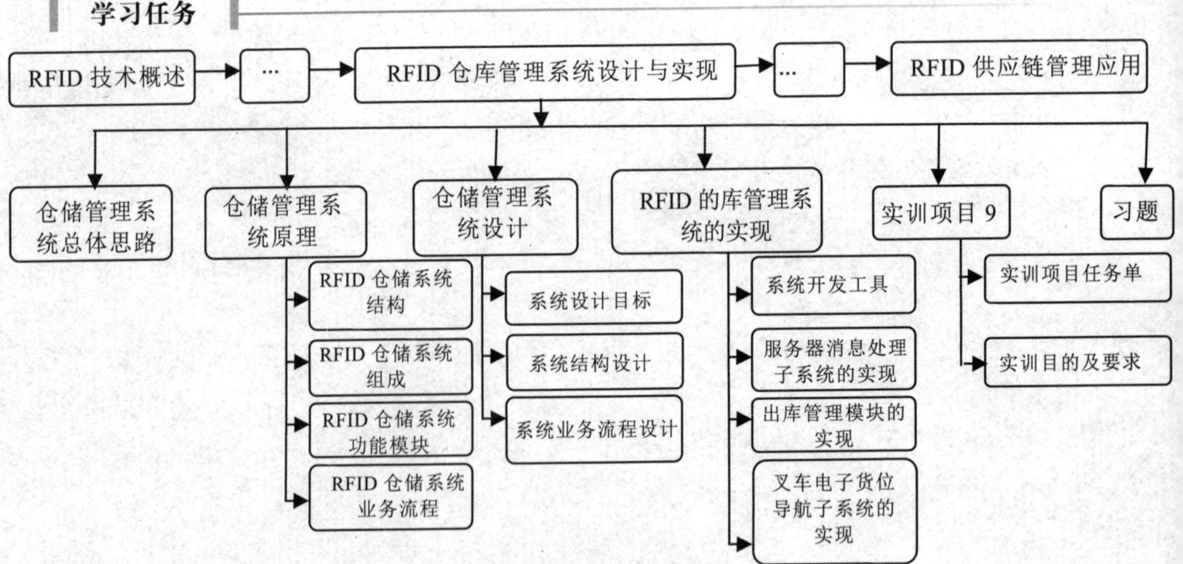

导读 9-1 RFID 半成品周转箱仓储管理系统

超高频（UHF）RFID 技术应用于半成品周转箱仓储管理系统，将栈板及产品包装箱与 RFID 电子卷标在系统中建立关联信息，当半成品经过出入口时，系统使用 RFID 读写器一次性读取出入半成品信息，其系统流程如下。

产线办公室：使用 RFID 读写器将物品信息（料号、模号、数量等）或栈板信息写入

RFID 电子标签；

产线装箱工站：使用 RFID 读写器结合触控式工控机将多个包装箱号与栈板号建立关联，以解决电子标签放置包装箱中间导致无法读取的问题（使用时直接读取栈板号）；

库房出纳处：实时感应出入物品并更新至系统（自动判断栈板或包装箱出入）。

经过产线使用后回收电子标签。

RFID 半成品周转箱仓储管理系统实现了周转快速、准确，具有如下优势。

- 收发货速度提高，差错降低，降低了随后产生的查错、纠错成本以及一系列间接成本；
- 对仓库作业进行跟踪、控制，减少误操作的几率，降低因误操作而产生的一系列成本；
- 提高存货可视化程度，减少盘点作业频度，降低人工成本以及相关间接成本；
- 更好确保“先进先出”，减少存货损失；
- 提高存货的可视化程度，降低安全库存量，减少资金占压。

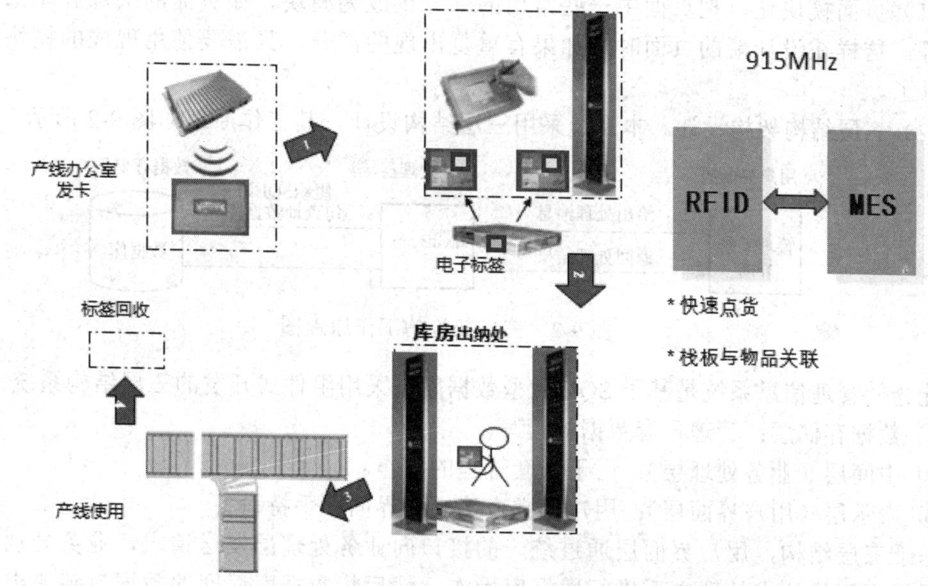

图 9-1 RFID 半成品周转箱仓储管理系统流程周转示意

（资料来源 FOXCONN，http://wh.cmc.foxconn.com/aspcms/news/2013-2-17/304.html）

【分析与讨论】

（1）通过上述案例，分析 RFID 技术在半成品周转箱管理中起到什么作用？

（2）请分析为什么应用 UHF RFID 技术来进行半成品周转箱管理？

9.1 RFID 仓储管理信息系统的总体思路

1. 基本思路

（1）在物品入库时，将其按照规格进行分类，并放入相对应种类的仓储地，然后为每个仓储地安装一个标识牌，并给每一个标识牌上贴上电子标签（该标签称为标识标签），接着给每个标识牌编号，标签中存储能够唯一标识此货架的 ID。通过工作人员手持 PDA 读取标签上的 ID，可调用后台系统数据库，获取其中的存储信息（包括物品的种类、名称、型号、单位、单价、生产日前、保质期、性能等）。

（2）需要将货物移库时，仓库管理员先登录系统软件终端，利用 RFID 仓储管理信息系统发移库指令到 PDA，然后移库人员找到指定的货位，从库位上取出指定数量的货物，并把货物运到目的库区，待货物送入库位后，修改货架标签内容，并向现场系统发回移库作业信息；

（3）作业员利用手中的 PDA 对库存标识牌进行扫描，并且将扫描数据实时发送到终端计算机中，由监控人员进行盘点统计，做出统计报表。

（4）在进行库房管理作业时，作业员读取该标签编号，就可判定当前作业的位置是否正确。此外，只要输入某一货架的 ID 即可从网上数据库调取该 ID 的相关信息，从而实现物资保管功能，并能实现网上浏览查询。

2. 系统设计思想

（1）页面模块化。把页面中一些常用的部分集成为模块，如页面的头部和尾部、数据库连接等，这样在设计新的页面时，如果有重复出现的部分，只需要使用现成的模块进行组装就可以了。

（2）三层结构架构设计。本系统采用三层结构设计，其工作原理如图 9-2 所示。

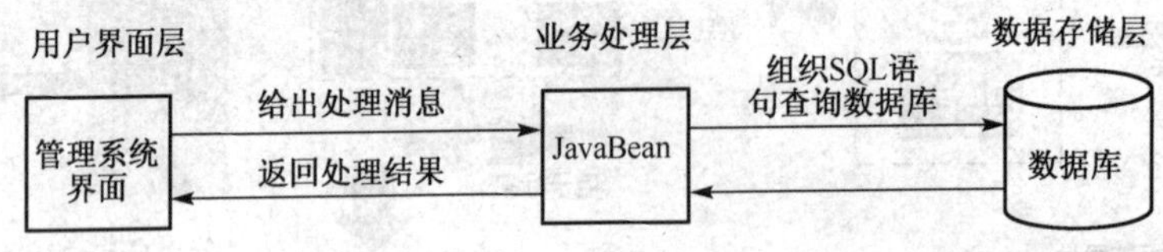

图 9-2　三层架构的工作原理图

此仓储管理信息系统是基于 SQL 大型数据库，采用组件式开发的三层结构系统。

① 数据存储层：管理账套数据的读写。

② 中间层（业务处理层）：用于账套管理的工作。

③ 表示层（用户界面层）：用户日常直接操作界面和手持设备。

基于三层结构，用户界面层通过统一的接口向业务处理层发送请求，业务处理层按照自己的逻辑规则将请求处理之后进行数据库操作，然后将数据库返回的数据封装成类的形式返回给用户界面层。这样用户界面层甚至可以不知道数据库的结构，它只要维护与业务层之间的接口即可。这种方式在一定程度上增加了数据库的安全性，同时也降低了对用户界面层开发人员的要求，因为它根本不需要进行任何数据库操作。

（3）系统设计要点：在充分理解库存管理业务的需求后，结合 RFID 技术，对原有业务流程进行改造和重新设计；业务处理模式尽量与原有模式相同，只是操作方式改为在手持设备上进行；将系统操作融入作业的每个关键环节，使作业人员能够实时与系统进行交互，获得系统信息支持，系统也能实时采集到关键作业数据，以供关联系统进行快速有效的处理。

9.2　基于 RFID 的数字化仓库管理系统的原理

基于 RFID 的数字化仓库在现有仓库管理中引入 RFID 技术，对信息的准确性和流程的自动化要求非常高，需要实现对仓库各个作业环节的数据进行自动化的数据采集，保证仓库管理各个环节数据输入的速度和准确性，确保企业及时准确地掌握库存的真实数据，以便合理保持和控制企业库存。其整体作业流程与传统仓库有很大的区别。本节将对基于 RFID 的数字化仓库管理系统的原理进行深入剖析。

9.2.1　基于 RFID 的数字化仓库管理系统的体系结构

基于 RFID 的数字化仓库管理系统从功能上可以划分为四层体系结构，如图 9-3 所示。

第一层是数据采集层。它的主要用途是通过 RFID 中间件技术管理一个或多个射频识别设备及其他自动识别设备，并对采集的库位标签、货物标签、无线数据终端、叉车电子货位导航系统等的数据流进行过滤和集成的预处理。

第二层是通信层。它的用途是通过无线通信技术，把采集来的数据传递到 WMS 数据库（包括无线接入设备和相关的网络设备）。

第三层是系统应用层。它主要实现对采集的数据进行管理、提供仓库管理信息系统（WMS）和外部访问接口。

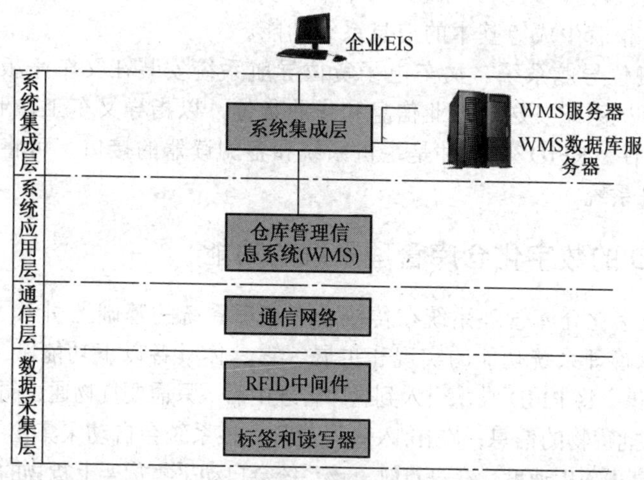

图 9-3　体系结构

第四层是系统集成层。它的主要用途是将基于 RFID 的数字化仓库管理系统和企业原有信息系统 EIS（Enterprise Information System）互连，使企业内部信息更加透明化。

9.2.2　基于 RFID 的数字化仓库管理系统的组成

该系统由软件和硬件两个方面组成。

9.2.1 节介绍的体系结构决定了该系统应至少具有以下硬件设备，如图9-4 所示。

（1）车载单元，包括车载控制平板电脑、无线网络连接器、阅读器及识别天线、加装电子标签的标准托盘、写有货车识别电子码的车载电子标签等。车载单元通过无线网络连接器与主控系统进行连接。

（2）主控系统，包括主控计算机、网络控制器、出库门和入库门的阅读器及相应的识别天线、无线网络连接器、服务器等。主控计算机连接网络控制器，并通过数据线与无线网络连接器、出库门和入库门的阅读器及识别天线和货位导航指示器进行连接。

（3）手持单元，包括集成移动手持设备、写有手持设备识别电子码的手持电子标签。手持单元通过无线网络访问主控计算机。

（4）仓库设备。将仓库划分为具有相应识别电子码的不同货位，其中包括所处仓库、货区、货架及每个独立货品存放区。管理人员将货位电子码写入货位识别电子标签，读取电子标签就可获取货位。整个仓库内及各库门附近都将由无线局域网覆盖，以实现信息共享。

（5）标签，主要是指托盘、货物、储位上的电子标签。

基于 RFID 的数字化仓库管理系统应具有如下软件系统，如图9-5所示。

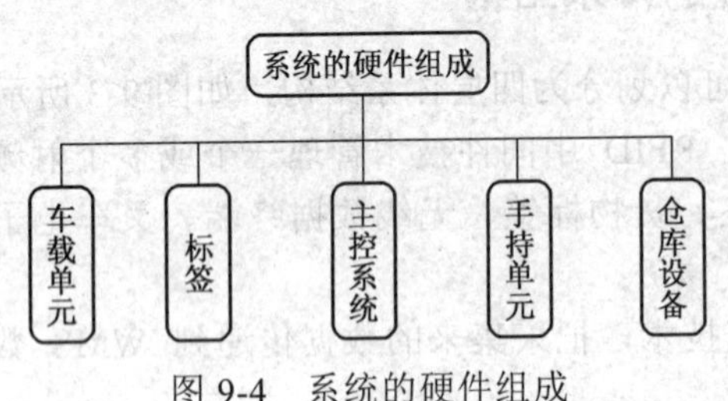

图 9-4　系统的硬件组成

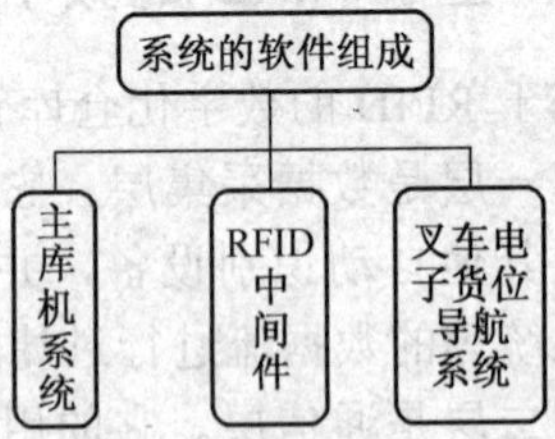

系统的软件组成

主库机系统

RFID中间件

叉车电子货位导航系统

图 9-5　系统的软件组成

（1）主库机系统。主库机系统安装在出库口和入库口，是基于 RFID 的数字化仓库管理系统中库管操作的系统。该系统具备出/入库单、货位调整单据的录入、货位分配、指令生成，库存信息维护、报表生成等基本的信息系统功能。

（2）叉车电子货位导航系统。叉车电子货位导航系统安装在叉车平板电脑上。该系统在作业时会显示出主库机系统发送的作业信息和作业货位，以指导叉车工作业。

（3）RFID 中间件。RFID 中间件是主机系统和各阅读器的接口，可将 RFID 阅读器获取的数据传送给主库机系统。

9.2.3　基于 RFID 的数字化仓库管理系统的功能

基于 RFID 的数字化仓库管理系统在传统仓库管理系统的基础上引入了 RFID 技术，因此其功能是对传统仓库管理系统功能的实现和扩展。它具体具备以下功能。

（1）自动数据采集：将 RFID 技术引入到仓库管理中后，只需要货物通过阅读器所在的位置，即可无接触式地读取一批货物的信息；在出/入库作业时，该系统会自动采集出入库货物的种类、品牌、数量等信息，提高出入库速度，在盘点时，该系统会自动采集货架上货物的信息，可减少人工操作。

（2）单据管理：对仓库日常作业的出/入库单据、货位调整单据进行管理；完成单据的录入，货位的分配及指令的生成和监控。

（3）可视化的货位管理：通过提供货位管理功能，当系统库存与实际库存有出入时可对货位库存信息进行维护。

（4）硬件设备管理：提供对仓库内的手持设备、RFID 阅读器、叉车进行注册管理的功能。

（5）基础数据查询：提供仓库单据、库存等数据的查询功能和维护功能，并可生成各种报表。

（6）提供外部访问接口：该系统提供的外部访问接口，将有利于供应链上信息的透明化，防止牛鞭效应的产生，减少企业的安全库存。

9.2.4　基于 RFID 的数字化仓库管理系统的业务流程

业务流程分析的任务是调查系统中各环节的管理业务活动，掌握管理业务的内容、作用及信息的输入/输出、数据存储和信息的处理方法及过程等，为建立管理信息系统的数据模型和逻辑模型打下基础。业务流程图是掌握现行系统状况、确立系统逻辑模型的不可缺少的环节，是分析和描述现行系统的重要工具，是业务流程调查结果的图形化表示。

基于 RFID 的数字化仓库管理系统的主要业务流程有入库管理、库存管理、出库管理，如图 9-6 所示。

1. 入库作业流程

其主要步骤如图 9-7 所示。

（1）仓库接收到供应商的发货通知单，主控机系统从企业 EIS 导入入库单并将其显示在当前界面上。

（2）主控机系统根据货物的类型选择仓库，然后根据所选的仓库进行货物的库区和储位的分配存储并生成作业指令，再将指令通过无线网发送到服务器上。

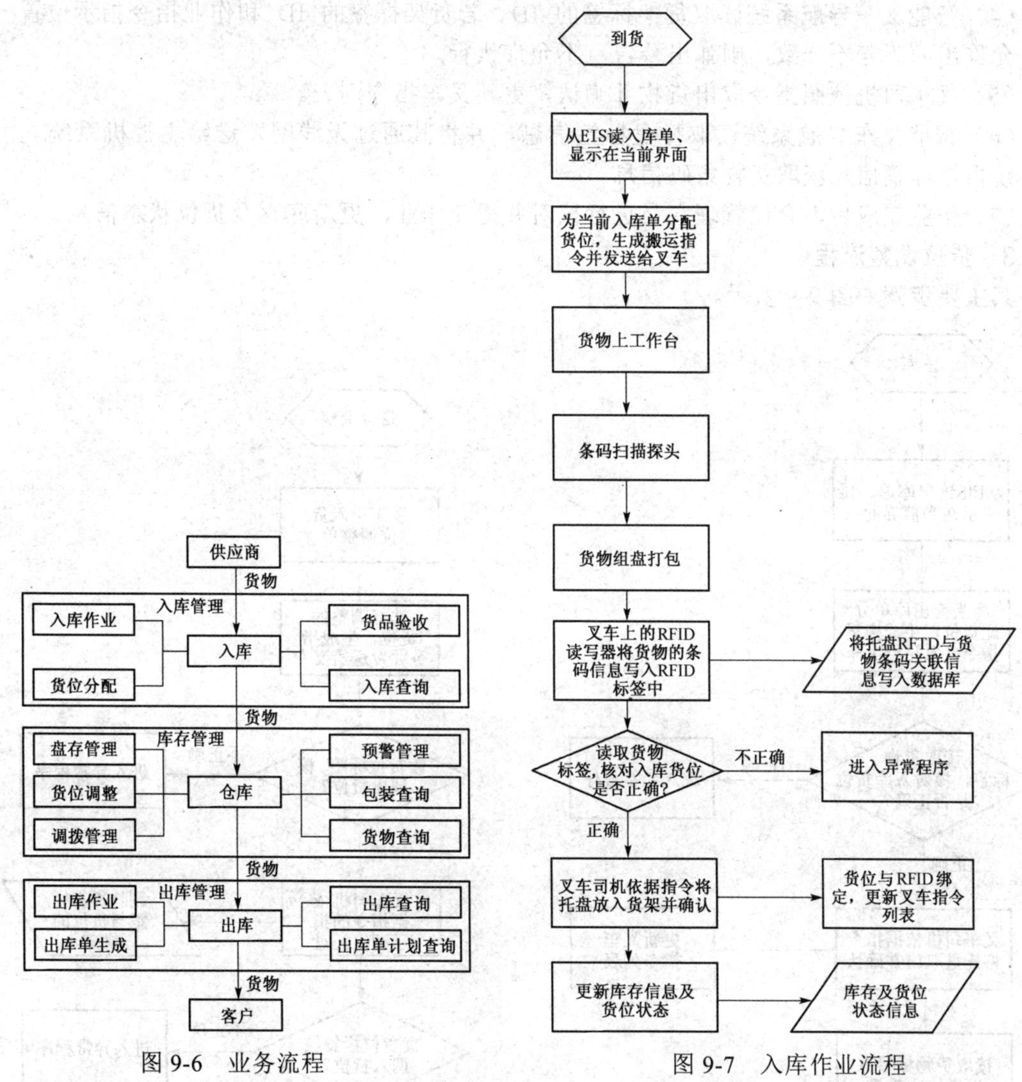

图 9-6　业务流程

图 9-7　入库作业流程

（3）扫描货物上的条码信息，并组盘打包货物，然后使用智能叉车（带有 RFID 阅读器和无线网的叉车）的 RFID 阅读器将条码信息写入 RFID 标签中，实现 RFID 与条码的绑定，最后主控机将 RFID 和条码的绑定信息写入数据库。

（4）叉车司机依据指令行驶到指定货架时，智能叉车导航读取货架标签，核对入库货位。当货架标签和作业指令指示位置一致时，叉车司机依据指令将托盘放入货架，并更新叉车指令列表状态，待主控机系统收到信息后，再将货位与 RFID 绑定。

（5）作业完成后，仓储管理人员进行核对并提交作业，更新库存信息及货位状态。

2．出库作业流程

其主要步骤如图 9-8 所示。

（1）仓库接收到销售出库单，主控机系统从企业 EIS 导入出库单并将其显示在当前界面上。

（2）主控机系统根据仓库库存信息情况，按照先进先出的规则分配货位并生成作业指令，再将指令通过无线网发送到服务器上。

（3）叉车司机使用智能叉车导航系统，通过无线网查询作业指令。作业指令将指示出货的货架位置。

（4）智能叉车导航系统读取货架标签的 ID。若货架标签的 ID 和作业指令指示位置一致时，允许出库；若不一致，则弹出警告，不允许执行。

（5）叉车司机依照指令取出货物并确认，更新叉车指令列表。

（6）智能叉车导航系统读取托盘标签信息，并将其通过无线网发送给主控机系统，主控机系统根据标签信息获取货物条码信息。

（7）作业完成后，仓储管理人员进行核对并提交作业，更新库存及货位状态信息。

3．货位调整流程

其主要步骤如图 9-9 所示。

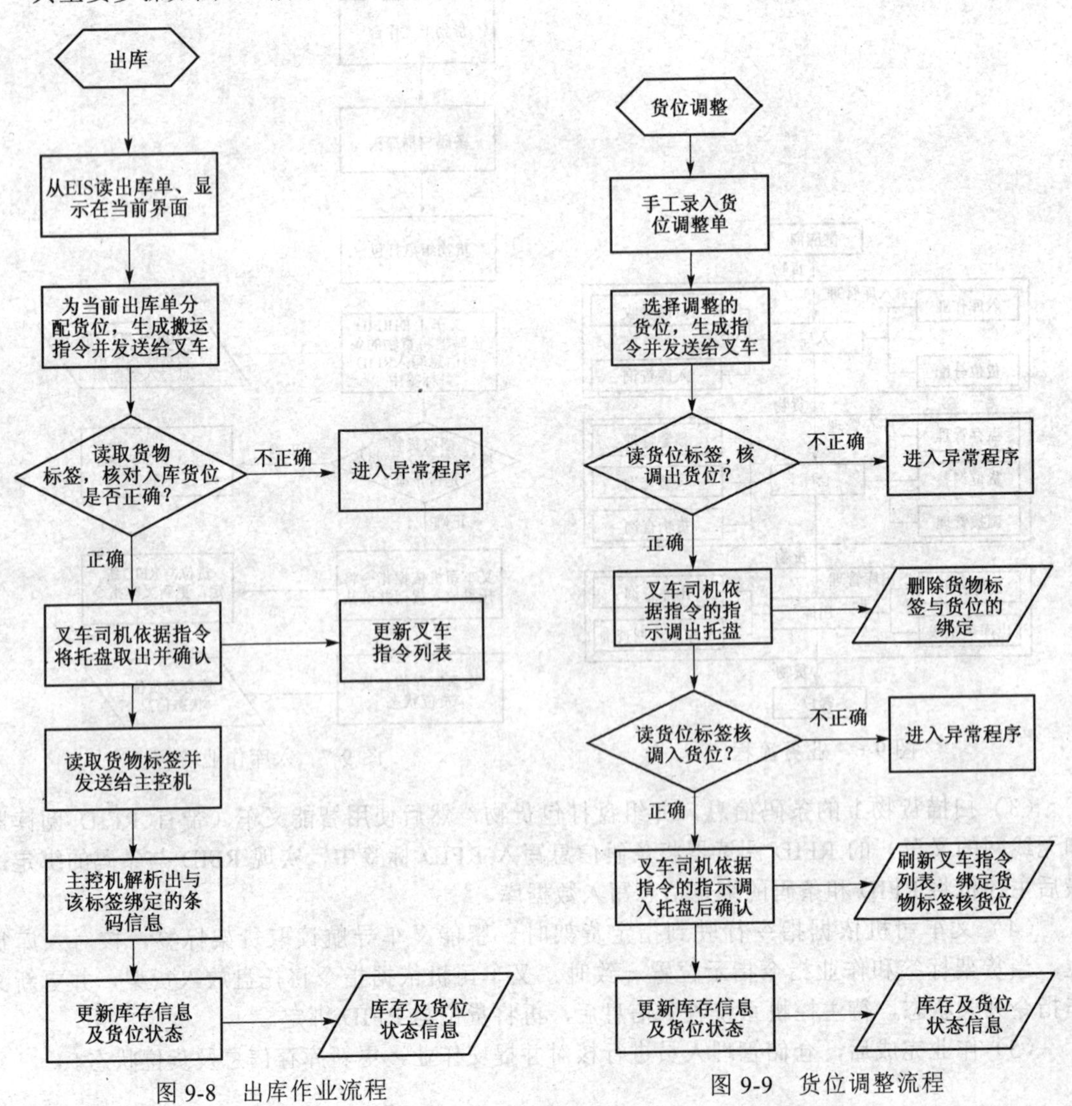

图 9-8　出库作业流程

图 9-9　货位调整流程

（1）库管在主控机系统中手工录入货位调整单。

（2）库管选择需要分配的货位并生成指令（便于叉车查询）。

（3）叉车工使用叉车电子货位导航系统，通过无线网查询货位调整的作业指令。作业指令将指示调整的货位地址。

（4）用叉车电子货位导航系统上的 RFID 阅读器读取货架标签的 ID。若货架标签的 ID 和作业指令指示位置一致，则刷新叉车指令列表，智能叉车导航系统读取货物托盘标签信息，并将标签号通过无线网返回给主控机，主控机系统删除货物标签与货物的绑定；若不一致，则弹出警告，不允许执行；

（5）用叉车电子货位导航系统将货位放到目标货位后，读取货架标签的 ID，若货架标签的 ID 和作业指令指示位置一致，则刷新叉车指令列表，智能叉车导航系统读取货物托盘标签信息，并将标签号通过无线网返回给主控机，主控机系统绑定货物标签与货物；若不一致，则弹出警告，不允许执行；

（6）作业完成后，库管进行核对并提交作业，更新库存及货位状态信息。

4．盘存作业流程

使用智能叉车可以方便快捷地实现盘存作业，其作业流程如下：

（1）主控机系统根据盘库计划，向智能叉车发出盘库指令；

（2）叉车电子货位导航系统按照事先设定的路线和行驶速度行进，在行进过程中读取库位标签和物品标签编码，如发现两者不能互相匹配，则向现场计算机发出报警提示；

（3）叉车电子货位导航系统按照指定路线行驶一遍后，向主控机系统发出盘库结束信息。

9.3　基于 RFID 的数字化管理系统的设计

本节选择武汉卷烟集团一号成品仓库的数字化仓库管理系统为实例进行介绍。按照数字化仓库设计的方法，还将对武汉卷烟集团数字化仓库的系统结构、系统功能结构及业务流程进行分析和设计。

9.3.1　系统设计目标

本系统的目标是建立成品仓库的数字化仓库管理系统，实现以托盘为单位的可视化电子货位管理，并在出库扫码环节通过 RFID 标签实现与成品库数字化仓库管理系统的对接；同时，在工业企业和商业公司之间实现直接托盘运输，并通过 RFID 技术实现成品库数字化仓库管理系统的数据对接。具体目标如下：

（1）通过应用 RFID 技术实现货物的先进先出；

（2）实现自动出入库管理和实时库存信息查询；

（3）通过电子显示屏显示库区货位信息及其产品信息；

（4）实现一号成品库一楼两个仓间以 RFID 托盘为单位的电子货位管理，二楼两个仓间以库区为单位的电子货位管理；

（5）通过 RFID 电子化托盘实现与一号工程的对接，提高成品仓库的出库效率；

（6）在工业企业和商业公司之间实现直接托盘运输；

（7）在建立数字化仓库管理系统的基础上，通过各种网络建立实时的物流信息共享平台，实现物流信息的共享。

9.3.2 系统结构设计

基于 RFID 的数字化仓库管理系统的结构设计包括仓库货架及平面布局设计、软件体系结构设计等方面。

1. 仓库货架及平面布局设计

仓库货架及平面布局设计是基于 RFID 的数字化仓库管理系统的最基础环节，将直接决定系统的运行状况。设计仓库的货架时需要从以下几个方面来考虑：仓库出库品种的多少；仓库库容；仓库的作业效率；货物的重量。

武汉卷烟集团一号成品仓库的特点是作业品种少、数量大。从这个特点考虑，可以采用驶入式货架，在最大限度保证仓库库容的情况下，实现卷烟的“先进先出”。同时，从烟草公司仓库的作业需要出发，可将仓库大致分为四个大的作业区域。

（1）货架区：采用驶入式货架放置已经组好盘的成品烟。

（2）暂存区：采用横梁式托盘货架放置少量从货架区移出的烟。

（3）临时存放区：用来存放已经到库，但还没有安排货位的物品。

（4）组盘区：分为入库组盘区和半成品库内组盘区，用于对入库件烟和半成品烟进行组盘（对出/入库都只接受托盘的仓库可减少此区）。

（5）发货区（出库口）：根据发货单发货，并通过显示屏显示出库信息。

本系统在一号成品库一楼进行实施，仓库面积为 2000 平方米，分为西仓间（即 A 仓间）和东仓间（即 B 仓间），每个仓间各有 1000 平方米，具体的仓库货架及平面布局分别如图 9-10（a）和图 9-10（b）所示。A 仓间和 B 仓间均分为 6 个库区和 1 个暂存区，库区采用双层驶入式货架，暂存区采用双层横梁式货架。A 仓间和 B 仓间的 6 个库区分别为 1A01～1A06 库区和 1B01～1B07 库区，暂存区分别为 1A07 库区和 1B12 库区。除暂存区外，每个库区都装有 LED 显示器。其中 1A01、1B01 库区和 1A06、1B06 库区为 3 个廊道，其他库区均为 4 个廊道，深度为 8。1A07 库区和 1B12 库区的深度为 7。A 仓间有 2 个入库口，即入库口 2 和入库口 3。B 仓间有 1 入库口和 4 个出库口，其中出库口 4 兼作入库组盘工作用。

货位优化管理用来确定每一品规的恰当储存方式及在恰当的储存方式下的空间储位分配。货位优化管理依据不同设备和货架类型特征、货品分组、货位规划、人工成本内置等因素来实现最佳的货位布局，能有效掌握商品的变化，并将成本节约最大化。货位优化管理可为正在营运的仓库挖掘效率和成本，并可为一个建设中的配送中心或仓库提供营运前的关键管理做准备。货位分配一般包含两层意义：一是为出/入库的物料分配最佳货位（因为可能同时存在多个空闲的货位），即入库货位分配；

二是选择待出库物料的货位（因为同种物料可能同时存放在多个货位里）。由于只有很少的仓库管理系统（WMS）和计算机系统能够支持储位优化管理，所以当前大约 80%的配送中心或仓库不能够进行正确的货位优化。究其原因主要在于基础数据不足，MIS 资源尚不能支持，没有正确的货位优化软件和方法。

对于武汉卷烟集团一号成品仓库的实际情况，以上规则的侧重点也有所不同。由于烟草货品本身的重量、形状、特性相似，所以对于货架的平衡性及货品之间的相容性问题可以不用考虑，而重点应放在货品的“先进先出”原则上。同时，由于烟草品种繁多，所以应该在兼顾拣货正确率的基础上，尽量将品牌相似的件烟相近存放，便于库管人员掌握实际库存的分布情况。

同时，根据实际货架的使用情况，针对不同的货架形式，货位分配的约束也有所不同。例如，对于驶入式货架，同一廊道中的货物只能“先进后出”，因此应用“先进先出”原则的最小单位只能是廊道。同时，为了提高廊道的使用率以便提高库容量，设置相应的暂存区是必要的。

但暂存区的货位数量毕竟有限，因此如何合理地分配暂存区的存取也是约束中应重点考虑的。

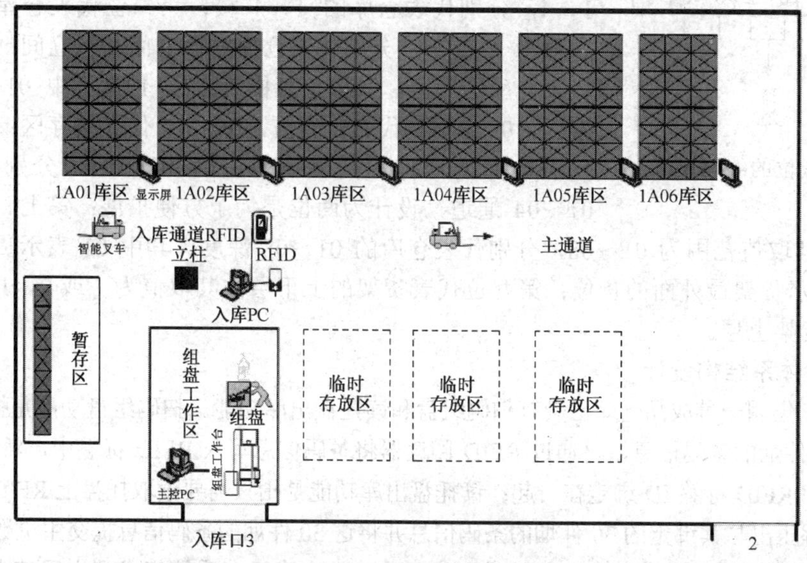

(a) RFID数字化仓库平面布局示意图（西仓间）

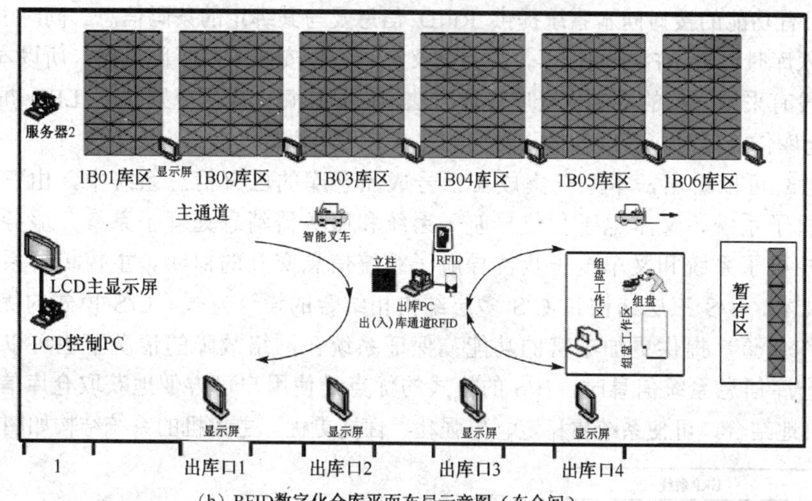

(b) RFID数字化仓库平面布局示意图（东仓间）

图 9-10　仓库货架及平面布局

基于以上的分析，本系统货位优化设计为：

（1）先进先出，原则的最小单位只能是廊道；

（2）品牌相似的件烟相近存放；

（3）入库时将烟尽量放在离出库口近的地方，以提高出库速度。

由于武汉卷烟集团一号成品仓库的作业品种少、数量大，所以将仓库作业规则设计为：

（1）原则上一个储位内只存放同一个品牌规格、同一批次的烟或与廊道最里面托盘的入库时间间隔在 3 天以内的烟，一个廊道内的托盘为后进先出；不同的廊道之间可以实现产品先进先出；

（2）当某个廊道的托盘只剩下 1～3 个时，可将托盘移至暂存区存放；

（3）当品牌规格符合订单要求时，暂存区的成品烟优先出库。

货架是以托盘为单位进行管理的，因此需要对货位进行编码以便进行系统的可视化管理和定位，具体的编码规格如图 9-11 所示。

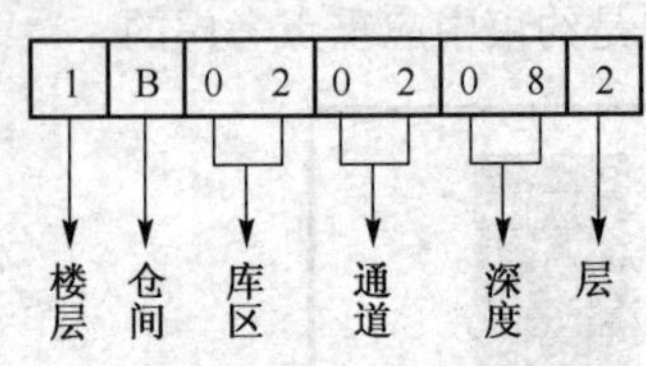

图 9-11　货位的编码规格

货位编码共有 9 位。第一位代表仓库的楼层，取值范围为 1～4，分别代表仓库的 1～4 楼；第二位代表仓库的仓间，其取值为 A 或 B，分别代表仓库的西仓间和东仓间；第三、四位代表仓库的库区，其取值范围为 01～12，其中 01～06 代表货架区，07 和 12 代表暂存区，08～11 代表缓存区；第五、六位代表仓库的通道，其取值范围为 01～04，分别代表仓库的 01～04 通道，设计为两位是为了方便扩展；第七、八位代表仓库的深度，其取值范围为 01～08，分别代表仓库的 01～08 深度，其中 01 表示货架最里面的货位，08 表示货架最外面的货位；第九位代表货架的上下层，其取值为 1 或 2，1 代表货架下层，2 代表货架上层。

2．软件体系结构设计

武汉卷烟集团一号成品仓库已具有扫码组盘和读托盘出库功能。扫码组盘功能是指先通过光电探头扫描 30 件烟的条码信息，再通过 RFID 阅读器将条码信息写入 RFID 标签中，然后将 30 件烟的条码信息和 RFID 标签 ID 绑定在一起；读托盘出库功能是指只需要读取托盘上 RFID 标签信息，系统能自动解压出与其绑定的 30 件烟的条码信息并将这 30 件烟的条码信息提交主机数据库。

本系统在上述基础上进行改造，且需要将一号成品仓库已有系统集成到本系统中，即使用一号成品仓库已有功能的接口向本系统提供 RFID 信息及与其绑定的条码信息。同时由于一号成品仓库内的出/入库时已有 RFID 阅读器，并且其叉车不方便安装 RFID 阅读器，所以本系统在校对出/入库时，没有采用一般的数字化仓库设计方法，而是在每个库区分别挂上 LED 屏，实时显示库区信息和仓库作业信息。系统的体系结构如图 9-12 所示。

由图 9-13 可以看出，本系统集成在一号成品仓库的已有信息系统中，由三个子系统组成，即主控机子系统、叉车电子货位导航子系统和服务器消息处理子系统。服务器消息处理子系统是主控机子系统和叉车电子货位导航子系统信息交互的枢纽。主控机子系统采用先进的 Internet 技术、B/S 三层结构和 C/S 多层结构相结合的设计方式。C/S 模式的优点是：给用户更强的操作体验，提供更加丰富的功能；保证系统在网络故障的情况下也可以进行作业。在外部访问仓库信息系统信息时，B/S 的模式的优点是使用户可方便地获取仓库信息。两者进行互补并有机地结合，可使系统更稳定、更强壮、性能更优。主控机的系统结构如图 9-13 所示。

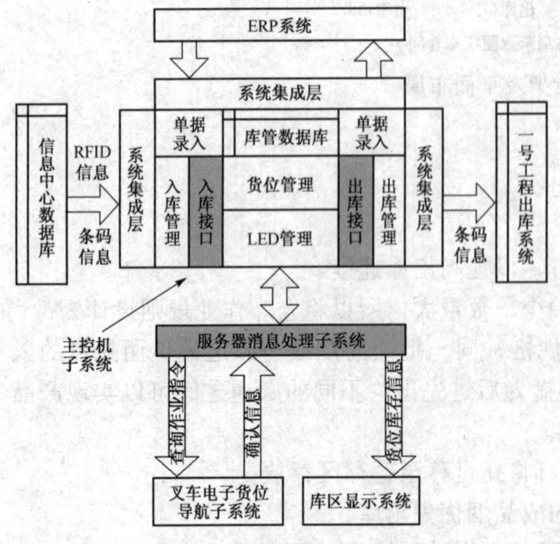

图 9-12　系统的体系结构图

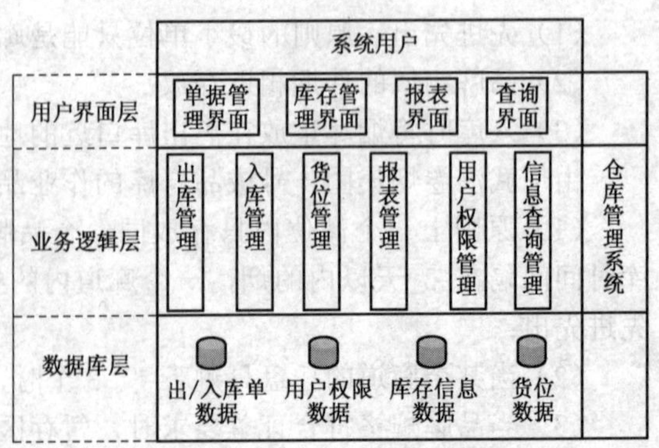

图 9-13　主控机的系统结构

采用图 9-15 所示的三层应用体系架构的优势有以下几点。

（1）保证系统的安全性：中间层（业务逻辑层）隔离了客户（用户界面层）直接对数据库系统的访问，保护了数据库系统和数据的安全。

（2）提高系统的稳定性：分布式体系保证了系统的更可靠的稳定性，满足 7×24 小时全天候服务；业务逻辑层缓冲了用户与数据库系统的实际连接，使数据库系统的实际连接数量远小于应用数量；在访问量和业务量加大的情况下，可以用多台主机设备建立集群方式，共同工作，进行业务逻辑处理，实现负载均衡。

（3）系统易于维护：由于业务逻辑在中间服务器上，并且采用构件化方式设计，所以当业务规则变化后，用户界面层不做任何改动，就能立即适应；各用户终端、物流服务中心可通过浏览器远程访问系统，客户端实现零维护。

上述技术优势保证了物流信息服务平台的开放性、灵活性和稳定性，这在技术上是完全可行的。

9.3.3　系统功能设计

服务器消息处理子系统是驻留并在服务器端实时运行的消息接收及转发系统。服务器消息处理子系统应具有以下几个方面的功能：各个客户端（包括主控机子系统、叉车电子货位导航子系统）采用 TCP 协议连接到服务器端，在连接时负责客户端用户的登录验证；储存与转发叉车作业指令及状态信息；实时刷新 LED 显示屏信息和叉车的指令状态。服务器消息处理子系统的功能具体如图 9-14 所示。

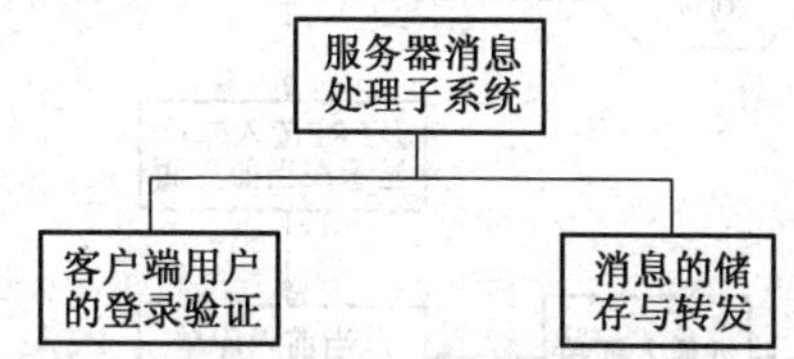

图 9-14　服务器消息处理子系统的功能

按照主控机子系统的功能，可将其模块设计分为以下几个部分：电子货位管理、电子显示屏、入库管理和出库管理，如图 9-15 所示。

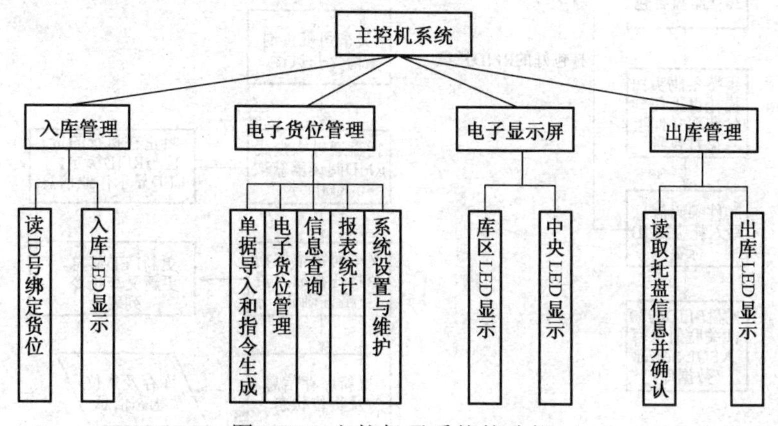

图 9-15　主控机子系统的功能

叉车电子货位导航子系统的功能是：从服务器查询出所有未处理作业指令；按照驶入式货架的特点设计叉车指令优先级算法，按照该算法自动为叉车选择优先级别最高的指令；组合刷新作业库区 LED 所需信息。叉车在执行一条指令时，叉车电子货位导航子系统会将按照 LED 显示屏控制算法处理过的消息实时发送给服务器，服务器接到消息后进行组播，控制库区 LED 屏的主控机接到消息后刷新 LED 屏。这里将叉车电子货位导航子系统功能设计为电子地图导航模块和通信模块，如图 9-16 所示。

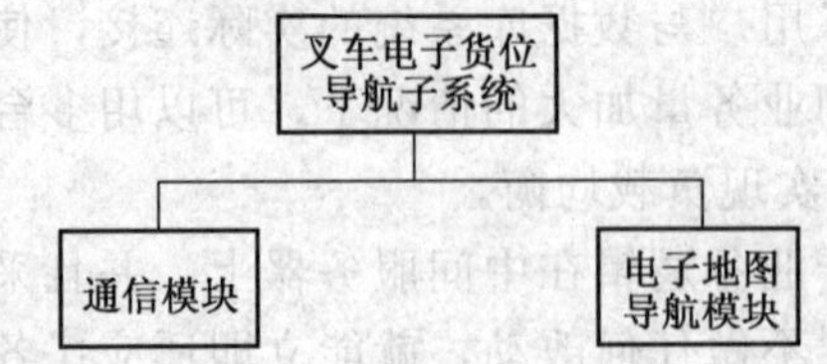

图 9-16　叉车电子货位导航子系统的功能

9.3.4　系统业务流程设计

从武汉卷烟集团一号成品仓库的特点分析，可知该仓库的业务流程与一般的卷烟公司数字化仓库管理系统有一定的区别。下面具体分析其业务流程。

1. 入库流程设计

由于武汉卷烟集团一号成品仓库已具有扫码组盘功能，所以本系统中没有设置扫码组盘功能。本系统使用固定式 RFID 阅读器读取 RFID 标签的 ID，与货位号绑定。其入库流程如图 9-17 所示。

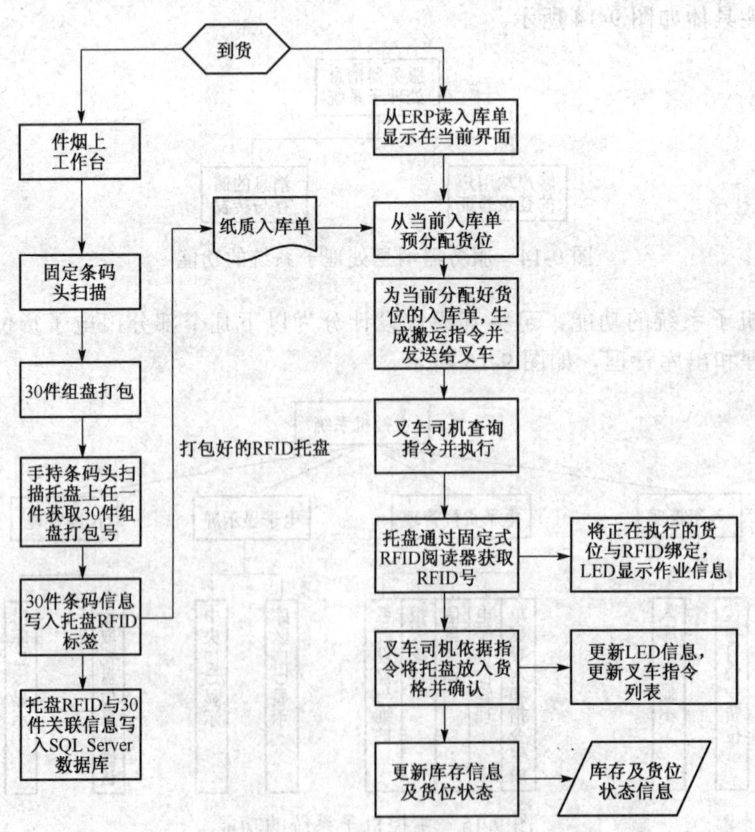

图 9-17　入库流程图

武汉卷烟集团一号成品仓库已具有扫码组盘功能时的具体流程为：

（1）ERP 使用人工录入单据（以电子邮件方式下达）；

（2）系统接收到邮件后，生成纸制单据并下达（如移库入库单）；

（3）库管人员拿到纸制单据并与实物核对后，开始进行入库操作；

（4）打开已有的扫码软件，进行 30 件烟条码的采集打包；

（5）打开已有的组盘软件，进行组盘写 RFID 托盘操作。

本系统入库流程是在件烟已组好盘，并将条码信息写入托盘的基础上进行的，其具体作业流程如下。

（1）打开主控机子系统，从 ERP 数据库导入“当日的”、“待办的”、“入库单”列表。

（2）库管单击“分配货位”按钮后，本主控机子系统将按照入库时间和品牌规格等入库规则算出入库的货位，库管确认分配的货位后，生成叉车作业的指令并通过无线网络发送到服务器上。

（3）叉车司机查询当前入库指令，按顺序执行入库指令，通过入库过道。

（4）RFID 阅读器获取经过入库过道的托盘 ID，并触发以下动作：将 ID 写入入库指令，将货物标签和货位绑定；库区 LED 屏显示作业信息（库区编号、作业通道、品牌规格、入库数量、已入库数量和未入库数量）。

（5）将货物放入货架并确认，触发并刷新库区 LED 信息。

（6）叉车司机执行完成入库作业后返回确认信息，库管系统自动更新库存、货位状态及库区显示系统。

2．出库流程设计

由于武汉卷烟集团 1 号成品仓库已具有读托盘出库功能，所以本系统直接使用一号成品仓库中软件提供的接口来获取 RFID 标签信息。其出库流程如图 9-18 所示。

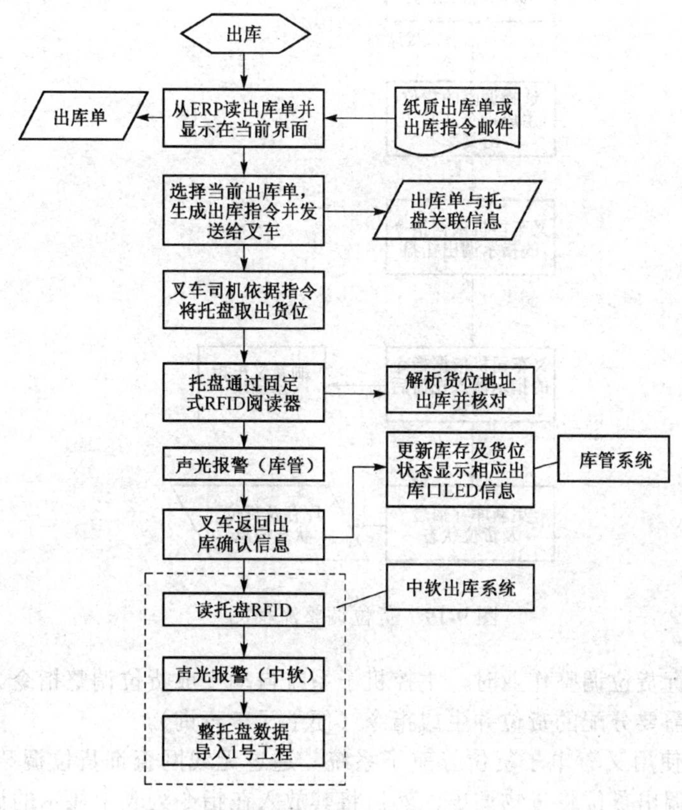

图 9-18　出库流程图

（1）从武汉卷烟集团 ERP 系统中导出入库单据或者手工输入出库单据。

（2）库管单击“分配货位”按钮后，主控机子系统将按照入库时间和品牌规格等设定的出库规则算出入库的货位。库管确认分配的货位后，生成叉车作业的指令并通过无线网路发送到服务器上。

（3）叉车司机使用叉车电子货位导航子系统，通过无线网络查询服务器上的出库作业指令，依据指令将托盘取出货位。

（4）出库口 RFID 阅读器获取经过出库过道的托盘 ID。触发库管系统通过获取的 RFID 信息解析出与其绑定的货位，进行出库核对。

（5）完成货物出库后，叉车电子货位导航子系统通过无线网返回确认信息给主控机，并触发下列动作：更新出库口 LED 屏显示信息、更新作业库区 LED 屏显示信息、更细叉车指令列表。

（6）当单据完成后，库管提交数据信息，系统更新库存。

3．货位调整流程设计

货位调整是库内作业，不需要用到仓库原有系统的接口。而且货位调整没有扫描 RFID 的信息，没有对调整的货位进行核对，因此需要司机严格按照指令指示的货位进行作业。货位调整流程如图 9-19 所示。

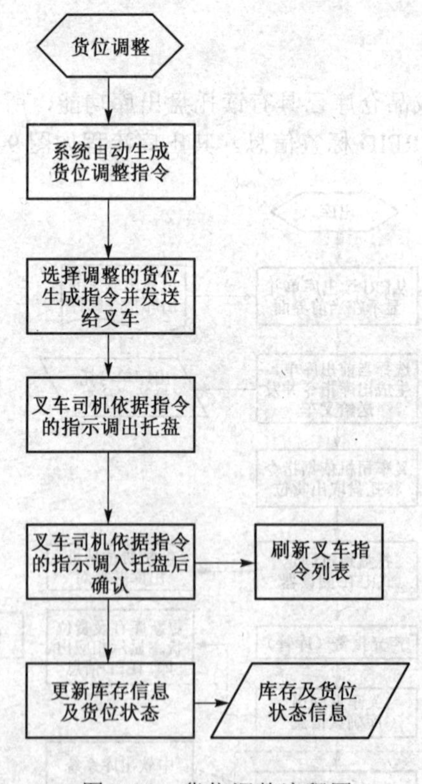

图 9-19　货位调整流程图

（1）当需要执行货位调整作业时，主控机子系统自动生成货位调整指令。

（2）库管选择需要分配的货位并生成指令（便于叉车查询）。

（3）叉车司机使用叉车电子货位导航子系统，通过无线网查询货位调整的作业指令，依据指令列表显示的调出货位将货物调出，然后将其放入在指令列表中显示的调入货位。

（4）叉车司机将货位放到目标货位后，叉车电子货位导航子系统通过无线网发送确认信息给库管 PC 并刷新指令列表。

（5）作业完成后，库管进行核对并提交作业，更新库存信息。

9.4　基于 RFID 的数字化卷烟仓库管理系统的实现

在前面的系统分析与设计基础之上，本节对基于 RFID 的数字化卷烟仓库管理系统进行了部分模块的开发工作。下面将详细阐述数字化卷烟仓库管理系统中的服务器消息处理子系统、出库管理模块和叉车电子货位导航系统三个部分的开发。

9.4.1　系统开发工具

本系统采用 Java 开发平台和 Eclipse 开发工具中提供的 RCP 框架设计，而数据库采用 SQL Server 2005。

Java 编程语言是一个简单的、面向对象、分布式、健壮、安全与系统无关、可移植高性能、多线程和动态的语言。Java 的跨平台性使得开发出的基于 RFID 的数字化卷烟仓库管理系统可以在不同的系统上使用，这样在以后可以方便地进行系统的扩展和二次开发。

Eclipse 是 IBM 公司开发的一款强大的 Java 开发工具。它倡导插件开发 RCP（Rich Client Platform）的设计理念、采用客户端平台的思想，是基于 ECLIPSE 插件开发的一种应用。通过 RCP 可以快速构建应用程序，提高系统的稳定性。

SQL Server 2005 是运行于 Windows 操作系统的，面向分布式客户机/服务器结构的关系型数据库管理系统，是新一代电子商务、数据仓库和数据库解决方案。SQL Server 2005 适合本系统的应用需求。

9.4.2　服务器消息处理子系统的实现

服务器消息处理子系统采用 Java 网络编程方式来实现和客户端的交互。服务器和客户端的交互过程如图 9-20 所示。

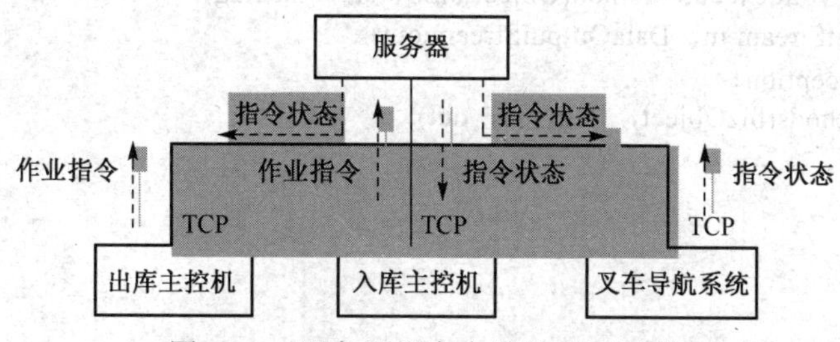

图 9-20　服务器和客户端的交互过程

系统的整个通信过程为：

（1）客户端（主控机、叉车）向服务器发送请求，按照 TCP 协议连接到服务器上；

（2）主控机客户端通过 TCP 协议向服务器端发送请求和指令；

（3）叉车客户端通过 TCP 协议向服务器端发送请求，查询指令；

（4）叉车客户端通过 TCP 协议向服务器端发送指令状态信息；

（5）服务器接收到叉车客户端传来的指令状态信息后，更改服务器上储存指令的状态，然后以组播的方式向各个客户端广播指令状态信息；

（6）主控机客户端和叉车客户端接收到组播后，更新本机界面上的状态。

综上所述，服务器消息处理子系统具有客户端登录验证和消息储存转发两项基本功能。下面将分别实现这两项功能。

1．客户端登录验证功能

服务器消息处理子系统客户端登录验证功能实现的界面如图 9-21 所示，可以见当前的一个 IP 为 192.168.1.13 的主控机正登录进来。

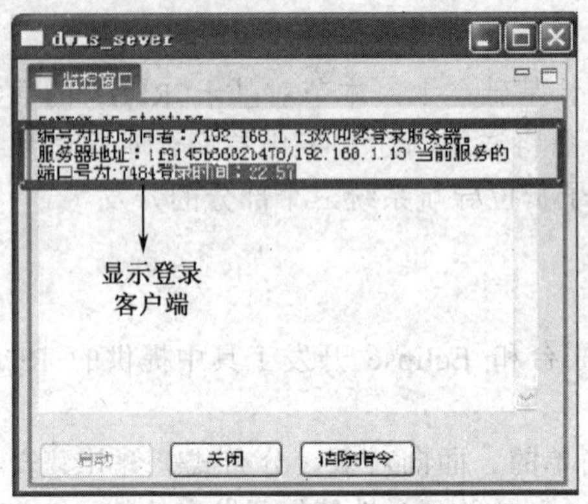

图 9-21　服务器消息处理子系统客户端登录验证功能实现的界面

客户端登录验证功能的代码如下：

```
public void run( ){
   try{
      clientSocket=serverSocket.accept( );
      //建立 TCP 连接
         in=new DataInputStream(clientSocket.getInputStream( ));
         out=new DataOutputStream(clientSocket.getOutputStream( ));
      //建立数据通信流对象
         readHeader(in);    //读报头
      //调用用户名，密码验证方法
         boolean succ=serverBizObject.checkValid(readObject(in));
         new Talk(count，ht){
        public void executeMethod(Object bizObject，int flag,
     DataInputStream in，DataOutputStream out)
   throws Exception{
  executeMethods(bizObject，flag，in，out);
   }
  }.start();
  }
  }
  }
```

在上面的代码中，线程 thread 用于监听客户端的连接。当客户端连接服务器时，线程 thread 监听到请求后，验证登录客户端的用户名和密码，按照 TCP 协议建立连接线程 talk 用于客户端和服务器端的交互。线程 talk 在客户端和服务器建立 TCP 后启动，建立数据的输入和输出流，并和客户端进行一对一的 TCP 交互。

2．消息储存转发功能

服务器消息处理子系统的消息储存转发功能有两种工作方式：当叉车发送查询请求时，将储存的客户端发来的指令发送给叉车；对叉车发来的指令状态信息或 LED 显示屏信息的消息进行组播，将其传递给各个客户端，客户端再按照指令状态信息或 LED 显示屏信息进行刷新指令，监控界面指令状态或更新 LED 显示屏信息。消息储存转发功能的代码如下：

```
public void executeMethods(Object bizObject，
int flag，DataInputStream in，DataOutputStream out)throws Exception{switch
                    (flag){ case 1: //叉车发送查询指令请求时，将指令发送给叉车
                    readObject(in);
                    writeHeader(flag，out);
                    writeObject(biz.getStatments()，out);
                      break;
                      case 2:      //对叉车发来的指令状态信息或LED屏信息的消息进行组播
                      String received=(String)readObject(in);
                      writeHeader(flag，out);
                    byte data1[]=received.getBytes();
                    DatagramPacket packet=new DatagramPacket(data1，data1.length，
        group，MulticastPort);
      socket.send(packet);
biz.changeState(received);
}
break;
}
```

上述代码是 executeMethods()方法中的部分代码，可实现消息的储存转发功能。这个方法会根据报头的不同而执行不同的动作。当报头为“1”时，表示叉车发送查询请求，这时服务器消息处理子系统将保存在服务器上的指令发送给叉车；当报头为“2”时，服务器消息处理子系统对叉车发来的指令状态信息或LED显示屏信息的消息进行组播。

9.4.3 出库管理模块的实现

出库管理模块用来完成出库的各种操作，如出库单据的管理、出库货位的分配、出库指令的生成及监控。出库单据的管理功能主要是指完成单据的导入/手工录入，未处理单据的修改和删除。系统界面中会显示所有当日未处理的单据，并可以对显示单据进行修改。在完成单据的生成后，就需要使用出库货位分配功能。出库货位分配需要按照一定的规则进行。这些规则要实现优先出暂存区，防止暂存区堆积；货位的先进先出，防止货物积压；出库货位少，提高作业效率等目标。实现出库货位分配的界面如图 9-22 所示。界面上矩形框标出来的地方是系统按照出库货位分配规则分配的货位。在库管认为货位不合理时，系统也提供手工修改分配货位的功能，由此可提高系统的灵活性。出库货位分配界面中分配的货位是按出库货位算法得出的，出库货位算法如图9-23所示。

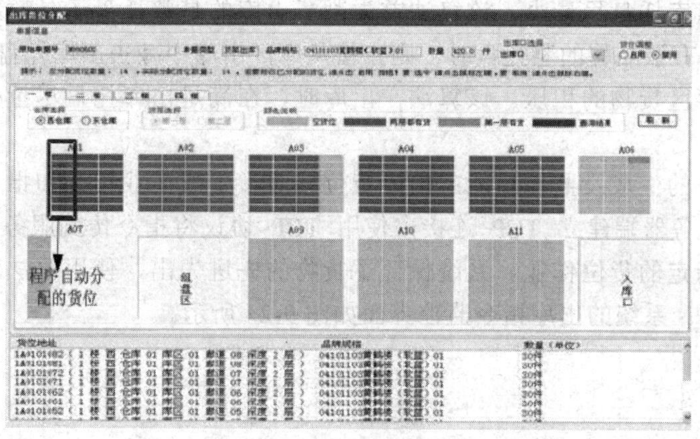

图 9-22 实现出库货位分配的界面

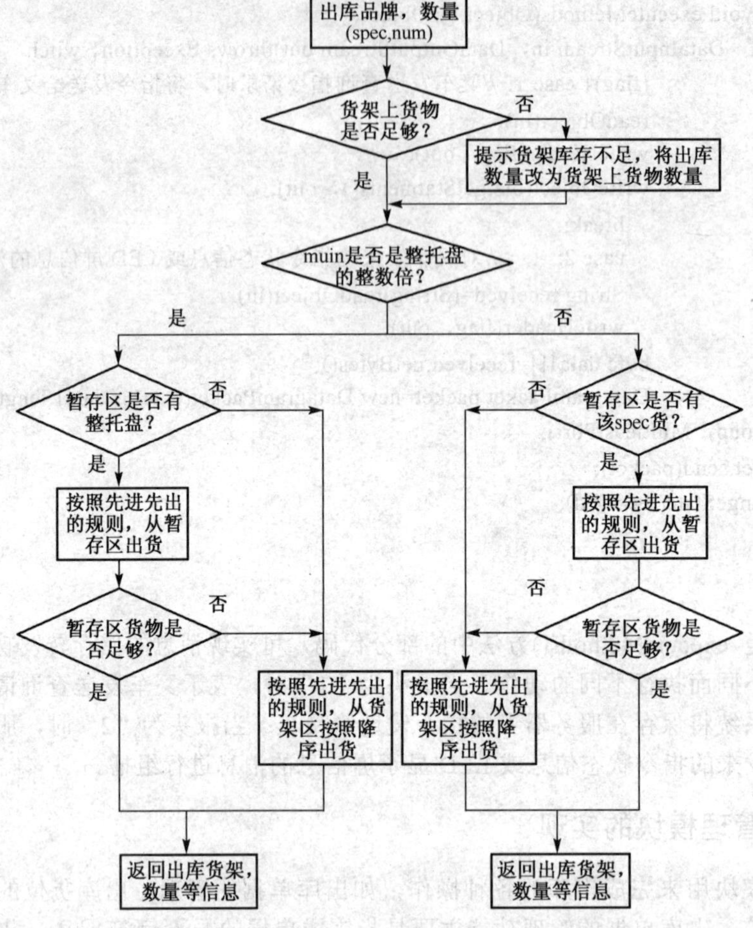

图 9-23　出库货位算法

出库货位分配规则的核心有以下几个方面。

（1）出库货位分配规则是计算机自动分配的，把数据库存储过程写入数据库，在程序中只需提供出库的卷烟品牌规格和数量。这样会带来两方面的好处：一方面，存储过程在第一次被调用时由系统编译并存储在数据库中，编译后的存储过程经过优化处理，执行速度更快，可以提高系统的响应速度；另一方面，在需要修改出库货位分配规则时，只需要在数据库中修改存储过程即可。

（2）为保证出库托盘尽量少，该算法首先判断出库的是整托盘还是散托盘，若为整托盘出库，而暂存区没有该品牌的整托盘时，则直接从库区出库中减去出库托盘数。

（3）防止暂存区货物的积压。该算法在出库时，在满足出库托盘尽量少的前提下，优先出暂存区。

（4）出库指令的生成及监控功能：出库货位核对，生成作业指令和指令监控。主控机在开启时，便已和服务器端建立 TCP 连接，使用 TCP 协议将指令传到服务器上，便于叉车查询，指导叉车到指定的货位作业。系统保证了货物的先进先出，使用算法优先出同品牌的、入库时间早的卷烟。系统的出库指令监控界面如图 9-24 所示。

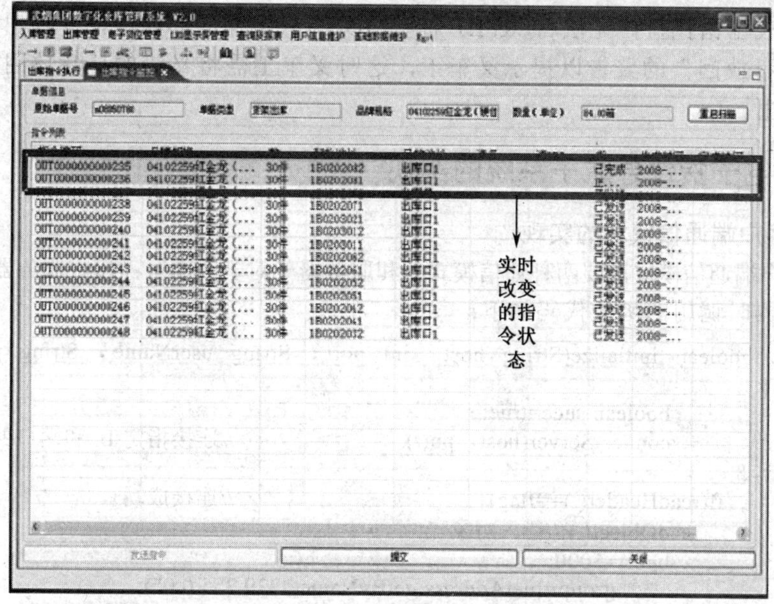

图 9-24　出库指令监控界面

这个界面将实时接收服务器组播的指令状态，改变指令监控界面上的指令状态。当所有指令完成后，提交更新系统库存。用出库指令打开监控界面，系统将会开辟一个线程用于出库校对。在入库时，将扫描的 RFID 标签 ID 写入数据库，并和货位进行绑定，因此在出库时可通过扫描 RFID 标签 ID 解析货位地址，将其与出库指令进行核对。出库核对功能的代码如下：

```
if(!str.equalsIgnoreCase("")){
        shelf_id=(String)hashMap.get(new String(str));
        //hashMap 中货位与 RFID 标签 ID 对应关系
    }else{
        shelf_id=null;
    }
        for(int i=0;i<tis.length;i++){
          if(shelf_id.equalsIgnoreCase(tis[i].getText(3))){
        //若与出库指令中的货位地址一致时
          if(!tis[i].getText(7).equals("已完成")){
          tis[i].setText(6, str);        //写入指令监控界面中
        cf.greenLamp("3");
        ……
          break;
          }
        }else{                              //在指令监控界面上弹出警告
MessageDialog.openInformation(null, "警告", "叉出货位出错，请将该托盘放回:"+shelf_id);
break;
}
}
```

在上面的代码中，hashMap 存放着程序预先从数据库中获取的 RFID 标签 ID 和货位编码的对应关系。在出库时，通过 RFID 阅读器读取的 RFID 标签 ID 就可以获取货位编码，再与出库指令中的货位地址进行核对，若两者一致会将 RFID 标签 ID 写入出库指令监控界面中；

而不一致则代表出错托盘，无法将 RFID 标签 ID 写入上面的界面中，并弹出“叉出货位出错，请将该托盘放回”的警告以提示叉车工，这时叉车工需将叉错的托盘放回原货架，再将正确的托盘取出。

9.4.4 叉车电子货位导航子系统的实现

1．叉车客户端通信模块的实现

叉车的客户端通信模块需要两种通信模式：和服务器一对一的交互；接收服务器组播的消息。

连接服务器时调用的函数代码如下：

```
        public boolean initialize(String host， int port， String userName， String password)throws
TunnelException{
                     boolean succ=true;
                     connectServer(host，port);                    //连接指定 IP 和端口的服务器
          try{
               if(readHeader( )==flag){                          //连接成功
                 readObject( );//读入对象流
                    bport=5000;
                       group=InetAddress.getByName("239.255.0.0");
                       msocket=new MulticastSocket(bport);      //创建组播对象
                 msocket.joinGroup(group);
               sendsocket=new DatagramSocket( );
             receivesocket=new DatagramSocket(socket.getLocalPort( ));
          thread=new Thread(this);                               //创建监听线程
        thread.start( );
        ........
        return succ;
        }
```

这段代码的功能是：在叉车电子货位导航子系统运行时，将建立与服务器的 TCP 连接，用于叉车客户端查询服务器消息处理系统储存的出/入库指令，以及向服务器发送指令状态和 LED 屏所需信息。同时开辟一个线程监听服务器组播的消息，用于更新指令状态。

2．叉车电子货位导航模块的实现

叉车电子货位导航模块的功能是指导叉车司机的作业，给叉车司机进行直观的电子货位图导航。叉车电子货位导航子系统导航模块的执行流程如图 9-25 所示。

叉车司机打开叉车计算机后，叉车计算机会自动运行叉车电子货位导航子系统。单击“查询”后，叉车电子货位导航子系统会从服务器上查询出所有的指令。

叉车电子货位导航模块的核心问题有以下几个方面。

1）叉车指令树表中指令状态的互锁问题

在叉车电子货位导航的流程中，按照叉车指令优先级算法选中指令时，会立刻改变指令状态并将其发送出去。若选中其中一项作业并将其展开，则叉车上的自动指令算法将选中优先级最高的指令并将其状态改为“正在处理”，并用 TCP 协议将“正在处理”的指令状态发送到服务器上，服务器接收到改变的指令状态后进行组播，改变主控机上指令监控界面的指令状态和另外一个叉车的指令状态。在没单击“执行”就改变指令状态是为了保证在两台叉车协同作业（两台叉车执行同一项作业）时，当一台叉车选中作业将其展开自动选中指令时，立刻改变另外一台叉车上的指令状态，这样，当另一台叉车选中该项作业将其展开选中指令时，系统会正确地选中下一条指令，实现指令状态在选择上的互锁。

2）叉车指令优先级算法

叉车指令选择界面如图 9-26 所示，框中的指令即为在展开树形指令表时指令优先级算法自动选中的指令。

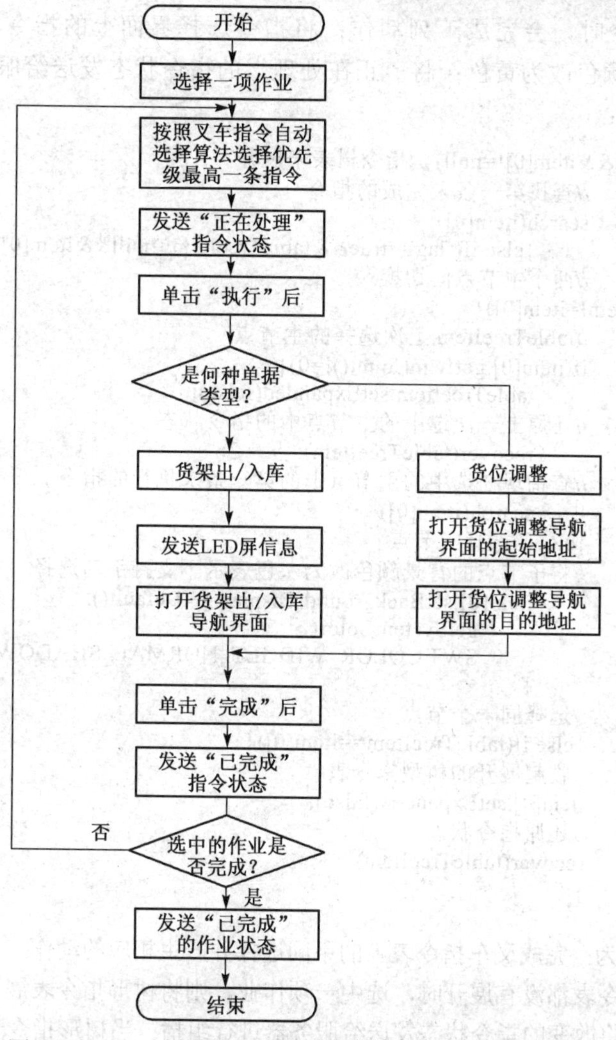

图 9-25　叉车电子货位导航子系统导航模块的执行流程

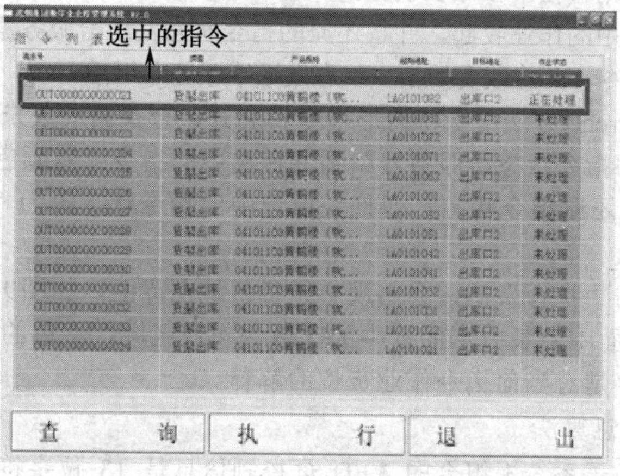

选中的指令

查　询　执　行　退　出

图 9-26　叉车指令选择界面

在选中一项作业后，叉车电子货位导航子系统的指令优先级算法会自动算出优先级最高的指令。叉车上查询到的指令是同出库货位分配的货位顺序相同；在出库货位分配时，分配的货位是按照货位地址降序排列的。因此，出库第一条状态为“未处理”的指令优先级最高。在选中一条指令时，会完成下列动作：将指令选择界面上的指令状态改为“正在处理”；将指令的背景颜色改为黄色；将“正在处理”的指令状态发送给服务器。叉车指令优先级算法的代码如下：

```
if(flag==false&&item[0]!=null){//指令树表未展开
                //查找第一条未完成的指令
                search(item[0]);
                    }else if(flag==true&&tableTreeItem!=null&&item[0]!=null){
                //两个主节点间切换
if(tableTreeItem!=item[0]){
                //tableTreeItem 上次选择的主节点
                if(item[0].getItemCount()!=0){
                    tableTreeItem.setExpanded(false);
                //还原上一次选中的主节点中的指令状态
                    recover(tableTreeItem);
                //查询现在选中的主节点中的第一条未执行的指令
                    search(item[0])
                }else{//选择子节点
                //将子节点的背景颜色改为灰色表示不支持手动选择
                    item[0].setBackground(Display.getDefault().
                        getSystemColor(
                        SWT.COLOR_WIDGET_NORMAL_SHADOW));
                    }
                //选择同一个节点
                }else if(tableTreeItem==item[0]){
                //收起展开的树型指令表
                item[0].setExpanded(false);
                //还原指令状态
                recover(tableTreeItem);
                }
    }
```

上面的代码功能为：完成叉车指令表上的不同选择并产生相应的动作。叉车指令选择界面的选择方式有：当树形指令表都没有展开时，选中一项作业，则将树形指令表展开，选中该项作业中优先级最高的指令，并将改变的指令状态发送给服务器进行组播；当树形指令表中有一项展开时，若选中的是同一项作业，则将树形指令表收起，并将还原的指令状态发送给服务器组播，若选中的是不同作业，则将先选中的作业收起，并将还原的指令状态发送给服务器组播，再将当前选中的作业展开，选中新的指令，并将改变的指令状态发送给服务器组播。

上述代码中的 search()方法用于将树形指令表展开，查找第一条未完成的指令并选中，然后发送“正在处理”的指令状态给服务器组播并使选中的指令背景颜色为黄色。

recover()方法用于还原指令状态，即把先前选中的指令状态改为“未处理”，并发送给服务器组播。

在选中指令，单击“执行”后，会出现电子货位地图界面，如图9-27 所示。

在图 9-29 所示界面中，长方形的框中的区域为作业区域，深色的货位是叉车当前指令作业货位，而下面的文字是对当前指令作业货位的解释。

3）LED 屏控制信息算法

叉车电子货位导航子系统上组合的 LED 屏控制信息是 13 位字符串。字符串的第一位是指令号；第二位是作业号；第三位是单据类型；第四位是品牌规格；第五位是作业库区入库数量（仅是某个库区，可能和单据上的入库数量不一致）；第六位是作业库区已入库数量；第八位是指令状态；第九位是车牌号；第十位是销售去向；第十一位是出库总数；第十二位是已出库区数量；第十三位是单据号。

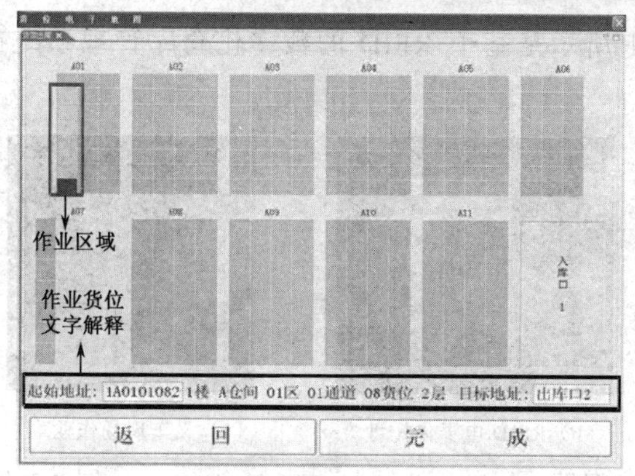

图 9-27　电子货位地图界面

若是出库作业，则将字符串的第五位和第六位总数置为空；若是入库作业，则将字符串第九位、第十位、第十一位和第十二位置为空；若是货位调整作业，则不存入 13 位字符串的 LED 屏控制信息中。

字符串的第七位是控制 LED 如何刷新的标志位。

（1）S[6]=“1”：表示通道的第一条或库区的第一条，LED 屏幕由静态库存信息变成动态作业信息。

（2）S[6]=“2”：表示库区的最后一条，LED 屏幕由动态作业信息变成静态库存信息。

（3）S[6]=“3”：表示中间的指令，LED 屏幕由动态作业信息变成动态作业信息，刷新数量。

（4）S[6]=“4”：库区的最后一条，同时又是通道的第一条，也就是说该库区的该通道只有一条指令。S[6]的具体算法流程如图 9-28 所示。

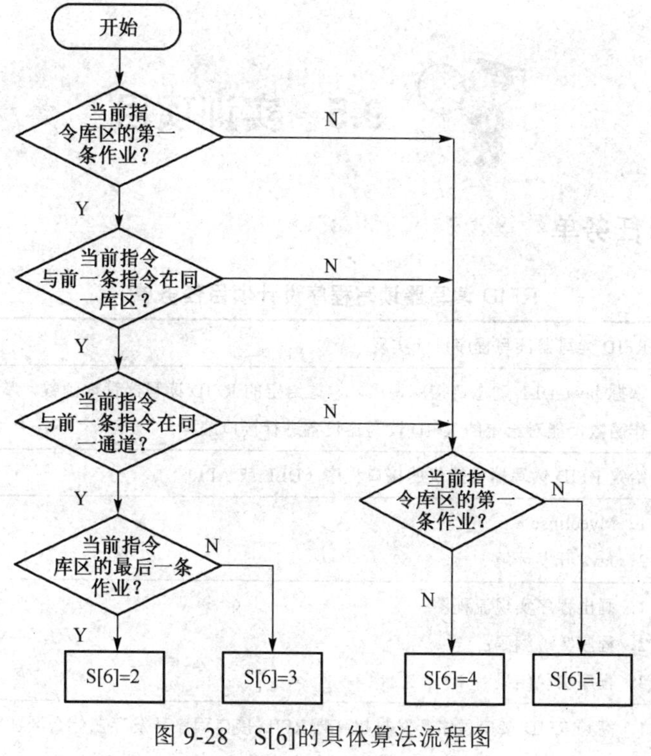

图 9-28　S[6]的具体算法流程图

如图 9-29～图 9-31 所示是基于 RFID 的数字化仓库管理系统在一号成品库的运行实景图。

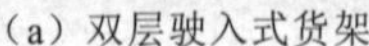

（a）双层驶入式货架

（b）RFID 电子化托盘

图 9-29　实景图一

（a）叉车现场作业

（b）入库通道 RFID 系统

图 9-30　实景图二

（a）出库 LED 显示屏

（b）叉车导航系统

图 9-31　实景图三

该系统实现了以托盘为单位的可视化的电子货位管理、货物先进先出，自动的出入库管理和实时库存信息查询，并通过电子显示屏显示库区货位信息及其产品信息。同时，它在数字化仓库管理系统的基础上，通过各种网络建立了实时的物流信息共享平台，可实现物流信息的共享。

9.5　实训项目

9.5.1　实训项目任务单

RFID 读写器读写程序设计项目任务单

任务名称	RFID 读写器读写程序设计实现
任务要求	掌握 Java DLL 动态链接库调用，掌握给定的 RFID 读写器管理函数，掌握 EPC GEN2 标签操作函数，能对给定的 RFID 读写器设备进行接口编程
任务内容	给定 RFID 读写器及提供的接口程序（DLL 或 API）
任务实现环境	1．Myeclipse 8.6; 2．Java 开发环境
提交资料	1．画出程序实现流程图； 2．程序实现编码； 3．程序实现结果
思考问题	1．高频 RFID 接口程序开发与超高频 RFID 接口程序开发存在什么区别？ 2．RFID 接口除了提供 DLL 之外还有哪些形式

9.5.2 RFID 读写器读写程序设计实现

1．安装必要的软件

在 jnative.sourceforge.net 下载最新的 JNative 二进制包，解压后得到 3 个文件：JNativeCpp.dll，libJNativeCpp.so，JNative.jar，其中：

① JNativeCpp.dll，放在 windows/system32 目录下。

② libJNativeCpp. so 在 Linux 下使用。

③ JNative.jar，导入工程中。

2．使用 JNative 调用读写器的接口程序

（1）加载 dll 文件

JNative 可使用两种方式加载 dll 文件：

使用 System.loadLibrary 加载，使用此方法可加载系统目录中的 dll 文件。可以先把 dll 文件复制到 system32 目录下，使用文件前缀名作为参数来加载 dll 文件。

使用 System.load 加载，此方法参数为 dll 文件全路径名。

（2）接口程序调用函数

1）首先创建 JNative 对象：

```
JNative jnative = new JNative(dll 文件名, 函数名);
```

2）设置返回值类型：

```
jnative.setRetVal(Type.INT);
```

3）设置参数

```
jnative.setParameter(0, Type.STRING, …); //设置第一个参数为字符串
jnative.setParameter(1, Type.INT, String.valueof(…));     //设置第二个参数为整数
```

4）执行

```
n.invoke ();
```

5）获取返回值

```
Integer.parseInt(jnative.getRetVal());
```

3．一个实例（读写器提供的接口程序为“reader.dll”）

```
import org.xvolks.jnative.JNative;
import org.xvolks.jnative.exceptions.NativeException;
import org.xvolks.jnative.misc.basicStructures.AbstractBasicData;
import org.xvolks.jnative.pointers.Pointer;
import org.xvolks.jnative.pointers.memory.MemoryBlockFactory;
/**
 * SystemTime
 *
 * typedef struct _SYSTEMTIME {
 *    WORD wYear;
 *    WORD wMonth;
 *    WORD wDayOfWeek;
 *    WORD wDay;
 *    WORD wHour;
 *    WORD wMinute;
 *    WORD wSecond;
 *    WORD wMilliseconds;
 * } SYSTEMTIME,
 */
public class SystemTime extends AbstractBasicData<SystemTime> {
```

```
public short wYear;
public short wMonth;
public short wDayOfWeek;
public short wDay;
public short wHour;
public short wMinute;
public short wSecond;
public short wMilliseconds;
/**
 * 分配内存，并返回指针
 */   public Pointer createPointer() throws NativeException {
   pointer = new Pointer(MemoryBlockFactory.createMemoryBlock(getSizeOf()));
   return pointer;
}
/**
 * 内存大小
 */   public int getSizeOf() {
   return 8 * 2;
}
/**
 * 获取通过内存指针解析出结果
 */   public SystemTime getValueFromPointer() throws NativeException {
   wYear = getNextShort();
   wMonth = getNextShort();
   wDayOfWeek = getNextShort();
   wDay = getNextShort();
   wHour = getNextShort();
   wMinute = getNextShort();
   wSecond = getNextShort();
   wMilliseconds = getNextShort();
   return this;
}
public SystemTime() throws NativeException {
   super(null);
   createPointer();
}
public String toString() {
   return wYear + "/" + wMonth + "/" + wDay + " at + " + wHour + ":" + wMinute + ":" + wSecond
         + ":" + wMilliseconds;
}
public static SystemTime GetSystemTime() throws NativeException, IllegalAccessException {
   // 创建对象
   JNative nGetSystemTime = new JNative("reader.dll", "GetSystemTime");
   SystemTime systemTime = new SystemTime();
   // 设置参数
   nGetSystemTime.setParameter(0, systemTime.getPointer());
   nGetSystemTime.invoke();
   // 解析结构指针内容
   return systemTime.getValueFromPointer();
}
```

```
    public static void main(String[] args) throws NativeException, IllegalAccessException {
        System.err.println(GetSystemTime());
    }
}
```

9.6　习题

1．简述基于 RFID 的数字化仓库管理系统的体系结构。
2．简述基于 RFID 的数字化仓库管理系统的作业流程。

第 10 章 基于 RFID 无线传感网的供应链物流管理的应用

导教——教学导航

职业能力要求

- 专业能力：掌握无线传感网的概念、工作方式及体系结构；掌握 RFID 与无线传感网技术融合的技术体系及组成；掌握 RFID 无线传感网的供应链物流管理集成对物流管理的影响；掌握无线传感网和分级 RFID 技术的物流跟踪监控的业务流程。
- 社会能力：培养良好的职业素养和物流全球化意识。
- 方法能力：培养学生对 RFID 技术与仓储管理交叉学科的应用与分析能力。

学习目标

- 掌握 RFID 技术对供应链管理的影响；
- 掌握 RFID 和 UCR 技术对全球供应链的透明化管理；
- 掌握基于 RFID 传感网络的酒类防伪方法。

学习任务

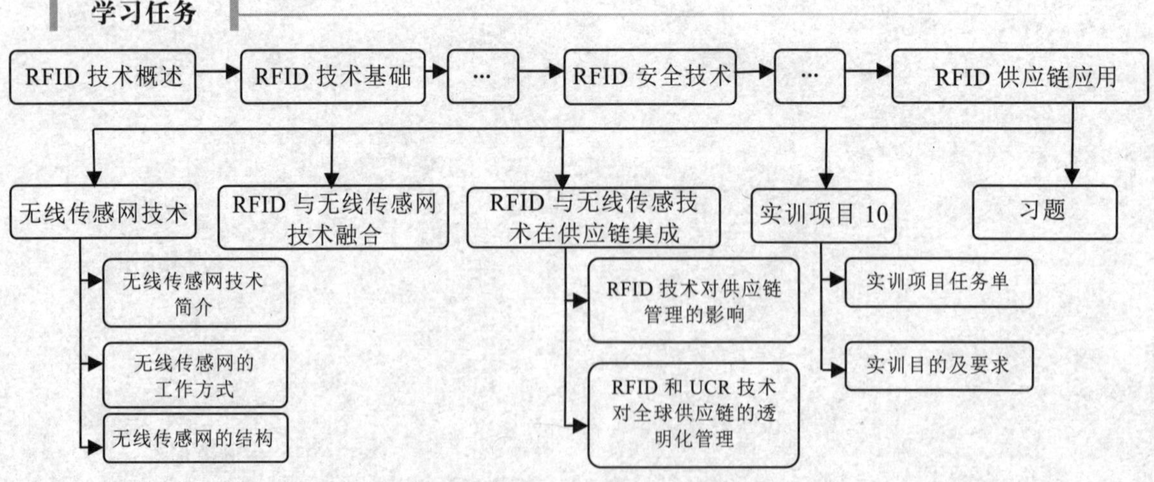

导读 10-1　福特汽车 RFID 供应链管理出奇效

尽管目前在全球范围内，还没有对汽车行业应用 RFID 技术提出任何强制性要求，但汽车行业也已经产生了许多使用 RFID 技术的成功案例，RFID 射频快报曾经对瑞典汽车经销商——Holmgrens Bil 使用基于 WiFi 技术的 RFID 实时追踪定位系统对卖场的 1000 余辆汽车交易活动进行实时精准管理的案例做过专题报道；经过粗略统计，在汽车制造供应链环节使用

RFID 技术的企业数目呈增长态势，抛开国外众多案例不说，在中国，已经有了重汽集团和台湾裕隆汽车导入 RFID 技术的先例。相信不久的将来，全球汽车行业也会像物流与零售行业一样，RFID 随处可见！

WhereNet 提供的有源标签技术和无线网传感技术被充分地利用，这些设备安装在福特的车间以实现实时定位、提供实时信息，TNT 的材料排序中心（MSC）也安装了相关设备，它可以完成福特产品的接收、包装和运输等一系列工作、并将产品材料按照设定的顺序运送到生产线上。RFID 识读设备安装在 MSC 的门口处，用于读取材料上的 RFID 标签信息及 ID 编码。通过自动获取数据，系统可以确定材料是否到达及是否被充分地利用。此外，福特 RFID 系统还可以与一个高级运输系统（ASN）功能相结合，获得材料在途的定位信息。

福特 RFID 系统还有一些其他用途，如可以自动监测货物装卸过程，实行跟踪监测和实时定位控制及促进 MSC 和装配车间的交流等。为了防止操作中断和减少手工操作，福特采用了 Tibco 提供的实时控制软件。当福特公司的全部供应链环节都参与进来时，RFID 系统就可以提供实时监控，其中涉及材料供应商、排序中心、生产车间及产品配送环节等多方面的配合。

排序中心可以为福特装配线提供零部件、排列材料次序及分析仪表等，零部件可以靠工人通过塑料看板传递，一般传递的零部件不会超过 35 英镑。排序操作主要是将需要的材料按顺序送过去，一般都为 1000～2000 英镑，需要用叉车运输。尽管仪表比零部件还小，但是一次运输 500 多英镑，也需要使用叉车。在使用 RFID 技术之前，大部分工作都是采用手工操作完成的，流程经常会因为各种原因中断，像运输延迟、零部件缺失、错放及丢失等现象很普遍。

WhereNet 的 RFID 有源标签每四分钟发射一次信号，可以被安装在 TNT 排序中心和福特装配车间的 RFID 读卡器接收到，这些标签数据信息可以被采集、分类、评估及分析总结。福特还安装了图表分析软件，并在叉车上安装一个可便携式计算机（用来分析数据）。为了使用 RFID 技术，TNT 采用了一系列的软件，像仓库管理系统、仓库跟踪系统及 WhereNet 的可视性服务软件等，这些软件全部通过 Tibco 的中间件整合起来。

这次合作整合了福特、TNT、WhereNet 和 Tibco 的力量，现在该 RFID 有源项目的实施非常成功，实时控制管理在各个平台运转良好，其同步协调性也很好。福特认为，如果能够实现全球化的供应链整合，那么 RFID 技术将会取得更大的成功。

（资料来源：http://www.Rfid808.com/newdetai/file/20083289112.htm）

【分析与讨论】

（1）什么是供应链？什么是供应链管理？

（2）RFID 技术在福特汽车供应链管理起到了什么奇效？

10.1　无线传感网技术

1. 无线传感网技术简介

微电子机械系统（MEMS）、无线通信和微电子技术的进步，使得设计和开发低成本、低功耗、多功能的微型传感器成为可能。无线传感网由称为“微尘（mote）”的微型计算机构成。这些微型计算机通常指带有无线链路的微型独立节能型计算机。无线链路使得各个微尘可以通过自我重组形成网络，彼此通信，并交换有关现实世界的信息。这些微型传感器体积小，具有传感、数据处理和通信部件，在今后几年，甚至会出现超低功耗 SoC，在单片上集成无线通信、微处理器和 MEMS 传感和机械部件。众多具有通信、计算能力的传感器（或作动器）通过无线方式连接，相互协作，同物理世界进行交互，共同完成特定的应用任务，称为传感器网络（Sensor Network）。无线传感网的典型示例——智能尘埃结构示意图如图 10-1 所示。

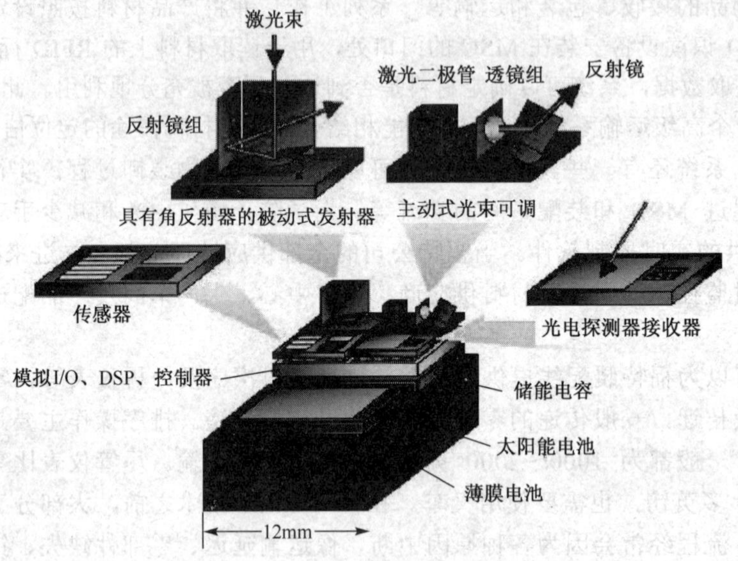

图 10-1　智能尘埃结构示意图

与传统的传感器相比，无线传感网易于部署，即传感器节点位置不需要事先确定或精心设计，允许任意放置，部署维护成本低，具有较高的灵活性；无线传感网由大量廉价节点组成，可放置在物理现象作用范围内，从而获得较高的观察精度性，具有较高的性价比；无线传感网具有大量冗余节点，即使部分节点失效，也不会影响整个系统的功能，因而具有较好的健壮性；无线传感网节点具有计算能力，可以相互协作，能够完成传统传感器所不能完成的任务。无线传感网技术示意图如图10-2所示。

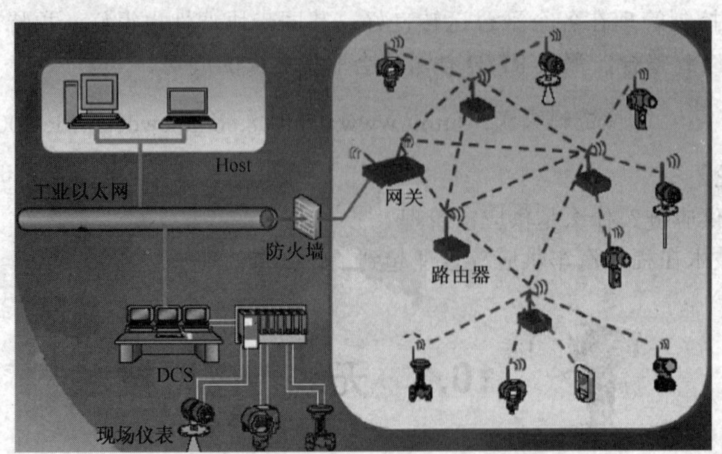

图 10-2　无线传感网技术示意图

2．无线传感网的工作方式

这些传感器相互连接的方式类似于无线笔记本计算机、台式机和 PDA 与互联网连接的方式。它们只需极少功率，同时随着价格在未来几年的不断降低，其相关应用将可以得到进一步推广。它们如同种子一样遍布世界的每个角落，彼此互通，可在环境监视和信息收集过程中发挥重要作用。例如，无线传感网可以告诉您发动机什么时候需要维护，可以监视建筑物或森林以预防火灾或警告使用微尘地区的水坝出现坍塌迹象。

这些传感器为实现“主动式计算”奠定了坚实基础，传感器通过数百个小型计算机共同协作来猜测人类的切实需要。英特尔研究总监 David Tennenhouse 表示：“现在，要么计算机等待我们，要么我们等待计算机，在主动式计算世界里，计算机将能够猜测出您的需要，甚至有时会代表您执行某些职能。”

3．无线传感网的结构

无线传感网由大量高密度分布的处于被观测对象内部或周围的传感器节点组成，该节点不需要预先安装或预先决定位置，这样提高了将动态随机部署于不可达或危险地域的可行性。无线传感网具有广泛的应用前景，范围涵盖医疗、军事和家庭等很多领域。其体系结构如图 10-3 所示。

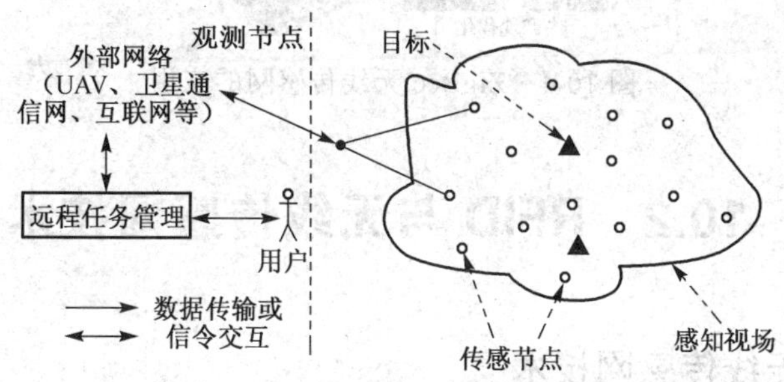

图 10-3　无线传感网的体系结构

无线传感网包括 4 类基本实体对象：目标、观测节点、传感节点和感知视场，另外，还需定义外部网络、远程任务管理单元和用户来完成对整个系统的应用描述。大量传感节点随机部署，通过自组织方式构成网络，协同形成对目标的感知视场。传感节点检测的目标信号经本地简单处理后通过邻近传感节点多跳传输到观测节点。用户和远程任务管理单元通过外部网络，如卫星通信网络或 Internet，与观测节点进行交互。观测节点向网络发布查询请求和控制指令，接收传感节点返回的目标信息。

传感节点具有原始数据采集、本地信息处理、无线数据传输及与其他节点协同工作的能力。依据应用需求，它还可能携带定位，能源补给或移动等模块。传感节点可采用飞行器撒播、火箭弹射或人工埋置等方式部署。

目标是网络感兴趣的对象及其属性，有时特指某类信号源。传感节点通过目标的热、红外、声纳、雷达或震动等信号，获取目标温度、光强度、噪声、压力、运动方向或速度等属性。传感节点对感兴趣目标的信息获取范围称为该节点的感知视场，网络中所有节点感知视场的集合称为该网络的感知视场。当传感节点检测到的目标信息超过设定阈值，需提交给观测节点时，被称为有效节点。

观测节点具有双重身份。一方面，它在网内作为接收者和控制者，被授权监听和处理网络的事件消息和数据无线，可向无线传感网发布查询请求或派发任务；另一方面，它面向网外作为中继和网关完成无线传感网与外部网络间信令和数据的转换，是连接无线传感网与其他网络的桥梁。通常假设观测节点的能力较强，资源充分或可补充。

4．无线传感网的应用

无线传感网的传感节点可以连续不断地进行数据采集、事件检测、事件标识、位置监测和节点控制，传感器节点的这些特性和无线连接方式使得无线传感网的应用前景非常广阔，能够广泛应用于国防安全、节能应用、健康照顾、智能家居、全新领域、工业应用、时尚生活、生活现代化、交通物流及安全应用等领域，如图 10-4 所示。随着无线传感网的深入研究和广泛应用，它将逐渐深入到人类生活的各个领域。

图 10-4　ZigBee 无线传感网的应用

10.2　RFID 与无线传感网技术的融合

10.2.1　RFID 与无线传感网技术

基于无线传感网的超级 RFID 系统（以下简称超级 RFID 系统）综合了 RFID 和传感器网络的技术特点，它继承了 RFID 利用射频信号自动识别目标的特性，同时实现了无线传感网主动感知与通信的功能。基于传感器网络的超级 RFID 不是被动的卷标技术，它能够主动对环境进行监测并记录相关数据，必要时还能够主动发出警报。

1. RFID 与无线传感网的技术融合

RFID 数据与供应链管理各环节中的融合如图 10-5 所示。

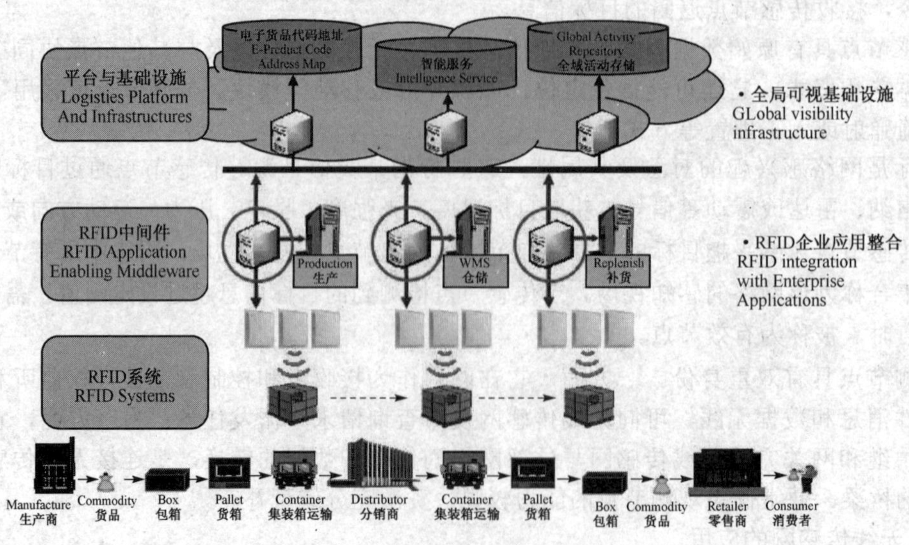

图 10-5　RFID 数据与供应链管理各环节中的融合示意图

RFID 技术与传感器网络技术相结合，可能是将来的一个发展趋势。传感器网络一般不关心节点的位置，因此对节点一般都不采用全局标识，而 RFID 技术对节点的标识有着得天独厚的优势，将两者结合共同组成网络可以相互弥补对方的缺陷，既可以将网络的主要精力集中到数据上，当需要具体考虑某个具体节点的信息时，也可以利用 RFID 的标识功能轻松地找到节点的位置。

RFID 供应链管理各环节的装备物流设计与物流信息系统的融合如图 10-6 所示。

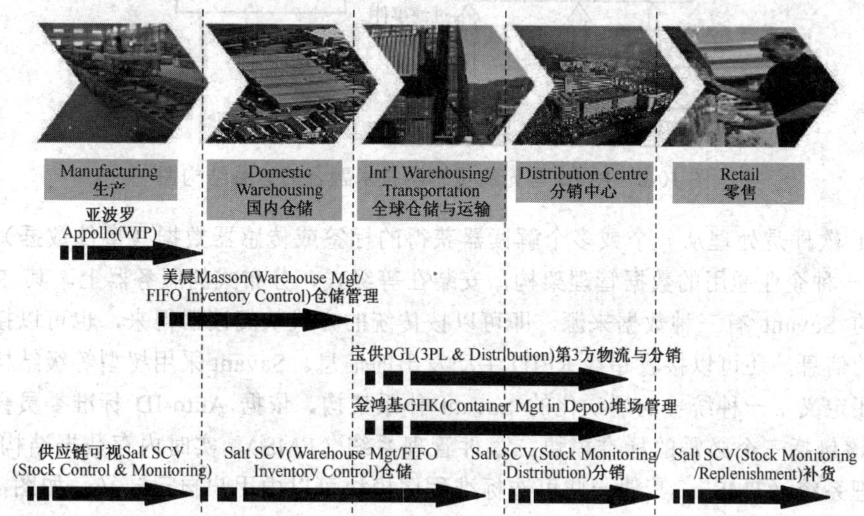

图 10-6　RFID 供应链管理各环节的装备物流设计与物流信息系统的融合示意图

2．RFID 与无线传感网技术融合的组成

超级 RFID 系统采用层次型的组成结构，分为末梢节点和网关节点和上层用户三个层次，如图 10-7 所示。

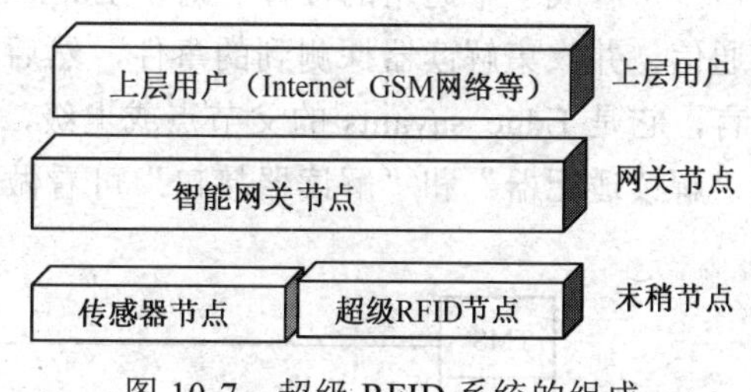

图 10-7　超级 RFID 系统的组成

末梢节点由两部分组成，分别是数量众多的普通传感器节点和超级 RFID 节点。超级 RFID 节点除了具备基本的 RFID 无线标记功能外，在节点上还配置了微型传感器，可以主动感知节点标记对象的温度和湿度、位置移动、烟雾、电磁环境、声音等信息，并且可以主动上报感知信息。

而带有传感器器件的智能处理节点则充当网关节点。网关节点担负两方面的功能：读取、汇聚超级 RFID 节点和传感器节点的信息；对读取的信息进行分析，实时监控环境信息。有源的网关节点在必要时读取 RFID 标签的信息，通过传感器网络发送给上层用户；当然，RFID 节点的信息也能够被手持式阅读器随时读取。

上层用户主要是指与智能网关节点直接通信的外部网络，如 Internet、GSM 网络等。另外，无线传感网和现有的无线通信终端（如手机）还不能很好地通信，利用现有的网络将处理好的信息发送到用户终端是一个不错的选择。

3．RFID 与无线传感网技术融合的体系结构

超级 RFID 系统融合了无线传感网和 RFID 技术，因此在设计系统体系架构时，要综合考虑到两者的特点。系统体系结构如图10-8 所示。

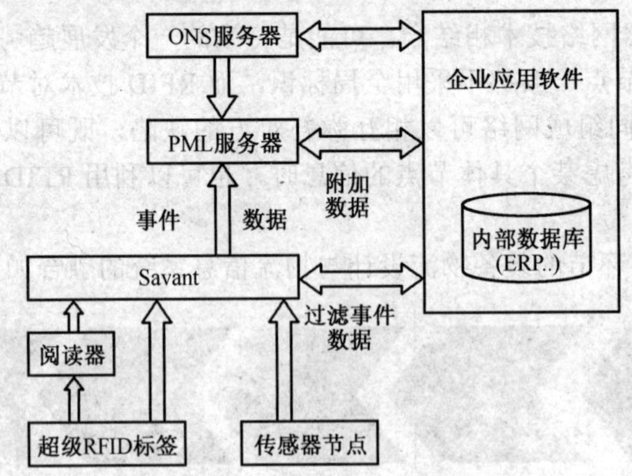

图 10-8 RFID 与无线传感网技术融合的体系结构图

Savant 软件是处理从一个或多个解读器获得的标签或传感器数据（事件数据）流的“中间件”，是一种企业通用的数据管理架构，安装在等级式、分布式的服务器上。其 RFID 传感网络系统的 Savant 有三种数据来源，即可以按传统的方式从阅读器得来，也可以接受来自传感器节点的信息，还可以接收超级 RFID 主动发出的信息。Savant 采用树型等级结构，并根据其分类，还定义了一种统一的层次化的 Savant 体系架构。依据 Auto-ID 标准委员会的定义，Savant 应该包括三个必需的标准模块：事件管理系统（EMS）、实时内存数据结构（RIED）和任务管理系统（TMS）。其他一些可选标准程序模块可以由用户自己定义。如图 10-9 所示是 Savant 的体系结构。

在图 10-9 中，事件管理系统应用在 Edge Savant（ES）上采集标签解读事件，它与解读器应用程序通信，管理解读器发送的事件流。EMS 体系结构中的“解读适配器”和“解读器接口”可看成一个通用的接口。对于 Edge Savant 而言，解读适配器直接或间接地与解读器进行通信，并收集解读器探测到的事件，然后将这些事件写入解读器接口；对于 Internal Savant 而言，它是 Edge savants 的父节点或上级，IS 从它的下属 Edge Savant 中采集 EPC 数据，因此“解读适配器”和“解读器接口”可看做通用的网络数据访问接口。

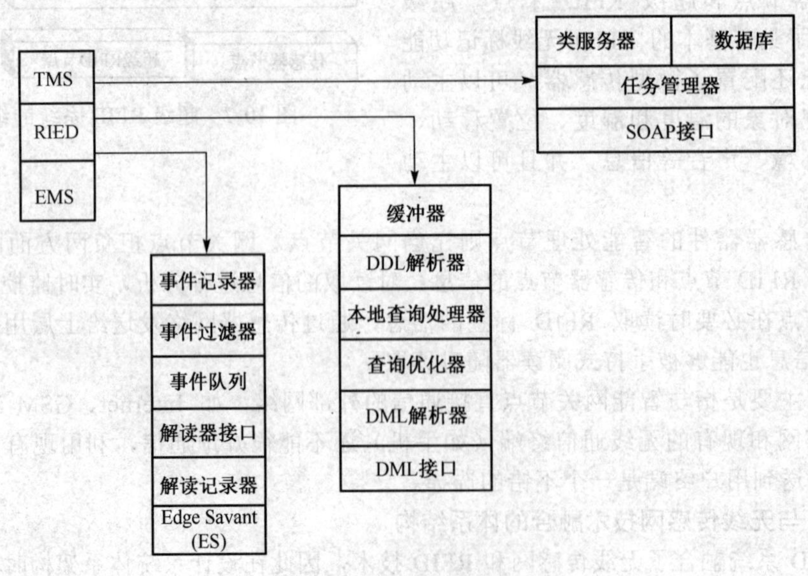

图 10-9 Savant 的体系结构

如图 10-10 所示为基于无线传感网的物流信息服务平台的互联互通。

RIED 是一个用来保存 Edge Savant 信息的内存数据库，而 Edge Savant 保存和组织解读器发送的事件。事件管理系统（EMS）提供过滤和记录事件的框架，其记录器可以将事件保存在数据库中。当数据库处理大量事件时，RIED 提供了与数据库同样的接口，但其实时性要好。应用程序可以通过 JDBC 或本地 Java 接口访问 RIED。

图 10-10　基于无线传感网的物流

Savant 软件根据用户定制的任务进行数据管理、数据监控。EMS 负责管理由上级 Savant 或企业应用程序发送到本级 Savant 的任务。Savant TMS 使分布式 Savant 的维护变得简单，写入 TMS 的任务可以获得 Savant 的所有属性。

10.2.2　基于无线传感网和分级 RFID 技术融合的物流跟踪监控

1. WSN 无线传感网分级 RFID 物流跟踪

目前，我国许多物流企业采用了监测控制系统，但其监测仅局限于对运输车辆状态进行跟踪、管理，而对分散的监控点之间的物品不能实现实时监控，使得生产厂商和供应商不能及时掌握物品信息。除此以外，物流过程中还缺少有效的产品身份证制度，一旦产品质量出现问题，很难追本溯源，从而严重影响了物流系统的进一步健康发展。

随着需求的升级，美、欧等国家和地区已经开始对物品实施全程监管、实时控制，实时掌握物流过程（包括运输、仓储、装卸搬运、包装、配送等）中产品的品质、标识、位置等信息已经成为现代物流管理系统的新要求。

本节提出基于 WSN 和分级 RFID 融合的物流跟踪监控系统，综合了无线传感网和 RFID 的技术特点，不仅能够实时地对物流过程中产品的品质、标识和位置等信息进行监控，而且还能够显著提高仓储和配送的效率和准确性，因此该系统有着广泛的应用前景。

2. 基于 WSN 和分级 RFID 技术融合的物流跟踪监控系统

（1）系统构成

基于 WSN 和分级 RFID 技术融合的物流跟踪监控系统（如图 10-11 所示）主要由三部分组成，分别是无线数据采集网络，由无线 GPRS 和有线 Internet 组成的数据传输网络及远程监控中心。其中，无线数据采集网络由具有 RFID 阅读功能的传感器节点和无线网关节点自组织形成。

在该系统中，无线数据采集网络负责在配送中心、送货车箱等应用场景下，对产品的环境参数、品质特征、产品标识等信息进行采集，由网关节点负责读取汇聚节点收集到的信息，在必要时读取 RFID 标签信息，并通过传输网络发送给控制中心的中心服务器；中心服务器负责对采集到的数据进行存储、分析和处理，将处理后的数据存储到在线数据库中，以供用户通过 Internet 或者 GPRS 网络对相关的信息进行查询和控制。

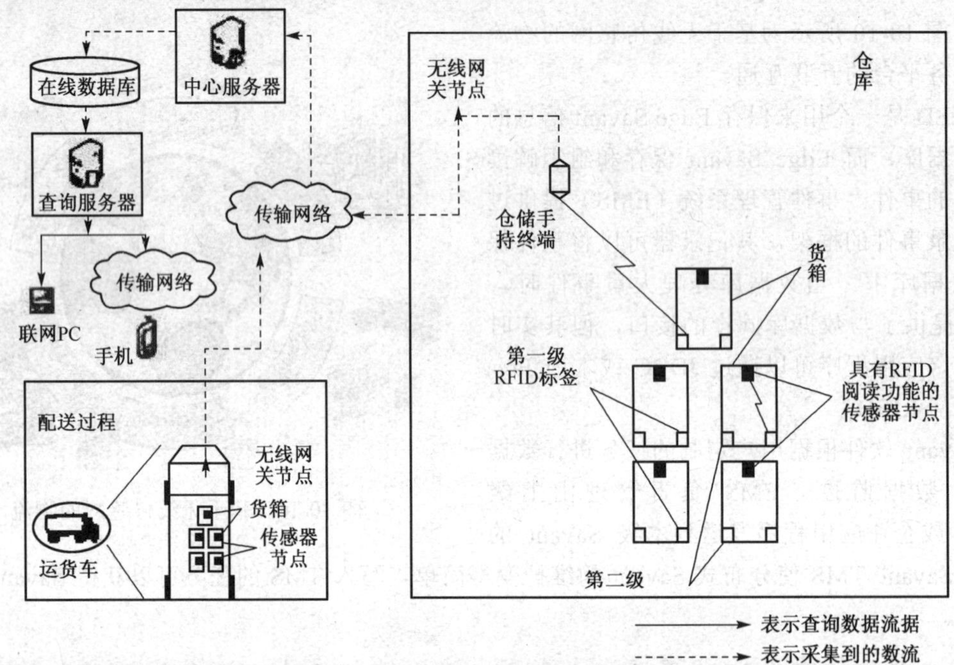

图 10-11　基于 WSN 和分级 RFID 技术融合的物流跟踪监控系统示意图

整个数据采集过程采用被动式与主动式相结合的方式。在正常状态下。网络中各节点都处于被动工作方式，即只有接到网关节点询问消息时才返回节点的状态信息；而当网络中任意一个节点一旦检测到环境参数异常或者产品品质出现问题时，该节点立即转换为主动工作方式，向网关节点主动发出报警和定位信息，网关节点再将信息发送给中心服务器，通知相关人员对异常情况进行适当处理。

（2）节点设计

具有 RFID 阅读功能的传感器节点设备由数据采集单元、处理与控制单元、WSN 无线通信单元、RFID 无线通信单元、供电单元等部分组成，具备感知、无线通信和处理信息的功能。其中，数据采集单元由传感器阵列和模数转换装置构成，它负责将感知到的温度、湿度、气体、光照强度、气味等信息转换为模拟信号，然后通过模数转换将其转换为数字信号输入处理与控制单元中。处理与控制单元由应用、存储器和 CPU 构成，它负责对监测到的环境参数等信息进行本地比较，如果发现有异常则主动触发 WSN 无线通信模块，向网关节点发送物品品质、环境参数异常的报警信息。此外，处理与控制单元还要负责发送读取控制信号给 RFID 读卡器，以读取 RFID 信息。供电单元为传感器节点提供运行所需要的能量，通常采用微型电池。

（3）分级 RFID 标签

RFID 标签根据所采用的工作频率不同而具有不同的识别距离。分级 RFID 标签是指将具有不同识别距离的 RFID 标签分成不同的等级，每一级标签分别完成不同的功能。在本系统中，采用了两级 RFID 标签，第一级 RFID 标签为环境监测级 RFID 标签，第二级 RFID 标签为货物配送级 RFID 标签。

第一级 RFID 标签是固定在货箱内的识别范围较小的低频 RFID 标签。当产品品质或者周围环境参数发生变化时，它通过处理与控制单元发送读取控制信号给 RFID 读卡器，以读取天线辐射近场区内（最大识别距离为 10～180cm）的货箱标签信息。这样，仓库管理员通过具有 RFID 阅读功能的仓储手持终端可以快速、方便地定位到相应的货箱。因此，第一级 RFID

标签也称环境监测级 RFID 标签。

第二级 RFID 标签是贴在货箱上的识别范围较大的标签。当货箱通过配送中心的出入口处的网关设备时，进行远距离（最大识别距离可达 10m 以上）非接触式扫描。入库时，货物的各类信息被写入货箱所贴 RFID 标签内；出库时，出库口的读卡器读出出库货物信息，装货完毕后自动生成配送单，并将其发送给配送手持终端；货物出库装车完毕后，配送手持终端跟随运输车辆，在运输的过程中可以读取货箱 RFID 标签的信息以便验证货物的准确性，在中间站卸货时，可由配送手持终端根据货物列表方便、快速、准确地进行分拣核对。第二级 RFID 标签提高了仓储、配送的智能化管理水平，也称货物配送级 RFID 标签。两级 RFID 标签共同配合，构成了该系统中的 RFID 无线通信部分。

3. 基于 WSN 和分级 RFID 技术融合的物流跟踪监控系统分析

基于 WSN 和分级 RFID 技术融合的物流跟踪监控系统不仅继承了 RFID 简单、快捷、自动识别目标的特性，还继承了无线传感网主动感知与通信的功能。该系统的特征主要体现在以下几方面。

（1）实现了物品品质、环境变化的实时监测与定位

在物流动态过程中，产品的理化特性可能会发生变化，表现在或者产生腐败变质的异味和热量等变化，利用集成在传感器节点设备上的气敏传感器、温湿度传感器阵列可以采集到感知域内的 C_2H_4、C_2H_5OH 等气体的含量，以及温度、湿度等环境信息。结合第一级 RFID 标签，系统可以实现产品品质、环境参数的实时监测和异常产品的准确定位，防止异常情况的进一步发展。同时，对出现产品品质问题的物品还能够跟踪其来源，防止再次发生此类情况。因此，本系统不仅可以覆盖更大的监控范围，而且可以提供更深入的信息感知能力。

（2）显著提高了物流过程中仓储及配送的智能化管理水平

采用第二级货物配送级 RFID 标签，在仓储或者运输车辆环境中，利用识别距离较大的 RFID 标签，可大大提高仓储和配送的效率和准确性，有效降低物流过程的周期和成本。

（3）网络的灵活性强

由于节点不需要任何配置就可以自行工作，所以本系统可以自动与网络运行过程中加入进来的新节点设备进行通信，并且当网络中的节点因失去电力等原因而失效、死亡时，网络结构将会自动重新组合，不会影响网络的正常运行。

将无线传感网与 RFID 技术进行融合是现代物流信息管理技术的一个重要发展趋势。目前，对于两者的融合，国内外都处于研究探索阶段。

10.3　基于 RFID 无线传感网的供应链物流管理的集成

10.3.1　RFID 技术对供应链管理的影响

随着全球经济一体化的发展趋势，现代物流与供应链的高效管理成为企业竞争力的核心，本节将从介绍现代物流信息化发展中亟待解决的核心问题引出 RFID 技术应用于物流领域的优势，再通过案例的共享阐述 RFID 物流供应链管理的解决方案及现阶段的主要应用。

1. RFID 技术在物流供应链中的应用优势

RFID 的特点是利用无线电波来传送识别信息，不受空间限制，可快速地进行物品追踪和数据交换。工作时，RFID 电子标签与阅读器的作用距离可达数十米甚至上百米。通过对多种状态下（高速移动或静止）的远距离目标（物体、设备、车辆和人员）进行非接触式的信息采集，可对目标进行自动识别和自动化管理。由于 RFID 技术免除了跟踪过程中的人工干预，在节省大量人力的同时可极大提高工作效率，所以对物流和供应链管理具有巨大的吸引力。

2. RFID 技术在物流供应链中的主要应用

RFID 在我国物流领域的应用虽然刚刚起步，但也已经有多种形式：一是用在企业内部，如在自动化立体仓库的托盘上安置电子标签，可以明显提高管理的精细化程度，典型案例为海尔、深圳白沙集团；二是用在一条供应链上，如香港溢达集团在新疆的棉花采购流程中使用了电子标签，降低了管理成本，提高了产品质量，改善了库存的调度水平；三是在较大范围的网络中应用，典型案例就是铁道部的车辆管理调度系统，其直接经济效益是十分可观的。

目前 RFID 在我国物流领域的应用有以下特点：第一，标准的不统一使得应用系统相对封闭，基本上是一个企业或集团单位内部可以完全控制的系统，如产品调度、集团物流配送管理系统等，它们建立的是自用的一套设备、频率、操作和编码标准体系；第二，物流设备、器材的应用先于商品的应用，即车辆、集装箱、托盘、钢气瓶等容器采用电子标签，商品者仍可使用条形码，两种技术结合起来作为起步方案，可能是一种现实的解决方案；第三，政府推动的作用是很关键的因素。我国军事、公安部门的应用也很见效，此外在保税监管、医药食品监管方面都有这方面的探索，这正对未来整个行业的物流及监管模式产生深刻的影响。

3. RFID 供应链管理应用的影响

RFID 由于其自身的特点可以在供应链不同的环节中随不同的实体（原材料、零部件、产品、运输工具等）移动，通过不同的环节向不同的系统输入、输出数据，这样就提供了一个统一的数据交换的媒介。它对改进供应链管理、提升供应链绩效具有深刻的影响。

（1）供应商：实时获取货物及库存信息

传统的供应商管理库存主要是依靠人工扫描条码信息后利用计算机进行管理的，工作量大且容易出错。供应商采用 RFID 技术以后，当带有 RFID 电子标签的货物进入射频天线工作区时，电子标签将被激活，标签上的所有的数据（如生产厂家、货物名称、数量等）都将被自动识别。

（2）制造商：改进采购管理，实现 JIT（准时）生产

生产企业的采购人员可以利用便携式数据终端调用后台数据资料，并读取生产区库存品的 RFID 标签信息，现场决定是否应补货或退货。生产运行人员也可以利用 RFID 技术实现在整个生产线中对原料、零部件、半成品和成品的识别和跟踪，从品种繁多的货品中准确地找到自己即时需要的原材料和零部件，并将其及时准确地送达到工位上，确保企业的高效运作。宝洁公司每年有 300 万美元的损失就是因为订单不及时导致商品缺货所造成的。在使用 RFID 的系统之后，这一切问题都能得到很好的解决。

（3）配送中心：提高作业效益，实现可视化管理

在配送中心的接货口，RFID 阅读器将自动采集货物信息，完成盘点并传输到计算机系统中，再根据需求情况进行入库储存或送到拣货区。当货物入库后，通过货架固定式的 RFID 阅读器可自动完成清点作业，并更新库存信息，同时实时监控货物的库存量，实现自动补货功能。在拣货、流通加工和包装等作业过程中，通过分布在配送中心的 RFID 阅读器可实现对货

物的实时追踪。整个作业过程对货物的摆放位置没有要求，无须人工调整货物的摆放朝向。

（4）零售商：建立快速反应机制，提高利润率

应用 RFID 技术可以进行高效率的入库、存储和销售信息管理。当货物运抵零售商店时，卡车直接开过安装有 RFID 阅读器的接货口大门，货物即清点完毕，然后直接上架或暂时保存在零售仓库中，同时更新库存信息。当顾客从智能货架上选择商品并完成交易之后，系统会自动更新库存信息；当货架上商品量低于某一设定值时，就会发出低库存警告，告知将进行补货。

应用 RFID 技术还可以防止商品的偷盗和进行时效控制。由美国佛罗里达大学进行的一项“零售安全调查”表明，美国每年有相当于零售总额 2%的货品被雇员或顾客偷盗或为假冒商品。在使用了 RFID 技术后，系统可以瞬间监测出未经认证许可的商品的出入并报警。将商品的时效信息存储于 RFID 标签中，这样每天系统都将自动遍历数据以提示最接近过期时间的商品，以便于理货员对提示商品进行定位处理，这样不仅节约了时间，也挽回了因食品等过期而造成的损失。

（5）客户：方便高效，免除后顾之忧

当消费者推着装有商品的购物车从有 RFID 阅读器的过道中通过后，商品统计便自动完成，顾客可以选择现金、信用卡付账，也可以使用带有 RFID 标签的结算卡由系统自动扣除款项。收银员不用再一次次将众多精力和时间用在顾客所购买的物品的搬运和扫描上，消费者也不必为排队结账而烦恼了。

正是由于 RFID 技术具有如此诱人的影响和应用，供应链管理专家对该项技术极为推崇。Accenture 咨询公司经过慎重分析后指出，应用 RFID 可以使整个供应链增加 1%～2%的销售额，减少 10%～30%的库存，降低 5%～40%的劳动力成本。

10.3.2　RFID 和 UCR 技术对全球供应链的透明化管理

1．全球供应链透明化的关键技术

UCR（The Unique Consignment Reference Number）为货物唯一追踪号码。进口商与出口商正式签订销售合约时，会首先约定 UCR 号码，则该批货物就被赋予可区别其唯一性的一组号码，该号码以条形码贴于货物上，不论途中经过多少中介商或政府机关，此号码一直与该批货物的运输流程紧密结合，直到国外进口商完成通关手续接收货物为止。换言之，UCR 是连接整个货物发送端到目的端运输链的一组编码，涉及的使用者包括进口商、出口商、中介商（如银行、保险业者、征信业者、运输业者、仓储业者、货物承揽业者、国内报关业者）等与相关政府机关（如海关、贸易机关、签审机关、与检疫机关）等，海关并非单一使用单位。

UCR 编码是由 35 位字母和数字符组成的。如图 10-12 所示，其第一个字符是用于识别十年中的具体年份，用数字 0～9 表示。后面的两个字符代表国家编码，用于识别 UCR 发出的国家。剩下的 32 个字符包括一个正式公开国家的公司标识符，以及一个用于在发行者内部使用的连续的独特的参考编码。

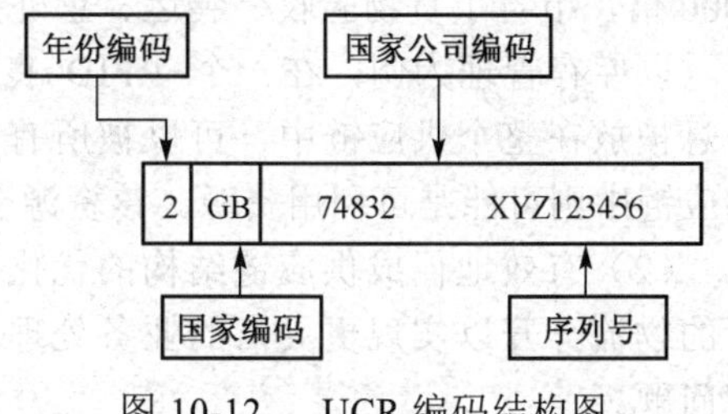

图 10-12　UCR 编码结构图

目前来说，只有 ISO15459—1 对 UCR 编码进行了相关的定义和说明，RFID 相关组织 EPCglobal 正在与 WCO 协商是否可以与 SSCC（Serial Shipping Container Code）编码相融合。

2．RFID 与供应链管理集成的四个层面

1）信息集成更准确

在整个供应链的集成中，信息集成无疑是基础。当物流在供应链上流动时，RFID 使得供应链中所有的伙伴都能及时准确地获得共享信息。供应链的启动应该由最终的用户需求所驱动。在一个没有很好的信息集成的供应链环境中，最终用户的需求在供应链的传递过程中往往会被扭曲。而 RFID 可以让供应商、制造商及零售商清楚准确地了解销售终端的库存情况。供应链企业通过 RFID 所传送的信息情况，可以更准确地预测最终用户需求，进而制订计划。这样做将极大地消除牛鞭效应。牛鞭效应是信息误差从客户到供应链上游逐步放大的一种现象。如果运用 RFID，供应商能洞悉市场的变化，从而准确预计下游的需求。

2）同步计划更有效

在信息集成的供应链平台上，同步计划用于解决每个合作伙伴应该做什么、什么时候完成、完成多少等一系列问题。这种计划是每个合作伙伴根据整个供应链的共享信息制订的，因此它是准确有效的，是完全被最终用户需求所驱动的。

APS 是一种典型的供应链计划系统。APS 采用与 MRP 批计划完全不同的方式，它对最终用户的订单逐个进行计划，并将该计划在整个供应链中传递，直到供应链的每个参与者都针对性地做了相应的计划为止。

通过 RFID 提供实时的物流信息，最终用户的需求在整个供应链中的执行情况具有透明的可追溯性，避免了批量计划所产生的大量的在制品（Work-in-Process，WIP）。RFID 可保证供应链计划是一种更准确可行的计划方式。

3）增加工作流的协同程度

同步计划解决了供应链应该做什么的问题，而协同工作流则是要解决怎么做的问题。

协同工作流包括采购、订单执行、工程更改、设计优化等业务。RFID 对采购、收货、入库、分拣到出库、运输、上架最终到达客户手中的一系列流程进行简化，其结果是形成灵活、高效、可靠、低成本运作的供应链。

目前，很多 ERP 的供应商在其系统中也集成了 RFID 的应用，但这只是一种供应链管理，而通过 EPC（电子产品代码）的统一，可形成跨企业的信息流统一，最终达到工作流的统一。

4）商业环境的完整集成

RFID 良好集成的供应链环境，为供应链的参与者提供了一个全新的商业运作模式，使得企业能更有效地追求目标。

（1）可以更有效地利用资源。RFID 不需要人工去识别标签，阅读器直接从电子标签中读出商品的相关数据。一些读卡器可以每秒读取 200 个标签的数据，这比传统扫描方式要快 1000 倍，节省了货物验收、装运、意外处理等劳动力资源。

以库存管理为例，在一个 RFID 良好集成的供应链环境中，由于信息的高度共享，物料信息被放在整个供应链中，可以被所有参与者访问，所以单个企业内部的不可用资源在整个供应链中则可能是可利用资源。该资源会被集成 RFID 功能的同步计划自动利用。

（2）有效地促成供应链结构的优化。在高度协调集成的供应链环境中，信息流可以和实际的物流分开以实现更灵活的业务处理，但是如何把信息流与物流紧密联系起来成为一个关键问题。

通过跨组织实施 RFID 技术，上游供应商和制造商联合下游的分销商和零售商，可以采用货箱、托盘、包装标记来跟踪供应链中的产品，从而降低存货量以减少流动资金的占用，更精确高效地存储产品并增加销售。

（3）真正做到实时供应链管理。通过 RFID 集成的信息系统平台，库存或运输途中的货物都能被清晰准确地表现出来，各供应链成员可洞悉整个供应链的销售、供应状态。整个供应链的反应速度、准确性也将得到提高，从而可减少反向物流。市场需求在一个高度实时集成的供应链环境中将被所有的参与者协同完成。

全面的供应链集成就好像一个大型的虚拟企业组织，组织里的每个成员共享信息、同步计划、使用协调一致的业务处理流程，共同应对复杂多变的市场，为最终用户提供高效快捷、灵活的支持和服务，从而在竞争中获得优势。

3. 全球供应链透明化的实现

实现全球供应链透明化的关键是信息的标准化，只有标准化信息才能连接全球各地不同的货运承揽、运输及仓储业者。而货物唯一追踪号码是在货物运输之前被赋予的唯一一组号码，在运输途中不管经过多少中介商或者政府机构，此号码将一直与该货物紧密相连，直到国外的进口商完成通关手续接收货物为止。事实上，UCR 在这里实现了货物信息的标准化，方便货物进行运输，使通关也变得十分简单而快捷，同时可以对货物进行追踪，使货物的安全得到了进一步的保障。

UCR 的基本运作模式如图 10-13 所示。货物在运输途中所包括的关键信息有：贸易商、货物承接商、运输业者及海关。UCR 的应用也可以分为单一运送、货物拼装运送和货物分运。单一运送就是把一个 UCR 号码赋予一整批货物，通过一种运输方式将货物运往目的地。货物拼装运送是指从不同托运人中收取运往同一地方的货物，然后拼装成批或者箱，再通过一种运输方式进行运送。而货物分运是指整批货物被赋予同一个 UCR 号码，利用不同的运输工具将这批货物运往不同的目的地。

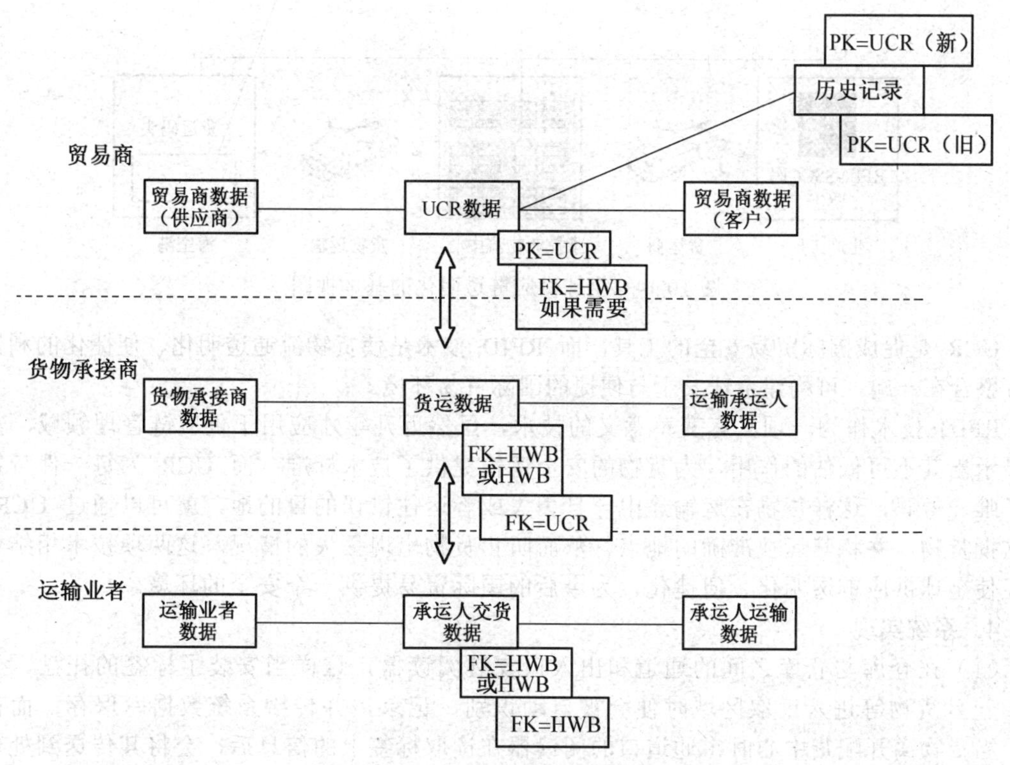

图 10-13　UCR 的基本运作模式

通常情况下都是使用同一个 UCR 号码将货物从起始点运往目的地的，但是有些情况例外，如货物转售时，UCR 号码将会改变，在这种情况下应当记录 UCR 号码的历程，以便对货物进行追踪。

RFID 技术是实现全球供应链透明化的一项至关重要的技术。和接触式识别技术不同，RFID 系统的电子标签和阅读器之间不用接触就可完成识别。与条形码技术相比，RFID 技术的识别距离更远，因此它可在广泛的场合中得到应用。随着大规模集成电路技术的成熟，RFID 系统的体积大大缩小，现在已经初步进入实用化的阶段。

RFID 系统通过为每一件货品提供单独的识别身份及储运历史记录，从而提供了一个详尽而具有独特视角的供应链，实现了货物的全程追踪及供应链的透明化。虽然 RFID 系统并不采用中央计算机来记录每个托盘或货品的位置，但它能够清楚地获知托盘上货箱甚至单独货品的各自位置、身份、储运历史、目的地、有效期及其他有用信息。正因为 RFID 系统能够为供应链中的实际货品提供如此详尽的数据，并在货品与其完整的身份之间建立物理联系，所以用户可方便地访问这些完全可靠的货品信息。

如图 10-14 所示为全球供应链透明化的基本视图。由图可知，货物在出厂进行运输或者通关工作时便赋予了 UCR 号码及 RFID 标签，再通过 EPC 全球网络对货物进行监控、追踪等活动，就可使货物运输的全过程可视化。

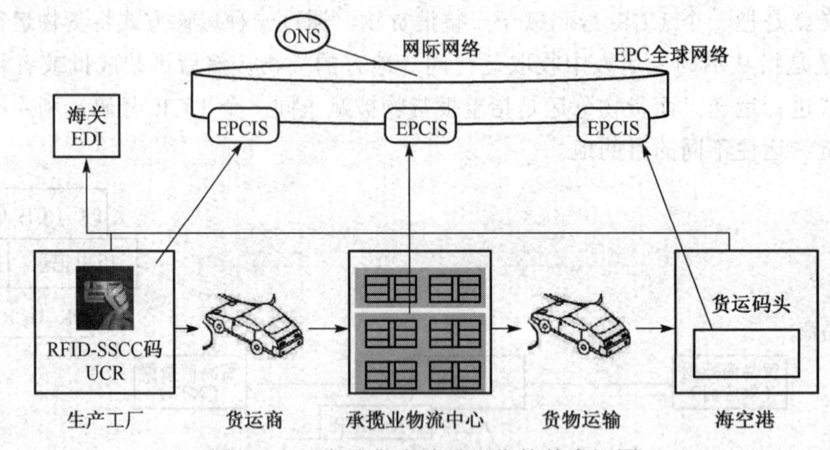

图 10-14　全球供应链透明化的基本视图

UCR 是促成国际贸易安全的工具，而 RFID 技术是使货物流通透明化、便捷化的利器，二者整合在一起，可构建全球安全与便捷的国际贸易环境。

RFID 技术作为一项具有变革意义的技术，虽然近几年才应用于供应链管理领域，却已经显示出其不可低估的作用，为货物的安全运输提供了技术标准；而 UCR 为每一件货物提供了唯一号码，这样货物在运输途中一旦丢失或者运往错误的目的地，就可以通过 UCR 找到这批货物，并将其运往准确的地点，从而防止货物出现丢失的情况。这两项技术相结合，可促使全球供应链透明化、便捷化，为今后的国际贸易提供一个安全的环境。

4．系统实现

（1）在仓库与仓库之间的通道和出入口安装阅读器，这样当安装了标签的托盘、叉车后，一旦货物等进入读取区域时便会被自动识别、记录，并传给系统数据库保存；而在后台，当货物离开配货中心时，通道口的阅读器在读取标签上的信息后，会将其传送到处理系统并自动生成发货清单；待货车抵达目的地仓库后，由接货口的阅读器自动对车上的货物直接扫描，即可迅速完成验收与核对，如图10-15 中的 B 图所示。

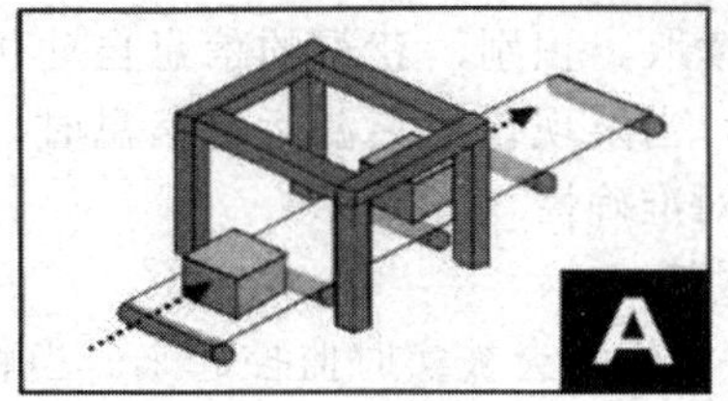

图 10-15　仓库中出入库 RFID 系统

在车、托盘上安装标签，管理系统可以随时跟踪叉车和托盘的方位。将阅读器安装在叉车、托盘进出仓库经过的通道口上方，每个托盘上都安装了电子标签，当叉车装载着托盘货物通过时，阅读器会使计算机了解哪个托盘货物已经通过。使用该系统日常处理大量托盘货物，可大大提高效率，并保证货物有关信息的准确、可靠，如图 10-16 中的 C 图所示。

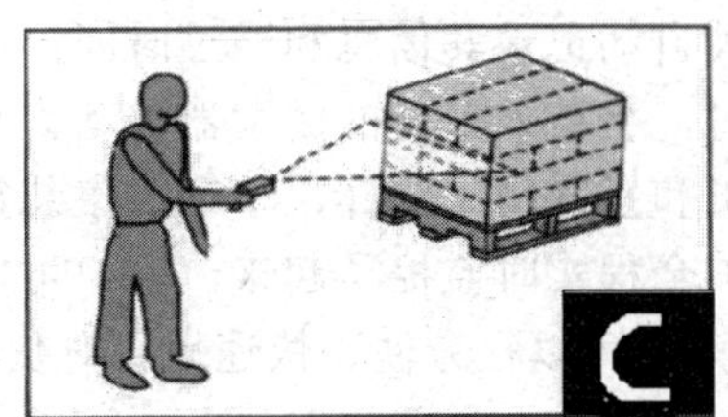

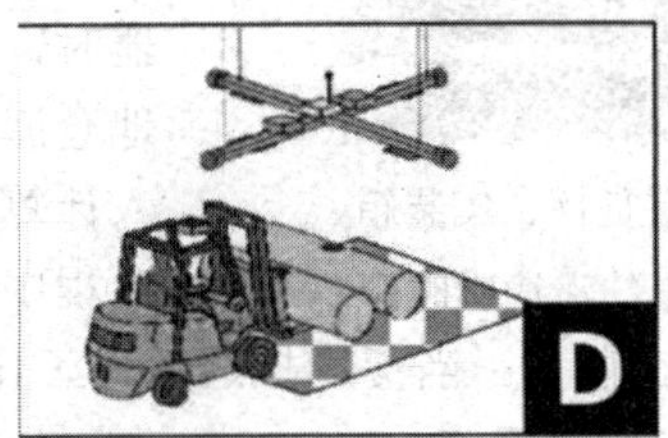

图 10-16　仓储盘点、查货

在货物及包裹上安装标签，管理系统可以通过固定安装阅读器和手持阅读器在物流的各个环节和流程进行实时跟踪，方便盘点、查找、比对。

在货物传输带上方安装阅读器，当货物通过传输带时，系统可通过阅读器快速获取货物的信息，并将其即时传入计算机和系统内的原始数据做出比对。

RFID 管理系统完全摒弃了使用书面文件完成货物分拣的传统方法，提高了效率，节省了劳动力；它不但可以快速完成简单订货的存储提取，而且可以方便地根据货物的尺寸、提货的速度要求、装卸要求等实现复杂货物的存储与提取；分拣工人只需简单操作就可以实现货物的自动进库、出库、包装、装卸等作业，降低了工人的劳动强度，提高了效率，最重要的是它可以高速无误地处理这一流程。

（2）工作人员或者叉车司机可以通过手持读卡器查在仓库内的货物进行信息的收集和查找，快速便捷，大大提高了仓储盘点、查货的效率和准确率，如图 10-16 中的 D 图所示。

（3）当货物到达目的地后，工作人员拿着手持读卡器可以非常快速地查找到达货物，并传入数据库进行比对，这样不会发生传统记录的错记、误记，而且由于可以远距离感应，并同时准确处理 30 张标签，所以大大提高了工作的效率及准确率。

（4）工作人员身上携带一个标签，当工作人员在仓库内移动时将被安装在出入口及仓库空间上方的阅读器跟踪，并记录下其运行时间及轨迹，从而可方便地监控工作人员的工作，考察工作人员的工作效率。

（5）将 RFID 系统用于智能仓储货物管理时，RFID 可完全有效地解决仓库里与货物流动有关的信息的管理，它不但增加了一天内处理货物的件数，还监控着这些货物的一切信息。信息都被存储在仓库的中心计算机里，当货物被装走运往别地时，由另一个阅读器识别并告知计算中心它被放在哪个拖车上，这样管理中心可以实时地了解到已经处理了多少货物和发送了多少货物，并可自动识别货物，确定货物的位置。

（6）固定安装阅读器和手持阅读器的同时使用使得现场数据采集、盘点、出入库管理、库位检查等现场操作变得清晰、准确、系统、科学。

（7）货车在离开仓库前将被阅读器自动读取、识别，获得的信息自动传入后台管理系统，系统即刻将其与数据库内原始数据比对。当发现错运、漏运等信息时，系统将自动报警，阻止货车出库，从而保证了货物运输的绝对准确性。

5．大宗货物、集装箱、货车的沿途实时跟踪

在车辆、集装箱和大宗货物上安装标签，它们就会被实时监控起来。当将标签放在汽车挡风玻璃上时，它可利用内部写入的唯一识别码或直接写入车辆信息（车牌号、所载货物）等来标识汽车及其装载货物，如图10-17所示。

图10-17　大宗货物、集装箱、货车的沿途实时跟踪

当车辆、集装箱和货物离开仓库时，将被装在仓库出口的RFID阅读器自动感应到，并记录下它们离开的时间和信息；当货物经过安装在运输路线网点上的阅读器时，被自动记录其信息和通过时间；当货物抵达目的地仓库时，会被入口处的阅读器自动识别、记录，并传入计算机和互联网。这样，车辆、集装箱和货物在运输过程中被全程实时监控了起来，客户可以通过互联网随时查询货物的所在位置。当货物抵达后，工作人员可以很方便、快速地查对货物。

6．货场货车的管理

在货车的挡风玻璃上安装卡式标签，标签内记录有货车的相关信息，如车号、司机等；在货场出口及入口上方安装固定阅读器，当安装了标签的卡车进入和离开货场时会自动被阅读器识别，记录下车号及出入时间，快速无误，避免了人工处理的烦琐和错误。阅读器收集的数据会及时传入互联网系统，方便在互联网上跟踪货车的位置。系统会记录所有进出入货车的信息，并自动将相关信息制成表格，方便工作人员随时进行查询、管理，如图10-18所示。

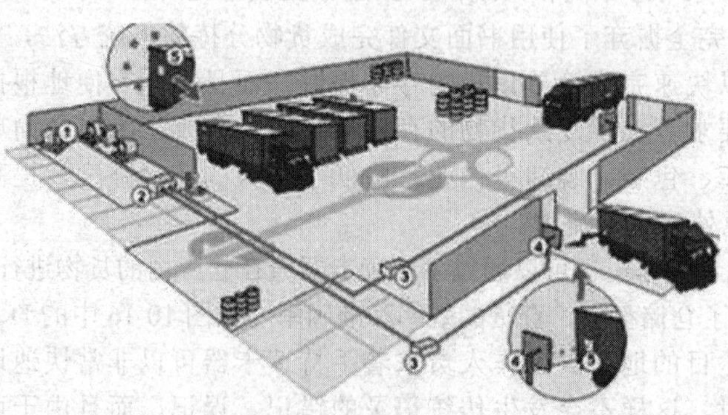

图10-18　货场货车的管理

7．系统实现后的功能、效果

系统实现后的功能、效果如下。

（1）客户化功能及入口网站：物流业者已将目前所有的服务项目建置在操作平台上，再依每个客户的需求建设客户专属的入口网站，提供顾客的专业物流信息服务。

（2）存货可视性：利用物流信息平台集成所有物流中心的存货数据，使客户可以按不同条件查询存货动态。

（3）运输可视性：集成所有运程中各物流中心的货物进出状态及配送车辆的进出站情况，将配送信息提供给客户进行查询。

（4）订单可视性：客户的采购进货及销售出货情况可以在物流信息平台上通过订单进行

查询，可以了解订单目前的被执行情况。

（5）信息交换：信息交换的目的在于让物流的信息流先行于货物的流动，让物流信息由开始到结束的所有信息不需重复输入，达到无纸化物流的境界。

（6）监管物流信息平台上的处理物流流程，将各个监控点所传递的信息比对在平台上所设定的流程，一旦流程不符合规定要求，则平台会警示负责人员进行异常事件处理。

（7）容器/集装箱在整个流程里被完整监控。

（8）货物、托盘、叉车、货车移动和存放位置一目了然，高效自动化。

10.4 实训项目

10.4.1 实训项目任务单

基于 EPC 编码的仓储设备管理系统实践项目任务单

任务名称	基于 EPC 编码的仓储设备管理系统设计实践
任务要求	利用 RFID 超高频 EPC 编码实现仓储设备管理系统
任务内容	1．设定人员的每种仓储设备使用权限； 2．开启仓储设备监控； 3．监控设备检查到仓储设备移出设备存放区时，检查设备区门禁设备刷卡人员是否有该种设备的使用权限； 4．当刷卡登录人员具有该类设备的使用权限时，将被使用的仓储设备状态改为“使用中”，并添加设备使用记录； 5．设备区门禁无人员刷卡登录或刷卡人员无该类设备使用权限时，监控设备报警； 6．当监控设备检查到归还的仓储设备时，将该仓储设备状态改为“空闲”，并将当前系统时间填写为该设备使用记录的归还时间
任务实现环境	1．Myeclipse 8.6； 2．Java 开发环境； 3．超高频 RFID 读写器一套
提交资料	1．画出程序实现流程图； 2．程序实现编码； 3．程序实现结果
相关网站资料	基于 RFID 与 WSN 技术的仓储系统设计： http://www.cww.net.cn/tech/html/2012/6/29/20126291615473945.htm
思考问题	1．在设备管理中如何协调人员管理与设备管理？ 2．在该系统中采取 EPC 系统实现过程硬件部署应注意哪些环节

10.4.2 基于 EPC 编码的仓储设备管理系统设计实践

1．**数据结构设计（见下表）**

设备类别表

设备类别表 eqm_eqpttype		
EqptType	设备类型	VARCHAR(10)
TypeName	类型名称	VARCHAR(30)

仓储设备信息

仓储设备信息表 eqm_eqptinfo		
EQPTCode	设备编号	VARCHAR(20)
RFID	RFID 电子标签	VARCHAR(24)
EqptType	设备类型	VARCHAR(10)
EQPTName	设备名称	VARCHAR(50)
Status	状态	CHAR(1)

设备权限表

设备权限表 eqm_eqptright		
StaffID	人员工号	VARCHAR(10)
EQPTType	设备类别	VARCHAR(10)

设备使用记录

设备使用记录 eqm_eqpturp		
EQPTCode	设备编号	VARCHAR(20)
StaffID	人员工号	VARCHAR(10)
TakeDate	取走时间	DATETIME
RTNDate	归还时间	DATETIME
UseType	使用类别[1:正常;2:非法]	CHAR(1)

用户门禁权限表

用户门禁权限表 bas_userrightinfo		
RFID	员工 RFID 电子标签	VARCHAR(24)
MoniRecoSN	机器编号	INTEGER(11)
Status	登录状态	CHAR(1)

2. 实践核心代码参考

```
//权限设备操作连接数据库
public class ConnectionDB {
    private Connection con = null;
    private Statement stmt = null;
    private ResultSet rs = null;
    public boolean getmart_flag = true;
    public boolean isLogin_flag = true;
    // 连接数据库
    public ConnectionDB() {
        try {
            String strurl = "jdbc:odbc:driver={Microsoft Access Driver (*.mdb)};"
                    + "DBQ=DataBase/logistics.mdb";
            try {
                Class.forName("sun.jdbc.odbc.JdbcOdbcDriver");
            }
catch (ClassNotFoundException eg) {
            }
            con = DriverManager.getConnection(strurl);
```

```
            } catch (Exception es) {
                es.printStackTrace();
            }
        }
        // ****************判断用户是否有权限登录*********************//
        public boolean isLimit(int name, String mark) {
            boolean f = false;
            try {
                stmt = con.createStatement(ResultSet.TYPE_SCROLL_INSENSITIVE,
                        ResultSet.CONCUR_UPDATABLE);
                rs = stmt.executeQuery("select * from bas_userrightinfo where MoniRecoSN ="
+ name+ " and RFID = '" + mark + "'");
                while (rs.next()) {
                    f = true;
                }
                rs.close();
                stmt.close();
                return f;
            } catch (SQLException e) {
                return f;
            }
        }
    }
    // 权限设备操作
    public class Limits {
        private String froData;
        private ConnectionDB main_cdb;
        private int number;
        private DataOutputStream dos;
        private int count;
        private FroSocket fs;
        public Limits(String froData,ConnectionDB main_cdb,int number,DataOutputStream dos,int
count,FroSocket fs){
            this.froData = froData;
            this.main_cdb = main_cdb;
            this.number = number;
            this.dos = dos;
            this.count = count;
            this.fs = fs;
            doLimits();
        }
        public void doLimits(){
            boolean f = main_cdb.isLimit(number, froData);
            if(f){
                String stat = main_cdb.getLoginState(number, froData);
                if("0".equals(stat)){
                    main_cdb.updateLimit("update bas_userrightinfo set Status ='0'
where MoniRecoSN =" + number);
```

```
                        main_cdb.updateLimit("update bas_userrightinfo set Status ='1'
where RFID ='" + froData + "' and MoniRecoSN =" + number);
                    }else{
                        main_cdb.updateLimit("update bas_userrightinfo set Status ='0'
where RFID ='" + froData + "' and MoniRecoSN =" + number);
                    }
                }else{
                    if(count == 0){
                        fs.oldDate = new Date();
                        fs.count = 1;
                        new Mic().start("",dos); // 打卡器报警!
                    }else{
                        if((new Date().getTime() - fs.oldDate.getTime())/ (1000) > 5){
                            new Mic().start("",dos); // 打卡器报警!
                            fs.oldDate = new Date();
                        }
                    }
                }
```

10.5 习题

一、简答题

1．简述无线传感网的体系结构。

2．简述 RFID 与无线传感网技术如何进行融合。

3．简述 RFID 技术对供应链管理的影响。

4．简述基于 RFID 传感网的肉制品加工可追溯流程。

5．简述基于 RFID 传感网的酒类防伪流程。

二、分析题

1．分析使用 RFID 技术进行名烟名酒防伪与使用现有防伪技术的区别。

2．分析使用 RFID 传感网的肉制品加工可追溯管理系统实施的关键因素在哪里。

参考文献

[1] 赵军辉．射频识别技术与应用 [M]．北京：机械工业出版社，2008.

[2] 单承赣．射频识别（RFID）原理与应用 [M]．北京：电子工业出版社，2006.

[3] 米志强．物流信息技术与应用 [M]．北京：电子工业出版社，2010.

[4] 康东．射频识别（RFID）核心技术与典型应用开发案例 [M]．北京：人民邮电出版社，2008.

[5] 程曦．RFID 应用指南——面向用户的应用模式、标准、编码及软硬件选择 [M]．北京：人民邮电出版社，2011.

[6] 张成海．物联网与产品电子代码（EPC）[M]．武汉：武汉大学出版社，2010.

[7] 国景熙．物联网概论 [M]．南京：东南大学出版，2010.

[8] 周晓光．射频识别（RFID）系统设计、仿真与应用 [M]．北京：人民邮电出版社，2008.

[9] 周洪波．物联网技术、应用、标准和商业模式 [M]．北京：电子工业出版社，2010.

[10] 深圳市远望谷信息技术股份有限公司．RFID 贴标技术智能贴标在产品供应链中的概念和应用 [M]．北京：机械工业出版社，2007.

[11] 刘岩．RFID 通信测试技术及应用 [M]．北京：人民邮电出版社，2010.

[12] 王静．EPC 网络关键技术及其标准的研究与制定．北京工业大学，2006.

[13] 陈国培．RFID 技术基础 [R]．香港物流及供应链管理应用技术研发中心，2007.

[14] 米志强．RFID 在 SOA-BMP 集成平台仓储管理系统的应用[J]．物流技术与应用，2010(8)：101-103.

[15] 游战清．无线射频识别系统安全指南 [M]．北京：电子工业出版社，2007.

[16] 中国物品编码中心，ebXML 基础架构[OL].http://www.ancc.org.cn/Knowledge/article.aspx?id=119.

[17] 中国物品编码中心，实施 ECR 的好处[OL].http://www.ancc.org.cn/Knowledge/article.aspx?id=105.

[18] 中国物品编码中心，QR Code 条码[OL].http://www.ancc.org.cn/Knowledge/article.aspx?id=141.

[19] 商人博客，铁路车号自动识别系统简介 1（ATIS）[OL].http://blog.china.alibaba.com/blog/ javsrfid1/article/b0-i11100231.html.

[20] 中国电信集团公司．物联网助力政务及监管执法应用[R]中国电信物联网高峰论坛，无锡，2010.3.

[21] 李祥珍．物联网助力智能电网[R]．中国电信物联网高峰论坛，无锡，2010.3.

[22] 中国电信集团公司．创新融合应用　畅享信息未来——智能医疗[R]．中国电信物联网高峰论坛，无锡，2010.3.

[23] 中国电信集团公司．物联网助力政务及监管执法应用[R]．中国电信物联网高峰论坛，无锡，2010.3.

[24] （无锡）国家传感信息中心发展战略报告．承载国家战略　感知中国未来[R]．中国电信物联网高峰论坛，无锡，2010.3.

[25] 中国电信集团公司．创新融合应用　畅享信息未来——物联网应用实践及发展探讨 [R]．中国电信物联网高峰论坛，无锡，2010.3.

[26] 王建维，谢勇，吴计生．基于 RFID 的数字化仓库管理系统[J]．物流技术，2009(4)：130-132.

[27] 深圳艾富迪公司．9 系列读写器演示程序使用说明[M].

[28] 北京易通交通发展公司．第三方物流信息系统[M].

[29] 杨磊．UHF 无源金属电子标签车辆牌照与识别系统，专利申请号：200820039807.6

[30] 电磁波的频谱 RFID 世界网，http://tech.Rfidworld.com.cn/2005122810839624.htm。

[31] 程国全，王转．自动仓库计算机管理与控制系统[J]．物流技术，1998(3)：22-26.

[32] 阎平凡，张长水．人工神经网络与模拟进化计算．北京：清华大学出版社．2005(3)98-43.

[33] 田景贺，范玉顺. RFID 读写器防冲突问题的混沌神经网络建模与求解[l]. 高技术通讯，2008(8): 811-816.
[34] 深圳市群硕信息技术有限公司.RFID白酒防伪系统方案设计[M]. 2008-03-12
[35] 薛丹，陈伟，周昌. 基于RFID和UCR的全球供应链透明化研究[J].中国电子学报，2008(2)：47-49.
[36] 陈宝震，焦宗东. 物联网中的通信语言PML[J].中国电子学报，2007(5)：43-46.
[37] 王建平．RFID 应用项目综合实训 [M]．大连：东软电子出版社，2012.
[38] 王建平．RFID 系统测试与应用实务 [M]．北京：电子工业出版社，2010.